"十四五"职业教育国家规划教材
国家高职高专重点专业群平台课程教材
中国轻工业"十三五"规划立项教材
高 等 职 业 教 育 专 业 教 材

微生物学基础

(第二版)

主 编
刘晓蓉

中国轻工业出版社

图书在版编目（CIP）数据

微生物学基础/刘晓蓉主编．—2版．—北京：中国轻工业出版社，2025.8

ISBN 978-7-5184-3115-1

Ⅰ．①微…　Ⅱ．①刘…　Ⅲ．①微生物学-高等职业教育-教材　Ⅳ．①Q93

中国版本图书馆CIP数据核字（2020）第140103号

责任编辑：贺　娜　　责任终审：滕炎福　　封面设计：锋尚设计
版式设计：霸　州　　责任校对：朱燕春　　责任监印：张　可

出版发行：中国轻工业出版社（北京鲁谷东街5号，邮编：100040）
印　　刷：北京君升印刷有限公司
经　　销：各地新华书店
版　　次：2025年8月第2版第7次印刷
开　　本：710×1000　1/16　印张：20.75
字　　数：430千字
书　　号：ISBN 978-7-5184-3115-1　定价：48.00元
邮购电话：010-85119873
发行电话：010-85119832　010-85119912
网　　址：http：//www.chlip.com.cn
E-mail：club@chlip.com.cn

251455J1C207ZBQ

本书编写人员

主　　编　刘晓蓉

副 主 编　石　琳　张冬青　冯爱娟

张媛媛　谭才邓

第二版前言

本教材遵循“推进职普融通、产教融合、科教融汇，优化职业教育类型定位”的精神，吸纳行业企业参与职业教育，深化产教融合、校企合作、知行合一，体现了“以学生为中心、立德树人”的育人理念，“价值引领、能力培养、知识传授”三位一体的育人目标以及“教、学、做”一体，“项目导向”的教学理念。教材内容全方位融入了制度自信、文化自信、马克思主义辩证思维观、法治思维、中华优秀传统文化、劳动精神、奉献精神、创造精神、勤俭节约精神、绿色低碳、人与自然和谐共生、健康中国、美丽中国等精神。

本教材第一版于2011年出版至今，得到了同行的支持和中国轻工业出版社的帮助，多次重印。编者团队依据岗位技能、后续专业课程、1+X证书、技能竞赛的要求，并广泛吸纳行业企业专家的意见，结合课程思政特色，编出了第二版教材，第二版教材已列入中国轻工业“十三五”规划立项教材。

第二版教材保留了第一版的编写原则，强化培养职业能力的同时，突出专业基础课的特点，适当注重理论基础；注重培养学生分析问题、解决问题的方法及能力；继续保持第一版的内容框架和知识结构，仍按形态、结构、营养、代谢、生长、免疫等分为9个学习单元，在内容上努力做到全面校正、修订和更新，以确保教材的科学性、先进性、实用性。在各学习单元后增设“知识拓展”，包括学科前沿的探索、重要研究的综述，使读者能概括了解微生物学的深、新知识。

本教材的编写得到了华南农业大学林俊芳教授和郭丽琼教授的帮助和指导，成稿过程中汲取了一些同行的有益建议，参考了许多书籍和文献资料。广东省微生物研究所教授级高级工程师卢勉飞、深圳市疾病预防控制中心副主任技师陈慧玲，对素材和视频内容提出了建设性意见，分享了宝贵的企业经验；深圳市疾病预防控制中心陈妙玲和付锦滔分别承担学习学习单元九中项目一的音、视频的操作和录制，同时承担了部分素材的收集，在此一并表示衷心的感谢。

参加本教材编写工作的有刘晓蓉、石琳、张冬青、冯爱娟、张媛媛、谭才邓。具体分工如下：刘晓蓉编写学习单元一、学习单元三中项目一、学习单元九；石琳编写学习单元二中项目一和项目二、学习单元三中项目二、学习单元四中项目一；张冬青编写学习单元六、附录三、四和五；冯爱娟编写学习单元二中项目三和项目四、学习单元八、附录一和二；张媛媛编写学习单元四中项目二、学习单元七；谭才邓编写学习单元五。全书由刘晓蓉统稿及定稿。

由于编者水平有限，编写时间仓促，书中难免存在缺陷和疏漏，敬请广大师生和读者批评指正。

编者

第一版前言

按照当前国家示范性高职院校重点专业的建设要求，为实现资源共享，提高人才的培养水平，拟将本课程构建为“食品营养与检测”专业群的一门平台课程。在教材的编写过程中，一方面力求体现“工学结合”与“教学做一体化”特色，强化职业能力的培养；另一方面突出专业基础课的特点，注重适当的理论基础，为学习后续专业课服务。

本教材分为九个学习单元，系统介绍了微生物基本知识和免疫学基本知识，既可作为高职院校食品类、生物类和制药类等专业学生的教材，也可供相关领域从事微生物应用工作的人员参考。

参加本教材编写工作的有刘晓蓉、石琳、张冬青、周爱芳、冯爱娟。具体编写分工如下：刘晓蓉编写学习单元一、学习单元三中项目一、学习单元八、学习单元九、附录一、附录四；石琳编写学习单元二中项目一、项目二及项目三、学习单元三中项目二、学习单元四；张冬青编写学习单元六；周爱芳编写学习单元五、学习单元七、附录二、附录三；冯爱娟编写学习单元二中项目四。全书由刘晓蓉统稿，邓毛程教授担任主审。

在本教材的出版过程中，得到了广东轻工职业技术学院领导的大力支持与帮助；在编写过程中，参考了许多作者的书籍与文献资料，在此一并致以衷心的感谢。

由于编者水平和能力有限，加之编写时间仓促，书中难免存在疏漏之处，恳请广大读者批评指正。

编者

2011 年 6 月

目 录 CONTENTS

学习单元一

绪论

【知识目标】

1. 了解微生物的分类、命名及生物学地位，普通光学显微镜的构造和原理。
2. 理解微生物学的概念、研究内容及发展概况。
3. 掌握微生物的概念、类群及特点，普通光学显微镜的使用方法。

【能力目标】

1. 能陈述微生物的概念、类群和特点。
2. 能正确使用和维护普通光学显微镜。

【素质目标】

1. 增强政治认同、民族自豪感和全球视野。
2. 培养规则意识、钻研精神，培养社会责任感。
3. 培养吃苦耐劳的劳动素养。

知识讲解

微生物是自然界一类数量庞大、体形微小、肉眼难以看见的生物类群。尽管个体微小，但对人类却有很大影响，有些微生物对人类和动植物有益且必需，能给人类创造财富；有些微生物能引起人类和动植物病害，给人类带来问题，甚至灾难。因此，必须全面认识微生物，掌握微生物的知识，为人类造福。

一、微生物概述

(一) 微生物的概念及其类群

微生物不是分类学上的名词，是一切个体微小（<0.1mm）、构造简单的微小生物的总称。包括属于原核类的细菌（真细菌和古细菌）、放线菌、蓝细菌（旧称“蓝绿藻”或“蓝藻”）、枝原体（又称支原体）、立克次体和衣原体；属于真核类的真菌（酵母菌、霉菌及蕈菌）、原生动物和显微藻类；以及属于非细胞类的病毒和亚病毒（类病毒、拟病毒和朊病毒）。

(二) 微生物的特点

1. 个体小，作用大

微生物个体非常微小，度量其大小的单位是微米（μm，$1\mu m=10^{-3}mm$），甚至是纳米（nm，$1nm=10^{-3}\mu m$）。细菌中球菌的直径约 0.5μm，80 个球菌“肩并肩”排列才达到一根头发的宽度；杆菌的长度约 2μm，约 1500 个杆菌头尾相接，才达到一粒芝麻的长度。每个细菌的质量仅为 $1.0\times10^{-10}\sim1.0\times10^{-9}mg$，即大约 10 亿个细菌总质量才达到 1mg。

物体的表面积和体积之比称为比表面积。假设人的比表面积为 1，则大肠杆菌的比表面积高达 30 万。巨大的比表面积决定了微生物有一个巨大的营养物质吸收面和代谢产物排泄面，对微生物与周围环境进行物质与能量的交换具有十分重要的意义。因此，个体小、比表面积大这一特点决定了微生物的其他特性。

绝大多数微生物对人类有益。自然界的物质循环必须依靠微生物代谢才能进行，如土壤中的微生物能将死亡动植物的有机氮转化为无机氮，以供植物生长所需；空气中的游离氮依靠固氮菌作用后才能被植物吸收。工业上，微生物被广泛应用于食品、纺织、石油、化工、冶金等行业。农业上，微生物可以制造菌肥、植物生长激素等，还可利用微生物感染昆虫来杀死害虫。医学上，约 2/3 的抗生素由微生物代谢产生，微生物还可用来生产疫苗、维生素、辅酶、ATP 等药物。在基因工程技术中，微生物不仅提供了多种工具酶和载体系统，还可定向创建有益的工程菌新品种。

微生物在给人类带来巨大利益的同时，也造成严重破坏甚至灾难。现在，艾滋病（AIDS）全球蔓延；结核病、疟疾、霍乱卷土重来；禽流感、埃博拉病毒、疯牛病造成新威胁；2003 年爆发的非典型性肺炎（SARS）引起全球恐慌；2019 年底突如其来的新型冠状病毒（COVID-19）传播迅猛、席卷全球，截至 2022 年 12 月，已造成全球超过 6.5 亿人感染，660 多万人死亡……

外媒评中国抗疫

2. 分布广，种类多

微生物的分布非常广泛，地球上除了火山中心区域外，从土壤圈、水圈、大气圈到岩石圈，到处都有微生物的踪迹。据 2006 年 *Science* 报道，在南非一座金矿 2.8km 深水层中分离到一种硫细菌。

微生物的种类繁多，主要体现在以下几个方面。

（1）种数多样　据估计，微生物总数在 50 万至 600 万种，其中已记载的仅约 20 万种，包括原核生物 3500 种，病毒 4000 种，真菌 9 万种，原生动物和藻类 10 万种；每年还有大量新菌种报道。

（2）代谢类型多样　微生物能分解利用的物质众多，不仅能分解糖类、蛋白质、脂肪和无机盐等，还能分解天然气、石油、纤维素、塑料等，甚至能分解氰、酚、聚氯联苯等有毒物质；微生物产能方式也多种多样，如细菌的光合作用、嗜盐菌紫膜的光合作用、自养细菌的化能合成作用、各种厌氧产能途径等。

（3）代谢产物多样　微生物产生多少种代谢产物，至今难以全面统计。20 世纪 80 年代末曾有人统计有 7890 种；1992 年有报道称，仅微生物产生的次生代谢产物就有 16500 种，且每年还在以 500 种新化合物的数目增长；据 2008 年统计，微生物产生的次生代谢产物数约 5 万种。

（4）遗传基因多样　在“人类基因组计划”（HGP）的推动下，微生物基因组测序工作取得了巨大成就。截至 2011 年 11 月，公布已完成测序和装配基因组的细菌多达 1214 种（株），古生菌 93 种（株），真菌 17 种（株）；大量的微生物正在测序和装配过程中。反映了微生物基因组种类的多样性和基因库资源的丰富性。

3. 代谢旺，繁殖快

比表面积大，有利于微生物吸收营养和排泄代谢产物，因此代谢作用旺盛。例如，大肠杆菌 1h 能消耗相当于自身重量 1000～10000 倍的糖；1kg 酒精酵母在 1d 内可以将数千千克糖转变为酒精。微生物旺盛的代谢作用对地球上的物质转化非常重要，如果没有微生物对动植物尸体的分解，地球早已尸横遍野。

微生物的繁殖速度非常快。大肠杆菌在合适的条件下，每 12.5～20min 就可分裂 1 次，假如 1 个细胞 20min 分裂 1 次，则 24h 可分裂 72 次，细胞数达 2^{72} 个，质量超过 4722t。由于条件限制，微生物的指数分裂速度只能维持数小时。因此液体培养时，细菌细胞的浓度一般仅达 10^8～10^9 个/mL。据报道，当前全球的细菌总数约为 5×10^{30} 个。

微生物的这一特性在发酵工业上具有重要的实践意义。例如，一头体重为 500kg 的食用公牛，24h 最多合成 0.5kg 蛋白质；同样质量的大豆，24h 可生产 50kg 蛋白质；同样质量的酵母菌，只需以糖蜜和氨水作主要养料，24h 内却可真正合成 50000kg 的优良蛋白质。如一个年产 10^5t 酵母菌的工厂，若以酵母菌的蛋白质含量为 45%计，则相当于在 562500 亩（1 亩≈666.67m^2）农田上所生产的大豆蛋白质的量。

4. 适应强，易变异

微生物对外界环境条件具有很强的适应能力，能耐高（低）温、耐酸碱、耐毒物、抗高压、抗辐射、抗高盐等，是因为微生物在进化过程中产生了许多灵活的代谢调控机制，产生了多种诱导酶；另一方面，微生物在菌体外产生保护层，或形成休眠体，例如肺炎双球菌的荚膜可以抵抗白细胞的吞噬；细菌的芽孢、真菌的孢子在干燥条件下能保藏几十年、几百年甚至上千年。

微生物结构简单，大多数为单倍体，缺乏免疫监控系统，加之它们繁殖快、数量多且与外界环境直接接触，因此容易发生变异，自发突变频率一般为 10^{-10} ~ 10^{-5}。

在生产实践中，人们常利用这个特性来保藏菌种和诱变育种。用物理或化学方法对微生物进行诱变，改变它们的遗传性质和代谢途径，可大幅度提高生产性能。1943 年，1mL 青霉素生产菌产黄青霉发酵液仅能分泌约 20 单位的青霉素，现在早已超过 5 万单位。发酵工业上所用的生产菌种大多是经过突变培育的，其生产性能比原始菌株提高几倍、几十倍甚至几百倍。

遏制细菌耐药国家行动计划

但是实践中经常遇到有害变异，如医疗上的“超级细菌”就是滥用抗生素导致致病菌产生抗药性的变异菌株。青霉素在刚临床使用时，病人每天最多注射 10 万单位，而现在成人每天要注射 100 万单位左右，新生儿也不少于 40 万单位。2010 年，携有抗药基因 NDM-1 的超级细菌蔓延，造成很多感染者死亡。

微生物这些特点对人类来说，是一把既有利又有弊的“双刃剑”，只有用正确的科学发展观和价值观去驾驭这些规律，才能用微生物更好地为人类服务。

二、微生物学概述

（一）微生物学及其分科

微生物学是一门研究微生物的形态构造、营养特点、生理生态、遗传变异、生态分布和分类进化等生命活动的基本规律，并将其应用于工业发酵、医药卫生、生物工程和环境保护等实践领域的科学。研究微生物的目的在于发掘、利用、改善和保护有益微生物，控制、消灭或改造有害微生物，兴利除害、造福人类、推动社会进步。

随着微生物学不断发展，微生物学分化形成了很多分支学科（表 1-1）。

表 1-1　　微生物学的分科

分科的依据	微生物学分科的内容
按研究对象	细菌学、真菌学、病毒学、菌物学等
按应用领域	工业微生物学、农业微生物学、医学微生物学、药用微生物学、兽医微生物学、食品微生物学等
按生命活动规律	微生物生理学、微生物生物化学、微生物遗传学、微生物生态学、分子微生物学、微生物分类学、细胞微生物学、微生物基因组学等

中国古代微生物发展简史　中国古代独具一格的制曲和酿酒　中国古代的轮作和客土

(二) 微生物学的发展简史

微生物学发展至今，在医疗保健、工业生产、农业生产、生态环境等方面都取得了许多成就，而这些成就都离不开那些为了微生物学发展尽心尽力、探索研究的学者们，我们将学习他们的事迹，学习他们的精神。

微生物学的形成与发展过程，可分为 4 个时期（表 1-2）。

表 1-2　微生物学的发展简史

发展时期	时间	特点和标记	开创者
感性认识时期	8000 年前至 1676 年	未发现微生物个体，但人类已在不自觉地应用微生物进行酿酒、发面、酿醋、制酱、沤肥、轮作、治病等活动	各国劳动人民
形态学时期	1676—1861 年	第一次发现了微生物个体并对微生物进行形态描述	列文虎克
生理学时期	1861—1953 年	开始创立微生物学；开创了寻找病原微生物的“黄金时期”；用无细胞酵母汁发酵酒精成功，建立了微生物生化研究的新时期；普通微生物学开始形成；建立了微生物学研究的基本技术	巴斯德、柯赫和布赫纳
分子生物学时期	1953 年以后	DNA 双螺旋结构模型的建立；广泛运用分子生物学理论和现代研究方法，深刻揭示了微生物的各种生命活动规律；微生物的分支学科飞速发展；以基因工程为主导，把传统的工业发酵提高到发酵工程新水平；微生物基因组的研究促进了生物信息学时代的到来	J. D. Watson 和 H. F. C. Crick

在微生物学的发展史上，很多科学家为微生物学的建立、发展做出了巨大的贡献。现将微生物学的先驱及其贡献分述如下。

列文虎克（Antony van Leeuwenhoek，荷兰，1632—1723 年）是微生物学先驱者。自制了世界上第一台显微镜，其放大倍数为 50~300 倍。1676 年他利用这种显微镜，观察到了一些细菌和原生动物，称为“微动体”，首次揭示了微生物世界，一生发表论文约 400 篇。由于他的伟大贡献，1680 年当选为英国皇家学会会员。

列文虎克

巴斯德（Louis Pasteur，法国，1822—1895 年）是微生物学的奠基人。他把微生物学的研究从形态描述推进到生理学水平，并开创了寻找病原微生物的黄金时期，使微生物学开始形成独立的学科。其贡献主要表现在：①彻底否定了“自然发生”学说。根据曲颈瓶

巴斯德

实验证实，空气中含有微生物，引起有机质腐败（图 1-1）。②证实了酒精发酵由酵母菌引起，还发现了乳酸发酵、醋酸发酵、丁酸发酵等都由不同细菌引起。为研究微生物的生理生化奠定了基础。③将病原菌减毒，成功研制了疫苗。巴斯德发明了接种减毒病原菌来预防鸡霍乱病以及牛、羊炭疽病，并制成狂犬病疫苗。④发明了巴氏消毒法，沿用至今。解决了当时法国葡萄酒变质和家蚕软化病等生产上的难题。

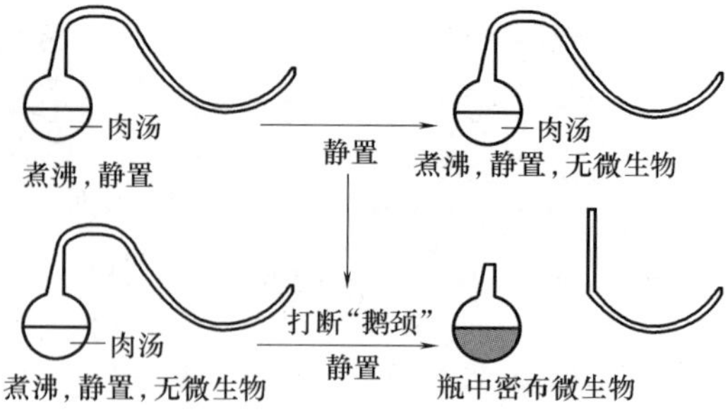

图 1-1　曲颈瓶实验

柯赫（Robert Koch，德国，1843—1910 年）是细菌学的奠基人。在病原菌的研究、细菌的分离培养等方面做出了杰出贡献：①发明了固体培养基，并建立了利用固体培养基分离纯化微生物的技术。②分离到许多微生物，如炭疽杆菌、结核分枝杆菌、链球菌、霍乱弧菌等。③提出了有名的柯赫法则，即证明某种微生物为某种疾病病原体所必须具备的条件，这一法则至今仍指导动、植物病原菌的鉴定。④创立了许多显微镜技术，如细菌鞭毛染色法、悬滴培养法、显微摄影技术等。

柯赫

布赫纳（Edward Buchner，德国，1860—1917 年）1897 年用酵母菌无细胞压榨汁将葡萄糖进行酒精发酵取得成功，发现了微生物酶的作用，从此将微生物学推进到了生化研究的阶段。

布赫纳

由此可见，这些学者们执着的科学精神、创造性的思维方法和独特的实践能力，值得我们认真思考和好好学习。

三、普通光学显微镜

显微镜根据其结构和原理，可分为光学显微镜和非光学显微镜两大类。最常用的是普通光学显微镜，其最大分辨率为 0. 2μm，放大倍数不超过 2000 倍，可观察除病毒以外的微生物个体，但无法看清其内部构造。

（一）显微镜的结构

显微镜的构造

普通光学显微镜由光学系统和机械系统组成（图 1-2）。

1. 光学系统

包括目镜、物镜、聚光器和光源等。

（1）目镜　一般由两组透镜组成。上面一组与眼睛接触，称为“接目镜”，下面一组靠近视野，称为“场镜”。两者之间或场镜的下方装有金属环状装置的视场光阑，经物镜放大后的中间像落于此光阑平面，其上可加置目镜测微尺。目镜上刻有 5×、10×、16×等字符，表示该目镜的放大倍数。

（2）物镜　由多块透镜组成，安装于转换器上，又称接物镜。其作用是将被检物像进行第一次放大，形成一个倒立的实像。包括低倍镜、高倍镜和油浸物镜 3 种。常用的低倍镜有 4×、10×、20×，高倍镜有 40×和 45×等；油浸物镜，也称油镜，镜头上标有“HI”“OI”的字样，有 90×、100×等规格。

物镜侧面刻有一些字符，如“40/0.65”，表示放大 40 倍，数值口径（N.A）为 0.65。“Plan 16/0.35 160/-”，表示放大 16 倍，N.A 为 0.35，镜筒长度 160mm，斜线下方“-”表示对盖玻片厚度要求不严格。若为 160/0.17，则表示镜筒长度 160mm，盖玻片的厚度应≤0.17mm。

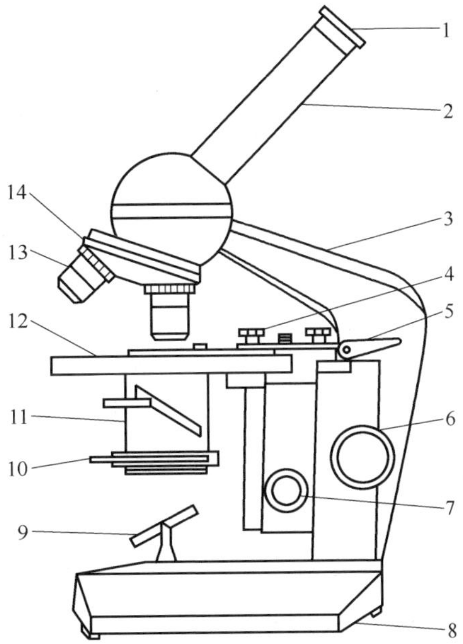

图 1-2　显微镜的结构

1—目镜　2—镜筒　3—镜臂　4—标本移动器
5—粗动限位器　6—粗调节器　7—细调节器
8—镜座　9—反光镜　10—光圈　11—聚光器
12—镜台　13—物镜　14—物镜转换器

（3）聚光器　由聚光透镜和虹彩光圈组成，位于载物台下的次台上，聚光透镜的作用是将光线聚焦于视场范围内，增强照明度。透镜组下方的虹彩光圈可开大缩小，以控制聚光器的通光范围，调节光的强度，影响成像的分辨力和反差。用高倍镜观察，应开大光圈，使视野明亮；观察活体标本或未染色标本时，应缩小光阑，以增加物体明暗对比度。聚光镜可以上下调节，采用小放大倍数时，聚光镜下降，光圈缩小；采用高倍时，聚光镜上升，光圈放大。

（4）光源　显微镜一般都自带光源，灯泡安装在显微镜最下方、镜座中央的底座内。老式的显微镜需要采集外界光源，因此在镜座的中央装有反光镜。反光镜一面是凹面镜，另一面是平面镜，可以自由转动方向，将从外界光源送来的光线送至聚光器。利用聚光镜时，通常用平面镜采光，只在光量不足时或使用油镜时，采用凹面镜。

2. 机械系统

包括镜座、镜臂、镜筒、物镜转换器、镜台及调焦装置等。

（1）镜座　位于显微镜的底部，用于支持和稳定镜体，装有反光镜，有的装有照明光源。

（2）镜臂　支持镜筒和镜台的弯曲状构造，移动显微镜时的握持部位。

（3）镜筒　位于显微镜的前上方部，为一空心金属圆筒，连接目镜和物镜，上端插入目镜，下端与物镜转换器相接。光线由此通过。镜筒长度一般为 160mm，有的镜筒上部有分支为双筒，可同时装两个目镜。

(4) 物镜转换器　位于镜筒下端，一般装有 3~4 个不同放大倍数的物镜，通过转动物镜转换器可以随意选用合适的物镜。

(5) 镜台　又称载物台，是放置标本的平台，一般为方形，中间有孔可以透过光线。载物台上有标本夹和标本移动器，标本夹用来固定被检标本，调节标本移动器上的螺旋可使标本前后、左右移动。有的标本移动器带有游标尺，可确定标本的位置，便于重复观察。

(6) 调焦装置　安装在镜臂基部的两侧，分为粗调旋钮和细调旋钮，能使载物台或镜筒上下移动，是获得清晰图像的关键装置。粗调旋钮可移动较大距离，细调旋钮每转动一周，载物台可上升或下降 100μm。

(二) 显微镜的性能

1. 成像原理

内光源发射的光线或反光镜反射的光线，向上进入聚光器，会聚于被检标本，使标本得到足够的照明，标本反射或折射的光线经物镜进入，使光轴与水平面倾斜 45°角的棱镜，在目镜的焦平面上，即在目镜的视场处，成放大的侧光实像，再经目镜的接目透镜放大成可看到的虚像。

2. 数值口径

数值口径（N. A），也称开口率或镜口率，是物镜和聚光器的主要参数和性能指标，常标于物镜和聚光器上。可用标本与物镜间介质的折射率（n）和光的最大开口角度一半（θ）的正弦的乘积来表示，即 $N.A=n\times\sin\theta$。开口角度指物镜前面发光点发射的光线进入物镜的角度。使用普通物镜时，其介质为空气，$n=1$，θ 最大只能为 90°，而实际达不到 90°，所以干燥系物镜的数值口径都小于 1，油镜的数值口径一般小于 1. 40。

3. 显微镜的放大倍数

显微镜的放大倍数是物镜放大倍数和目镜放大倍数的乘积。如用放大 40 倍的物镜和放大 10 倍的目镜，则显微镜的总放大倍数是 400 倍。

4. 分辨率

分辨率（R）是显微镜能辨别两个点之间最小距离的能力。$R=\lambda/(2N.A)$，λ 是可见光的波长，数值口径越大，物镜放大倍数越大，分辨率越强。射入的可见光平均波长为 0. 55μm，10×、40×、90×物镜的分辨率分别为 1μm、0. 42μm、0. 22μm。R 值越小，表明分辨率越大，物体的清晰度就越大。

5. 工作距离

工作距离是指观察标本最清晰时，物镜透镜的下表面与标本（无盖玻片时）或与盖玻片的距离。物镜放大倍数越大，工作距离越短；油镜的工作距离约为 0. 2mm。所以使用油镜时，要求盖玻片的厚度为 0. 17~0. 18mm。

（三）显微镜的使用

显微镜的使用

1. 显微镜的放置

显微镜应直立放置在身体左肩之前，离桌边缘约 4cm，便于右侧放记录本或绘图纸。练习用左眼观察。

2. 调节光源

显微镜不能采用直射阳光，可用散射光、日光灯或显微镜灯作光源。

调节光源时，先将光源完全开放，低倍物镜与镜筒成一直线，再旋转粗调节器，使物镜和载物台间的距离约为 3mm；然后调节聚光镜螺旋，使聚光镜与镜台的上表面相距为 1mm；最后调节反光镜，使光线充分进入聚光镜，开闭彩虹光阑，调节光线强弱程度，直至照明效果最佳。若在较强的自然光下观察，宜用平面反光镜；若是光线较弱的天然光源或人工光源，宜用凹面镜。

若使用具有内光源的显微镜时，可以接通电源后，取下目镜，直接向镜筒内观察，先将聚光镜上的孔径光阑调到最小，再慢慢打开，使聚光器的孔径与视野恰好一样大或略小于视野。放回目镜后，调节聚光器上视场光或内光源，选择最佳的照明效果。

3. 低倍镜和高倍镜的使用

（1）低倍镜观察　检查标本必须先用低倍镜观察，因为低倍镜的视野大，易于发现被检物和确定检查的位置。

把标本放置在载物台上，用标本夹固定，移动待检物位于物镜的正下方。转动粗调螺旋，升高镜台（或下降镜筒），使低倍物镜的前端距载玻片约 0.5cm，用左眼在目镜上观察，适当缩小光圈，并转动粗调螺旋，使镜台下降，直至看到物像后再转动细调螺旋，使物像清晰。

（2）高倍镜观察　低倍镜观察后，将高倍镜转至正下方。用目镜观察，调节光圈，使光照亮度适中，转动细调螺旋使物像清晰。注意：不必再次调节粗调旋钮，因为显微镜在设计制造时都是共焦点的，即低倍镜对焦后，转换高倍镜时一般都能对准焦点，只需使用细调旋钮就可观察到清晰的物像。

4. 油镜的使用

（1）转出高倍镜，在染色标本处滴加 1 滴液体石蜡或香柏油。

（2）将油镜置于镜筒下方，转动粗调螺旋使载物台上升（或镜筒下降），从侧面观察，将油镜浸入油滴中，并几乎与标本接触，但不可压及标本，以免损坏玻片和镜头。

（3）调亮光线，左眼在目镜上观察，缓慢转动粗调旋钮降低载物台（或升高镜筒），当视野中出现模糊的被检物时，改用细调螺旋上下转动，直至被检物清晰。如果油镜离开油滴而未见物像，则需重复上述操作，直至看见清晰的物像。

（4）油镜使用后，取下载玻片，先用擦镜纸擦去油镜上的香柏油，再用擦镜纸沾少量二甲苯擦拭，最后用干净擦镜纸擦去残留的二甲苯。

注意：用油镜观察时，聚光器应升至最高位置并开足光圈，若所用聚光器的数值口径超过 1.0，还应在聚光器与载玻片之间加香柏油，保证其达到最大效能。

（四）显微镜的维护与保养

（1）显微镜应避免与酸、碱以及具挥发性和腐蚀性的化学药品放在一起，以免金属和光学部件受损。

（2）搬动显微镜时，应左手托镜座，右手握镜臂，两上臂紧靠胸壁。切勿一手斜提，前后摆动，以防镜头或其他零件跌落。

（3）显微镜机械装置的污渍，可用干净柔软的细布擦拭；如果污迹顽固，可用绸布蘸少许中性洗涤剂擦拭。

（4）显微镜光学元件表面的灰尘和污物，应先用吹气球或洗耳球吹，再用柔软的专用毛刷轻刷；如果污渍顽固，可用擦镜纸蘸少许二甲苯或镜头清洗液（3 份酒精∶1 份乙醚）擦拭，再用绸布擦干或吹气球吹干。

（5）如果镜头生霉生雾，可用擦镜纸蘸少许混合液（无水酒精 3 份和无水乙醚 7 份）轻轻擦拭，再用擦镜纸擦干。

（6）显微镜电源开启后，若暂时不使用，可将灯光调至最暗，不要频繁开关电源；每次关闭电源前，先把显微镜光源调至最暗；电源关闭后，要等灯箱完全冷却（约 15min），才能罩上防尘罩。

（7）显微镜使用后，要将各部分还原，反光镜垂直于镜座，物镜转成“八”字形，再将载物台降到最低处，降下聚光器，将显微镜放回镜箱或柜中。

（8）显微镜应置于干燥阴凉处，避免阳光暴晒。

显微镜是学习和研究微生物的重要工具，显微镜操作技术是微生物实验的重要基础，因此，同学们要严格执行显微镜使用规程，熟练掌握显微镜操作技术。通过实训，培养规则意识、科学精神和劳动素养。

微生物实验规则

知识拓展

一、微生物的分类与命名

1. 微生物的分类

微生物的分类是根据微生物的生物属性、亲缘关系排列而成的一个有规律的系统，从大到小依次有界、门、纲、目、科、属、种 7 级分类单位。有时在两个主要分类单位之间，还可加上次级分类单位，如“亚门”“亚纲”“亚目”“亚科”“亚属”“亚种”等，在科与属之间有时可加“族”一级。

微生物的“种”，是一大群表型特征高度相似、亲缘关系极其接近、与同属内的其他物种有着明显差异的菌株的总称。种是分类的最小单位。在种以下还可用亚种、型和菌株等。

（1）亚种（Subspecies，subsp.，ssp.） 在一个种内，根据少数几个稳定的变异特征或遗传性状区分成小群，一个种分成的两个或多个小群，称为亚种，如金黄色葡萄球菌厌氧亚种。

（2）型（Form） 曾用作菌株的同义词，现仅作若干变异型的后缀，如生物变异型、形态变异型、致病变异型、噬菌变异型和血清变异型等。

（3）菌株 菌株又称品系。表示任何由一个独立分离的单细胞（或单个病毒粒）繁殖而成的纯遗传型群体及其一切后代。因此，一种微生物的每一个不同来源的纯培养物或纯分离物均可称为某菌种的一个菌株。菌株常用字母、编号、地址和或其他符号来表示，如生产淀粉酶的枯草芽孢杆菌 BF 7658，生产蛋白酶的栖土曲霉 3.942 等。

2. 微生物的命名

微生物的命名是采用双名法，由属名和种名组成，用斜体表示。属名在前，第一个字母大写。种名在后，全部字母小写。学名后还附上首次命名者的名字和命名年份，用正体字表示。如金黄色葡萄球菌（*Staphylococcus aureus* Rosenbach 1884），蜡状芽孢杆菌（*Bacillus cereus* Frankland et Frankland 1887）。一般情况下，后面的正体字部分可以省略。

二、微生物在生物界的地位

18 世纪中期，人们把生物分成两大界，即动物界和植物界。近代又有人提出过三界、四界、五界、六界生物分类系统，我国微生物学家王大耜提出的六界分类系统，包括病毒界、原核生物界、真核原生生物界、真菌界、动物界和植物界。20 世纪 70 年代后期，提出了生命三域学说。1990 年把三域改为古生菌、细菌和真核生物。除动物和植物以外，其他绝大多数生物都属于微生物的范畴。由此可见，微生物在生物界中占据非常重要的地位。

【同步练习】

一、填空题

1. 微生物个体非常微小，度量其大小的单位一般是_______，甚至是_______。

2. ________自制了世界上第一台显微镜，其放大倍数为 50~300 倍。________是微生物学的奠基人，他使微生物学开始形成独立的学科。________是细菌学的奠基人，在病原菌的研究、细菌的分离培养等方面作出了杰出贡献。________用酵母菌无细胞压榨汁进行酒精发酵，将微生物学推进到了生化研究的阶段。

3. 普通光学显微镜由________系统和________系统组成。

4. 普通光学显微镜的物镜包括________、________和________ 3 种。

5. 显微镜的放大倍数是________的放大倍数和________的放大倍数的乘积。

6. 微生物的命名是采用双名法，由__________名和__________名组成，用斜体表示。

7. 微生物类群包括________生物、________生物和________生物。

8. 微生物能耐高（低）温、耐酸碱、耐毒物、抗高压、抗辐射、抗高盐等，表明微生物具有________特点。微生物结构简单，缺乏免疫监控系统，繁殖快、与外界环境直接接触，决定了微生物具有________特点。

二、单项选择题

9. 巴斯德通过曲颈瓶试验，(　　)

A. 证明微生物致病　　B. 驳斥自然发生说

C. 认识微生物的化学结构　　D. 提出细菌和原生动物分类系统

10. 下述微生物中，不属于原核微生物的是（　　）

A. 支原体　B. 沙眼衣原体　C. 噬菌体　D. 大肠杆菌

11. 新型冠状病毒（2019-nCoV）不敏感的是（　　）

A. 过氧乙酸　B. 抗生素　C. 高温　D. 紫外线

12. 光学显微镜的机械部分不包括下面的（　　）

A. 镜座　B. 光圈　C. 升降调节器　D. 反光镜

13. 发明了固体培养基，并建立了分离纯化微生物的技术的是哪位科学家（　　）

A. 巴斯德　B. 列文虎克　C. 柯赫　D. 布赫纳

14. 显微镜不能作为光源的是（　　）

A. 直射阳光　B. 散射光　C. 日光灯　D. 显微镜灯

15. 下面关于显微镜的使用方法，错误的是（　　）

A. 搬动显微镜时，应左手托镜座，右手握镜臂

B. 显微镜应避免暴晒

C. 显微镜使用后，需用擦镜纸蘸无水酒精擦拭镜头

D. 显微镜用完后，取下标本片，经聚光器降下，再将物镜转成“八”字形。

三、判断题

16. 细菌、放线菌、蓝细菌、支原体和原生动物都属于原核生物类群。(　　)

17. 微生物学的生理学时期，主要代表人物有巴斯德，他发明了固体培养基和微生物的鞭毛染色方法。(　　)

18. 微生物适应性强，但不能在极端环境中生存。(　　)

19. 微生物代谢非常旺盛，对自然界物质转化非常重要。(　　)

20. 使用光学显微镜时，如采用小的放大倍数，需放大光圈，上升聚光镜，以获得明亮的光线。(　　)

21. 分辨率是显微镜能辨别两个点之间最小距离的能力。(　　)

22. 光学显微镜的物镜放大倍数越大，工作距离越短。

23. 光学显微镜应直立放置在身体正前方，以便于观察。

24. 使用低倍镜观察后，将高倍镜转至正下方，需再次调节粗调旋钮，才可观察到清晰的物像。

25. 任何一种微生物的每一个不同来源的纯培养物均可称为某菌种的一个菌株。

四、综合题

26. 举例说明微生物的特点。

27. 试讨论微生物的多样性。

28. 试讨论我国人民在微生物学发展史上的地位。

29. 比较普通光学显微镜低倍镜、高倍镜和油镜各方面的差异，并说明使用油镜时要注意的关键问题。

30. 举例说明微生物在推动生命科学基础理论研究中的贡献。

单元一　同步练习

【1+X 证书和技能竞赛考试内容】

	内容	1+X 证书考试内容	技能竞赛内容
知识	(1)显微镜的构造和原理	√	
	(2)显微镜的使用和维护	√	√
能力	正确使用与维护显微镜	√	√
素质	(1)严谨求实的科学态度	√	√
	(2)精益求精的工匠精神	√	√

显微镜的使用操作技能评分标准

班 级		姓 名		组 别	

评分要素	分 值	评分细则	得 分
检查实验器材	5 分	器材摆放位置合理，材料准备充分，得 5 分	
		器材摆放不合理，开始实验后从非操作区取用器材，扣 3 分	
		实验前未进行检查即开始做实验，此项不得分	

续表

评分要素	分 值	评分细则	得 分
取镜	4 分	取镜时应右手握住镜臂,左手托镜座,得 4 分	
		错误的拿起显微镜,扣 3 分	
	3 分	保持镜体直立,不倾斜,安放时,动作要轻,得 3 分	
		放置过重,扣 3 分	
	3 分	放在座位的左侧,离实验桌 7~10cm 处,得 3 分	
		放置位置不正确,扣 3 分	
对光	5 分	转动物镜转换器,使低倍镜对准载物台上的通光孔,得 5 分	
		转动转换器时直接用手扳物镜,此项不得分	
	5 分	转动遮光器,使用最大光圈对准通光孔,然后左眼对准目镜注视,右眼睁开,得 5 分	
		高倍镜对准载物台,此项不得分	
	5 分	用手翻转反光镜,使视野中呈现亮白色(评委应检查是否达到要求),得 5 分	
		视野亮度不够,扣 3 分	
放玻片	10 分	将要观察的永久玻片标本放在载物台上,用压片夹压住玻片的两端,玻片的标本正对通光孔中心,得 10 分	
		压片不紧,扣 3 分	
		玻片不在通光孔中心,扣 5 分	
低倍镜的使用	5 分	使用低倍镜时,两眼从侧面注视物镜,旋转粗准焦螺旋使镜筒下降,直至物镜距离载物台 5mm 时停止,得 5 分	
		用单眼看显微镜,扣 3 分	
		镜筒下降时眼睛注视目镜,扣 5 分	
	5 分	接着用左眼在接目镜中观察,同时按逆时针方向向后,向内调节粗准焦螺旋使镜筒缓缓上升,得 5 分	
		使用物镜不是先降后升,此项不得分	
	10 分	直到看到标本物像在调节细准焦螺旋,得 10 分	
		看到的物像模糊,扣 5 分	
高倍镜的使用	15 分	使用高倍镜时应先在低倍镜中找到要观察的物像,将其调至视野中央,转动转换器换高倍镜观察,得 15 分	
		转动转换器过程中错误操作,扣 5 分	
		转动转换器速度过快,扣 3 分	
	15 分	未将目标物像移至视野中央,扣 5 分	
		转换高倍镜后只需略调细调节螺旋就能看到清晰的图像,且此过程中镜头未与玻片接触,得 15 分(若镜头不是配套的,应先略升高镜筒再慢慢下降镜筒,使高倍镜靠近玻片,再进行调节)	
		接触玻片,扣 3 分	
		图像不清晰,扣 3 分	
		调节粗准焦螺旋,扣 10 分	
		转动转换器时速度如果过快,扣 5 分	
		压碎装片,此项不得分	

续表

评分要素	分值	评分细则	得分
显微镜使用后整理	4分	先升高镜筒,取下装片,再转动转换器使镜头偏于两旁,反光镜垂直放置,得4分	
		镜头放置错误,扣3分	
		反光镜放置错误,扣3分	
	4分	然后下降镜筒,擦净镜体,装入镜箱,得4分	
		装片未取下,扣3分	
清洁桌面	2分	整理清洁好桌面,得2分	
		未清洁,此项不得分	
总得分	100分		

学习单元二

微生物的形态观察

【知识目标】

1. 了解常见细菌、酵母菌、霉菌、病毒、放线菌及其他微生物。
2. 理解细菌、酵母菌、霉菌、病毒、放线菌的繁殖过程。
3. 掌握细菌、酵母菌、霉菌、病毒的形态与结构，细菌、酵母菌和霉菌的形态观察方法，微生物细胞大小和数目的测定技术。

【能力目标】

培养学生观察微生物形态结构的能力。

【素质目标】

1. 增强民族自信、文化自信，培养政治认同、家国情怀。
2. 培养踏实勤奋、严谨求实的工作作风，精益求精的工匠精神。
3. 培养团队合作精神。

微生物类群包括细胞型微生物和非细胞型微生物。细胞型微生物按其细胞结构又可分为原核细胞和真核细胞。真核微生物和原核微生物细胞的根本区别在于细胞核，真核细胞的细胞核具有核膜和核仁，遗传物质以染色体形式存在；原核细胞的细胞核没有核膜和核仁，不具有真正的核结构，其遗传物质只是一条裸露的 DNA（表 2-1）。

表 2-1　原核细胞与真核细胞的比较

比较项目	原核细胞	真核细胞
细胞大小	较小（通常直径<2μm）	较大（通常直径>2μm）

续表

比较项目	原核细胞	真核细胞
细胞壁的主要成分	多数为肽聚糖	纤维素,几丁质或没有细胞壁
细胞器	无	有
鞭毛结构	如有,则细而简单	如有,则粗而复杂
核		
核膜	无	有
DNA 含量	高(约 10%)	低(约 5%)
组蛋白	无	有
核仁	无	有
染色体数	一般为 1	一般>1
有丝分裂	无	有
减数分裂	无	有
细胞质		
核糖体	70S	80S(指细胞质核糖体)
间体	部分有	无
繁殖方式	一般为无性(二分裂)	有性、无性等多种

项目一 细菌的形态观察

细菌发电

知识讲解

细菌是自然界分布最广、数量最多，与人类关系十分密切的一类微生物，有不同的形状及大小，结构简单、细胞壁坚韧、以典型二分裂繁殖、单细胞的原核微生物。研究细菌对工农业生产，诊断、预防动植物及人类疾病有重要的意义。

中华人民共和国成立后，我国科技工作者发挥高昂的科学精神，发扬自主创新能力，结合我国具体国情，很好地控制了由细菌引起的传染病，发掘了众多有益细菌应用于生产实践，产生了极其巨大的经济效益、社会效益和生态效益。

一、细菌的形态与大小

（一）细菌的形态

大多数细菌的形态就是细胞的形态，形状呈球形或近球形的细菌称为球菌；形状近圆柱形的细菌称为杆菌；螺旋形的细菌称为螺旋菌。除了球状、杆状和螺旋状 3 种基本形态外，还有少数细菌呈丝状、三角形、方形和圆盘形等。

1. 球菌

按其细胞排列方式又可分为单球菌、双球菌、四联球菌、八叠球菌、葡萄球菌和链球菌（图 2-1）。

（1）单球菌　细胞分裂沿一平面进行，分裂后细胞分散而独立存在，如尿素小球菌。

（2）双球菌　细胞分裂沿一平面进行，分裂后新形成的两个球形细胞成对排列，如肺炎双球菌。

（3）四联球菌　细胞分裂沿两个相互垂直的平面进行，两次分裂后形成的细胞呈田字形排列，如四联小球菌。

（4）八叠球菌　细胞分裂沿三个相互垂直的平面进行，分裂后每八个细胞特征性地叠在一起呈一个立方体，如尿素八叠球菌。

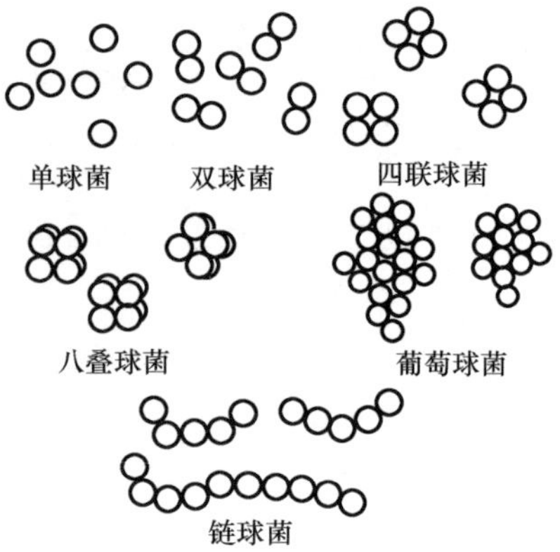

图 2-1　球菌

（5）葡萄球菌　细胞分裂面不规则，新形成的多个球菌聚在一起，如同一串葡萄，如金黄色葡萄球菌。

（6）链球菌　细胞分裂沿一平面进行，而第二次分裂与第一次分裂面平行，分裂后的细胞呈链状排列。

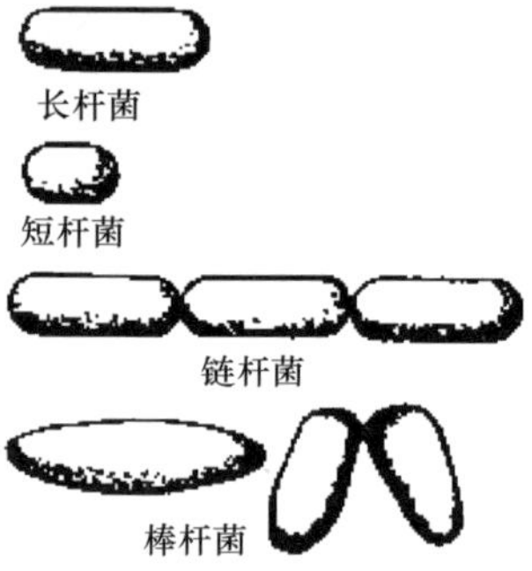

图 2-2　杆菌

2. 杆菌

杆状的细菌称为杆菌。因菌种不同，菌体细胞的长短、粗细等都有差异。杆菌的形态呈多样性。杆菌按其细胞的长宽比及排列方式又可分为长杆菌、短杆菌、链杆菌和棒杆菌（图 2-2）。杆菌的长宽比相差很大，其两端常呈不同的形状，有半圆形、钝圆形、平截形、略尖形等形态；菌体有笔直、稍弯曲和纺锤状等而显得多样化。一般而言，同一种杆菌的粗细较为稳定，但它的长度经常随培养时间、培养条件的变化而呈现出较大的变化。

3. 螺旋菌

按其弯曲旋转程度不同又可分为弧菌、螺旋菌和螺旋体（图 2-3）。它们在细菌中种类较少，螺旋菌细胞壁较坚韧，菌体较硬，常以单细胞分散存在。

（1）弧菌　菌体略弯曲，螺旋不满一环，往往有偏端单生或丛生鞭毛，如霍乱弧菌。这类菌与略微弯曲的杆菌难以区分。

（2）螺旋菌　菌体回转呈螺旋状，螺旋满 2~6 环。螺旋程度、螺距随菌种而异，有的较短，螺旋紧密；有的较长，呈较多螺旋和弯曲，往往细胞的两端有鞭毛，如干酪螺菌。

（3）螺旋体　介于细菌和原生动物间的原核微生物。与螺旋菌的结构接近，但因为无细胞壁，所以菌体

图 2-3　螺旋菌

很柔软。其螺旋在 6 环以上，有的细菌中央有弹性轴丝，如梅毒密螺旋体。

这 3 大类细菌中，杆菌在细菌中种类最多，发酵工业上常用的是球菌和杆菌，尤以杆菌最为重要，螺旋菌主要为病原菌。

在多数情况下，细胞的形状和排列方式是各种微生物的特征，它们与环境因素有关，如培养的温度、培养基的成分与浓度、pH、菌龄等。各类细菌在未衰老前和适宜的培养条件下，一般表现正常的细胞形态和排列。但衰老后或培养条件有较大改变后，就常引起变化，尤以杆菌为甚。

（二）细菌的大小

细菌的体积很难确定，因为在固定和染色过程中，体积大大缩小。细菌细胞必须用光学显微镜的油镜才能观察清楚，测量细菌大小的单位为微米（μm）。球菌直径一般在 0.5~1.0μm，杆菌大小为（0.5~1.0）μm×（1.0~3.0）μm。一个典型细菌的大小可用 *E. coli* 作代表，其细胞的平均长度约 2μm，宽度约 0.5μm。影响菌体形态的因素也会影响菌体的大小。一般幼龄菌比成熟菌或老龄菌的菌体大，如培养 4h 的枯草杆菌比培养 24h 的细胞长 5~7 倍，但宽度变化不大。

二、细菌的细胞结构

细胞结构可分为两类：一类是所有细菌细胞所共有，称为一般结构或基本结构，包括细胞壁、细胞膜、细胞质、间体、核糖体、核质、内含物颗粒；另一类是部分种类才有或在特殊环境下才形成的构造，称为特殊结构，主要有荚膜、鞭毛、伞毛、芽孢（图 2-4）。

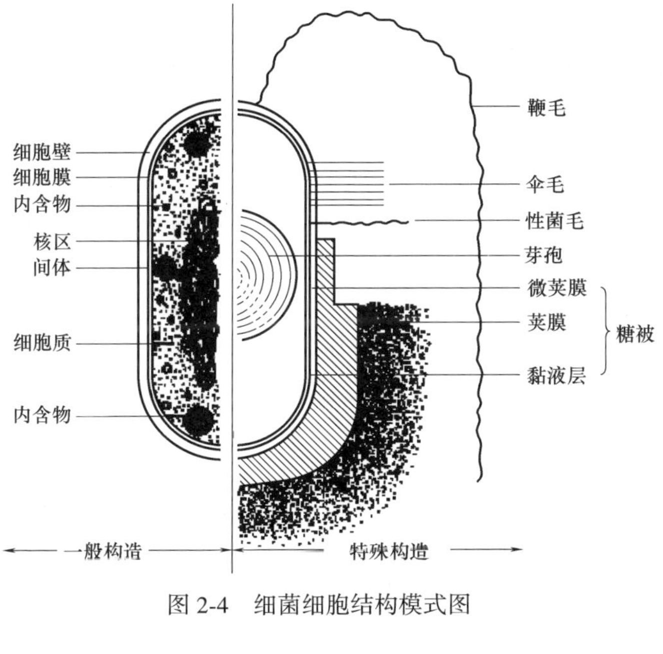

图 2-4　细菌细胞结构模式图

(一) 细胞的一般结构

1. 细胞壁

细胞壁是细菌细胞的外壁，较坚韧而略有弹性，具有保护细胞和维护细胞成形的功能。通过染色、质壁分离或制成原生质体后用光学显微镜观察，可证实细胞壁的存在；用电子显微镜观察细菌超薄切片等方法，可确证细胞壁的存在。

细胞壁的主要功能有：固定细胞外形，保护细胞免受外力的损伤；协助；为细胞生长、分裂、鞭毛运动所必需；阻拦有害物质进入细胞；与细菌的抗原性、致病性和对噬菌体的敏感性密切相关。

根据细菌细胞壁结构的区别，革兰染色法可将细菌分为革兰阳性菌（G^+）与革兰阴性菌（G^-）两大类。革兰阳性菌细胞壁主要由肽聚糖组成，革兰阴性菌则主要由脂多糖和蛋白质组成，而且覆盖在肽聚糖层的外面（表 2-2）。

表 2-2　细胞壁的结构和化学成分

性质	革兰阳性菌	革兰阴性菌
肽聚糖	含量很高(一般为 90%)	含量很低(5%~20%)
磷壁酸	含量较高(<30%)	无
脂质	一般无(<2%)	含量较高(约 20%)
蛋白质	无或少量	含量较高
脂多糖	无	有
脂蛋白	无	有
厚度	厚(20~80nm)	薄(8~11nm)

注：少数细菌，如嗜盐菌、产甲烷菌和硫化叶菌属没有肽聚糖。

革兰染色的原理：由于这两类细菌细胞壁的结构和组成不同，当用结晶紫初染后，所有细菌都被染成初染剂的蓝紫色。碘作为媒染剂，它能与结晶紫结晶合成结晶紫-碘的复合物，从而增强了染料与细菌的结合力。当用脱色剂处理时，两类细菌的脱色效果不同。革兰阳性菌的细胞壁由肽聚糖形成致密的网状结构，且壁厚、类脂质含量低，用乙醇（或丙酮）脱色时细胞壁脱水、使肽聚糖层的网状结构孔径缩小，透性降低，从而使结晶紫-碘的复合物不易被洗脱而保留在细胞内，经脱色和复染后仍保留初染剂的蓝紫色。革兰阴性菌的细胞壁肽聚糖层较薄、类脂含量高，所以进行脱色处理时，类脂质被乙醇（或丙酮）溶解，细胞壁透性增大，使结晶紫-碘的复合物较容易被洗脱出来，用复染剂复染后，细胞被染上复染剂的红色。

2. 细胞膜

细胞膜也称为细胞质膜或质膜等，是指紧靠细胞壁内侧、包裹细胞质的一层柔软而富有弹性的半透性薄膜，厚 7~8nm。细胞膜是选择性膜，在营养的吸收和代谢物的分泌方面具有关键作用。

（1）细胞膜的结构　细胞膜是一种单位膜，约占细胞干重的10%，主要由蛋白质（占60%~70%）和磷脂（占20%~30%）组成，并以磷脂双分子层为其基本结构。在常温下，磷脂双分子层呈液态，其中镶嵌着多种具有运输功能的蛋白质（图2-5）。

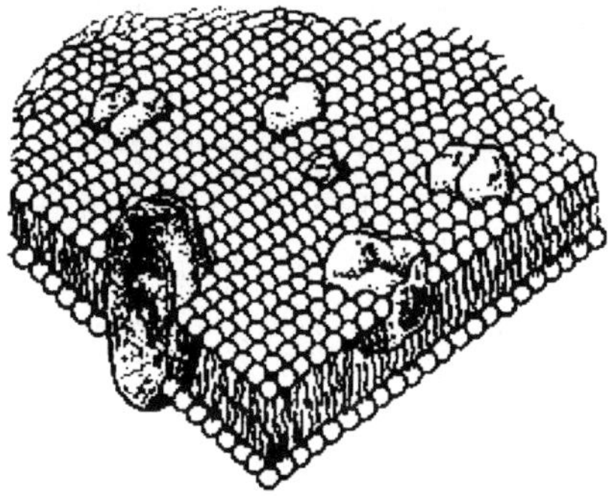
图2-5　细胞膜结构图

（2）细胞膜的功能　选择性地控制营养物质及代谢产物的进出，使细菌能在各种化学环境中吸收所需的营养物质，排出过多的代谢产物；维持细胞内正常的渗透压；合成细胞壁和糖被的各种组分的重要场所；膜上含有氧化磷酸化或光合磷酸化等能量代谢的酶系，是细胞的产能场所；细胞膜还是鞭毛的着生点和运动的功能部位。

3. 间体

由于细胞质膜的面积比包围细胞所需要的面积大许多倍，使得大量的细胞质膜内陷，由细胞膜内褶形成的一种管状、层状或囊状结构，称为间体（或中体）。其功能可能与某些酶如青霉素酶的分泌有关，也可能与DNA复制、分配及细胞分类有关。

4. 细胞质

除核区以外，包在细胞膜以内的无色、透明、黏稠的胶状物质均为细胞质。其含水量约80%，主要成分为核糖体（由50S大亚基和30S小亚基组成）、贮藏物、酶类、中间代谢物、质粒、各种营养物和大分子的单体等，少数细菌还有类囊体、羧酶体、气泡或伴孢晶体等。形状较大的颗粒状构造称为内含物。细胞质是细胞的内在环境，含有各种酶系统，具有生命活动的所有特征，能使细胞与周围环境不断进行新陈代谢活动。由于细胞质内含有占固形物量15%~20%的核糖核酸，所以呈酸性，易为碱性和中性染料着色，老龄细胞中核酸可作为氮源和磷源消耗，所以其着色力不如幼龄细胞。

5. 内含物

细菌细胞的细胞质常含有各种颗粒，它们大多为细胞贮藏物质，称为内含物颗粒。颗粒的多少随菌龄和培养条件的不同而有很大的变化。其成分为糖类、脂类、含氮化合物及无机物等。这些颗粒物质主要有以下5种。

（1）异染颗粒　无机偏磷酸的聚合物，其功能是贮存磷元素和能量，当培养基中缺磷时，它可作为磷的补充源，并可降低细胞的渗透压。

新型“绿色塑料”聚羟基脂肪酸酯

（2）聚β-羟丁酸颗粒（PHB）　属于类脂性质的碳源类贮藏物，不溶于水，是碳源和能源的贮藏物，具有降低细胞渗透压的作用。在某些细菌干细胞中的含量高达 70%~80%。

（3）肝糖原与淀粉粒　细菌的多糖贮存物，通常均匀分布在细胞质内，颗粒较小。

（4）脂肪粒　细菌在旺盛生长时脂肪粒的数目和量均随之增加，细胞破坏后脂肪粒可游离出来。

（5）液泡　许多活细菌细胞内有液泡，液泡内充满水分和盐分。液泡具有调节渗透压的功能，液泡内物质可与细胞质进行物质交换。

6. 核糖体

核糖体是分散在细胞质中的亚显微颗粒，其含有的核酸体由 60%的核糖核酸和 40%的蛋白质组成，直径约为 20nm，其沉降系数为 70S，其中大亚基 50S，小亚基 30S。在完整细胞中，核糖体常聚结成不同大小的聚合体，称为聚核糖体。核糖体是蛋白质的合成场所，其数量的多少与蛋白质合成直接相关，往往随着菌体生长速率而变化。

7. 核质

核质也称为拟核、原核、核区或核基因组，是指原核微生物特有的无核膜结构，无固定形态的原始细胞核。构成核质的主要物质是一个大型环状双链 DNA 分子，还有少量的蛋白质与之结合。在细菌细胞中有一个或几个核质，每个细胞所含有的核质数与该细胞的生长速度有关，一般为 1~4 个。其功能是存储、传递和调控遗传信息。核质外面没有核膜，核质中极大部分空间被卷曲的 DNA 双螺旋所填满。每个核质可能只有一个单位呈环状的 DNA 分子。

黄原胶

（二）细胞的特殊结构

1. 荚膜

包被于某些细菌壁外的一层厚度不定的胶状物质，称为荚膜。荚膜的有无、厚度因菌种和环境不同而异，根据荚膜的形状和厚度的不同可分为 4 种情况：

（1）（大）荚膜　胶状物质具有一定外形，相对稳定地附着在细胞壁外，厚度可达 200nm。

（2）微荚膜　胶状物质厚度小于 200nm，与细胞表面结合较紧。

（3）黏液层　胶状物质稀疏地附着，没有明显的边缘，只形成一个扩散层，可扩散到周围环境中，使培养基的黏度增加。

（4）菌胶团　通常每个菌体外包围一层荚膜，但有些细菌的荚膜物质相互融合连在一起组成共同的荚膜，多个细菌存在于一个共同的荚膜内，称为菌胶团。

荚膜含水量很高，约占重量的 90%以上。荚膜成分一般是多糖，少数是蛋白质或多肽，也有多糖与多肽复合体。

荚膜的生理功能：保护作用。大量极性基团保护菌体免受干旱损伤，防止噬菌体吸附与感染，保护病原菌免遭宿主吞噬细胞的吞噬；贮藏养料，以备营养缺乏时重新利用；作为透性屏障或（和）离子交换系统，可保护细菌免受重金属离子的毒害；表面附着作用；细菌间的信息识别作用；堆积代谢废物。

2. 鞭毛

生长在某些细菌体表的长丝状、波曲形的蛋白质附属物，称为鞭毛。其数目为一到数十根，具有运动功能。一端着生于细胞质内的基粒上，另一端穿过细胞膜、壁伸到外部，成为游离端。鞭毛长 15~20μm，直径约为 20nm。

在各类细菌中，弧菌、螺菌类普遍都有鞭毛；杆菌中，假单胞菌类长有端生鞭毛，其余的有周生鞭毛或没有鞭毛；球菌一般无鞭毛，仅个别属如动球菌属才长有鞭毛。鞭毛在细胞表面的着生方式多样，主要有单端鞭毛菌、端生丛毛菌、两端鞭毛菌和周毛菌等几种（图 2-6），因而鞭毛可作为鉴定菌种的依据。

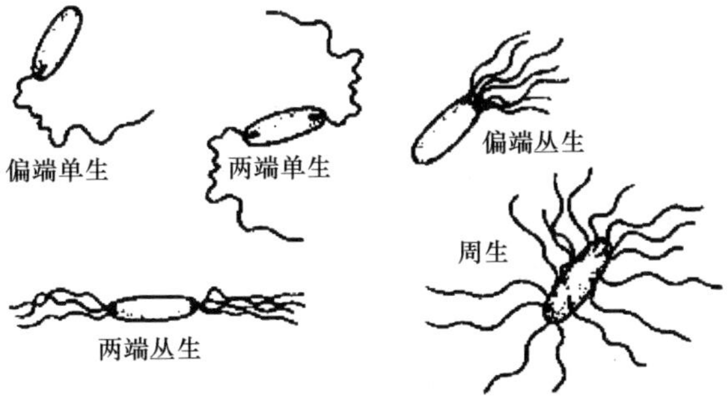

图 2-6　细菌鞭毛的类型

鞭毛虽然是细菌的运动器官，但并不是生命活动所必需的，鞭毛极其容易脱落，也会因遗传变异而消失。幼龄菌带有鞭毛，运动快，老龄菌鞭毛脱落，不能运动。鞭毛与细菌的运动密切相关，其运动速率为 20~80μm/s，即每秒钟的移动距离为细胞长度的 10 倍，甚至数十倍。

3. 菌毛

菌毛又称线毛、纤毛或伞毛，是一种长在细菌体表的纤细、中空、短直且数量较多的蛋白质类附属物，能使菌体附着于物体表面。着生于细胞膜上，直径 3~10nm，每个细菌有 250~300 条菌毛。菌毛多数存在于 G^-致病菌中，其借助菌毛牢固黏附于宿主的呼吸道、消化道、泌尿生殖道等的黏膜上。菌毛不具有运动功能。

4. 芽孢

某些细菌在其生长发育的后期，在细胞内形成一个圆形或椭圆形、厚壁、含水量极低、抗逆性极强的休眠体，称为芽孢。每个营养细胞只能形成一个芽孢，故芽孢无繁殖功能。芽孢是整个生物界中在抗热、抗化学药物、抗辐射和抗静水压等方面抗逆性最强的生命体。

能产生芽孢的细菌属不多，最主要的是革兰阳性菌的两个属，即好氧的芽孢杆菌属和厌氧的梭状芽孢杆菌属；有些微好氧芽孢乳杆菌属、厌氧性脱硫肠状菌属、几种多孢子菌属也能产生芽孢；球菌中除八叠球菌外均不产生芽孢；螺旋菌、弧菌只有少数种能产生芽孢。

（1）芽孢的类型　芽孢的有无、形态、大小和着生位置是细菌分类和鉴定中的重要指标（图 2-7）。

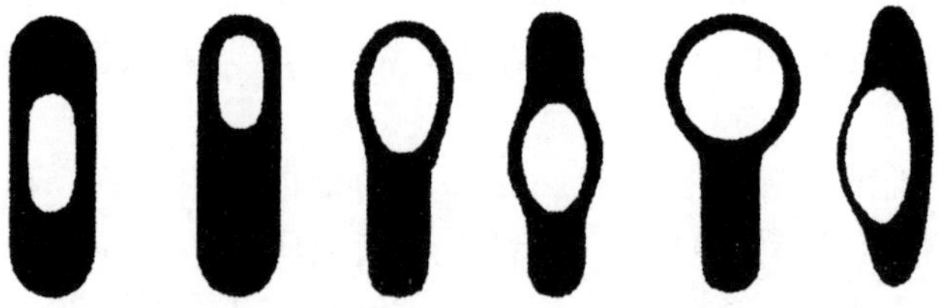

图 2-7　芽孢的类型

多数好氧性的芽孢杆菌形成的芽孢位于细胞中央或近中央的部位，其直径小于细胞的宽度，如枯草芽孢杆菌、巨大芽孢杆菌、蜡状芽孢杆菌等。

多数厌氧芽孢杆菌的芽孢也位于细胞的中央，但直径大于细胞的宽度，因此细胞呈两头小、中间大的梭状。但有些厌氧菌如克氏梭状芽孢杆菌的一些细胞形成的芽孢位于细胞的一端，其直径又大于细胞的宽度，而使细胞呈鼓槌状。

（2）芽孢的构造　芽孢的折光性很强，芽孢壁厚而致密，不易着色。其构造很复杂，有多层结构，主要包括外皮层、内皮层及核（图 2-8）。

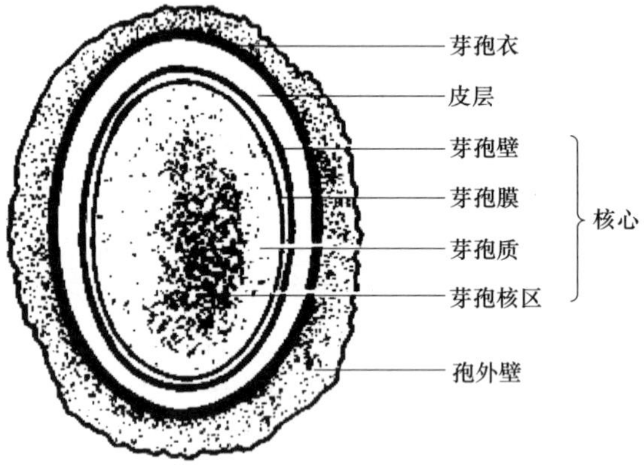

图 2-8　细菌芽孢构造模式图

（3）研究芽孢的意义　芽孢是细菌分类、鉴定中的重要形态学指标。由于芽孢具有高度耐热性，所以用高温处理含菌试样，可以很容易地提高芽孢产生菌的筛选效率。由于芽孢的休眠期特别长，为产芽孢菌的长期保藏带来了极大的方便。由于芽孢具有高度耐热性和其他抗逆性，因此是否能消灭一些代表菌的芽孢也成为衡量各种消毒灭菌手段的最重要的指标。例如肉类易污染产芽孢的肉毒梭菌，该菌繁殖后产生极有毒性的肉毒毒素，危害人类健康。因此食品工厂对肉类罐头进行灭菌时，应在 121℃ 下维持 20min 以上。在发酵工业中，经常会遇到耐热性极强的嗜热脂肪芽孢杆菌的污染，已知其芽孢在 121℃ 维持 12min 才能杀死，因此工业培养基和发酵设备的灭菌至少要在 121℃ 保证维持 15min 以上。如果用热空气进行干热灭菌，则芽孢的耐热性更高，因此，干热灭菌的条件是温度 150～160℃，维持 1～2h。

三、细菌的繁殖

细菌最普遍和最主要的繁殖方式是二分裂法，即细胞的横隔分裂，称作裂殖。

细菌细胞的裂殖过程分为3步（图2-9）：①细菌染色体复制后，细胞核区伸长并分裂，同时在细胞赤道附近的细胞质膜由外向中心做环状推进，闭合形成一个垂直于细胞长轴的细胞质隔膜，并使细胞质和两个“细胞核”分开。②形成横隔膜，随着细胞膜内陷，母细胞的细胞壁向内生长，将细胞质隔膜分成两层，分别成为子细胞的细胞质膜，横隔膜也随之分成两层，每个子细胞都有了一个完整的细胞壁。③将细胞等分为两个子细胞。有的细胞在横隔膜形成后便相互分离，而有的细胞暂时不分离，呈双球菌、双杆菌、链状菌，有些球菌因分裂面的变化而呈四联球菌、八叠球菌。

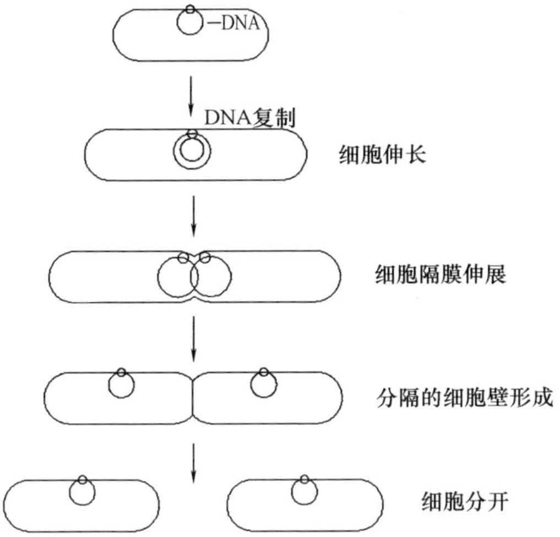

图2-9　细菌的裂殖

四、细菌的培养特征

1. 菌落特征

将单个微生物细胞或少数同种细胞接种到固体培养基上时，在合适的生长条件下，便会迅速在固体表面的某一空间内生长繁殖形成细胞群，即为菌落。因此，菌落就是在固体培养基上（内）以母细胞为中心的一个肉眼可见的、有一定形态、构造的子细胞群。如果菌落是由一个单细胞繁殖而来的，则它就是一个纯种细胞群。如果将某一纯种的大量细胞密集地接种到固体培养基表面，结果长成的各“菌落”相互连接成一片，这就是菌苔。

菌落特征包括菌落大小、形状、边缘和隆起情况、光泽、表面状态、颜色、质地、硬度和透明度等。细菌菌落有共同特征，如湿润、较光滑、较透明、较黏稠、易挑取（菌体和培养基结合不紧密）、质地均匀以及菌落正反面或边缘与中央部位的颜色一致等。这是因为细菌属单细胞生物细胞间没有形态的分化，细胞间隙中都充满吸水的毛细管。

不同细菌的菌落有其特有的特征，例如，无鞭毛的细菌，形成较小、较厚、边缘极其圆整的菌落；有鞭毛的细菌则形成大而扁平、形状不规则和边缘呈锯齿状、波浪状的菌落。有荚膜的细菌，其菌落较大、光滑并呈透明的蛋清状；有芽孢的细菌，菌落粗糙、多褶、不透明、外形及边缘不规则。

2. 其他培养特征

培养特征除了菌落外，还包括在软琼脂穿刺培养中的生长、在明胶穿刺培养中的生长、在琼脂斜面上划线培养特征和在肉汤表面的生长。

在软琼脂培养基上进行穿刺培养可以鉴定细菌的运动特征，不能运动的细菌只能沿穿刺线部分生长，能运动的细菌则向穿刺四周扩散生长。细菌若能在明胶培养基中生长繁殖，则说明它能产生明胶酶（即蛋白酶）水解明胶，明胶被水解后会形成一定形状的溶解区。在肉汤中培养细菌可以观察其液体培养特征。一般培养 1~3d 后可以观察其表面（膜和环等）的生长情况、浑浊程度、沉淀情况、有无气泡和颜色等。

知识拓展

一、细菌的致病性

（一）细菌的毒力

构成病原菌毒力的主要因素是侵袭力和毒素。

1. 侵袭力

侵袭力是指细菌突破机体的防御机能，在体内定居、繁殖及扩散、蔓延的能力。构成侵袭力的主要物质有细菌的酶、荚膜及其他表面结构物质。

（1）细菌的胞外酶　本身无毒性，但在细菌感染的过程中有一定作用。

（2）荚膜与其他表面结构物质　细菌的荚膜具有抵抗吞噬及体液中杀菌物质的作用。

有些细菌表面有其他表面物质或类似荚膜物质，不仅能阻止吞噬，并有抵抗抗体和补体的作用。

2. 毒素

细菌毒素按其来源、性质和作用的不同，可分为外毒素和内毒素两大类。

（1）外毒素　有些细菌在生长过程中，能产生外毒素，并可从菌体扩散到环境中。外毒素毒性强，小剂量即能使易感机体致死。产生外毒素的细菌主要是某些革兰阳性菌，也有少数是革兰阴性菌。

（2）内毒素　内毒素存在于菌体内，是菌体的结构成分。细菌在生活状态时不释放出来，只有当菌体自溶或用人工方法使细菌裂解后才释放，故称为内毒素。大多数革兰阴性菌都有内毒素。

（二）细菌侵入的数量和适当的侵入部位

病原微生物引起感染，除必须有一定毒力外，还必须有足够的数量和适当的侵入部位。有些病原菌毒力极强，极少量的侵入即可引起机体发病，有数个细菌侵入就可发生感染。而对大多数病原菌而言，需要一定的数量才能引起感染，少量侵入，易被机体防御机能所清除。

病原菌的侵入部位也与感染发生密切相关，多数病原菌只有经过特定的门户侵入，并在特定部位定居繁殖，才能造成感染。病原菌的这种特性是它的寄生与机体免疫系统抗寄生的相互作用，在长期进化过程中相互适应的结果。

二、细菌感染的类型

病原菌在一定条件下侵入机体，与机体相互作用，并产生病理生理过程，称为感染或传染。传染过程的发展与结果，取决于病原菌的毒力、数量、机体的免疫状态以及环境因素的影响。

外源性感染：指由来自宿主体外的病原菌所引起的感染。传染源主要包括传染病患者、恢复期患者、健康带菌者，以及病畜、带菌动物、媒介昆虫等。

内源性感染：有少数细菌在正常情况下，寄生于人体内，不引起疾病。当机体免疫力降低时，或者由于外界因素的影响，如长期大量使用抗生素引起体内正常菌群失调，由此而造成的感染称为内源性感染。

当机体有较强的免疫力，或入侵的病原菌数量不多，毒力较弱时，感染后对机体损害较轻，不出现明显的临床症状，称为隐性感染。通过隐性感染，机体仍可获得特异性免疫力，在防止同种病原菌感染上有重要意义。

当机体免疫力较弱，或入侵的病原菌毒力较强，数量较多时，则病原微生物可在机体内生长繁殖，产生毒性物质，经过一定时间相互作用（潜伏期），如果病原微生物暂时取得了优势地位，而机体又不能维护其内部环境的相对稳定性时，机体组织细胞就会受到一定程度的损害，表现出明显的临床症状，称为显性感染，即一般所谓传染病。显性感染的过程在体内可分为潜伏期、发病期及恢复期。显性感染临床上按病情缓急分为急性感染和慢性感染；按感染的部位分为局部感染和全身感染。

三、常见细菌

1. 乳酸菌

乳酸菌有球状菌和杆状菌两种，革兰阳性菌，大多数不运动，运动的乳酸菌为周生鞭毛。乳酸菌无芽孢，通常排列成链，当周围环境中有碳水化合物时，能够旺盛地生长繁殖。可直接发酵乳糖，过氧化氢酶阴性，大多数无色素。根据细胞呈球状或杆状，乳酸菌科可分为链球菌族和乳酸杆菌族。

2. 醋酸杆菌

属于醋酸单胞菌属，细胞从椭圆到杆状，单生，成对甚至成链。醋酸杆菌有两种类型的鞭毛，即周生鞭毛和极生鞭毛，周生鞭毛醋酸菌可以氧化分解醋酸为水和二氧化碳，而端生鞭毛的醋酸菌不能进一步氧化醋酸，它们都是革兰阴性杆菌。

3. 肠杆菌科

肠杆菌科在自然界中分布较广，大部分为肠道共生菌、传染病菌或其他动物致病菌，一部分是致病菌，还有些是腐生菌。细胞短而直，(0.4~1.0)μm×(1~4)μm。革兰阴性，无芽孢，以周毛运动，能够分解碳水化合物为有机酸、二氧化碳和水等，还原硝酸盐为亚硝酸盐。

大肠埃希菌，即大肠杆菌，细胞呈杆状，0.5μm×(1.0~3.0)μm，有时呈近似球状，有的呈长杆状，革兰染色阴性菌，运动或不运动，运动者周生鞭毛。一般无荚膜，无芽孢，琼脂菌落白色到黄白色，边缘为全缘到波状，光滑闪光，扩展。牛奶中迅速产酸凝固，不胨化，有时还原。明胶不液化。产生吲哚，甲基红阳性，V. P. 试验阴性，不利用柠檬酸盐。

4. 枯草杆菌

枯草杆菌属于芽孢杆菌属，细胞 (0.7~0.8)μm×(2.0~3.0)μm，单个，着色均匀，无荚膜，周生鞭毛，运动，革兰阳性。芽孢 (0.6~0.9)μm×(1.0~1.5)μm，椭圆到柱状，中生到近中生，壁薄。芽孢囊不明显膨大，常为两端染色，菌落粗糙，不透明，不闪光，扩张，污白色或微黄色。液化明胶，胨化牛奶，还原硝酸盐，水解淀粉，好氧，分解色氨酸生成吲哚。该菌广泛应用于制备蛋白酶、淀粉酶、5′-核苷酸酶、某些氨基酸、核苷等。

实训一 细菌的形态观察

一、简单染色法

(一) 目的要求

1. 学习微生物制片、染色的基本技术，掌握细菌的简单染色法。
2. 掌握油镜的使用方法和无菌操作技术。

(二) 基本原理

细菌个体微小，观察个体形态时，一般需经过染色。简单染色法是利用单一染料对细菌进行染色的方法，适用于菌体一般形状和细菌排列的观察。

常用碱性染料进行简单染色，细菌细胞通常带负电荷，而碱性染料在电离时，其分子的染色部分带正电荷。因此碱性染料的染色部分很容易与细菌结合使细菌着色。经染色后的细菌细胞与背景形成鲜明的对比，在显微镜下更易于识别。常用作简单染色的染料有美蓝、结晶紫、碱性复红、孔雀绿和中性红等。当细菌分解糖类产酸使培养基 pH 下降时，细菌所带正电荷增加，可用伊红、酸性复红、刚果红和藻红等酸性染料染色。

（三）材料与仪器

1. 菌种

18~24h 的金黄色葡萄球菌和大肠杆菌营养琼脂斜面培养物。

2. 染色剂

吕氏碱性美蓝（或草酸铵结晶紫）染液、齐氏石炭酸复红染液。

3. 仪器或其他用具

显微镜、酒精灯、载玻片、接种环、香柏油、二甲苯、擦镜纸、吸水纸、无菌水等。

（四）操作步骤

简单染色——无菌操作取菌　简单染色——制片

1. 涂片

取两块载玻片，各滴一小滴（或用接种环挑取 1~2 环）无菌水（或蒸馏水）于玻片中央，用接种环以无菌操作分别从金黄色葡萄球菌和大肠杆菌斜面上挑取少许菌苔于水滴中，混匀并涂成直径 1cm 的薄膜。若用菌悬液（或液体培养物）涂片，可用接种环挑取 2~3 环直接涂于载玻片上。

载玻片要洁净无油迹；滴无菌水和取菌不宜过多；涂片要涂抹均匀，不宜过厚。制片是染色的关键，菌体涂布不均匀，会造成染料的大面积堆积，使观察结果不理想。

2. 干燥

最好在室温下自然干燥，如为了干燥快些，可将涂面向上，手持玻片一端的两边，小心地在酒精灯火焰外焰处微微加热，使水分蒸发，不能靠火焰太近或加热时间过长，以防温度过高会破坏菌体形态。

3. 固定

涂面朝上，通过火焰 2~3 次。目的是杀死微生物，使细胞质凝固，以固定细胞形态，并使之牢固附着在载玻片上，改变染料对细胞的通透性。

固定温度不宜过高（以玻片背面不烫手为宜），否则会改变甚至破坏细胞形态。冷却后进行染色。这种固定法在微生物实验中虽然应用较为普遍，但在研究微生物细胞结构时不适用，而应采用化学固定法。

4. 染色

将玻片平放，滴加染液于涂片上（染液以刚好覆盖涂片薄膜为宜）。吕氏碱性美蓝染色 1~2min；石炭酸复红（或草酸铵结晶紫）染色约 1min。

5. 水洗

倒去染液，用自来水冲洗，直至涂片上流下的水为无色为止。水洗时，不能用水直接冲洗涂面，而是使水从载玻片的一端流下，流过涂面。水流不宜过急、过大，以免涂片薄膜脱落。

6. 干燥

自然干燥，或用电吹风吹干，也可用吸水纸吸干。

7. 镜检

涂片干燥后镜检。低倍镜观察后，再换用油镜观察。

油镜的使用

（五）实训报告内容

1. 根据观察结果，分别绘制在低倍镜和油镜下观察到的细菌形态，同时注明物镜放大倍数和总放大率。

2. 说明制备细菌染色标本时，应该注意的环节。

3. 如果涂片未经热固定，将会出现什么问题？如果加热温度过高、时间太长，又会怎样呢？

二、革兰染色法

（一）目的要求

1. 学习并掌握革兰染色法的操作技术。

2. 了解革兰染色法的原理及其在细菌分类鉴定中的重要性。

（二）基本原理

根据革兰染色反应结果，呈蓝紫色的为革兰阳性细菌（G^+）；呈红色的为革兰阴性细菌（G^-）。G^+细菌细胞壁的肽聚糖层较厚，交联度高，类脂含量少，经乙醇脱水，使肽聚糖层的孔径缩小，通透性降低，结晶紫-碘复合物保留在细胞内，因此菌体呈紫色。G^-细菌的肽聚糖较薄，交联度低，类脂含量高，脱色剂溶解类脂物质，使壁孔径增大，壁通透性增加，使结晶紫-碘复合物易于渗出，细菌被脱色，番红复染后呈红色。

（三）材料与仪器

1. 菌种

培养 18~24h 的金黄色葡萄球菌和大肠杆菌营养琼脂斜面、培养 12~20h 的蜡样芽孢杆菌营养琼脂斜面。

2. 染色剂

草酸铵结晶紫染色液、复方碘液、番红染色液、95%乙醇。

3. 仪器或其他用具

显微镜、酒精灯、载玻片、接种环、香柏油、二甲苯、擦镜纸、吸水纸、无菌水等。

（四）操作步骤

革兰染色——制片

1. 制片

取培养物常规涂片、干燥、固定。注意选择快速生长期的年幼培养物，若细菌太老，会使革兰阳性菌转呈阴性反应；涂片不宜过厚，以免脱色不完全造成假阳性。

2. 初染

滴加结晶紫染色 1min，用水清洗。

3. 媒染

用碘液冲去残水，并用碘液覆盖约 1min，用水清洗。

4. 脱色

用滤纸吸去玻片上的残水，将玻片倾斜，在白色背景下，用滴管流加 95%的乙醇脱色，直至流出的乙醇无紫色时，立即用水清洗。革兰染色结果是否正确，乙醇脱色是关键，脱色不足，阴性菌被误染成阳性菌；脱色过度，阳性菌被误染成阴性菌，脱色时间一般为 20~30s。

5. 复染

用番红液复染约 2min，用水清洗。

6. 镜检

干燥后，用油镜观察。菌体被染成蓝紫色的是革兰阳性菌，被染成红色的为革兰阴性菌。

7. 混合涂片染色

按上述方法，在同一载玻片上，以大肠杆菌和蜡样芽孢杆菌（或金黄色葡萄球菌）作混合涂片、染色、镜检进行比较。

（五）实训报告内容

1. 说明 3 种细菌的染色观察结果（各菌的形状、颜色和革兰染色反应及判断）。

2. 进行革兰染色时，为什么特别强调菌龄不能太老？用老龄细菌染色会出现什么问题？

革兰染色操作技能评分标准

班级		姓名		组别	

评分要素	分值	评分细则	得分
整理台面及消毒	5分	各种实验器材、试剂摆放合理及酒精擦拭正确，得5分	
		物品摆放影响操作，扣2分	
		未按正确顺序摆放染色液，扣1分	
		试管菌种未用酒精擦拭，扣1分	
取菌制片	15分	滴加生理盐水、取菌、涂抹，操作正确、熟练，得15分	
		生理盐水过多扣2分	
		取菌前未灼烧接种环，扣3分	
		接种环未冷却直接取菌，扣3分	
		未涂成均匀薄层、直径大于1cm，扣2分	
		未灼烧多余菌液，扣2分	
		操作不熟练，扣3分	
干燥固定	5分	干燥、固定，操作正确、熟练，得5分	
		未完全干燥或过热，扣2分	
		标本片未按要求通过酒精灯火焰，未试热，扣2分	
		未及时熄灭酒精灯，或方法不正确，扣2分	
革兰染色	20分	按顺序染色，染色时间正确，细小流水冲洗染液，操作熟练正确，得20分	
		结晶紫未覆盖菌面或染色剂过多，扣3分	
		媒染操作不规范，扣3分	
		脱色操作不规范，扣3分	
		复染操作不规范，扣3分	
		玻片水洗操作不规范，一次扣3分	
		操作不熟练，扣5分	
显微镜使用及维护	20分	玻片晾干，镜检操作正确、熟练，视野清晰，得20分	
		玻片未完全干燥直接镜检，扣2分	
		显微镜取放方法不规范，扣2分	
		未正确使用标本夹和移动器，扣2分	
		高倍镜接触香柏油，扣5分	
		染色结果颜色不一致，扣2分	
		显微镜下得不到清晰图像，扣5分	
染色结果	20分	染色红色（或紫色）清晰，菌体颜色、形态、描述正确，指认菌体G^+或G^-正确，得20分	
		红色或紫色不清晰，扣5分	
		菌体颜色描述错误，扣5分	
		菌体形态描述错误，扣5分	
		菌体G^+或G^-指认错误，扣5分	

续表

评分要素	分值	评分细则	得分
结果报告	10分	报告找到革兰阳性球（杆）菌或找到革兰阴性球（杆）菌，有或无芽孢，得10分	
		报告不完整，缺革兰阳性或阴性，扣3分	
		报告不完整，缺球菌或杆菌，扣3分	
		报告不完整，缺有芽孢或无芽孢，扣2分	
文明操作	5分	无器皿破损、操作后清理台面，得5分	
		器皿有破损，扣3分	
		未整理，扣2分	
总得分	100分		

项目二　酵母的形态观察

知识讲解

酵母菌是一个通俗名称，泛指发酵糖类的各种单细胞真菌。普遍认为酵母菌具有这5个特点：个体一般以单细胞非菌丝状态存在；多数出芽繁殖；能够发酵糖类产能；细胞壁通常含有甘露聚糖；常生长在含糖量较高、酸度较大的环境中。

我国医学真菌研究的先驱——林宗扬

酵母菌含有丰富的蛋白质、维生素和各种酶类，广泛应用于食品、医药、化工、饲料等行业。目前可利用酵母菌制造酵母片、核糖核酸、核苷酸、核黄素、辅酶A、细胞色素以及脂肪酶、乳糖酶和多种氨基酸、发酵饲料等产品。酵母菌分布很广，在水果、蜜饯表面以及菜园和果园土壤中最为常见。少数酵母是人类和动物的病原菌。

一、酵母的形态与结构

茶酵母

（一）酵母的个体形态

酵母菌是典型的单细胞真核微生物，细胞形态通常有球形、椭圆形、卵圆形、柠檬形、香肠形等。常见的形态多以卵圆形为主。酵母菌在一定条件下培养，产生的芽体与母细胞不分离形成链状的细胞串，称为假菌丝。通常酵母菌的细胞长5~30μm，宽1~5μm。

(二) 酵母菌的细胞结构

酵母菌具有结构完整的细胞核、线粒体及内质网等细胞器，在光学显微镜下，可清晰分辨个体细胞及模糊地看到细胞内的结构（图 2-10）。

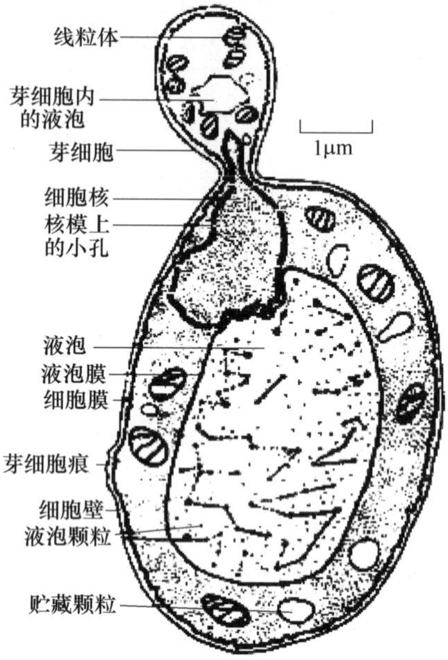

图 2-10　酵母细胞基本结构

1. 细胞壁

酵母细胞壁厚约 25nm，重量占细胞干重的 25%，由特殊的酵母纤维素构成，呈“三明治”结构：外层为甘露聚糖，中间层是蛋白质，内层主要为葡聚糖。

酵母菌出芽繁殖时，子细胞与母细胞分离，在子、母细胞壁上都会留下痕迹，母细胞壁上的位点称为出芽痕，子细胞壁上的位点称为诞生痕。

2. 细胞膜

酵母菌细胞膜的结构与原核生物基本相同，也是三层结构，主要成分是蛋白质（约 50%）、类脂（约 40%）和少量糖类。

3. 细胞质

酵母菌细胞质中含有各种细胞器，有线粒体、内质网、核糖体、高尔基体、液泡、溶酶体、微体等。

4. 细胞核

酵母菌具有明显的细胞核，核由核膜、核仁和核质构成。细胞核是细胞内遗传信息贮存、复制和转录的主要场所，外形为球状或椭圆体状。真核生物都具有形态完整、被核膜包裹着的细胞核，细胞核对细胞的生长、发育、繁殖和遗传、变异等起着决定性的作用。

二、酵母菌的菌落特征

酵母菌菌落与细菌相仿，但由于酵母菌个体细胞较大，胞内颗粒明显，胞间含水量比细菌少以及不能运动等特点，所以菌落较大而厚，外观光滑、湿润、有黏性，较不透明。酵母菌落大多呈乳白色，少数为红色，个别为黑色。假丝酵母因其边缘产生藕节状假菌丝，故细胞易向外围蔓延，使菌落较大，扁平而无光泽，边缘不整齐。

三、酵母菌的繁殖方式

酵母菌的繁殖方式多样，分为无性繁殖和有性繁殖。无性繁殖方式又分芽殖、芽裂和裂殖。有性繁殖方式是产生子囊孢子。只进行无性繁殖的酵母菌称作“假酵母”；具有有性繁殖的酵母称作“真酵母”。

- 酵母菌的繁殖方式
  - 无性
    - 芽殖：各属酵母菌都存在
    - 裂殖：在裂殖酵母属中存在
    - 产无性孢子
      - 节孢子：地霉属产生
      - 掷孢子：掷孢酵母属产生
      - 厚垣孢子：*Candida albicans* 产生
  - 有性（产子囊孢子）：酵母属、接合酵母属等

1. 无性繁殖

（1）芽殖　芽殖是酵母的主要繁殖方式。芽殖开始时，成熟的母细胞一端或两端生出一个小突起，接着细胞核分裂成两个，一个留在母细胞内，另一个随母细胞的部分原生质进入小突起内，小突起逐渐增大，而成为芽体。最后，芽体与母细胞交接处形成新膜，使芽体与母细胞隔离而分开，成为独立生活的新细胞。

一个酵母能形成的芽数是有限的，平均 24 个。出芽的方式有多边出芽、两端出芽、三边出芽、单边出芽等。

芽殖完成后，子细胞可脱离母细胞独立生活，也可与母细胞暂时相接。子细胞在形成后若不脱离母细胞，而继续进行芽殖，这样可以形成许多成串的细胞群，称为酵母的假菌丝。

（2）裂殖　分裂繁殖是少数酵母的繁殖方式，其过程是母细胞延长，横分裂为二，细胞中央出现隔膜，将细胞横分为两个具有单核的子细胞。

（3）芽裂　为芽殖、裂殖的中间类型，母细胞在出芽的同时产生横隔膜。母细胞总在一端出芽，并在芽基处形成隔膜，子细胞呈瓶状。这种方式很少。

2. 有性繁殖

酵母菌以形成子囊孢子进行有性繁殖。

当酵母菌发育到一定阶段，两个性别不同的细胞（单倍体核）接近，各伸出一个小的突起而相互接触，使两个细胞结合起来。然后接触处细胞壁溶解，两个细胞的细胞质通过所形成的融合管道进行质配，两个单倍体核也移至融合管道中发生核配形成二倍体核的接合子。接合子可在融合管道的垂直方向形成芽细胞，然后二倍体核移入芽细胞内。此二倍体细胞可以从融合管道上脱离下来，再开始二倍体营养细胞的生长繁殖。很多酵母菌细胞的二倍体细胞可以进行多代的营养生长繁殖，因而酵母菌的单倍体、双倍体细胞都可以独立存在。

在合适的条件下接合子经减数分裂，双倍体核分裂为 4~8 个单倍体核，其外面包以细胞质逐渐形成子囊孢子，包含在由酵母菌细胞壁演变来的子囊中。子囊孢子又可萌发成单倍体营养细胞。一般一个子囊可产生 4~8 个子囊孢子。孢子数目、大小、形状因种而异。

知识拓展

一、酵母菌生活史

生活史，又称生命周期，指上一代个体经一系列生长、发育阶段而产生下一代个体的全部历程。

由于酵母菌的单倍体细胞和二倍体细胞都有可能独立存在，各自进行生长、繁殖，因此酵母菌的生活史包含了单倍体生长阶段和二倍体生长阶段两个部分。根据单倍体和二倍体生长阶段存在的长短，可以把酵母菌分为 3 种类型。

1. 单双倍体型

啤酒酵母即是典型的单双倍体型的酵母。其特点为：①一般情况下都以营养体状态进行出芽繁殖。②营养体既可以单倍体形式存在，也能以二倍体形式存在。③在特定条件下进行有性繁殖。

单双倍体型酵母生活史：①子囊孢子在合适的条件下发芽产生单倍体营养细胞。②单倍体营养细胞不断进行出芽繁殖。③两个性别不同的营养细胞彼此接合，在质配后即发生核配，形成二倍体营养细胞。④二倍体营养细胞并不立即进行核分裂，而是不断进行出芽繁殖。⑤在特定条件下，二倍体营养细胞转变成子囊，细胞核进行减数分裂，并形成 4 个子囊孢子。⑥子囊经破壁后，释放出单倍体子囊孢子。

2. 单倍体型

单倍体型酵母的主要特点：①营养细胞为单倍体。②无性繁殖以裂殖方式进行。③二倍体细胞不能独立生活，故此阶段很短。

单倍体型酵母生活史：①单倍体营养细胞借裂殖进行无性繁殖。②两个营养细胞接触后形成接合管，发生质配后即进行核配，于是两个细胞连成一体。③二倍体的核分裂 3 次，第一次为减数分裂。④形成 8 个单倍体的子囊孢子。⑤子囊破裂，释放子囊孢子。

3. 二倍体型

二倍体型酵母的主要特点为：①营养体为二倍体，不断进行芽殖，此阶段较长。②单倍体的子囊孢子在子囊内发生接合。③单倍体阶段仅以子囊孢子形式存在，故不能进行独立生活。

二倍体型酵母生活史：①单倍体子囊孢子在孢子囊内成对接合，并发生质配和核配。②接合后的二倍体细胞萌发，穿破子囊壁。③二倍体的营养细胞可独立生活，通过芽殖方式进行无性繁殖。④在二倍体营养细胞内的核发生减数分裂，营养细胞成为子囊，其中形成 4 个单倍体子囊孢子。

二、常见酵母菌

1. 啤酒酵母

啤酒酵母是啤酒生产上常用的典型的上面发酵酵母。除用于酿造啤酒、酒精及其他的饮料酒外，还可发酵面包。啤酒酵母在麦芽汁琼脂上菌落为乳白色，有光泽、平坦、边缘整齐。无性繁殖以芽殖为主。能发酵葡萄糖、麦芽糖、半乳糖和蔗糖，不能发酵乳糖和蜜二糖。

按细胞长与宽的比例，可将啤酒酵母分为3组：第一组的细胞多为圆形、卵圆形或卵形（细胞长：宽<2），主要用于酒精发酵、酿造饮料酒和面包生产。第二组的细胞形状以卵形和长卵形为主，也有圆形或短卵形细胞（细胞长：宽≈2）。这类酵母主要用于酿造葡萄酒和果酒，也可用于啤酒、蒸馏酒和酵母生产。第三组的细胞为长圆形（细胞长：宽>2）。这类酵母比较耐高渗透压和高浓度盐，适合于用甘蔗糖蜜为原料生产酒精。

2. 卡尔斯伯酵母

俗称卡氏酵母。卡氏酵母细胞呈椭圆形或卵形，(3~5)μm×(7~10)μm。在麦芽汁琼脂上，菌落呈浅黄色、软质、具光泽，产生微细的皱纹，边缘产生细的锯齿状，孢子形成困难。能发酵葡萄糖、蔗糖、半乳糖、麦芽糖及棉籽糖。卡氏酵母除了用于酿造啤酒外，还可作食用、药用和饲料酵母，也可用于泛酸、硫胺素、吡哆醇和肌醇等维生素的测定。

3. 异常汉逊酵母异常变种

异常汉逊酵母异常变种的细胞为圆形或椭圆形、腊肠形，大小为（2.5~6)μm×(4.5~20）μm，有的细胞甚至长达30μm，属于多边芽殖，发酵液面有白色菌醭，培养液浑浊，有菌体沉淀于管底。在麦芽汁琼脂上，菌落平坦、乳白色、无光泽、边缘丝状。异常汉逊酵母产生乙酸乙酯，故常在食品风味中起一定作用。

4. 产朊假丝酵母

产朊假丝酵母的细胞呈圆形、椭圆形或腊肠形，大小为（3.5~4.5)μm×(7~13)μm。液体培养不产醭，管底有菌体沉淀。在麦芽汁琼脂上，菌落乳白色、平滑、有或无光泽、边缘整齐或菌丝状。能发酵葡萄糖、蔗糖、棉籽糖，不发酵麦芽糖、半乳糖、乳糖和蜜二糖，不分解脂肪，能同化硝酸盐。产朊假丝酵母的蛋白质含量和维生素B含量均高于啤酒酵母。它能以尿素和硝酸盐为氮源，不需任何生长因子。特别重要的是它能利用五碳糖和六碳糖，能利用于造纸工业中的亚硫酸废液、木材水解液及糖蜜等生产人畜食用的蛋白质。

实训二 酵母菌细胞染色及观察

酵母菌死活细胞的染色

一、酵母菌死活细胞的染色观察

（一）目的要求

1. 观察酵母菌的形态结构及出芽繁殖方式。

2. 了解酵母菌产生子囊孢子的条件及其形态，能区分酵母菌死活细胞。

(二) 基本原理

美蓝是一种弱氧化剂，其氧化型呈蓝色，还原型无色。用美蓝对酵母细胞进行染色，活细胞新陈代谢旺盛，细胞还原力强，进入细胞的美蓝被还原，细胞无色；而死细胞或衰老细胞则被染成蓝色，据此可大致鉴别酵母菌死活细胞。

(三) 材料与仪器

1. 材料

酿酒酵母、热带假丝酵母斜面菌种，PDA 培养基、麦氏（McCLary）培养基(醋酸钠培养基)。

2. 试剂

0.1%美蓝染色液（以 pH6.0 的 0.02mol/L 磷酸缓冲液配制)、碘液、5%孔雀绿、0.5%沙黄液、95%乙醇。

3. 仪器或其他用具

显微镜、载玻片、擦镜纸、盖玻片、接种环等。

(四) 操作步骤

1. 一般形态观察

采用简单的水浸法制片，便可看清酵母菌的基本形态。在一块洁净的载玻片中央滴一滴蒸馏水，取一环菌和水充分混匀，取一块盖玻片，先将盖玻片一边与菌液接触，然后慢慢将盖玻片放下使其盖在菌液上。注意不要产生气泡。先用低倍镜，然后用高倍镜观察酵母的形态和出芽情况。

2. 死活细胞的区别及死亡率的测定

基本方法同“1. 一般形态观察”，以 0.1%美蓝液代替水。将制片放置约 3min 后镜检，蓝色为死细胞，无色为活细胞。

在一个视野里计数死细胞和活细胞，共计数 5~6 个视野。酵母菌死亡率一般用百分数来表示，以下式来计算。

$$死亡率=\frac{死细胞总数}{细胞总数}\times100\%$$

3. 酵母菌子囊孢子的观察

（1）活化酿酒酵母　将酿酒酵母接种至新鲜的麦芽汁培养基上，置 28℃培养 2~3d，然后再移植 2~3 次。

（2）转接产孢培养基　将活化的酿酒酵母转接至醋酸钠培养基上，置 30℃恒温培养 14d。

（3）观察　挑取少许产孢菌苔于载玻片的水滴上，经涂片、热固定后，加数滴孔雀绿，染色 1min 后水洗，加 95%乙醇 30s，水洗，最后用 0.5%沙黄液复染

30s，水洗去染色液，最后用吸水纸吸干。制片干燥后，镜检，子囊为粉红色。注意观察子囊孢子的数目、形状和子囊的形成率。

（4）计算子囊形成的百分率　计数时随机取3个视野，分别计数产子囊孢子的子囊数和不产孢子的细胞数，按下列公式计算。

$$子囊形成率=\frac{3个视野中形成子囊的总数}{3个视野中(形成子囊总数+不产孢子细胞总数)}\times100\%$$

4. 酵母菌假菌丝的观察

取一无菌载玻片浸于熔化的PDA培养基中，取出放在培养皿内的支架上（支架置于培养皿内，使用前须高温灭菌），待培养基凝固后，进行酵母菌划线接种，然后将无菌盖玻片盖在接菌线上，28℃培养2~3d后，取出载玻片，擦去载玻片下面的培养基，在显微镜下直接观察。可见到芽殖酵母形成的藕节状假菌丝，裂殖酵母则形成竹节状假菌丝。

（五）实训报告内容

1. 绘出酵母菌细胞、子囊及子囊孢子的形态结构图。
2. 记录并计算酵母菌的死亡率及子囊形成率（原始记录及计算结果）。
3. 说明酵母菌假菌丝的形成过程，比较酵母菌的假菌丝与霉菌的真菌丝。

（六）注意事项

1. 用于活化酵母菌的麦芽汁培养基要新鲜、表面湿润。
2. 在产孢培养基上加大移种量，可提高子囊形成率。
3. 可通过微加热增加酵母的死亡率，易于观察死亡细胞。

二、酵母菌大小的测定

酵母菌大小的测定

（一）目的要求

学习测微尺的使用方法，掌握酵母菌体大小测量的方法。

（二）基本原理

酵母细胞的大小可通过显微镜测微尺来测定。测微尺包括目镜测微尺和镜台测微尺两个部分（图2-11）。

目镜测微尺是一块圆形玻片，其中央刻有精确的等分刻度，每一格实际代表的长度随目镜和物镜的放大倍数而改变，因此在测量微生物大小前必须用镜台测微尺进行校正。

镜台测微尺是一块中央带有刻度的特制载玻片，在1mm内作100等份，每一等分格为0.01mm，即10μm，是专为校正目镜测量尺刻度的每格长度而用的。

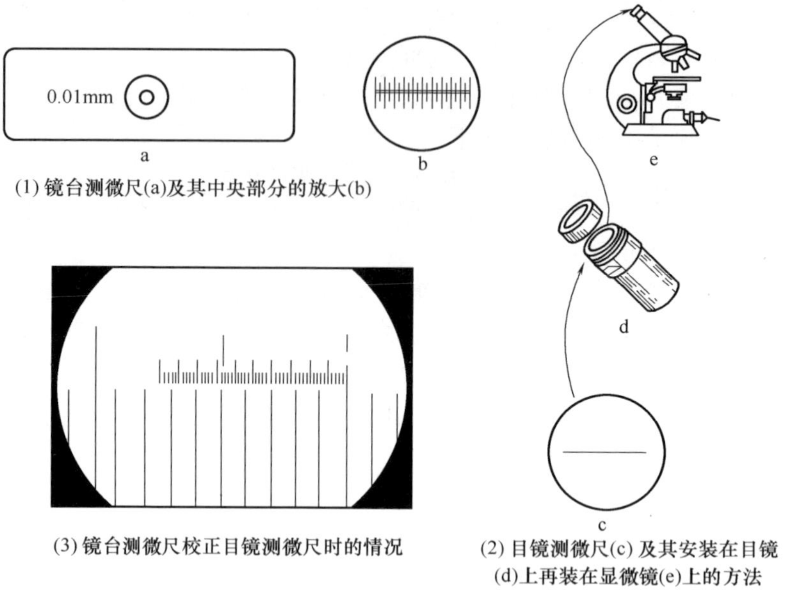

图 2-11　测微尺及其安装和校正

(三) 材料与仪器

1. 材料

酵母菌的斜面培养物。

2. 试剂

石炭酸复红染色剂。

3. 仪器或其他用具

载玻片和盖玻片、目镜测微尺和镜台测微尺、酒精灯、显微镜。

(四) 操作步骤

1. 目镜测微尺的校正

把目镜上面的透镜旋开，把目镜测微尺放在目镜的光阑上，刻度朝下，然后把目镜的透镜放上，最后把目镜套入镜筒内。

把镜台测微尺放在显微镜载物台上，使刻度朝上。先用低倍物镜对好焦距，将镜台测微尺移至视野中央并能看到刻度线，此时光线不要太强，然后转动目镜，使目镜测微尺的刻度与镜台测微尺的刻度平行，移动推动器定位，使两尺重叠，再使两尺的“0”刻度重叠。定位后，仔细寻找两尺之间另一个重叠的刻度。计算两个重叠刻度之间目镜测微尺的格数和镜台测微尺的格数。由下列公式可以算出所校正的正在使用的目镜测微尺每格长度。

$$\text{目镜测微尺每格长度}(\mu m)=\frac{\text{两个重叠刻度间镜台测微尺的格数}\times 10}{\text{两个重叠刻度间目镜测微尺的格数}}$$

用同法分别校正在高倍镜、油镜下的目镜测微尺一个格的长度。

2. 制片

按照一般酵母菌形态观察方法制水浸片。

3. 菌体大小的测量

在低倍镜或高倍镜下找到目的物，用目镜测微尺先量菌的宽度格数，然后量长度格数，然后再计算出细胞的实际大小。若菌体太小，则要在油镜下测量。例如，目镜测微尺在这架显微镜的油镜下，每格相当于 1.3μm，测量结果菌体长度为目镜测微尺的 2 格，宽度为 1.2 格，则菌体的长度 = 2×1.3 = 2.6（μm），宽度 = 1.2×1.3 = 1.56（μm）。

测量酵母菌大小时，通常要在同一玻片上测量 10～20 个菌体，求出平均值，才能代表该菌的大小。

表 2-3　　菌体大小的测量结果

菌种	细胞编号	长/μm	宽/μm
酒精酵母	1		
	2		
	3		
	4		
	5		
	平均值		

（五）实训报告内容

1. 目镜测微尺校正的结果：

低倍镜时目镜测微尺每格长度为________ μm；

高倍镜时目镜测微尺每格长度为________ μm。

2. 把测量菌体的结果记录于表 2-3 中。

（六）注意事项

1. 镜台测微尺的刻度是用加拿大树胶和圆形盖玻片封合起来的，当要用到油浸系统校正目镜测微尺时，去除香柏油或石蜡油时，使用的二甲苯不宜过多，作用时间不可过长，以免树胶溶解，盖胶玻片脱落。

2. 镜台测微尺的玻片很薄，在使用油镜校定时，要格外小心，防止压碎镜台测微尺或油镜架。

三、酵母菌数目的测定

酵母菌数目的测定

测定酵母菌细胞数目的常用方法有显微镜直接计数法和平板菌落计数法。在此介绍显微镜直接计数法。

(一) 目的要求

1. 学习血细胞计数板计数的原理。
2. 掌握使用血细胞计数板进行微生物计数的方法。

(二) 基本原理

血细胞计数板是一块特制的厚载玻片，玻片上有四条槽和两条嵴，中央有一短横槽和两个平台，两嵴的表面比两个平台的表面高 0. 1mm，每一边的平台上各列有一个方格网，每个方格网共分为九个大方格，中间的大方格即为计数室，每个血细胞计数板各有上下两个计数室（图 2-12）。

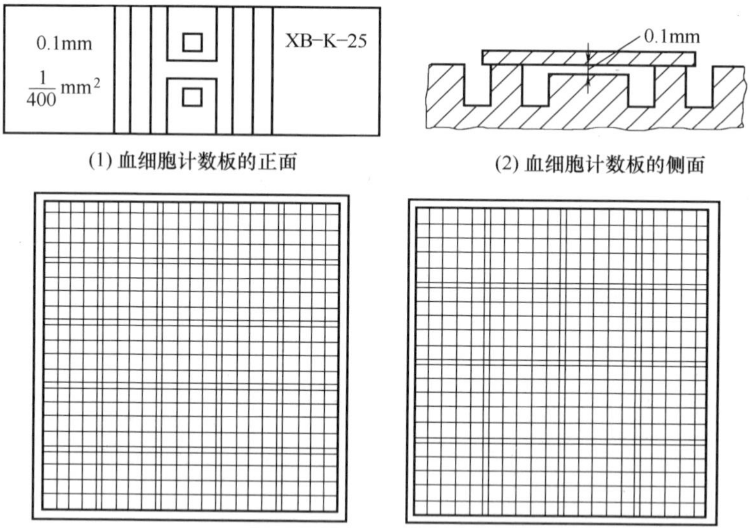

(1) 血细胞计数板的正面　(2) 血细胞计数板的侧面
(3) 25大格×16小格计数板　(4) 16大格×25小格计数板

图 2-12　血细胞计数板构造

计数室的刻度一般有两种规格，一种是一个大方格分成 25 个中方格，每个中方格又分成 16 个小方格，称为 25×16 规格；另一种是一个大方格分成 16 个中方格，每个中方格又分成 25 个小方格，称为 16×25 规格。对于两种规格的血细胞计数板，每个大方格中的小方格都是 400 个。每个大方格边长为 1mm，则每个大方格的面积为 $1mm^2$，盖上盖玻片后，盖玻片与载玻片之间的高度为 0. 1mm，其计数室的容积为 $0.1mm^3$（10^{-4}mL）。

用盖玻片置于两条嵴上，从两个平台侧面加入菌液。对于 16×25 的规格，按对角线方位取左上、左下、右上、右下四个中方格计数；25×16 的规格，取上述 4 个中方格和中央的 1 个中方格计数；然后得出一个大方格中的总菌数，最后换算成 1mL 菌液所含有的菌体数。

例如设 5 个中方格的总菌数为 A，菌液稀释倍数为 B，如果是 25 个中方格的计数板，则 1mL 菌液中的总菌数 =（$A/5$）$\times 25\times 10^4\times B=50000AB$（个）。如果是 16 个中方格的计数板，1mL 菌液中的总菌数 =（$A/5$）$\times 16\times 10^4\times B=32000AB$（个）。

（三）材料与仪器

1. 材料

酿酒酵母斜面菌种。

2. 仪器或其他用具

血细胞计数板、显微镜、盖玻片、无菌毛细滴管等。

（四）操作步骤

1. 菌悬液制备

以无菌生理盐水将酿酒酵母制成浓度适当的菌悬液。

2. 寻找计数室

在加样前，在显微镜下先用低倍镜找到计数室。

3. 加样品

将清洁干燥的血细胞计数板盖上盖玻片，再用无菌的毛细滴管把摇匀的酿酒酵母菌悬液由盖玻片边缘滴一小滴，让菌液沿缝隙靠毛细渗透作用自动渗入计数室，一般计数室均能充满菌液。

4. 计数

加样后静置 5min，先用低倍镜找到计数室所在位置，然后换成高倍镜进行计数。

一般样品稀释度要求每小格内有 5~10 个菌体为宜。位于格线上的菌体一般只数上方和右边线上的。如酵母出芽，芽体大小达到母细胞的一半时，即作为两个菌体计数。

（五）实训报告内容

将结果记录于表 2-4 中。

表 2-4　酵母菌细胞数目的测定结果

计数室	1	2	3	4	5	A	B	平均值	个数/mL
第一室									
第二室									

注：A 表示五个中方格中的总菌数；B 表示菌液稀释倍数。

（六）注意事项

1. 取样时先要摇匀菌液，加样时计数室不可有气泡产生。
2. 盖玻片最好选用 20mm×20mm 的规格。

3. 镜检时，光线强弱要调节到适中。

微生物计数操作技能评分标准

班 级		姓 名		组 别	

评分要素	分 值	评分细则	得 分
器材摆放及消毒	5 分	物品摆放合理、酒精擦手正确，得 5 分	
		摆放的物品影响操作，扣 2 分	
		取菌前未用酒精擦手，扣 2 分	
显微镜的取用	5 分	显微镜的取用与摆放方式准确，得 5 分	
		取用与摆放方式不正确，扣 5 分	
血球计数板的放置与检查	5 分	正确放置血球计数板于载物台上，得 5 分	
		没用压片夹夹住，扣 2 分	
		没有放在计数区，扣 3 分	
	5 分	进行检查或经清洗后确定清洁，得 5 分	
		没有进行检查，扣 5 分	
		清洗后干燥方法不合理，扣 3 分	
滴加酵母悬液	10 分	将能正确添加酵母菌悬液，得 10 分	
		加样前未摇匀菌悬液，扣 5 分	
		未用滤纸吸多余菌液，扣 2 分	
		盖好玻片后有气泡，扣 3 分	
显微镜调节	15 分	低倍镜找目标，高倍镜找到左上角的大网格，显微镜调至清晰，经监考老师检查判断合格，得 15 分	
		未经监考老师检查判断，扣 10 分	
		未从低倍镜转到高倍镜，扣 3 分	
		未找到最最上角的大网格，扣 5 分	
		找到最左上角的大网格但不清晰，扣 2 分	
计数并记录原始数据	10 分	准确计数，并记录好原始数据，得 10 分	
		无原始数据，扣 10 分	
		原始数据不准确，扣 8 分	
		原始数据不合理，扣 5 分	
结果计算	20 分	准确计算，得出菌悬液中酵母菌浓度，得 20 分	
		计算过程不正确，扣 20 分	
		计算结果不正确，扣 20 分	
		计算结果不合理，扣 10 分	
结果报告	10 分	报告清楚、准确、无涂改，得 10 分	
		报告不准确，扣 5 分	
		报告填写每涂改一次，扣 1 分	

续表

评分要素	分 值	评分细则	得 分
清洗	10 分	血球计数板清洗干净，并干燥归位，得 10 分	
		血球计数板未清洗，扣 10 分	
		清洗方法不合理，扣 3 分	
		干燥方法不合理，扣 3 分	
		未将血球计数板归位，扣 3 分	
文明操作	5 分	整理实验台面，显微镜归位，得 5 分	
		未整理实验台面，扣 2 分	
		显微镜未归位，扣 2 分	
		血球计数板损坏，扣 4 分	
		盖玻片损坏，扣 2 分	
总分	100 分		

项目三 霉菌的形态观察

知识讲解

霉菌是丝状真菌的一个俗称，通常指菌丝体发达又不产生大型肉质子实体结构的真菌。霉菌在自然界中分布极广，土壤、空气、水和生物体内外等都存在。霉菌与工农业生产、医疗实践、环境保护和生物学基础理论研究等方面都有密切联系，在食品发酵、酶制剂生产、抗生素生产等领域都发挥重要作用。但是某些霉菌引起食物、工农业产品的霉变或植物的真菌病害，危害人畜健康。

弗莱明：机会，只留给有准备的头脑

一、霉菌的形态与结构

霉菌营养体的基本单位是菌丝，直径一般为 3~10μm。许多菌丝分枝连接，相互交织在一起所构成的形态称为菌丝体。按菌丝的形态，霉菌菌丝可分为无隔菌丝、有隔菌丝（图 2-13）。

无隔菌丝：为长管状单细胞，细胞质内含多个核。其生长表现为菌丝的延长和细胞核的增多。这是毛霉和根霉等低等真菌所具有的菌丝类型。

有隔菌丝：菌丝中有隔膜，被隔膜隔开的一段菌丝就是一个细胞，菌丝由多个细胞组成，每个细胞内有一至多个核。隔膜上有单孔或多孔，细胞质和细胞核可自由流通，使得组成菌丝体的每个细胞既相互独立，又相互影响和依赖。这是曲霉和青霉等高等真菌所具有的类型。

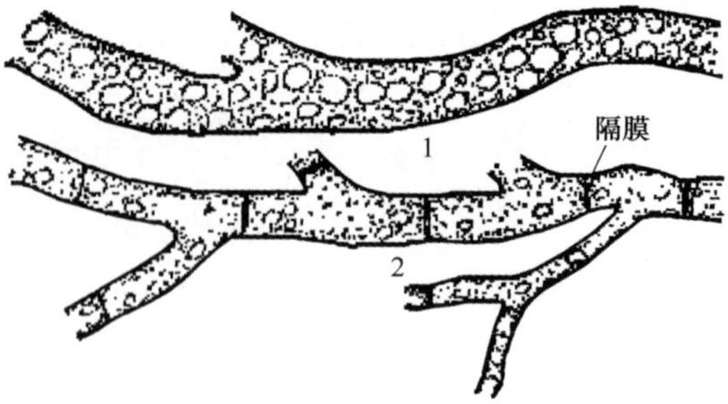

图 2-13　霉菌的形态与构造
1—无隔菌丝　2—有隔菌丝

按菌丝的分化程度，霉菌菌丝可分为营养菌丝、气生菌丝。在固体培养基上，一部分菌丝伸入培养基内层以吸收其中的营养物质，此类菌丝称为营养菌丝；另一部分菌丝向空中生长，此类菌丝称为气生菌丝。气生菌丝进一步发育，分化成繁殖器官，有的菌种在营养菌丝上产生假根，可伸入基质内或附着在器壁上。

霉菌的细胞结构由细胞壁、细胞膜、细胞质、细胞核、线粒体、核糖体、内质网及各种内含物（肝糖、脂肪滴、异染粒等）等组成。霉菌细胞壁的厚度为100~250nm，多数由几丁质组成，少数低等水生霉菌细胞壁含纤维素。细胞质膜厚7~10μm，与酵母细胞膜的结构与功能相同。细胞核的直径为0.7~3μm，有核膜、核仁和染色体。细胞质中含有线粒体和核糖核蛋白体，以及很多内含颗粒，例如肝糖和脂肪滴等。线粒体、核糖体等结构与其他真核生物（如酵母）基本相同。幼嫩的菌丝体细胞中细胞质均匀，而老菌丝中出现液泡。幼龄菌往往液泡小而少，老龄菌具有较大的液泡。

二、霉菌的菌落特征

霉菌的菌落大、疏松、干燥、不透明，有的呈绒毛状或絮状或网状等，菌落与培养基结合紧密，不易挑取；菌体可沿培养基表面蔓延生长，由于不同的真菌孢子含有不同的色素，所以菌落可呈现红、黄、绿、青绿、青灰、黑、白、灰等多种颜色。

在培养液中，当静置培养时，霉菌往往在表面上生长，液面上形成菌膜；振荡培养时，菌丝有时相互缠绕在一起形成菌丝球，菌丝球可能均匀地悬浮在培养液中或沉于培养液底部。

三、霉菌的繁殖方式

霉菌的繁殖能力极强，主要依靠产生大量的无性或有性孢子来完成。

1. 霉菌的无性繁殖

无性繁殖指不经过两个性细胞的结合，只是由营养细胞分裂或分化而形成同种新个体的过程。霉菌的无性孢子有节孢子、厚垣孢子、孢囊孢子和分生孢子。

（1）孢囊孢子　生在孢子囊内的孢子，是一种内生孢子。气生菌丝顶端膨大形成特殊囊状结构——孢子囊，孢子囊逐渐长大，囊内充满许多细胞核，每一个核外包以原生质并产生细胞壁，形成孢囊孢子。带有孢子囊的梗称为孢子囊梗，孢子囊梗伸入孢子囊中的部分称为囊轴或中轴。孢子成熟后孢子囊破裂，孢子囊孢子即分散出来，如毛霉、根霉等。

（2）分生孢子　霉菌中常见的一类无性孢子，生于细胞外，所以又称为外生孢子。由菌丝顶端细胞，或由分生孢子梗顶端细胞经过分割或缩缢而形成的单个或成簇的孢子。有隔菌丝的霉菌如青霉和曲霉主要形成分生孢子。

（3）节孢子（又称粉孢子）　它是由菌丝断裂形成的外生孢子。当菌丝长到一定阶段，出现许多横隔膜，然后从横隔膜处断裂，产生许多孢子。孢子是成串的短柱状、筒状或两端钝圆的细胞，如白地霉。

（4）厚垣孢子（又称厚壁孢子）　菌丝顶端或中间的个别细胞膨大、原生质浓缩、变圆，然后细胞壁加厚形成圆形、纺锤形或长方形的厚壁孢子，如总状毛霉。

2. 霉菌的有性繁殖

霉菌的有性繁殖过程包括质配、核配、减数分裂3个过程。质配是指两个性别不同的单倍体性细胞或菌丝经接触、结合后，细胞质发生融合，形成双核细胞，每个核的染色体数目都是单倍的。核配是双核细胞中的两个核融合形成二倍体接合子，核的染色体数目是双倍的。核配后即发生减数分裂，形成单倍体有性孢子，核的染色体数目恢复单倍。

多数霉菌是由菌丝分化形成特殊的性细胞（器官）——配子囊或由配子囊产生的配子（雄器和雌器）相互交配，形成有性孢子。常见的有性孢子有卵孢子、接合孢子、子囊孢子和担孢子。

（1）接合孢子　两个相邻的菌丝相遇，各自向对方生出极短的侧枝，称为原配子囊。原配子囊接触后，顶端各自膨大并形成横隔，分隔形成两个配子囊细胞，配子囊下的部分称为配子囊柄。然后相接触的两个配子囊之间的横隔消失，发生质配、核配，同时外部形成厚壁，即成接合孢子。

（2）子囊孢子　在同一菌丝或相邻两菌丝上两个不同性别细胞结合，形成造囊丝。经质配、核配和减数分裂形成子囊，内生1~8个子囊孢子。许多聚集在一起的子囊被周围菌丝包裹成子囊果，子囊果主要有3种类型：一种为完全封闭式，称为闭囊壳；瓶形有孔口的称为子囊壳；开口呈盘状的称为子囊盘。

（3）卵孢子　由两个大小不同的配子囊结合而成。小配子囊为精子器，大配子囊为藏卵器。当结合时，精子器中的原生质和核进入藏卵器，并与藏卵器中的卵球配合，以后卵球生出外壁，发育成为卵孢子。

（4）担孢子　担子菌以菌丝结合的方式产生双核菌丝，双核菌丝顶端细胞膨大为担子，形成4个外生的单倍体担孢子。

知识拓展

一、霉菌的生活史

霉菌的生活史是指从孢子开始，经过一定的生长繁殖，到最后又产生同一种孢子为止的过程。整个生活史中包括无性阶段和有性阶段。较典型的生活史为：霉菌的菌丝体（即营养体）在适宜的条件下，产生无性孢子，无性孢子萌发形成新的菌丝体。如此多次重复，即是无性阶段。菌丝生长后期，可能进入有性阶段，在菌丝体上形成配子囊，经过质配、核配而形成二倍体的细胞核，又经过减数分裂，形成单倍体的有性孢子，这类孢子萌发再形成新的菌丝体。

二、常见霉菌

1. 根霉属

根霉在生长时，先由营养菌丝体产生匍匐枝，匍匐枝的末端生有特有的假根，在有假根处的匍匐枝上着生成群的孢囊梗，柄的顶端膨大形成孢子囊，囊内生孢子囊孢子。孢子囊内囊轴明显，球形或近球形，囊轴基部与柄相连处有囊托。孢子囊孢子呈现球形、卵形或不规则形。根霉在酿造工业上可作为糖化菌，还能产生反丁烯二酸、乳酸、琥珀酸等有机酸。常见的根霉有黑根霉、米根霉等。

2. 毛霉属

毛霉属的菌丝体无假根和匍匐枝，孢囊梗直接由菌丝体生出，一般单生，分枝较少或不分枝。在分枝顶端都有膨大的球形孢子囊，在囊壁上常带有针状的草酸钙结晶，囊轴与孢子囊柄相连处无囊托。常用作豆腐乳和豆豉的生产菌。许多种能产生草酸，有些毛霉能产生乳酸、琥珀酸及甘油等。

3. 曲霉属

曲霉的菌丝体由具有横隔的分枝菌丝构成，幼时无色，老熟时逐渐转变为浅黄色至褐色。分生孢子梗从特有的菌丝细胞（足细胞）中生出，顶端膨大形成顶囊，顶囊有棍棒形、椭圆形、半球形或球形。顶囊表面生辐射状小梗，小梗单层或双层，小梗顶端分生孢子串生。分生孢子具有各种不同的形状与颜色。由顶囊、小梗以及分生孢子梗构成分生孢子头，呈不同的颜色和形状，如球形、棍棒形或圆柱形等。曲霉菌在发酵工业、医药与食品工业、粮食贮藏等方面均具有重要的作用。常见菌种如黑曲霉，一般用于酒精和白酒生产中淀粉的液化和糖化，也用于蛋白质分解或食品消化剂，还用于水解聚半乳糖醛酸、果汁澄清和植物纤维精炼。米曲霉属于黄曲霉群，菌丛一般呈现黄绿色，常用于酿酒和酱油生产。

4. 青霉属

青霉菌的营养菌丝体无色、淡色或具有鲜明的颜色。分生孢子梗有横隔，光滑或粗糙，其基部无足细胞，顶端不形成膨大的顶囊，而形成扫帚状分枝。这些分枝因其部位不同可有副枝、梗基和小梗等名称。小梗顶端串生分生孢子，分生孢子呈球形、椭圆形或短柱形，光滑或粗糙。大部分青霉菌生长时呈现蓝绿色。少数产生闭囊壳，内形成子囊和子囊孢子，也有少数菌种产生菌核。青霉属是食品工业中常见的生产菌种，如干酪加工和有机酸生产等。少数青霉菌是水果、食品及其他工业产品的有害菌。

实训三　霉菌的形态观察

（一）目的要求

1. 观察几种常见霉菌的形态。
2. 掌握微生物载玻片湿室培养方法。

（二）基本原理

霉菌为丝状真菌，菌丝有横隔或无横隔，可分为气生菌丝和营养菌丝，气生菌丝上可形成孢子。不同的霉菌，其孢子的形状、颜色、着生点和形成过程不同，这是鉴别霉菌的重要依据。通过特殊方法培养制片，在显微镜下可观察到霉菌菌丝的各种形态。

（三）材料与仪器

1. 菌种

产黄青霉、黑曲霉、黑根霉、总状毛霉等斜面菌种。

2. 培养基和试剂

半固体 PDA 培养基、乳酸-石炭酸溶液。

3. 仪器或其他用具

剪刀、培养皿、载玻片、两条适合玻棒、盖玻片、圆形滤纸片、细口滴管、镊子、显微镜、接种环。

（四）操作步骤

1. 霉菌的载玻片湿室培养

（1）湿室用具准备　在培养皿底铺一张圆形滤纸片，载玻片、盖玻片和玻棒，外用纸包扎，经 121℃湿热灭菌 30min 后，置 60℃烘箱烘干，备用。

（2）接种　在超净工作台内，将两条玻棒放入平皿内适当位置，放上载玻片，然后用接种环挑取少量待观察的霉菌孢子至湿室内的载玻片上，每张载玻片可接同一菌种的孢子两处。接种时只要将带菌的接种环在载玻片上轻轻碰几下即可(务必记住接种的位置)。

（3）加培养基　用无菌细口滴管吸取少量融化约50℃的培养基，滴加到载玻片的接种处，培养基应滴得圆而薄，其直径约为0.5cm（滴加量一般以1/2小滴为宜)。

（4）加盖玻片　在培养基未彻底凝固前，用无菌镊子将无菌盖玻片盖在琼脂块薄层上，用镊子轻压，使盖玻片和载玻片之间的距离相当接近，但不能压扁，否则不透气。

（5）加保湿剂　每皿加入大约3mL 20%的无菌甘油，使皿内的滤纸完全润湿，以保持皿内湿度，皿盖上注明菌名、组别和接种日期。将制成的载玻片湿室，置28℃恒温培养3~5d。

2. 黑根霉假根的培养

将融化的PDA培养基，倒入无菌平皿，其量约为平皿高度的1/2。冷凝后，用接种环蘸取根霉孢子，在平板表面划线接种。然后将平皿倒置，在皿盖内放一无菌载玻片，于28℃培养2~3d后，可见根霉的气生菌丝倒挂成胡须状，有许多菌丝与载玻片接触，并在载玻片上分化出假根和匍匐菌丝等结构。

3. 镜检观察

（1）湿室培养霉菌镜检玻片　从培养16~20h开始，通过连续观察，可了解孢子的萌发、菌丝体的生长分化和子实体的形成过程。将湿室内的载玻片取出，直接置于低倍镜和高倍镜下观察曲霉、青霉、毛霉、根霉等霉菌的形态，重点观察菌丝是否有分隔，曲霉和青霉的分生孢子形成特点，曲霉的足细胞，根霉和毛霉的孢子囊和孢子囊孢子，并绘图。

（2）粘片观察　取一滴棉蓝染色液置于载玻片中央，取一段透明胶带，打开霉菌平板培养物，粘取菌体，粘面朝下，放在染液上，镜检。

（3）假根观察　将培养根霉假根的平皿打开，取出皿盖上的载玻片标本。在附着菌丝体的一面盖上盖玻片，置显微镜下观察。只用低倍镜就能观察到假根及从根节上分化出的孢子囊梗、孢子囊、孢子囊孢子和两个假根间的匍匐菌丝，观察时注意调节焦距以看清各种构造。

（4）简易观察　在载玻片中央滴一滴乳酸-石炭酸溶液，用接种针从斜面菌种或平皿上的菌苔小心挑取一小块菌（带一点培养基）置于乳酸-石炭酸溶液中，放一块盖在上面，轻轻压一下，置于显微镜下观察，此法看见的菌丝会杂乱无章，但简便。

（五）实训报告内容

1. 绘制镜检出的曲霉、毛霉、根霉和青霉形态图，并标示各部分。
2. 将各菌种的载玻片标本观察的结果记录于表2-5中。

表 2-5　**载玻片标本观察结果**

菌种	菌丝体（注意菌丝的粗细与色泽、菌丝有隔或无隔等）	无性孢子特征（注意孢子梗的分化特征、孢子着生特征等）	其他特征结构（注意有无假根、足细胞、匍匐菌丝、囊轴等）

（六）注意事项

1. 载玻片湿室培养时，盖玻片不能紧贴载玻片，要彼此留有极小的缝隙，一是为了通气，二是使各部分结构平行排列，易于观察。

2. 简易观察法时，载玻上的菌丝勿搅动，否则会成团，菌丝就难以观察。

项目四　病毒及其他微生物的形态观察

知识讲解

一、病毒

病毒对人类的重要性

病毒（Virus）是一类比细菌更小，结构极其简单的生命形式，能通过细菌过滤器，仅含一种类型核酸（DNA 或 RNA），只能在活细胞内生长繁殖的非细胞形态的微生物。病毒有高度的寄生性，是介于生物与非生物的一种原始生命体。能引起人、动物和植物传染病，可能还与癌症有关，危害极大。但是病毒也有广阔的应用前景。例如，利用病毒的专性寄生特性，可以进行细菌的分类鉴定，利用病毒的遗传特性，进行基因工程的研究等。

（一）病毒的特点

与细胞生物相比较，病毒具有以下几个重要特点。

（1）个体极小　一般都能通过细菌过滤器，只能在电子显微镜下才能观察到。

（2）无细胞结构　其主要成分仅为核酸和蛋白质两种，故又称为“分子生物”，每一种病毒只含一种核酸，不是 DNA 就是 RNA。

（3）专性活性寄生　病毒不具备维持其生命活动完整的酶系统，只有在活的宿主细胞内才能表现生命活动，具有生命的特征，所以病毒是严格的专性活细胞寄生生物。在活体寄主细胞外，不能独立进行新陈代谢。

（4）抵抗力　一般情况下，病毒对自然环境的抵抗力是很小的，对阳光、紫外线、干燥和温度都很敏感。绝大多数病毒不同程度地对干扰素敏感，而现有抗生素对病毒无效。

（5）感染力　病毒以核酸和蛋白质等“元件”的装配实现其大量繁殖，在离体条件下，能以无生命的生物大分子状态存在，并长期保持其侵染活力，有些病毒的核酸还能整合到宿主的基因组中，并诱发潜伏性感染。

（二）病毒的大小与形态

测量病毒大小的单位为纳米（nm），病毒大小不一。多数病毒直径在 100nm（20~200nm），较大的病毒直径为 300~450nm，较小的病毒直径仅为 10~22nm。

病毒外形多呈球状或似球状，少数病毒呈杆状、丝状、弹状或砖块状，而噬菌体多呈蝌蚪状。病毒侵染寄主细胞后，常在寄主细胞内形成一种在光学显微镜下可见的小体，称为包涵体。不同病毒所形成的包涵体其大小、形状及其在细胞内的位置是各不相同的，有的位于细胞质内，如烟草花叶病毒；有的位于细胞核内，如疱疹病毒；有的可同时存在于细胞质和细胞核内，如麻疹病毒；有的嗜酸性，有的嗜碱性。由于不同病毒包涵体在寄主细胞内的位置、大小和形状是基本固定的，因此可以作为病毒疾病诊断的辅助依据。

（三）病毒的组成与结构

病毒主要由核酸和蛋白质外壳组成。由于病毒是一类非细胞生物体，故单个病毒个体不能称作“单细胞”，这样就产生了病毒粒或病毒体的叫法。病毒粒指成熟的结构完整的和有感染性的单个病毒。核酸位于其中心，称为核心或基因组，蛋白质包围在核心周围，形成了衣壳。衣壳是病毒粒的主要支架结构和抗原成分，不仅有保护核心内的病毒核酸免受外界环境中不良因素的破坏，还对宿主细胞具有特别的亲和力，同时又是该病毒的特异性抗原。

（四）病毒的增殖

病毒在细胞内增殖，完全不同于其他微生物。病毒没有完整的酶系统，只能依靠宿主活细胞，在原代病毒基因组控制下合成病毒核酸和蛋白质，并装配为成熟的子代病毒，并释放出细胞外，再感染其他易感活细胞。这种病毒增殖的方式称为病毒复制。病毒的增殖一般包括吸附、侵入、合成、装配和释放 5 个阶段。

（1）吸附　指病毒以其特殊结构与宿主细胞表面的特异性受体发生特异性结合的过程。如大肠杆菌 T 系列噬菌体靠尾丝尖端附着在大肠杆菌的细胞壁上（图

2-14）。一些有囊膜的动物病毒则靠刺突吸附在宿主细胞表面的特异性受体上。

（2）侵入和脱壳　指病毒或病毒的一部分进入宿主细胞的过程。不同种类的病毒，侵入方式有所不同。如T4噬菌体先用溶菌酶在宿主细胞壁上“钻”出一个小孔，然后将核酸注入细胞内部，蛋白质外壳则留在外面。多数病毒通过类似胞饮或吞噬的方式，使整个病毒进入细胞内部。植物病毒往往通过昆虫的口器或从植物体上的伤口进入植物体内。连同衣壳或囊膜一起进入细胞内部的病毒，迅速在溶酶体蛋白水解酶的作用下脱掉蛋白质衣壳，释放出核酸。不同的病毒从吸附至脱壳所需的时间从数分钟至数小时不等。

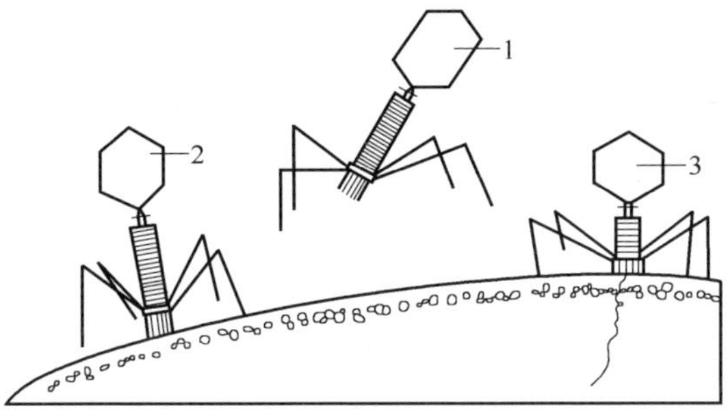

图2-14　噬菌体吸附和侵入模式图
1—未吸附的噬菌体　2—用尾丝尖端附着在宿主细胞的细胞壁上　3—将核酸注入宿主细胞

（3）合成　包括病毒核酸的复制和蛋白质的合成。病毒侵入敏感细胞后，将核酸释放于细胞中，此时病毒粒子已不存在，并失去了原有的感染性，开始了核酸复制与蛋白质合成。在宿主细胞中，病毒基因组从核衣壳中释放后，首先转录早期基因，合成其早期mRNA，与宿主多聚核糖体结合翻译成早期蛋白。一部分是抑制蛋白，可封闭宿主的正常代谢，使细胞转向有利于合成病毒，如可分解宿主DNA的DNA酶；一部分作为病毒生物合成所必需的复制酶，如复制病毒DNA的DNA聚合酶，用以复制子代基因组。基因组复制完成后，在早期基因产物的作用下，晚期基因转录产生晚期mRNA，经晚期翻译产生成熟病毒衣壳蛋白及其他结构蛋白，还有在病毒装配中所需的非结构蛋白，如各种装配蛋白、溶菌酶等。

（4）装配　病毒核酸和蛋白质的生物合成是分别进行的，因而必须将它们装配在一起才能成为成熟的病毒。结构简单的病毒，其各个组分是自发装配在一起的。结构复杂的病毒往往需要在非结构蛋白质的指导下进行装配。

（5）释放　无囊膜的病毒靠裂解宿主细胞的方式，一起释放出来。有囊膜的病毒，以类似出芽的方式，逐个从宿主细胞中释放出来。

（五）噬菌体

噬菌体是感染细菌、真菌、放线菌或螺旋体等微生物的病毒，20世纪初在葡萄球菌和志贺菌中首次发现。噬菌体广泛分布于自然界，有严格的宿主特异性，故可利用噬菌体进行细菌的流行病学鉴定与分型。噬菌体结构简单、基因数少，是分子生物学与基因工程的良好实验系统。

1. 噬菌体的生物学性状

（1）特性与形态　噬菌体分布广，种类多，具有其他病毒的共同特性：体积小、结构简单，由蛋白质和核酸组成，具严格的寄生性，必须在活的易感宿主细胞内增殖。噬菌体有 3 种形态：蝌蚪形、微球形和纤线形。大多数噬菌体呈蝌蚪形，由头部和尾部两部分组成（图 2-15）。

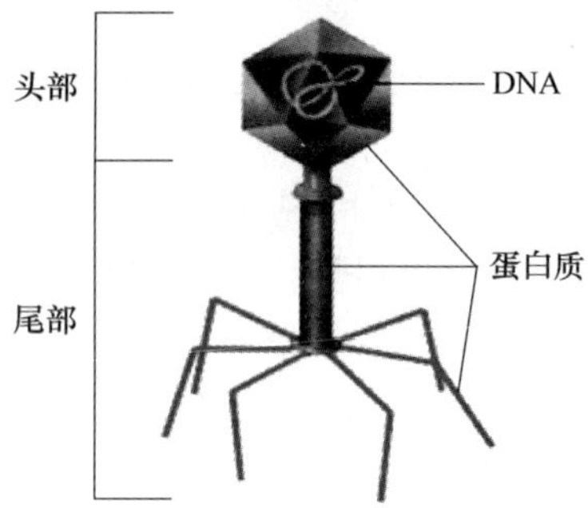

图 2-15　T2 噬菌体的构造

（2）化学组成　噬菌体主要由核酸和蛋白质组成。常见噬菌体的基因组大小为 2～200kb。蛋白质构成噬菌体头部的衣壳及尾部，包括尾髓、尾鞘、尾板、尾刺和尾丝，起着保护核酸的作用，并决定噬菌体外形和表面特征。噬菌体的核酸为 DNA 或 RNA。

（3）抗原性　噬菌体具有抗原性，能刺激机体产生特异性抗体。该抗体能抑制相应噬菌体侵袭敏感细菌，但对已吸附或已进入宿主菌的噬菌体不起作用，噬菌体仍能复制增殖。

（4）抵抗力　噬菌体对理化因素与多数化学消毒剂的抵抗力比一般细菌的繁殖体强；能抵抗乙醚、氯仿和乙醇，一般经 75℃ 30min 或更久才能被灭活。噬菌体能耐受低温和冰冻，但对紫外线和 X 射线敏感，一般经紫外线照射 10～15min 即失去活性。

2. 烈性噬菌体和温和性噬菌体

烈性噬菌体是侵染宿主细胞后，进入裂解途径，破坏宿主细胞原有遗传物质，合成大量自身遗传物质和蛋白质并组装成子噬菌体，最后使宿主裂解的一类噬菌体。它是在短时间内能连续完成吸附、侵入、复制、装配和裂解这 5 个阶段而实现其繁殖的噬菌体。

温和性噬菌体或称溶原性噬菌体，指噬菌体感染细胞后，将其核酸整合（附着）到宿主的核 DNA 上，并且可以随宿主 DNA 的复制而进行同步复制，在一般情况下，不引起宿主细胞裂解。噬菌体侵染宿主后，并不增殖、裂解，而与宿主 DNA 结合，随宿主 DNA 复制而复制，此时细胞中找不到形态上可见的噬菌体，这种噬菌体称为温和性噬菌体。

3. 噬菌体的检测方法

噬菌体是极其微小的微生物，通常在光学显微镜下不能看见，在人工培养基上又不能生长，所以对噬菌体的监测只能用间接的方法进行。可观察在含有敏感菌株的琼脂平板上接种噬菌体培养后是否出现噬菌斑，或者观察在含敏感菌的液体培养基中培养物是否变清来进行判断。常用的方法有载玻片快速检测法、单层琼脂法和双层琼脂法。

4. 噬菌体的应用

（1）噬菌体与食品工业的关系　由于噬菌体的广泛分布，加之采用深层通气发酵法后，罐内发酵液被噬菌体侵染的机会增多。如果一个细菌感染一个噬菌体，在 10min 至 2h 左右就能释放 10 至数百个子代噬菌体，使发酵剂在短时间内出现溶菌现象，进而出现不正常发酵，甚至停止发酵，造成严重损失。

（2）细菌的鉴定与分型　噬菌体与宿主菌的关系具有高度特异性，即一种噬菌体只能裂解一种与其相应的细菌，故可用于未知细菌的鉴定和分型。而且噬菌体的这种作用除具有种的特异性外，还具有型的特异性。一种噬菌体只能作用于该种细菌的某一型。因此可利用某一特定的噬菌体，对细菌进行分型鉴定。例如用伤寒沙门菌Ⅵ噬菌体可将有Ⅵ抗原的伤寒沙门菌分为 96 个噬菌体型。这对流行病学调查、追查传染源等具有重要意义。

（3）分子生物学研究的重要工具　噬菌体对基因工程理论与技术的发展已经发挥了重要作用。噬菌体基因数量少，结构比细菌和高等细胞简单得多，而且容易获得大量的突变体，因此成为研究基因复制、转录、重组、表达调控机制等的重要工具；成为研究 DNA、RNA 和蛋白质相互作用的良好模型系统。例如，利用 λ 噬菌体作为载体构建基因文库；利用丝状噬菌体表面表达技术构建肽文库、抗体文库和蛋白质文库等，使噬菌体成为分子生物学研究中的重要载体。

（4）繁殖，产生大量噬菌体的子代　应用噬菌体效价增长试验可检测标本中的相应细菌。即在疑有某种细菌存在的标本中，加入一定数量的已知的相应噬菌体，37℃孵育 6~8h，再进行该噬菌体的效价测定。若其效价有明显增长，则表明标本中有某种细菌的存在。若在一标本中检出某种噬菌体，且数量较多，也表明有相应细菌的存在。

有些局部感染可用噬菌体作为一种辅助治疗，如应用铜绿假单胞菌噬菌体治疗创口感染。但因噬菌体的特异性过于专一，限制了其在临床上的推广。

二、放线菌

泥土清香的秘密——放线菌

放线菌是一类呈菌丝状生长和以孢子繁殖的陆生性较强的原核生物，几乎都呈革兰阳性。它以菌落呈放射状而得名。

放线菌在自然界分布广泛，尤以含水量较少、有机质丰富的微碱性土壤中最多，土壤特有的腥味主要是由放线菌所产生的代谢产物引起的。放线菌大多数为腐生菌，少数为寄生菌。

放线菌的产物在医药、卫生、农业生产、食品加工等方面已得到广泛应用，有些放线菌还用来生产维生素和酶，此外，在酶抑制剂、甾体转化、烃类发酵、污水处理等方面也有所应用。少数寄生性放线菌则能引起人和动植物病害。

（一）放线菌的形态与结构

放线菌的形态较细菌复杂，大部分放线菌菌体由分枝状菌丝体构成，菌丝直径很细（<1μm）。菌丝内大多数无隔膜，仍属单细胞。菌丝体由于形态、功能不

同，分为基内菌丝和气生菌丝，气生菌丝在无性繁殖中分化有孢子丝、孢囊和孢子等（图 2-16）。

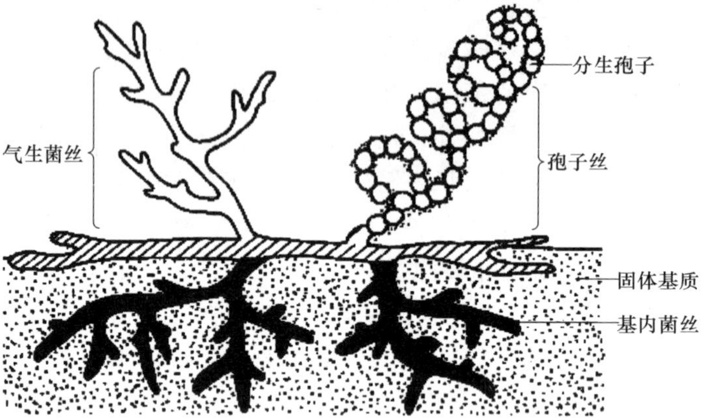

图 2-16　链霉菌的基内菌丝与气生菌丝

基内菌丝长在培养基内或表面，其主要功能是吸收营养物，所以又称为营养菌丝，可产生各种色素。基内菌丝生长到一定时期，分枝长出培养基，向培养基上空伸展，形成气生菌丝，形状为直形或弯曲状，有分枝，有的产生色素。气生菌丝生长发育到一定阶段，分化成孢子丝，有直、波曲、螺旋和轮生等形状（图 2-17）。

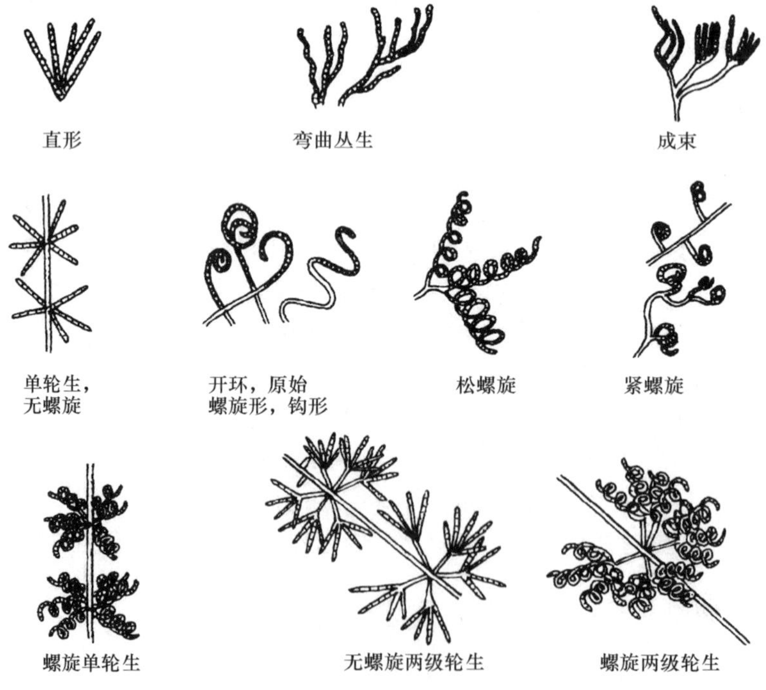

图 2-17　放线菌孢子丝类型

放线菌孢子常具有色素，呈白色、灰色、黄色、橙黄色、红色、蓝色、绿色等颜色。颜色可作为鉴定此类菌种的一个重要依据。

（二）放线菌的菌落特征

放线菌的菌落较小、干燥、不透明、呈致密的丝绒状，上覆不同颜色的“干粉”（孢子）；与培养基结合紧密，不易挑取；菌落正反面的颜色不一致。

（三）放线菌的繁殖方式

放线菌主要是依靠无性孢子进行繁殖。孢子丝通过横隔分裂形成无性孢子。横隔分裂有两种方式：质膜内陷，逐渐由外向内收缩并形成横隔膜，孢子丝分隔成许多孢子；细胞壁和质膜同时内陷，逐渐向内缢缩，形成隔膜壁，孢子丝缢裂成连串的孢子。

知识拓展

人体内到底潜伏了多少种病毒？

一、病毒举例

1. 人免疫缺陷病毒

人免疫缺陷病毒（HIV）是一种感染人类免疫系统细胞的慢病毒，又称艾滋病病毒，属逆转录病毒的一种。1981 年，艾滋病病毒在美国首次发现。2015 年，人类首次完全确定艾滋病病毒毒株的所有源。艾滋病病毒在感染后会整合入宿主细胞的基因组中，而目前的抗病毒治疗并不能将病毒根除。在艾滋病病毒感染病程的一些时期，特别是早期及末期，具有感染性的病毒颗粒会存在于含有免疫细胞、血浆、淋巴液或组织液的一些体液中。HIV 主要攻击人体的辅助 T 淋巴细胞，一旦侵入机体细胞，病毒将会和细胞整合在一起终生难以消除。该病毒广泛存在于感染者的血液、精液、阴道分泌物、乳汁、脑脊液、有神经症状的脑组织液中，该病毒对外界环境的抵抗力较弱，对乙肝病毒有效的消毒方法对艾滋病病毒也有效，艾滋病病毒的基因组比已知任何一种病毒基因都复杂，感染者潜伏期长、死亡率高。

2. 狂犬病病毒

狂犬病病毒是导致狂犬病的病原体，属核糖核酸病毒。一般存在于发病期狗、猫等动物的唾液中，它在野生动物（狼、狐狸、鼬鼠、蝙蝠等）及家养动物（狗、猫、牛等）与人之间构成狂犬病的传播环节。人主要被病兽或带毒动物咬伤后感染，一旦受染，如不及时采取有效防治措施，可导致严重的中枢神经系统急性传染病，病死率高。

狂犬病是人兽共患性疾病，主要在野生动物及家畜中传播。人狂犬病主要是被患病动物咬伤所致，或与畜密切接触有关，也可能通过不显性皮肤或黏膜传播，如宰狗、切狗肉等引起感染，并有角膜移植引起感染的报告。在蝙蝠大量感染的密集区，其分泌液造成气雾，可引起呼吸道感染。

狂犬病病毒的潜伏期一般为1~2个月，短者5~10d，长者1年至数年。潜伏期的长短取决于咬伤部位与头部距离远近，伤口的大小、深浅、有无衣服阻挡，以及侵入病毒的数量。有人认为病毒在犬群中多次传播后毒力增强，可缩短潜伏期。人发病时，先感到不安、头痛、发热，侵入部位有刺痛或出现爬蚁走行的异常感觉。继而出现神经兴奋性增强，脉速、出汗、流涎、多泪、瞳孔放大，吞咽时咽喉肌肉发生痉挛，见水或其他轻微刺激可引起发作，故又名“恐水病”。最后转入麻痹、昏迷、呼吸及循环衰竭而死亡，病程5~7d。

3. 埃博拉病毒

埃博拉病毒（Ebola Virus，EBOV），是对一群属于纤维病毒科埃博拉病毒属下数种病毒的统称，属于十分罕见的病毒。这种病毒能引起人类和灵长类动物产生埃博拉出血热的烈性传染病病毒，死亡率很高，在50%~90%，致死原因主要为中风、心肌梗死、低血容量休克或多发性器官衰竭。1976年在苏丹南部和刚果（金）（旧称扎伊尔）的埃博拉河地区被发现，引起医学界的广泛关注和重视，“埃博拉”由此而得名。

EBOV在常温下较稳定，对热有中等程度抵抗力，紫外线照射2min可使之完全灭活。对化学药品敏感，乙醚、去氧胆酸钠、β-丙内酯、福尔马林、次氯酸钠等消毒剂可以完全灭活病毒感染性；钴^{60}照射、γ射线也可使之灭活。EBOV的自然宿主虽尚未最后确定，但已有多方证据表明猴子及猩猩等野生非人类灵长动物以及其他动物有EBOV感染现象。

4. 冠状病毒

冠状病毒属于套式病毒目、冠状病毒科、冠状病毒属，是一类具有囊膜、基因组为线性单股正链的RNA病毒，是自然界广泛存在的一大类病毒。某些冠状病毒会感染人类并引起疾病，比如严重急性呼吸综合征（SARS）、中东呼吸综合征（MERS）和新型冠状病毒（2019-nCoV）。

SARS病毒属于冠状病毒科，病毒粒子多呈圆形，有囊膜，外周有冠状排列的纤突，分布于细胞质中，呈圆形，病毒直径在80~120nm。SARS病毒是冠状病毒的一个变种，是引起非典型肺炎的病原体。变种冠状病毒与流感病毒具有亲缘关系，但它是一种非常独特的冠状病毒，在2002年冬到2003年春肆虐全球的重症急性呼吸综合征（SARS，非典型肺炎）的元凶就是此冠状病毒。SARS病毒引起的人类疾病主要是呼吸系统感染（包括重症急性呼吸综合征）。该病毒对温度敏感，33℃时生长良好，但35℃受到抑制。由于这个特性，冬季和早春是该病毒的流行季节。SARS 病毒是成人普通感冒的主要病原之一，儿童感染率较高，还可引起婴儿和新生儿急性肠胃炎。SARS 病毒可以重复感染，表明其存在有多种血清型并有抗原的变异，其免疫较困难。

MERS 是 2012 年发现的一种新型病毒，被认为和造成 SARS 的病毒相似，最早出现在中东。人类感染 MERS 病毒后，临床可表现为无症状或轻度呼吸道症状，也可发展为严重的急性呼吸道症状甚至死亡。典型临床症状为发热、咳嗽和气短。肺炎也是常见的临床表现，但并非所有病例均会出现。病例也有报道出现呕吐、腹泻等胃肠道症状。病情严重时可以导致呼吸衰竭，需在重症监护室使用呼吸机辅助呼吸。报告病例的病死率在 36%左右。老年人、免疫缺陷人群和慢性病患者（如癌症、慢性肺病和糖尿病患者）在感染病毒后更易出现严重症状。

新型冠状病毒（2019-nCoV）是 2019 年在人体中发现的冠状病毒新毒株。该病毒症状以发热、乏力、干咳为主要表现。少数患者伴有鼻塞、流涕、咽痛和腹泻等症状。重症患者多在发病一周后出现呼吸困难和/或低氧血症，严重者快速进展为急性呼吸窘迫综合征、脓毒症休克，难以纠正的代谢性酸中毒和凝血功能障碍。重症、危重症患者病程中可为中低热，甚至无明显发热。2019-nCoV 病毒的潜伏期 1~14d，多为 3~7d。该病毒侵入人体后，首先累及到肺，在电镜下可观察到肺里存在病毒颗粒，通过核酸检测可以发现病毒核酸。该病毒会使免疫系统受累比较严重，易出现细菌、真菌感染。感染该病毒的人会出现程度不同的症状，有的只是发烧或轻微咳嗽，有的会发展为肺炎，有的则更为严重甚至死亡。新型冠状病毒主要的传播途径是呼吸道飞沫传播和接触传播，气溶胶和粪-口等传播途径尚待进一步明确。

二、其他原核微生物

（一）螺旋体

螺旋体是介于细菌与原生动物（原虫）的原核生物，全长 3~500μm。螺旋体因菌体细长、柔软、弯曲呈螺旋状而得名。无鞭毛，具有细菌所有的基本结构，它包括圆柱形体、轴索和外膜。螺旋体的运动有 3 种类型：绕螺旋体的长轴迅速转动、细胞屈曲运动以及沿着螺旋形或盘旋的线路移动。

螺旋体以二均分裂方式繁殖。螺旋体广泛分布于自然界和动物体内，种类很多，有腐生和寄生两大类。腐生型常存在于污泥和垃圾中，寄生种类能引起人畜疾病，如梅毒密螺旋体。螺旋体种类很多，但除钩端螺旋体外，其他致病性螺旋体尚未人工培养成功，有关它们的生理学知识知道得很少。

（二）立克次体

1909 年美国病理学家立克次（H. T. Ricketts）首次发现引起落基山斑疹伤寒的独特病原体并被它夺取生命，故名立克次体。立克次体是一类专性寄生于真核细胞内的 G^- 原核微生物，介于最小细菌和病毒之间，细胞形态多样，呈球杆状或杆状，有时出现长丝状体。细胞大小（0. 3~0. 6）μm×(0. 8~2. 0）μm，光学显微镜下清晰可见。

立克次体的许多生物学性状接近细菌，如细胞壁结构、二分裂法繁殖、复杂的酶系统、对多种抗生素敏感等。它是人类斑疹伤寒、斑点热、恙虫病等严重传染病的病原体；它与一些昆虫关系密切，如森林蜱、体虱，都可以是立克次体的宿主或储存宿主，通过它们作为传播媒介而感染人。

（三）支原体

支原体是一类没有细胞壁的原核细胞型微生物。细胞膜含胆固醇，可通过除菌滤器，二分裂繁殖，是目前所知的能在无生命培养基中生长繁殖的最小微生物。革兰阴性，不易着色，常以姬姆萨染色法染色，细胞呈淡紫色。

支原体突出的结构特征是不具细胞壁，只有细胞膜，故细胞柔软，形态多变，具有高度多形性。即使在同一培养基中，细胞也常出现不同大小的球状、环状、长短不一的丝状、杆状及不规则等多种形态。这些丝状体还常高度分枝，形成丝状真菌样形体，故有支原体之称。

支原体的营养要求高，培养基中必须加入 10%~20%小牛血清。生长缓慢，典型菌落呈荷包蛋样。支原体可在细胞培养中生长，是污染细胞培养的一个重要因素。对抑制细胞壁合成的抗生素如青霉素、环丝氨酸等不敏感，但对干扰蛋白质合成的土霉素、四环素等很敏感。

支原体广泛分布于土壤、污水、温泉或其他温热环境以及昆虫、脊椎动物和人体中，只有少数能致病。

（四）衣原体

“衣原体之父”
汤飞凡

衣原体介于立克次体与病毒之间，能通过细菌滤器，有独特的发育周期，专性寄生于真核细胞内的小型 G^- 原核微生物，衣原体有两种存在形态，分别称为原体和始体。原体是一种不能运动的球状细胞，具有感染力；原体逐渐伸长，形成无感染力的个体，即为始体，它是一种薄壁的球状细胞，形体较大。

衣原体与细菌的主要区别是其缺乏合成生物能量来源的 ATP 酶，衣原体的能量完全依赖于被感染的宿主细胞；衣原体与病毒的主要区别在于其具有 DNA、RNA 两种核酸、核糖体和一个近似细胞壁的膜，并以二分裂方式进行增殖，能被抗生素抑制。

实训四 噬菌斑和放线菌的形态观察

微生物实验室意外事故的处理（一）

一、噬菌斑的观察

（一）目的要求

学习细菌噬菌斑的培养及观察方法。

（二）基本原理

噬菌体是寄生在细菌、放线菌体内的病毒。其专一性很强，如苏云金芽孢杆菌的噬菌体，只能裂解苏云金芽孢杆菌，链霉菌的噬菌体只能裂解链霉菌。噬菌体的个体很小，已超过一般光学显微镜的辨析范围。但通过噬菌体裂解寄主细菌或放线菌这个特点，如菌液由浊变清，或在含菌的固体培养基上出现透明空斑（噬菌斑）等，可证明有噬菌体的存在。

（三）材料与仪器

1. 菌种

苏云金芽孢杆菌、感染噬菌体的苏云金芽孢杆菌。

2. 培养基

牛肉膏蛋白胨培养液、1%琼脂牛肉膏培养基、牛肉膏蛋白胨琼脂斜面。

3. 仪器或其他用具

灭菌培养皿、灭菌吸管。

（四）操作步骤

（1）取牛肉膏蛋白胨培养液及牛肉膏琼脂斜面一支，接种苏云金芽孢杆菌，28~30℃培养，培养时注意菌液生长的浑浊程度。

（2）将含噬菌体的苏云金芽孢杆菌接入上述培养 8h 的苏云金芽孢杆菌培养液中，28~30℃振荡培养。由于苏云金芽孢杆菌被噬菌体裂解，菌液的浑浊度逐渐下降，这时噬菌体的数目不断增加，以此作为噬菌体悬浮液。

（3）将在牛肉膏琼脂斜面上培养 8h 的苏云金芽孢杆菌加 4~5mL 的无菌水，制成细菌悬浮液。

（4）制备牛肉膏蛋白胨平板。取含 1%琼脂的牛肉膏培养基 3~4mL，熔化后置 45℃水浴保温。另外取苏云金芽孢杆菌菌液 0. 5mL 及 0. 2mL 含有噬菌体的苏云金芽孢杆菌悬浮液与保温未凝固的培养基充分混合，然后立即倒入牛肉膏平板上作为上层（即双层培养），待上层凝固，放在 28~30℃培养 24h 取出观察。注意平板有无噬菌斑出现并注意观察其形态。

（五）实训报告内容

1. 绘出噬菌体的形态图。
2. 解释在平板上能形成噬菌斑的原因。

二、放线菌的形态观察

微生物实验室意外事故的处理（二）

（一）目的要求

1. 观察放线菌的基本形态特征。
2. 掌握培养放线菌的几种方法。

（二）基本原理

放线菌一般由分枝状菌丝组成，它的菌丝分为基内菌丝（营养菌丝）、气生菌丝或有孢子丝 3 种。气生菌丝分化成孢子丝，产生成串的分生孢子。孢子丝形态多样，有直、波曲、钩状、螺旋状、轮生等多种形态。孢子也有球形、椭圆形、杆状和瓜子状等。它们的形态构造都是放线菌分类鉴定的重要依据。

（三）材料与仪器

1. 菌种

细黄链霉菌（又称 5406）的培养平皿、棘孢小单孢菌的玻璃纸培养平皿。

2. 染色液和试剂

0.1%美蓝染色液、石炭酸复红染色液。

3. 仪器或其他用具

盖玻片、载玻片、镊子、接种环、显微镜、涂布器、玻璃纸、打孔器。

（四）操作步骤

1. 观察自然生长状态的放线菌

用镊子小心取出用插片法培养的 5406 菌培养皿中的一张盖玻片，擦净背面附着的菌丝体。将长有菌的一面向上放在洁净的载玻片上，在低倍镜和高倍镜下观察。找出 3 类菌丝及其分生孢子。注意菌丝的粗细和色泽差异。

2. 水封片观察

取一滴美蓝染色液置于载玻片中央，将用搭片法培养棘孢小单孢菌培养皿中的盖玻片取出，并将有菌面朝下，放在载玻片上，浸在染色液中，制成水封片，用高倍镜观察其单个分生孢子及其基内菌丝。

3. 玻璃纸法的镜检观察

（1）直接玻璃纸观察　分别用5406和棘孢小单孢菌的玻璃纸制片观察。制片时，于载玻片上放一小滴蒸馏水，将含菌玻璃纸片小心剪下一小块，移至载玻片上，并使有菌面向上。注意玻璃纸与载玻片间不能有气泡。在低倍镜和高倍镜下观察5406的3类菌丝。观察棘孢小单孢菌时需把视野亮度调暗。

（2）印片染色法观察　取洁净载玻片微热，盖于长有5406或棘孢小单孢菌的平皿上，轻压；载玻片应垂直放下和取出，以防因水平移动而破坏放线菌的自然形态。反转有印痕的载玻片微热固定。用石炭酸复红染色1min，水洗，晾干。油镜下观察。

（五）训练报告内容

1. 绘出玻璃纸法、水封片法、印片法以及自然生长状态下观察的放线菌形态图。
2. 比较5406与棘孢小单孢菌特征的异同。
3. 在高倍镜或油镜下如何区分放线菌的基内菌丝和气生菌丝？

（六）注意事项

1. 放线菌的生长速度较慢，培养期较长，在操作中应特别注意无菌操作，严防杂菌污染。
2. 玻璃纸法培养接种时注意玻璃纸与平板琼脂培养基间不宜有气泡，以免影响其表面放线菌的生长。
3. 不同观察方法，严格按要求进行，注意菌体的上下位置。

【同步练习】

一、填空题

1. 脂多糖（LPS）是革兰________菌细胞壁________层的主要成分，它由________，________，________三部分构成。
2. 鞭毛是细菌的运动器官，在无电子显微镜的情况下，可用下列方法来判断这种细菌是否长鞭毛________；________；________。
3. 芽孢是芽孢细菌在生长发育过程中形成的特殊的________细胞形态，有利于细菌度过________。它是由细菌营养细胞中________而成。
4. 酵母菌的无性繁殖方式主要有________和________。
5. 原核微生物的细胞壁特有的组分是________。酵母菌的细胞壁主要成分是________和________。而大部分霉菌的细胞壁是由________组成的。
6. 放线菌的菌丝可分为________、________和________。
7. ________等特征结构都是分类鉴定的重要依据。

8. 放线菌主要通过________和________方式进行无性繁殖。

9. 放线菌的代表属有________、________和________。

10. 病毒是侵害各种生物的分子病原体，现分为真病毒和亚病毒两大类，而亚病毒包括________、________和________。

11. 病毒纯化方法有________、________、________、________、________和________等，其纯化标准是纯化的病毒制备物应保持其感染性和纯化的病毒制备物的毒粒大小、形态、密度、化学纯度及抗原性应具有均一性。

12. 毒粒的基本化学组成是________和________，有包膜的病毒还含有________和________，有的病毒还含有聚胺类化合物和无机阳离子等组分，它对大多数抗生素________，但对干扰素________。

13. 毒粒的形状大致可分为________、________和________等几类，病毒壳体的结构类型有________、________和________。

14. 裂性噬菌体以裂解性周期进行繁殖，从生长曲线上可将其分为________、________和________三个时期。

15. 病毒核酸存在的主要类型________、________、________和________4种。

16. 温和噬菌体有三种存在形式即________、________和________。

二、选择题

17. 细菌的繁殖首先开始于（　　）

A. 膜的分裂　　B. 壁的分裂　　C. DNA 的复制

18. 细菌的繁殖主要靠（　　）

A. 二分分裂　　B. 纵裂　　C. 出芽

19. 下列微生物属于原核微生物的是（　　）

A. 细菌　　B. 霉菌　　C. 酵母菌　　D. 单细胞藻类

20. 自然界中分离到的细菌，形态各种各样，其中种类最多的是（　　）

A. 球菌　　B. 螺旋菌　　C. 放线菌　　D. 杆菌

21. 原核细胞中特有的 C 源贮藏颗粒是（　　）

A. 异染粒　　B. 肝糖粒　　C. 淀粉粒　　D. 聚-β-羟基丁酸

22. G^+细菌细胞壁的结构为一层，含有的特有成分是（　　）

A. 脂多糖　　B. 脂蛋白　　C. 磷壁酸　　D. 核蛋白

23. 革兰阴性细菌细胞壁中的特有成分是（　　）

A. 肽聚糖　　B. 磷壁酸　　C. 脂蛋白　　D. 脂多糖

24. 酵母菌的菌落类似于（　　）

A. 霉菌菌落　　B. 链霉菌菌落　　C. 细菌菌落

25. 酿酒酵母的无性繁殖是（　　）

A. 一端出芽　　B. 二端出芽　　C. 多边出芽　　D. 三端出芽

26. 某些酵母菌上下两细胞连接处呈细腰状，通常称为（　　）
A. 有隔菌丝　B. 无隔菌丝　C. 假菌丝
27. 放线菌属于（　　）
A. 病毒　B. 原核微生物　C. 真菌　D. 真核原生生物
28. 具有菌丝体的原核微生物是（　　）
A. 细菌　B. 放线菌　C. 酵母菌　D. 霉菌
29. 在放线菌的发育过程中，吸收水分和营养的器官为（　　）
A. 基质菌丝　B. 气生菌丝　C. 孢子丝　D. 孢子
30. 放线菌的形态是（　　）
A. 单细胞　B. 多细胞　C. 单细胞或多细胞　D. 非细胞
31. 下列微生物中能通过细菌过滤器的是（　　）
A. 大肠杆菌　B. 立克次氏体　C. 支原体　D. 分枝杆菌
32. 属于非细胞型微生物的是（　　）
A. 细菌　B. 放线菌　C. 支原体
D. 衣原体　E. 以上都不是
33. 属于非细胞型微生物的是（　　）
A. 真菌　B. 噬菌体　C. 支原体
D. 立克次体　E. 衣原体
34. 放线菌菌落与培养基的结合程度具有如下特征（　　）
A. 较松、极易挑取　B. 较松、不易挑取
C. 较紧、容易挑取　D. 较紧、不易挑取
35. 放线菌的菌落特征主要是（　　）
A. 光滑，湿润，较大，透明，易挑取
B. 光滑，干燥，较大，不透明，不易挑取
C. 干燥，紧密，较小，不透明，不易挑取
D. 湿润，较小，皱褶，透明，不易挑取
36. 在液体培养放线菌，放线菌主要借助（　　）繁殖方式以产生新的菌丝体。
A. 有性孢子　B. 无性孢子　C. 菌丝体断裂　D. 有性接合
37. 在自然界，放线菌主要通过（　　）方式进行繁殖。
A. 形成有性孢子　B. 有性接合　C. 形成无性孢子　D. 菌丝体断裂
38. 2007年，禽流感趁着春寒再度肆虐亚洲，我国也出现了禽流感病例。下列关于禽流感病毒的叙述错误的是（　　）
A. 细胞微小，结构简单　B. 只能寄生在活的细胞里
C. 能使人禽致病　D. 能够利用它来防治禽流感
39. 下列选项中，不属于病毒特点的是（　　）
A. 个体十分微小，只能用电子显微镜观察　B. 没有细胞结构

C. 在寄主细胞里生活和繁殖　　D. 可以独立生活

40. 下列生物中，没有细胞结构的是（　　）

A. 乳酸细菌　　B. 衣藻　　C. 草履虫　　D. 肝炎病毒

41. 下列选项中，不属于病毒引起的疾病或病害的是（　　）

A. 烟草花叶病　　B. 痢疾　　C. 鸡瘟和猪瘟　　D. 流行性感冒

42. 病毒的营养方式和生活方式是（　　）

A. 自养腐生　　B. 异养腐生　　C. 异养寄生　　D. 自养寄生

43. 噬菌体属于下列哪一种病毒类型（　　）

A. 动物病毒　　B. 植物病毒　　C. 细菌病毒　　D. 微生物病毒

44. 下列哪一项不是人类利用病毒为人类服务的实例（　　）

A. 无脊椎动物病毒制成杀虫剂

B. 给高烧病人注射青霉素

C. 用噬菌体治疗烧伤病人的化脓性感染

D. 给健康人注射流行性乙型脑炎疫苗

45. 下列叙述中，能说明病毒属于生物的是（　　）

A. 具有细胞结构　　B. 能使动物和植物治病

C. 能够繁殖后代　　D. 由蛋白质和核酸组成

46. 以下疾病不是由病毒引起的是（　　）

A. 流感　　B. 艾滋病　　C. 脚癣　　D. 乙肝

三、判断题

47. 磷壁酸是革兰阳性细菌细胞壁中的特有成分。（　　）

48. 放线菌具有菌丝，并以孢子进行繁殖，它属于真核微生物。（　　）

49. 鞭毛是细菌的运动器官，蓝细菌因生鞭毛而运动。（　　）

50. 链霉菌是霉菌，其有性繁殖形成接合孢子。（　　）

51. 四联球菌、八叠球菌、葡萄球菌均是多细胞的微生物。（　　）

52. 革兰染色法是细胞质染色，而不是细胞壁染色。（　　）

53. 质粒与染色体 DNA 一样，失去质粒，细菌细胞就会死亡。（　　）

54. 芽孢有极强的抗热，抗辐射，抗化学物和抗压的能力，同时具有繁殖功能。（　　）

55. 枝原体和原生质体不具有细胞壁，但都能在适合的培养基中生长。（　　）

56. 细菌芽孢只能由杆菌产生，细菌一旦形成芽孢后，不具有运动和繁殖的能力。（　　）

57. 与细菌比较，放线菌的菌落干燥，不透明，表面呈紧密绒状。（　　）

58. 光学显微镜下观察，放线菌的基内菌丝比气生菌丝颜色淡且较细。（　　）

59. 放线菌孢子丝的形态和排列方式因菌种而异，故上述特征能作为菌种鉴定的依据。（　　）

60. 根据链霉菌菌丝形态和功能的不同可分为气生菌丝，基内菌丝和孢子丝。(　　)
61. 放线菌孢子形态和颜色也是鉴别种类的依据之一。(　　)
62. 一个病毒的毒粒内既含有 DNA 又含有 RNA。(　　)
63. 一个病毒的毒粒内既含有双链 DNA 和双链 RNA。(　　)
64. 一个病毒的毒粒内只含有一种核酸 DNA 或 RNA。(　　)
65. 溶源性细菌在一定条件诱发下，可变为烈性噬菌体裂解寄主细胞。(　　)
66. 原噬菌体是整合在宿主 DNA 上的 DNA 片段，它不能独立进行繁殖。(　　)

四、综合题:

67. 细菌有哪几种基本形态？其中球菌的空间排列方式有几种？
68. 什么是革兰染色法？革兰染色法的原理是什么？
69. 什么叫菌落？简述细菌、放线菌、酵母菌和霉菌的菌落特点。
70. 细菌、放线菌、酵母菌、霉菌和病毒的繁殖过程如何？
71. 什么是病毒？病毒有哪些不同于其他微生物之处？
72. 什么叫烈性噬菌体、温和性噬菌体？
73. 为什么说放线菌是介于细菌和真菌但又类属于细菌的原核细胞型微生物？

单元二　同步练习

【1+X 证书和技能竞赛考试内容】

	内容	1+X 证书考试内容	技能竞赛内容
知识	(1)细菌和酵母的形态结构、菌落特点与繁殖方式	√	√
	(2)细菌的形态观察方法	√	√
	(3)酵母的形态观察方法、死活细胞鉴别方法、大小和数目的测定方法	√	
	(4)霉菌的形态结构、菌落特点与繁殖方式	√	
能力	(1)熟悉细菌和酵母的形态结构、菌落特点以及繁殖方式	√	√
	(2)正确染色、制片、观察细菌和酵母	√	√
	(3)规范测定酵母菌的大小与数目	√	
	(4)辨别细菌、酵母、霉菌菌落	√	
素质	(1)严谨求实的科学态度	√	√
	(2)和精益求精的工匠精神	√	
	(3)吃苦耐劳的劳动素养	√	√

学习单元三

微生物的营养与代谢

【知识目标】

1. 了解微生物的代谢方式及代谢的调节。
2. 理解微生物的营养类型、微生物的生理生化反应。
3. 掌握微生物的营养要素及功能、微生物吸收营养物质的方式、培养基的类型及制备方法、微生物的接种、分离纯化与培养技术。

【能力目标】

能够培养常见微生物。

【素质目标】

1. 树立民族自豪感。
2. 培养辩证思维，培养生态文明时代可持续发展的理念。
3. 培养社会责任感、安全意识、团队合作精神。

为了生存，微生物必须不断地从外界环境中吸收营养物质，通过新陈代谢将其转化为自身的细胞物质或代谢物，并从中获得各种生理活动所需要的能量，同时将代谢活动中产生的废物排出体外。能够满足微生物机体生长、繁殖和完成各种生理活动所必需的物质称为营养物质，营养物质是微生物生存的物质基础。微生物吸收和利用营养物质的过程称为营养，营养是微生物维持和延续生命的一种生理过程。

学习微生物的营养并掌握其中的规律，是认识、利用和深入研究微生物的必要基础，对选择、设计、改造符合微生物生长的培养基，以便应用于生产实践，具有非常重要的意义。

极限温度条件下的古菌之营养

项目一　微生物的培养

知识讲解

微生物吸收何种营养物质取决于微生物细胞的化学组成，微生物细胞的化学组成和其他生物基本一致。在元素组成上，都含有碳、氢、氧、氮和各种矿物质元素。在化合物组成上，都含有水分、碳水化合物、蛋白质、核酸、脂肪、维生素、无机盐等。

一、概述

（一）微生物的营养物质及其生理功能

根据营养物质在微生物机体内生理功能的不同，可分为碳源、氮源、能源、无机盐、生长因子和水六大类。

1. 碳源

碳源是在微生物生长过程中为微生物提供碳素来源的物质。

碳源的生理功能是：①提供细胞物质中的碳素来源。构成微生物细胞的碳水化合物、蛋白质、脂类等，代谢产物和细胞贮藏物质等几乎都含有碳。②提供微生物生命活动过程中所需的能量。碳源物质通过微生物的分解利用，仅20%用于合成细胞物质，其余均被氧化分解并释放能量。

微生物可利用的碳源物质种类很多。根据碳源的来源不同，可将碳源分为无机碳源和有机碳源。常见的无机碳源有 CO_2、$NaHCO_3$、$CaCO_3$ 等；有机碳源有糖类、醇类、有机酸、蛋白质及其分解物、脂肪和烃类等。糖类是微生物最容易利用的良好碳源，其次是醇类、有机酸类和脂类等。在糖类中，单糖优于双糖和多糖，己糖优于戊糖，葡萄糖、果糖优于半乳糖、甘露糖，淀粉优于纤维素。

实验室中最常利用的碳源物质是葡萄糖和蔗糖。发酵工业上，常根据不同微生物的需要，利用各种农副产品如山芋粉、玉米粉、米糠、麸皮、马铃薯、甘薯等各种野生植物的淀粉以及废糖蜜作为微生物廉价的碳源。这类碳源往往包含了几种营养要素。

2. 氮源

氮源是构成微生物细胞物质和代谢产物中的氮素来源。微生物细胞中含氮5%~13%，是微生物细胞蛋白质和核酸的主要成分。

氮源的主要功能是提供合成原生质和细胞其他结构的氮素来源，一般不作为能源，但硝化细菌利用铵盐或硝酸盐作为氮源和能源。

与碳源相似，微生物能利用的氮源种类也十分广泛，可以分成3类：①空气中的分子氮：少数具有固氮能力的微生物（如自生固氮菌、根瘤菌）能利用。②无机氮化合物：如铵态氮（NH_4^+）、硝态氮（NO_3^-）和简单有机氮（如尿素），微生物吸收这类氮源的能力较强，因此绝大多数微生物均可利用。③有机氮化合物：绝大多数寄生性微生物和一部分腐生性微生物不能合成某些必需氨基酸，必须以有机氮化合物（蛋白质及其不同程度的降解产物胨、肽、氨基酸等）作为氮素营养。氨基酸能为微生物直接吸收利用，蛋白质需要先经微生物分泌的胞外蛋白酶水解成氨基酸才能被吸收利用；尿素也需要被微生物先分解为 NH_4^+ 以后才被利用。

实验室中，常以铵盐、硝酸盐、尿素、氨基酸、牛肉膏、蛋白胨、酵母浸膏等简单氮化合物作为氮源；在发酵生产中，常以花生饼粉、鱼粉、血粉、蚕蛹粉、豆饼粉、玉米浆、麸皮和米糠等复杂廉价的有机氮化合物作为氮源。

3. 能源

能源是指微生物生命活动过程中需要的能量来源物质，其功能是为微生物提供能量。

能源依微生物种类不同而有所区别。对于异养微生物来说，碳源就是能源，只有在极少数情况下，氮源作为能源或利用日光作为能源。光能自养微生物的能源是光，碳源是 CO_2；化能自养微生物的能源是 NH_4^+、NO_2^-、S、H_2 和 Fe^{2+} 等还原态无机化合物，而碳源是 CO_2。

4. 无机盐

无机盐是微生物生长必不可少的一类营养物质，它们的生理功能主要表现在：①构成细胞的组成成分，如P、S分别是核酸和含S氨基酸的重要组成元素之一。②参与酶的组成、构成酶活性基或激活酶的活性，如Fe是过氧化氢酶、细胞色素氧化酶的组成成分，Ca是蛋白酶的激活剂。③调节和维持微生物的生长条件，如细胞渗透压、氢离子浓度、氧化还原电位等。磷酸盐是重要的缓冲剂，能维持微生物生长过程中pH的稳定。④作为某些自养微生物的能源，如 NH_4^+、NO_2^-、S和 Fe^{2+} 分别是亚硝化细菌、硝化细菌、硫化细菌和铁细菌的能源。

凡微生物对其需要量在 $10^{-4} \sim 10^{-3}$mol/L 范围内的元素称为大量元素或常量元素，如P、S、K、Ca、Na、Mg和Fe等。需要量在 $10^{-8} \sim 10^{-6}$mol/L 内的元素称为微量元素，如Co、Zn、Mo、Cu、Mn、Ni和W等。由于这些元素大多以无机盐的形式提供，因而称为无机盐或矿质元素。培养微生物时，无机盐大多可以从培养基的有机物中得到，一般只需加入适量的硫酸盐、磷酸盐或氯化物即可满足需要，其他无机盐一般不需另外添加，自来水和其他营养物中以杂质形式存在的数量就能满足微生物生长的需要，过量添加反而会产生抑制甚至毒害。

5. 生长因子

生长因子是指微生物生长所必需且需要量很少，但微生物自身不能合成或合成量不足以满足机体生长需要的有机化合物，又称生长因素。生长因子与碳源、氮源不同，它们不提供能量，也不参与细胞的结构组成，而是作为一种辅助性的营养物。广义的生长因子按它们的化学结构和生理功能可分成氨基酸、维生素、嘌呤和嘧啶碱基及其衍生物等，狭义的生长因子仅指维生素。生长因子的功能是：构成细胞的组成成分，如嘌呤、嘧啶构成核酸；调节新陈代谢，维持生命的正常活动，如许多维生素是各种酶的辅酶或辅基，没有这些物质，酶就失去活性，新陈代谢也会停止。

微生物对生长因子的需要有 3 种类型：一种不需要补充，多数真菌、放线菌和不少细菌，如大肠杆菌等都属这类。一种需要补充，如各种乳酸菌、动物致病菌等，例如产谷氨酸的短杆菌，需要添加生物素才能正常生长。还有一种，能合成并大量分泌某些维生素等生长因子，例如肠道微生物能在肠道内分泌大量 B 族维生素，供机体吸收。

在实验室或实际生产中，常用酵母膏、蛋白胨、牛肉膏、马铃薯汁、玉米浆、麦芽汁或其他动植物浸出液等天然物质作为生长因子的来源以满足微生物的需要，因此在此类培养基中一般不必另外补充。

6. 水

水是微生物生命活动不可缺少的物质。在细胞中水的生理功能主要有：①微生物细胞物质的组成成分。②细胞中营养物质和代谢产物的溶剂与运输介质。③细胞中各种生化反应必须以水为介质才能完成。④水的比热容高，是热的良好导体，能有效吸收代谢过程中产生的热量并及时将热散发出体外，有利于维持细胞内温度和保持环境温度的稳定。⑤能维持蛋白质、核酸等生物大分子结构的稳定和酶的活性。⑥能维持一定的渗透压，维持细胞的正常态。

微生物细胞的含水量很高，细菌、酵母菌和霉菌的营养体分别含 80%、75%和 85%左右的水，霉菌孢子约含 39%的水，而细菌芽孢核心部分含水量低于 30%。

（二）微生物的营养类型

微生物所处的生活环境不同，对营养物质的利用能力不同，因此其营养需要和代谢方式也不尽相同。根据碳源的性质不同，把微生物分为自养型微生物和异养型微生物。自养型微生物以 CO_2 为主要碳源或唯一碳源；异养型微生物以有机物为主要碳源。根据能源的性质不同，把微生物分为光能型微生物和化能型微生物。能利用光能，将光能转化为化学能的微生物为光能型微生物；必须利用化合物的氧化还原反应产能的微生物为化能型微生物。根据碳源、能源和氢供体性质的不同，可将微生物分为光能自养型（光能无机营养型）、光能异养型（光能有机营养型）、化能自养型（化能无机营养型）和化能异养型（化能有机营养型）四种营养类型（表 3-1）。

表 3-1　　微生物的营养类型

营养类型	能源	氢供体	基本碳源	举例
光能自养型 （光能无机营养型）	光	无机物	CO_2	蓝细菌、紫硫细菌、 绿硫细菌、藻类
光能异养型 （光能有机营养型）	光	有机物	CO_2、 简单有机物	红螺菌科的细菌 （即紫色非硫细菌）
化能自养型 （化能无机营养型）	化学能* （无机物）	无机物	CO_2	硝化细菌、硫化细菌、铁细菌、氢细菌、硫黄细菌等
化能异养型 （化能有机营养型）	化学能 （有机物）	有机物	有机物	绝大多数细菌、全部放线菌、全部真核微生物

注：* NH_4^+、NO^-、S^0、H_2S、H_2、Fe^{2+}等。

1. 光能自养型

这类微生物利用光作为生长所需要的能源，以 CO_2 作为唯一碳源或主要碳源。以还原性无机化合物（如 H_2O、H_2S、$Na_2S_2O_3$ 等）为供氢体，还原 CO_2，生成有机物质。光能自养型微生物主要是一些蓝细菌、红硫细菌、绿硫细菌等少数微生物，它们都含有光合色素，能够进行光合作用，将光能转变为化学能（ATP）供细胞直接利用。例如蓝细菌利用 H_2O 作为供氢体，在光照下同化 CO_2，放出 O_2；绿硫细菌和紫硫细菌以 H_2S 或硫代硫酸盐等还原态硫化物作为供氢体，还原 CO_2，并得到硫。

2. 光能异养型

这类微生物利用光作为能源，以有机碳化合物（甲酸、乙酸、丁酸、甲醇、异丙醇、丙酮酸和乳酸）作为主要碳源和供氢体，但不能以 CO_2 作为主要或唯一的碳源。例如，红螺细菌利用异丙醇作为供氢体，进行光合作用，并积累丙酮。

3. 化能自养型

这类微生物的能源来自无机物氧化所产生的化学能。碳源是 CO_2 或碳酸盐。常见的化能自养型微生物有硫（化）细菌、硝化细菌、氢细菌、铁细菌、一氧化碳细菌和甲烷氧化细菌等。它们分别以还原态硫化物（S、H_2S、$S_2O_3^{2-}$ 等）、NH_3、NO_2^-、H_2、Fe^{2+}、CO 和 CH_4 作为能源。例如，亚硝酸细菌能从氧化氨为亚硝酸中获得能量，用以还原 CO_2，形成碳水化合物。

化能自养型微生物可以生活在完全无机的环境中，分别氧化各自合适的还原态的无机物，一般需消耗 ATP，以取得同化 CO_2 时所需的能量。这类菌的生长速度较为缓慢。

4. 化能异养型

化能异养型微生物包括绝大多数的细菌、全部放线菌和真菌以及原生动物等。这类微生物以有机化合物为能源，碳源和氢供体也是有机化合物，即同一种有机化合物的代谢既可供给能量，也可以供给碳架物质。其氮素营养可以是有机物（如蛋白质），也可以是无机物（如硝酸铵等）。可分为腐生和寄生两种类型。腐生菌是利用无生命的有机物为养料进行生长繁殖，大多数有益，在自然界物质转化中起重要作用，如引起食品腐败的一些霉菌和细菌属于这一类。寄生菌是寄生在活的有机体内，从寄主体内获得营养物质而进行生长繁殖。专性寄生菌只能在活的寄主体内生活，如病毒、立克次体和衣原体。在腐生和寄生之间存在着不同程度的既可腐生又可寄生的中间类型，称为兼性腐生或兼性寄生。

微生物4种营养类型的划分不是绝对的，很多情况下取决于生长环境。例如红螺细菌在有光和厌氧条件下利用光能，为光能异养型，而在黑暗和有氧有条件下则利用有机物氧化释放的化学能，为化能异养型。微生物营养类型的可变性有利于提高微生物对环境条件的适应能力。

二、培养基

培养基是指经人工配制、适合微生物生长繁殖或积累代谢产物的营养基质。良好的培养基都应具备微生物生长所需要的六大营养要素，且其间的比例合适；能充分发挥微生物的代谢合成能力，使微生物正常生长发育，达到最佳的实验、科研和生产目的。

（一）配制培养基的原则

实事求是
辩证思维

1. 明确培养的目的

在设计新培养基时，首先要明确培养何种菌、获取何种产物、是用于实验室科学研究还是大规模生产、是进行一般研究还是做精细的生理生化或遗传学研究、是用作“种子”培养基还是用作发酵培养基等。

培养细菌、放线菌、酵母菌和霉菌的培养基不同。培养细菌常用牛肉膏蛋白胨培养基；培养放线菌常用高氏一号培养基；培养酵母常用麦芽汁培养基；培养霉菌常用马铃薯培养基和察氏培养基。病毒、立克次体、衣原体和某些螺旋体（回归热螺旋体和梅毒螺旋体）等专性寄生菌不能在人工制备的培养基上生长，必须用鸡胚、细胞培养和动物培养等方法培养。

培养自养型微生物的培养基应完全是简单无机盐，培养异养型微生物的培养基至少要有一种有机物作为碳源和能源。

实验室中作一般培养时，选用营养丰富、取材与制备均较方便的天然培养基；进行精细的生理、代谢或遗传等研究用时，选用合成培养基。在大规模的发酵生产上，为获取大量优良菌种而制备的种子培养基，除了营养丰富和含氮量较高外，还应加入能使菌种适应以后发酵条件的基质；为使生产菌生长良好并能积累大量代谢产物的发酵培养基，则应考虑代谢产物的性质。一般地说，在生产含碳量较高的代谢产物，如有机酸时，培养基所用原料的C/N要高，例如柠檬酸发酵培养基只用山芋粉作原料；生产氨基酸类含氮量高的代谢产物要增加氮源比例，例如谷氨酸发酵培养基中除了含有水解淀粉或大量的糖外，还有尿素和玉米浆；在某些次生代谢产物（如抗生素、维生素或赤霉素）的生产中还要加入作为它们组成部分的元素或前体物质，如生产金霉素时要加入氯化物，生产氨苄青霉素时加入前体物质苯乙酸等。

2. 协调营养物质的配比

对于大多数异养微生物来说，它们所需的各营养要素的比例大体是：水>碳源>氮源>P、S>K、Mg>生长因子，其中碳源和氮源比例（C/N）最为重要。碳氮比（C/N）是指培养基中所含 C 原子的物质的量浓度与 N 原子的物质的量浓度之比，不同的微生物菌种要求不同的 C/N。如细菌和酵母菌培养基中的 C/N 约为 5/1，霉菌培养基中的 C/N 约为 10/1。在谷氨酸发酵时需要较多的氮作为合成谷氨酸的氮源，若培养基 C/N 为 4/1，则菌体大量繁殖，谷氨酸积累少；若培养基 C/N 为 3/1 时，则菌体繁殖受到抑制，谷氨酸产量增加。

此外，还需注意无机盐的量及其平衡。很多无机盐在低浓度时为微生物生长所必须，但在高浓度时则可能抑制微生物的生长；无机盐的比例不适当也会影响微生物的生长，如 K_2HPO_4 与 KH_2PO_4 浓度的比例失调会影响培养基的缓冲能力。

3. 注意适宜的理化条件

除营养因素外，培养基的 pH、O_2、渗透压等物理化学因素也直接影响微生物的生长和正常代谢，为了使微生物良好地生长、繁殖或积累代谢产物，必须创造尽可能适宜的生长条件。

（1）pH　各类微生物一般都有它们适宜的生长 pH 范围。一般，细菌的最适 pH 为 7.0~8.0，放线菌最适 pH 7.5~8.5，酵母菌要求 pH 3.8~6.0，霉菌为 4.0~5.8。具体的每种微生物还有其特定的最适生长 pH 范围，可能会超出所属类群的上述界限。

由于微生物在生长繁殖和代谢过程中，不断分解利用营养物质、形成和积累代谢产物，引起培养基 pH 发生变化，如不适当调节，就会抑制或杀死自身。因此在配制培养基时，要加入一定的缓冲物质，以维持 pH 的相对恒定，常用的缓冲物质主要有磷酸盐类和碳酸盐类。

① 磷酸盐类：由一氢和二氢磷酸盐（如 K_2HPO_4 与 KH_2PO_4）的等浓度溶液（pH6.8）组成的磷酸缓冲液，不仅起缓冲作用，还兼有磷源和钾源作用。这种缓冲液只在 pH6.4~7.2 内有缓冲作用。

$$K_2HPO_4+HCl \longrightarrow KH_2PO_4+KCl \qquad KH_2PO_4+KOH \longrightarrow K_2HPO_4+H_2O$$

② 碳酸钙（$CaCO_3$）：$CaCO_3$ 在中性环境中的溶解度极低，加入培养基中后，不影响培养基 pH 的变化，当微生物生长过程中不断产酸时，$CaCO_3$ 就会解离，游离出 CO_3^{2-} 与 H^+形成碳酸，从而缓解培养基 pH 的降低。当大量产酸时，一般加入 $CaCO_3$ 进行调节。

$$CO_3^{2-} \xrightarrow{+H} HCO_3^- \xrightarrow{+H^+} H_2CO_3 \longrightarrow CO_2+H_2O$$

在培养基中还存在一些天然的缓冲系统，如氨基酸、肽、蛋白质都属于两性电解质，也可起缓冲剂的作用。

（2）渗透压　绝大多数微生物适宜于等渗溶液中生长。当环境中渗透压低于细胞原生质的渗透压时，细胞会出现吸水膨胀甚至破裂；当环境渗透压高于原生质渗透压时，会导致细胞膜与细胞壁分开。当培养嗜盐微生物时，常加入适量NaCl以提高培养基的渗透压，培养嗜渗透微生物（如高渗酵母）时加入接近饱和量的蔗糖以提高渗透压。

4. 经济节约

在工业生产中，选择培养基的原料时，除了必须考虑容易被微生物利用以及满足工艺要求外，还应考虑经济效果，应尽量减少主粮的利用，采用以副产品代用原材料的方法。例如发酵工业生产中碳源的代用方向主要是以纤维水解物、废糖蜜等代替淀粉、葡萄糖等。氮源的代用方向以花生饼、豆饼等代替黄豆粉、蛋白胨等。根据微生物对营养要求的不同特点，选择合适的培养原料，既满足微生物生长的需要，又能获得优质高产的代谢产物，同时也符合增产节约、因地制宜的效果，是大规模生产必须遵守的原则。

（二）培养基的类型

1. 根据对培养基成分的了解来分

（1）合成培养基　指利用已知化学成分及数量的化学物质配制而成的培养基。此类培养基成分精确，重复性强。一般用于实验室进行的营养代谢、遗传育种、分类鉴定和生物测定等定量要求较高的研究。缺点是价格较贵、配制麻烦，一般微生物在合成培养基上生长缓慢，有许多异养型微生物营养要求复杂，在合成培养基上不能很好生长，所以不适于大量生产。例如培养氧化硫杆菌的培养基：粉状硫10g；$(NH_4)_2SO_4$ 0.4g；$MgSO_4 \cdot 7H_2O$ 0.5g；$FeSO_4$ 0.01g；KH_2PO_4 4g；$CaCl_2$ 0.25g；水1000mL；pH 7.0~7.2。

此外，常见的合成培养基还有培养细菌的葡萄糖铵盐培养基、培养放线菌的高氏一号培养基、培养真菌的察氏培养基等。

（2）天然培养基　指采用动植物组织或微生物细胞或它们的提取物或消化产物等天然有机物（如牛奶、血清、牛肉膏、蛋白胨、麸皮、马铃薯、麦芽汁、豆芽汁、玉米粉、花生饼粉等）配制而成的培养基，人们无法确切知道其中的成分，又称为综合培养基。天然培养基的优点是取材广泛，营养丰富，配制方便，并且价格低廉；缺点是它们的具体成分不清楚，不同单位生产的或同一单位不同批次所提供的产品成分也不稳定，因而不适合于精细的科学实验，自养型微生物也不能在这类培养基上生长。因此，天然培养基只适合配制实验室用的各种基本培养基及大规模生产中的种子培养基或发酵培养基。例如培养细菌的牛肉膏蛋白胨培养基：牛肉膏3g；蛋白胨5g；NaCl 5g；水1000mL；pH 7.0~7.2。

（3）半合成培养基　大部分培养基中含有天然的有机物作为碳源、氮源及生长素的来源，同时还添加一些适宜的化学试剂以补充无机盐成分。这类培养基既含有天然成分又含有纯化学试剂，称为半合成培养基。例如，培养真菌用的马铃薯蔗糖培养基。在生产和实验室中使用最多的是半合成培养基，大多数微生物都在此类培养基上生长。

2. 根据培养基的物理状态来分

（1）液体培养基　把各种营养物质溶解于水中，充分混合配制成水溶液，调节适宜的pH，成为液体状态的培养基质。这类培养基有利于微生物的生长和积累代谢产物，常用于实验室中观察微生物生长特征和研究生理生化特性以及大规模的工业化生产。因此，发酵生产中绝大多数发酵培养基为液体培养基。

（2）固体培养基　呈固体状态的培养基称为固体培养基。一般在液体培养基中加入一定量的凝固剂，如琼脂（1.5%~2.0%）、明胶（5%~12%）等煮沸冷却后，凝结成固体状态；也有直接用天然固体营养物质（如马铃薯块、麸皮等）制成；还有在营养基质上覆盖滤膜或滤纸等制成。固体培养基在科学研究和生产实践上具有广阔的用途，例如，可用于菌种分离鉴定、菌落计数、检验杂交、选种育种、菌种保藏、抗生素等生物活性物质的生物测定等。

琼脂

（3）半固体培养基　在液体培养基中加入少量凝固剂（琼脂量一般为0.2%~0.7%）制成的半固体状态的培养基称为半固体培养基。半固体培养基呈现出容器倒放时不致流下、在剧烈振荡后能破散的状态。常用来观察细菌的运动、鉴定菌种、噬菌体的效价滴定和保存菌种。

3. 根据培养基的用途来分

（1）基础培养基（或通用培养基）　是指含有一般微生物生长繁殖所需的基本营养物质的培养基。牛肉膏蛋白胨培养基是最常用的基础培养基。

（2）富集培养基　培养基中加入目的菌特别需要的营养物质而使它们富集以达到选择目的，这种培养基称为富集培养基。其营养物质配比，一般能使目的菌迅速生长繁殖，而逐渐淘汰其他非目的菌。

用于富集的营养物质通常是目的微生物专门需要的碳源和氮源，如富集纤维素分解菌选用的纤维素；富集石油分解菌用的石蜡油；富集自生固氮菌用的甘露醇；富集酵母菌用的浓糖液等。此外，这类培养基中也加入血、血清、动植物组织提取液等以培养营养要求比较苛刻的异养型微生物。理化因素如温度、氧气和其他气体、pH以及盐度等也有利于选择某些特殊类型的微生物，如嗜热和嗜冷微生物、好氧和厌氧微生物、嗜酸和嗜碱微生物以及嗜盐微生物等。

（3）选择性培养基　在培养基中加入某种化学物质以抑制非目的菌的生长，而促进目的菌的生长，这类培养基称为选择培养基。常用的抑制物质有染料和抗生素。如SS琼脂培养基，由于加入了胆盐等抑制剂，对沙门菌等肠道致病菌无抑制作用，而对其他肠道细菌有抑制作用；分离真菌用的马丁培养基中添加的孟加拉红、链霉素和金霉素等有抑制细菌生长的作用。

（4）鉴别培养基　根据微生物能否利用培养基中某种营养成分，通过指示剂的显色反应，用以鉴别不同微生物的培养基，称为鉴别培养基。例如，用于鉴别肠道杆菌中某些细菌的伊红美蓝（EMB）是典型的鉴别培养基：蛋白胨 10g；乳糖 10g；K_2HPO_4 2g；2%伊红 Y 溶液 20mL；0. 65%美蓝溶液 10mL；琼脂 17g；蒸馏水 1000mL；pH 7. 1。其中的伊红为酸性染料，美蓝为碱性染料，大肠杆菌强烈分解乳糖时能产生大量有机酸，菌体带 H^+，故可染上酸性染料，又因伊红与美蓝结合成黑色化合物，所以使大肠杆菌菌落呈紫黑色。伊红还发出略呈绿色的荧光，在反射光下可以看到深紫色菌落表面有绿色金属光泽。肠道内的沙门菌和志贺菌不发酵乳糖，而形成无色菌落。因此，可以将大肠杆菌与致病性的沙门菌和志贺菌区别开来。伊红和美蓝这两种苯胺染料还可抑制革兰阳性细菌和一些难培养的革兰阴性细菌生长。

细菌细胞内的各种酶能分解糖类，产生酸类、气体或其他产物。不同的细菌对糖类的分解能力不同，因此，在肉汁培养基中加入各种糖类及指示剂，可进行各种细菌的分类鉴别。鉴别培养基也可用作分离筛选某种微生物。几种常用的鉴别培养基如表 3-2 所示。

表 3-2　　几种常用的鉴别培养基

培养基名称	加入化学物质	微生物代谢产物	培养基特性变化	主要用途
明胶培养基	明胶	胞外蛋白酶	明胶液化	鉴别产蛋白酶菌株
淀粉培养基	可溶性淀粉	胞外淀粉酶	淀粉水解圈	鉴别产淀粉酶菌株
H_2S 试验培养基	醋酸铅	H_2S	黑色沉淀	鉴别产 H_2S 菌株
糖发酵培养基	溴甲酚紫	乳酸、乙酸、丙酸	由紫色变黄色	鉴别肠道细菌
远藤培养基	碱性复红、亚硫酸钠	乙醛酸	深红色菌落具金属光泽	鉴别大肠菌群
伊红美蓝培养基	伊红、美蓝	有机酸	紫黑色菌落具金属光泽	鉴别大肠菌群

三、营养物质进入细胞的方式

微生物没有专门的摄取营养物质的器官，各类营养物质的吸收都是通过细胞膜的渗透和选择性吸收而进行的。复杂的大分子营养物质（如蛋白质、脂肪、纤维素、果胶等）必须经过微生物的胞外酶水解成小分子的可溶性物质后，才能以不同的方式进入细胞内加以利用。微生物吸收营养物质主要有 4 种方式。

1. 单纯扩散

单纯扩散又称被动转运或自由扩散，是物质进出细胞最简单的一种方式［图 3-1（1）］。其特点是物质由高浓度区向低浓度区扩散（浓度梯度），是一种单纯的物理扩散作用，不需要能量。一旦膜两侧的物质浓度梯度消失（即细胞膜两侧的物质浓度相等），单纯扩散就达到动态平衡。单纯扩散是非特异性的，没有运载蛋白（渗透酶）参与，也不与膜上的分子发生反应，扩散的物质本身也不发生变化，扩散的速度很慢。因此，单纯扩散不是微生物细胞吸收营养物质的主要方式，一些小分子物质，如 O_2、CO_2、水、乙醇、甘油和某些氨基酸，可通过单纯扩散透过细胞膜。

2. 促进扩散

促进扩散与单纯扩散相似，也是一种被动的物质跨膜运输方式。细胞膜上的载体蛋白与相应的营养物质结合，从高浓度环境进入低浓度环境，在细胞膜内侧释放该营养物质，运输过程中也不消耗能量［图 3-1（2）］。细胞膜内外浓度差越大，被运输物质的扩散速度越快。这种具有运载营养物质功能的特异性蛋白质，称为渗透酶（载体蛋白）。它们大多是诱导酶，当外界存在所需的营养物质时，能诱导细胞产生相应的渗透酶；每一种渗透酶只运输一类营养物质，如葡萄糖载体蛋白只转运葡萄糖；但也有多种载体蛋白转运一类分子，如鼠伤寒沙门菌通过 4 种不同的载体蛋白转运组氨酸；某些载体蛋白可同时运输几种物质；载体蛋白本身在运输前后不发生变化。

通过促进扩散进入细胞的营养物质主要有氨基酸、单糖、维生素及无机盐等。一般，促进扩散在真核细胞中要比原核细胞中更为普遍。

3. 主动运输

主动运输是微生物吸收营养物质的一种主要方式。微生物在能量的推动下，通过细胞膜上的载体蛋白，逆浓度梯度运输营养物质，在运输过程中需要消耗能量。细胞膜上的渗透酶与细胞外的营养物质能特异性地结合，形成复合体。复合体旋转 180°从膜外转移到细胞膜内表面，消耗能量，使渗透酶的构型发生变化，减弱载体蛋白与营养物质的亲和力，从而释放与之结合的营养物；渗透酶构型变化后，再次获得能量恢复原状，增强亲和力，结合位置朝向膜外，重复进行主动运输［图 3-1（3）］。

4. 基团移位

基团移位是一种既需特异性载体蛋白的参与，又需耗能的物质运送方式，其特点是物质在运送前后会发生分子结构的变化，有化学基团转移到被转运的物质上。基团移位主要存在于厌氧型和兼性厌氧型细菌中，主要运输糖及其衍生物、脂肪酸、核苷酸、碱基等。

大肠杆菌摄入葡萄糖，依靠的是细胞内的磷酸烯醇式丙酮酸-磷酸糖转移酶系统（简称磷酸转移酶系统，PTS）［图 3-1（4）］。该系统由 24 种蛋白质组成，包括酶Ⅰ、酶Ⅱ和热稳定蛋白（HPr）。HPr 对热稳定，具有非特异性，能像高能磷酸载体一样起作用。酶Ⅰ是存在于细胞质中的一种非特异性酶，对很多糖都一样起作用。酶Ⅱ是细胞膜上的结构酶，对糖类有高度专一性，只能运载某一种糖类而且是诱导生成的，即同时起渗透酶和磷酸转移酶的作用。少量 HPr 通过酶Ⅰ被磷酸烯醇式丙酮酸（PEP）磷酸化，生成磷酸-HPr，并转移到膜的内表面；葡萄糖与膜外表面的特异性酶Ⅱ结合并移位到膜的内表面；磷酸-HPr 将其磷酰基传递给葡萄糖，生成 6-磷酸葡萄糖，然后进入细胞质内。

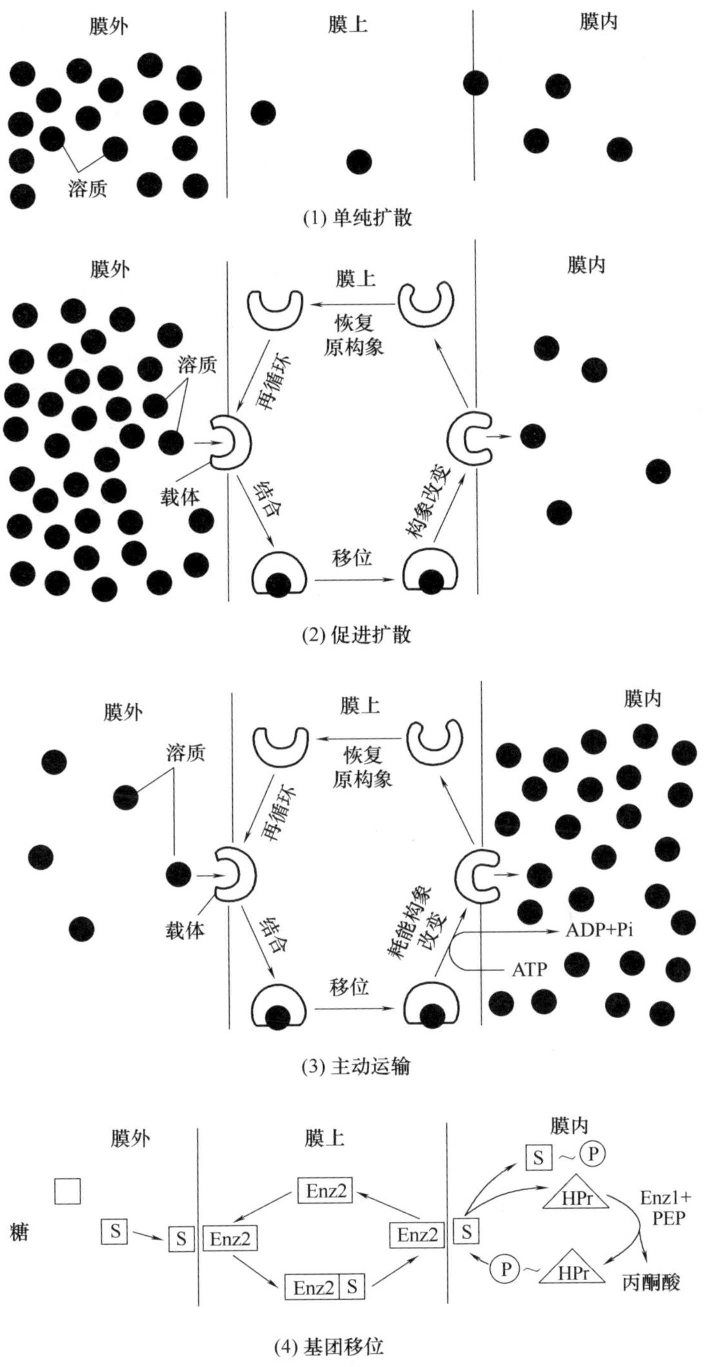

图 3-1　营养物质进入细胞的 4 种方式

6-磷酸葡萄糖不能透过膜，便在细胞内积累起来；进入细胞的是 6-磷酸葡萄糖，而不是原来的葡萄糖，因此细胞内葡萄糖浓度一直很低，环境中的葡萄糖就能源源不断进入细胞。

在金黄色葡萄球菌、枯草芽孢杆菌和巴氏梭菌中，葡萄糖的输送也以基团移位的方式进行。

对上述 4 种营养物质进入细胞的方式进行比较，如表 3-3 所示。

微生物对营养物质的吸收是一个复杂的生理过程。不同的微生物运输物质的方式不同；对同一种物质，不同微生物的摄取方式也不一样；同一种微生物中可能同时存在一种或多种运输方式，对不同的营养物进行跨膜运输而互不干扰。

表 3-3　　营养物质进入细胞的 4 种方式

比较项目	单纯扩散	促进扩散	主动运输	基团移位
载体蛋白	无	有	有	有
运输速度	慢	快	快	快
溶质运输方向	由浓至稀	由浓至稀	由稀至浓	由稀至浓
平衡时内外浓度	内外相等	内外相等	内部浓度高得多	内部浓度高得多
运输分子	无特异性	有特异性	有特异性	有特异性
能量消耗	不需要	不需要	需要	需要
运输前后溶质分子	不变	不变	不变	改变
载体饱和效应	无	有	有	有
与溶质类似物	无竞争性	有竞争性	有竞争性	有竞争性
运输抑制剂	无	有	有	有
运输对象举例	O_2、CO_2、H_2O、乙醇、甘油、少数氨基酸、盐类、代谢抑制剂	SO_3^{2-}、PO_4^{3-}、糖（真核微生物）	氨基酸、乳糖等糖类，Na^+、Ca^{2+}等无机离子	葡萄糖、果糖、甘露糖、嘌呤、核苷、脂肪酸等

知识拓展

一、微生物的纯培养

固体培养技术的发明

自然界中各种微生物都是混杂生活在一起，如果我们要研究或利用其中某一种微生物，必须把混杂的微生物类群分离出来，以得到只含有这一种微生物的培养物。微生物学中将在实验条件下，由一个单细胞繁殖得到的后代称为微生物的纯培养。在进行菌种鉴定时，所用的微生物一般都要求为纯的培养物，得到纯培养的过程称为分离纯化，方法有许多种。

1. 平板分离法

（1）平板划线分离法　用接种环挑取少量待分离的祥品，在无菌平板表面进行连续划线，微生物细胞将随着划线次数的增加而降低，并逐步分散开来。如果划线适宜，经培养后在划线的最后部分，可形成由一个细胞生长繁殖而形成单个菌落，获得纯培养。

（2）平板涂布分离法　预先制好无菌平板，用无菌吸管吸取菌悬液加入平板表面，再用无菌涂布棒将菌液轻轻涂布均匀。经培养后挑取单个菌落鉴定，直至获得纯培养。

（3）平板稀释分离法　将待分离的样品进行一系列的稀释（如1：10、1：100、1：1000……），分别取适宜稀释度的少许稀释液注入培养皿，再倒入已熔化并冷却到45℃左右的琼脂培养基混合，轻轻摇匀，凝固后培养得到单个菌落；挑取该单个菌落，重复以上操作数次或划线，便可得到纯培养。

2. 单细胞分离法

在显微镜上安装一个显微镜挑取器，把一滴待分离的菌悬液置于载玻片上，用显微镜挑取器上的极细的毛细吸管，在显微镜下对准某一个细胞后挑取，再接种于培养基上培养后即可得到纯培养。这种方法对操作技术有较高要求，难度较大，多在高度专业化的科学研究中采用。

3. 选择性培养基分离法

在选择性培养基中加入分离对象所需要的某种营养物，制成加富培养基，使极少量的筛选对象很快大量繁殖，达到富集目的；或在培养基中加入抑菌物质，抑制非目的菌生长，而使目的菌大量增殖。富集的菌株容易在固体培养基上长出单菌落。如果分离的是专性寄生菌，则必须把样品接种到相应敏感宿主细胞群体中，使其大量生长，通过多次重复移种便可以得到纯的寄生菌。

二、微生物的培养法

根据培养过程中微生物是否需要氧气，微生物的培养可分为好氧培养与厌氧培养；根据培养基的物理特性，可分为固体培养和液体培养。

（一）好氧培养

1. 固体培养

实验室中，好氧微生物的固体培养主要有试管斜面、培养皿琼脂平板及较大型的克氏扁瓶、茄子瓶等平板培养方法。工业生产上则用麸皮或米糠等为主要原料，加水搅拌成含水量适度的固态培养基，接种微生物进行培养、发酵，在酱油、食醋、酱类等酿造食品中应用广泛。根据所用设备和通气方法的不同，可分为浅盘法、转桶法和厚层通气法。

2. 液体培养

实验室中主要采用摇瓶培养法，将菌种接种到装有液体培养基的三角烧瓶中，在往复式或旋转式摇床上振荡培养，以达到提高溶氧的目的；此外，还有静置的试管液体培养法和三角瓶浅层液体培养法，因溶氧速度较慢，通气效果不理想，只适合于兼性厌氧菌的培养。现代工业生产上主要采用发酵罐深层液体培养，向发酵罐内的培养液中不断通入无菌空气，并适当搅拌，以便于氧气很好地溶解。最常用的是通风搅拌发酵罐，还有不搅拌的气泡塔型等形式的发酵罐。

（二）厌氧培养

实验室中的液体厌氧培养和固体厌氧培养都需要特殊的装置，在培养基内需要加入还原剂（如巯基乙酸、半胱氨酸、维生素 C、疱肉、铁粉等）和氧化还原指示剂。早期主要采用厌氧培养皿，现在逐渐使用厌氧手套箱、Hungate 滚管和厌氧罐等方法。工业上主要采用液体静置培养方法，将液体培养基装于发酵罐中，接种后不通空气静置保温培养，常用于酒精、啤酒、丙酮、丁醇和乳酸等的发酵生产。这种方法发酵速度快，发酵周期短，原料利用率高，适于大规模连续化、自动化生产。

实训五　培养基的制备、微生物的接种、分离纯化

企业经验

一、培养基的制备

（一）目的要求

掌握培养基的配制及灭菌方法。

（二）基本原理

培养基是由人工配成的、适合微生物生长繁殖或累积代谢产物需要的混合养料，其营养物质有碳源、氮源、无机盐、生长因子和水等几大类。不同微生物对 pH 要求不一样，霉菌和酵母菌的 pH 偏酸性，细菌和放线菌的 pH 为微碱性，因此，配制培养基时，还要调节合适的 pH。

培养基一经配成，就应彻底灭菌。当高压蒸汽灭菌锅压力升至 0.1MPa 时，温度可达 121℃，维持 15~20min，可以杀死一切微生物的营养体和孢子。

（三）材料与仪器

1. 药品

NaCl、牛肉膏、蛋白胨、琼脂、1mol/L NaOH、1mol/L HCl。

2. 仪器或其他用具

试管、三角瓶、烧杯（或搪瓷量杯）、量筒、玻棒、滴管、吸管、手提式灭菌锅、天平、pH 试纸（5.5~9.0）、棉花、牛皮纸、棉线、标签、牛角匙、铁架。

（四）操作步骤

1. 肉汤蛋白胨培养基的配方

牛肉膏 3g，蛋白胨 10g，氯化钠 5g，琼脂 20g，水 1000mL。调节 pH 至 7.2~7.4。

2. 培养基的配制

（1）称量　根据配方要求，计算各种药品所需要的量，然后分别称取，放于烧杯内。

（2）溶解　向上述烧杯中加入所需水量，搅匀，然后加热使其溶解。如果是配制固体培养基，在琼脂熔化的过程中，需不断搅拌，并控制火力不要使培养基溢出或烧焦。待药品完全熔化后，补足所需水分。如果配方中含有淀粉，则需要将淀粉用少量冷水调成糊状并在火上加热搅拌，然后加足水分及其他药品，待完全熔化后，再补足水分。

（3）调节 pH　用滴管逐滴加入 1mol/L 的 NaOH，边搅动，边用精密 pH 试纸测其 pH，直到符合要求时为止。

（4）过滤　应趁热用 4 层纱布过滤。一般情况下，可省去此步骤。

（5）分装　把配制好的培养基趁热分装到试管或三角瓶内。

装入试管的培养基量，视试管大小及需要而定，一般装量为试管高度的 1/5，装入三角瓶中的量以总体积的一半为限度。在分装过程中，应注意不得使培养基沾污管口或瓶口，以免浸湿棉塞引起污染。

将玻璃漏斗装在铁架上，漏斗下用乳胶管与玻璃管相接，胶管上加一弹簧夹。趁热将培养基放入玻璃漏斗内分装，以免琼脂冷凝。分装时，用左手拿住空试管，并将漏斗下的玻璃管嘴插入试管内，以右手拇指及食指开放弹簧夹，中指及无名指夹住玻璃管嘴，使培养基直接流入管内（图 3-2）。

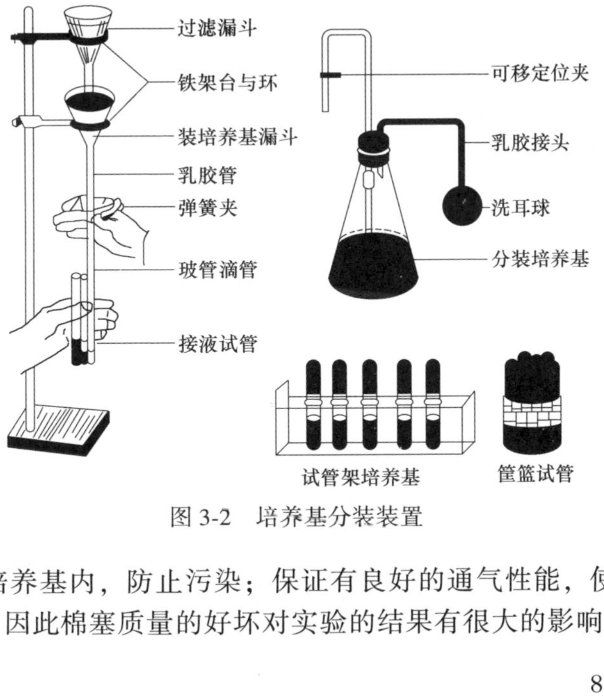

图 3-2　培养基分装装置

（6）加棉塞　培养基分装好以后，在试管口或烧瓶口上加上一只棉塞。棉塞的作用是：阻止外界微生物进入培养基内，防止污染；保证有良好的通气性能，使微生物获得外界新鲜无菌空气。因此棉塞质量的好坏对实验的结果有很大的影响。

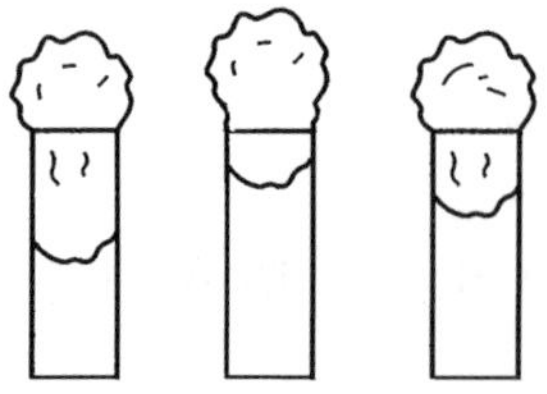

正确　　不正确

图 3-3　棉塞的外观

棉塞的外形应像一只蘑菇，大小、松紧都应适当。加塞时，棉塞总长度的 3/5 应在口内，2/5 在口外（图 3-3）。

做棉塞的棉花要选用纤维较长的棉花。一般不用脱脂棉塞，因为它容易吸水变湿，造成污染，且价格也较普通棉花为贵。棉塞的制作方法如图 3-4 所示。

（7）包扎　加好棉塞以后，试管用棉绳扎成捆，外包一层牛皮纸，防止灭菌时冷凝水的沾湿和灭菌后的灰尘侵入，然后再用棉绳扎好。

（8）灭菌　培养基配好以后，应尽快灭菌。

（9）搁置斜面　灭菌后，固体培养基如需制成斜面，应在未凝固前将试管有塞的一头搁在一根长的玻棒或木条上，搁置的斜度要适当，斜面长度一般以不超过试管长度的 1/2 为宜（图 3-5）。

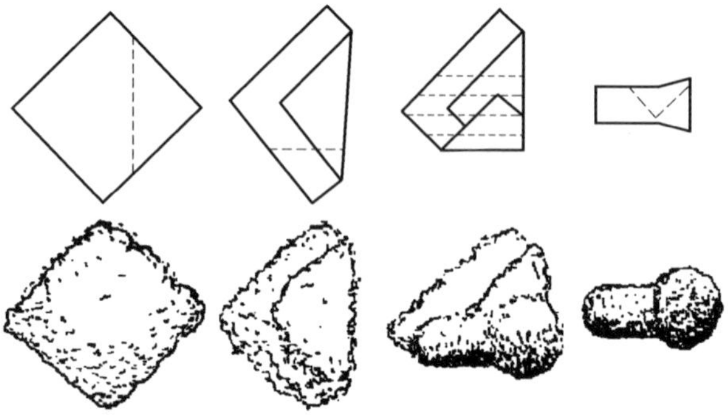

图 3-4　棉塞的制作方法

3. 高压蒸汽灭菌

灭菌锅有手提式、立式、卧式等各种类型，基本使用方法大致相同。在实验室里以手提式和立式灭菌锅最为常见。

灭菌锅使用

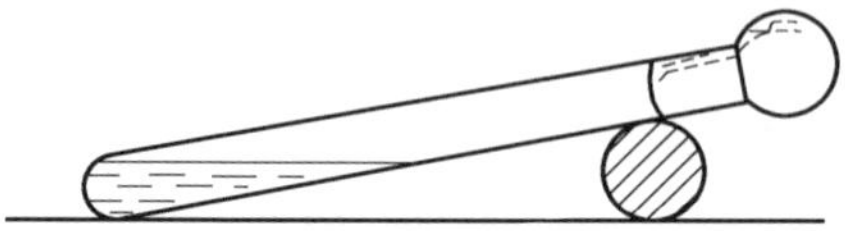

图 3-5　摆斜面

手提式灭菌锅的使用方法如下。

（1）打开锅盖，向锅内加入适量的水，使水面与三角搁架相平。

（2）将待灭菌的物品放入锅内。注意：不能放得太多太挤，以免影响蒸汽的流通和降低灭菌效果；物品也不要紧靠锅壁，以免冷凝水顺壁流入物品中。

（3）盖好锅盖，将盖上的软管插入灭菌桶的槽内。采用对角形式均匀拧紧盖上的螺旋，勿使漏气。

（4）接通电源。待压力达到 0.05MPa 时，打开排气阀，3~5min 后锅内冷空气排出，关闭排气阀。注意：灭菌是否彻底的一个重要因素是在压力上升之前，必须先将锅内冷空气完全排尽，否则，压力表指针虽指在 0.1MPa 处，但锅内往往达不到应有的温度，造成灭菌不彻底的结果。排冷空气还可采取第二种方式：打开放气阀，加热，自开始产生蒸汽后约 3min 再关紧放气阀。

（5）当压力上升到所需压力时，控制电源，维持所需时间。一般控制在 0.1MPa，灭菌 20min。

企业经验

(6) 灭菌完毕后，关闭电源。当压力降到“0”时，才打开排气阀，开盖取出灭菌物品。注意：压力未完全下降前，切勿打开放气阀，否则锅内突然减压，培养基和其他液体会从容器内喷出或沾湿棉塞，使用时容易污染杂菌。压力未降到“0”，也不能打开锅盖，以免锅内液体溢出造成烫伤。

(7) 将锅内剩余的水倒出，使锅内保持干燥。

(8) 从灭完菌的培养基中取出 2 管，放入 37℃ 恒温箱中保温 24h，检查有无杂菌生长。若无菌生长可保存备用。

(五) 训练报告内容

1. 说明高压蒸汽灭菌的原理、操作过程及操作关键。
2. 如何检查所配制的培养基是无菌的?

(六) 注意事项

1. 培养基配制过程中，应注意以下几点：

(1) 溶解一些不易称量的成分，需用刻度吸管从浓度较大的母液中取出所需要的量，依次加入溶解。为避免生成沉淀，一般是先加缓冲化合物，溶解后加入主要元素，然后再加微量元素，最后加入维生素、生长素等。

(2) 如果用三角瓶装物品灭菌，瓶口也需加上棉塞或通气塞，再用一层牛皮纸包扎好。

(3) 培养基配制好以后，应立即灭菌。如不及时灭菌，应放入冰箱内保存。

2. 在灭菌时，应注意以下几点：

(1) 要根据不同的培养基，选择不同的灭菌方法，尽量达到灭菌彻底而营养破坏少、灭菌方法简单方便的要求。

(2) 加压之前，冷空气一定要完全排尽，以提高灭菌效果。

(3) 等自然降压至“0”以后，才能打开灭菌锅盖。

牛肉膏蛋白胨培养基制备操作技能评分标准

班 级		姓 名		组 别	

评分要素	分 值	评分细则	得 分
实验前准备	10 分	药品准备齐全，天平和其他物品均准备齐全、摆放合理，得 10 分	
		药品未准备齐全，扣 3 分	
		天平未调节水平或称量盘不干净，扣 3 分	
		其他物品未准备齐全或摆放影响操作，扣 3 分	
物品计算	5 分	所有物品计算准确，得 5 分	
		物品计算错误，扣 3 分	

续表

评分要素	分 值	评分细则	得 分
称量	5分	按照配方顺序加入各物品，得5分	
		加入顺序错误，扣2分	
	5分	牛肉膏称取方法合适，得5分（可用玻璃棒取出放硫酸纸上称量，连同硫酸纸一起放入烧杯中；牛肉膏被水洗下后，取出弃去）	
		牛肉膏称取方法不正确，或称量不准，扣2分	
	5分	迅速称取蛋白胨，不至潮解，得5分	
		称取蛋白胨速度缓慢，或者称量不准，扣2分	
	5分	加水量适宜，得5分	
		加水量过多或过少，扣4分	
	10分	文明操作，称量准确，药品不撒入台面或天平，得10分	
		药品撒入台面或天平，一次扣5分	
溶解定容	5分	按顺序溶解各药品，液体不溢出烧杯，不烧煳，得5分	
		溶解顺序错误，液体溢出或者烧煳，一项扣3分	
	5分	准确定容至要求的体积，得5分	
		定容体积不准，或者定容方法不正确，一项扣3分	
调节pH	10分	pH试纸使用正确，调节准确，不过量、不回调，得10分	
		pH试纸使用错误，扣3分	
		pH调节不准确，扣3分	
		pH调节过量，需回调，扣3分	
分装试管	15分	趁热分装试管，每支分装适量，不污染管口，得15分	
		试管分装过多或过少，一支扣2分	
		分装时沾染试管口，一支扣2分	
		分装过程中培养基凝固，扣5分	
包扎、标记	5分	试管包扎成捆，试管棉塞外用牛皮纸包扎，纸上标明培养基的名称、配制日期等，得5分	
		包扎不正确，或试管掉落，一项扣3分	
		未用牛皮纸包扎，扣2分	
		未标记，扣2分	
高压蒸汽灭菌	5分	灭菌温度、时间设定合适，灭菌锅使用熟练，得5分	
		不会设定灭菌温度或时间，扣3分	
		灭菌锅使用不熟练，扣2分	
		不会使用灭菌锅，此项不得分	
摆斜面	5分	斜面长短适宜，表面整齐，得5分	
		斜面长短不一，扣2分	
		斜面表面不整齐，扣3分	

续表

评分要素	分 值	评分细则	得 分
文明操作	5分	实验后洗涤器皿并归位，清理实验室、台面，得5分	
		未清洗器皿，扣2分	
		未打扫实验室，扣2分	
		未整理实验台面，扣2分	
总分	100分		

灭菌锅的使用与维护操作技能评分标准

班 级		姓 名		组 别	

评分要素	分 值	评分细则	得 分
材料准备	5分	待灭菌物品、材料齐全，不新增物品和材料，得5分	
		准备不齐全，操作开始后新增物品，扣2分	
		试管或三角瓶瓶口未加棉塞或通气塞，扣2分	
		试管或三角瓶未用牛皮纸包扎好，扣2分	
操作准备	10分	灭菌锅水量适宜，物品摆放合理，得10分	
		水量过多或过少，扣5分	
		物品摆放太挤，扣2分	
		物品紧靠灭菌锅内壁，扣2分	
	10分	加盖方式正确，灭菌锅盖上的螺旋调节合理，得10分	
		灭菌锅盖上的软管未插入灭菌桶槽内，扣2分	
		未采用对角形式均匀拧紧盖上的螺旋，扣2分	
		灭菌锅盖漏气，扣5分	
排冷空气	10分	放气方法正确，冷空气完全排尽，得10分	
		排气方法不正确，扣4分	
		冷空气未排尽，扣4分	
		未排冷空气，此项不得分	
灭菌	20分	灭菌的压力、温度、时间设置正确，灭菌过程中各旋钮调节准确，得20分	
		灭菌压力、温度设置不正确，扣5分	
		灭菌时间设置不正确，扣5分	
		旋钮调节错误，一次扣5分	
故障处理	10分	灭菌过程中，能准确回答评委老师随机提出的问题，得10分	
		回答问题不全面或者不准确，扣5分	
		不能回答老师的问题，此项不得分	

续表

评分要素	分值	评分细则	得分
灭菌结束	20分	灭菌结束后，各旋钮、开关调节恰当，维护方法准确，经检查灭菌彻底，得20分	
		未关闭电源，立即打开排气阀，开盖取物品，扣5分	
		压力未降到“0”，立即打开排气阀，开盖取物品，扣5分	
		从已灭菌的培养基中取出2支，置于37℃恒温箱中保温24h，如有杂菌生长，此项不得分	
文明操作	15分	灭菌物品无破损，培养基和其他液体无喷出；实验结束后，倒出灭菌锅内剩余的水，整理实验台面，得15分	
		灭菌物品破损，扣5分	
		培养基或其他液体从容器内喷出或沾湿棉塞，扣5分	
		未倒出锅内剩余的水，扣5分	
		未整理实验台面，扣3分	
总分	100分		

二、微生物的接种技术

（一）目的要求

1. 了解无菌操作在微生物接种过程中的重要性。
2. 掌握几种常用的微生物接种方法。

（二）基本原理

接种是微生物学实验中一项最基本的操作，要求在无菌状态下将某种纯培养后的菌落或斜面或试管液体中的菌体接入斜面或液体试管或其他培养容器中。接种的工具有接种环、接种针、接种钩等。

（三）材料与仪器

1. 菌种

金黄色葡萄球菌、大肠杆菌、酵母菌、黄曲霉。

2. 灭菌肉汤蛋白胨琼脂培养基和马铃薯葡萄糖琼脂培养基

3. 仪器或其他用具

接种环、接种针、移液管、涂布棒、标签纸、酒精灯。

（四）操作步骤

1. 斜面接种

斜面接种是从已生长好的菌种斜面上挑取少量菌种把它移接到另一支新鲜斜

面培养基上的一种接种方法。具体操作如下：

菌落总数测定之接种

（1）贴标签　接种前在试管上贴好标签，注明菌名、接种日期等。标签要贴在斜面的正上方，距试管口 2~3cm 的位置。

（2）点酒精灯。

（3）接种　用接种环分别将金黄色葡萄球菌、大肠杆菌移接到贴好标签的试管斜面上。操作时必须严格遵守无菌操作程序，接种程序如图 3-6 所示。

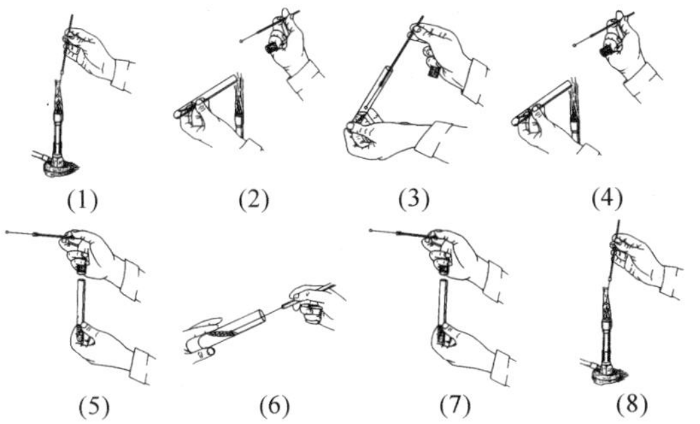

图 3-6　接种操作程序

（1）在火焰上灼烧接种环（2）取下斜面培养物的试管塞，灼烧试管口（3）将已灼烧灭菌的接种环插入斜面试管中，冷却 5~6s 后挑取少许菌苔（4）烧斜面试管口（5）塞上试管塞并放回试管架（6）迅速将沾有少量菌苔的接种环插入待接斜面的底部划线接种（7）塞上试管塞，放回试管架（8）灼烧接种环放回原处

① 手持试管：将菌种管和斜面握在左手的大拇指和其他四指之间，使斜面和有菌种的一面向上，并处于水平位置。

② 旋松棉塞：先用右手将棉塞旋松，便于拔出。

③ 取接种环：右手拿接种环（如握钢笔一样），先将环端垂直地放在火焰上烧红灭菌，然后将可能进入试管的其余部分也过火灭菌。

④ 拔棉塞：用右手的无名指、小指及手掌边在火焰旁同时拔出两支试管的棉塞，并使管口在火焰上转动灼烧可能存在的杂菌。

⑤ 取菌种：将烧过的接种环伸入菌种管内，先接触管内斜面上端未长菌的培养基或管壁，使其冷却以免烫死菌种。然后轻轻接触菌体取出少许，注意不要使接种环带菌部分碰到管壁或通过火焰。

⑥ 接种：在火焰旁迅速将接种环上的菌种伸入待接斜面试管。从斜面培养基的底部由下而上作“Z”字形来回密集划线。不能将培养基表面划破，也不要把菌种沾到管壁上。若要将菌体接入液体培养基中，则待接试管要适当向上倾斜。洗脱环上菌体时，要使环和容器壁摩擦几下洗下环上菌体，接种好后要适当摇动以使菌体分散均匀。

⑦ 加棉塞：接好种的试管口再次过火，并在火焰旁塞上棉花塞。

⑧ 接种环灭菌：将接种环烧红灭菌。放下接种环，再将棉花塞旋紧。

（4）培养　将已接种的细菌斜面放在 37℃ 恒温箱中培养，24h 后观察生长结果。真菌斜面于 28℃ 培养，2~3d 后观察结果。

2. 穿刺接种

穿刺接种可用于保藏菌种和检查细菌的运动能力，只适宜于细菌和酵母的接种培养，是一种用接种针从菌种斜面上挑取少量菌体并把它穿刺到固体或半固体肉汤蛋白胨直立柱中的一种接种方法。具体操作如下。

（1）贴标签。

（2）点酒精灯。

（3）穿刺接种　手持试管；旋松棉塞；取接种针，右手拿接种针在火焰上将针端烧红灭菌，把在穿刺中可能伸入试管的其他部位，也过火灭菌；拔塞取菌，用右手的小指和手掌边拔出棉塞，接种针先在培养基部分冷却，再用接种针的针尖蘸取少量菌种（金黄色葡萄球菌和大肠杆菌），进行接种。接种时有两种手持操作法：一种是水平法，类似于斜面接种法；另一种是垂直法，如图 3-7 所示。穿刺时所用的接种针都必须挺直，并将接种针自培养基的中心垂直刺入培养基中。穿刺时要做到手稳、动作轻巧快速，且接种针要穿刺到试管的底部，然后沿着原接种线将针拔出。最后，塞上棉塞，再将接种针上残留的菌烧掉。

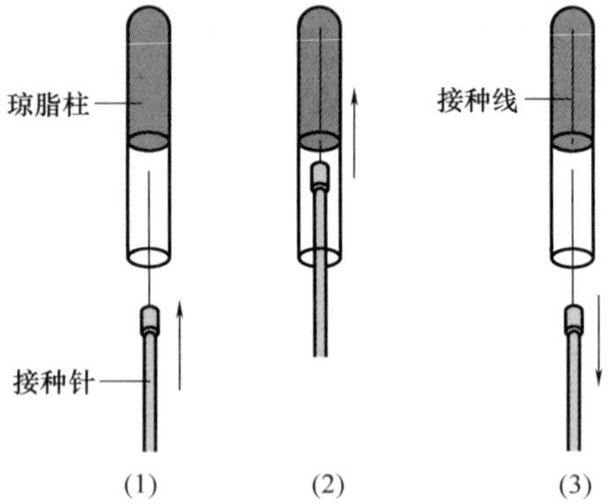

图 3-7　穿刺接种

（4）培养　将接种过的试管直立于试管架上，37℃（细菌）或 28℃（酵母）恒温箱中培养，24h 后观察结果。一般，具有运动能力的细菌，能沿着接种线向外运动而弥漫，形成的接种线较粗而散，反之则细而密。

3. 液体菌种接种

液体菌种接种技术是一种用移液管、滴管或接种环等将菌液移接到液体三角烧瓶、试管或固体培养基中的一种接种方法。具体操作如下。

移液管包扎

（1）移液管包装灭菌。

（2）取移液管　取用单支纸包装的移液管时，可将移液管打有纸结一端的包装纸拧断，露出移液管的末端，取出移液管。

（3）移菌液　用无菌操作吸取所需的菌液，移液操作如图 3-8 所示。

液体接种 1　液体接种 2　液体接种 3

① 取待接培养液：左手拿待接种的三角烧瓶培养液（注意勿使瓶口朝天），并用右手的小指和手掌边拔出棉花塞或纱布通气塞，瓶口缓缓旋转过火。

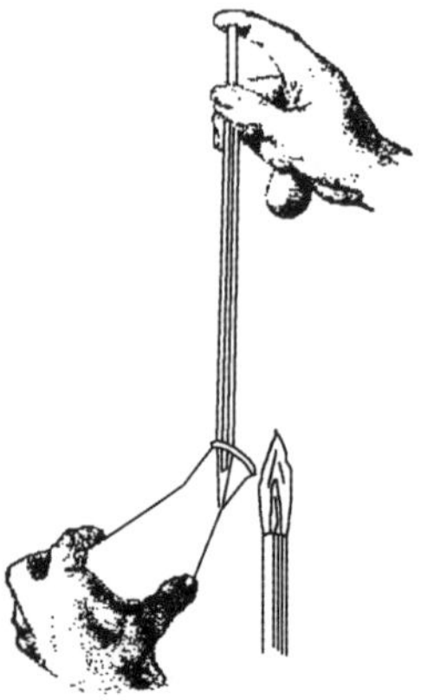
图 3-8　用移液管接种

② 接种：将移液管伸入三角烧瓶内，慢慢放出菌液至

所需的接种量，或将菌液全部吹入三角烧瓶培养液中，塞上棉塞。在液体菌种接种中，经常采用倒种方法，即将菌液试管中的菌种倒入待接三角烧瓶培养液中。

③ 移液管灭菌：将用过的移液管投入5%石炭酸缸内灭菌。

(4) 培养　将接种过的三角瓶置于恒温箱内或摇床上培养，24h后观察结果。

(五) 训练报告内容

观察所培养的菌种的生长和分布情况。

(六) 注意事项

(1) 接种过程中，必须严格按照无菌操作程序进行，防止杂菌污染。

(2) 斜面接种时，标签应贴在斜面的正上方，方便在接种时与菌种核对，防止出错。

(3) 斜面接种完后，应将棉塞旋紧，以免在培养过程中棉塞掉落。

(4) 穿刺接种时，应做到针直、手稳、穿刺线直和针从原接种线拔出。

三、微生物的分离纯化

(一) 目的要求

1. 掌握微生物分离与纯化的基本原理。
2. 掌握系列稀释、倒平板和平板划线分离的基本操作。

(二) 基本原理

分离和纯化的目的是从混杂的微生物群体中获得纯种微生物。方法虽多，但基本原理却相似，即将待分离的样品进行一定的稀释，并使微生物的细胞（或孢子）尽量以分散状态存在，然后让其长成一个个纯种单菌落。如将其移接到适当的培养基上，一般就算获得了纯种微生物。

稀释涂布分离法是一种有效而常用的微生物纯种分离方法。它是将一定浓度、一定量的待分离菌液移到已凝固的培养基平板上，再用涂布棒迅速地将其均匀涂布，使长出单菌落以达到分离的目的。

平板划线分离法是把接种环在平板培养基表面通过分区划线而达到分离微生物的一种方法。其原理是将微生物样品在固体培养基表面多次做“由点到线”稀释而达到分离的目的。

(三) 材料与仪器

1. 菌种

大肠杆菌。

2. 培养基

肉汤蛋白胨培养基。

3. 接种工具

接种环、无菌移液管、涂布棒、无菌试管。

(四) 操作步骤

1. 稀释涂布分离法

(1) 倒平板　熔化肉汤蛋白胨培养基，冷却至45℃左右（手握不觉得太烫为宜），用无菌操作法倒平板（图3-9）。

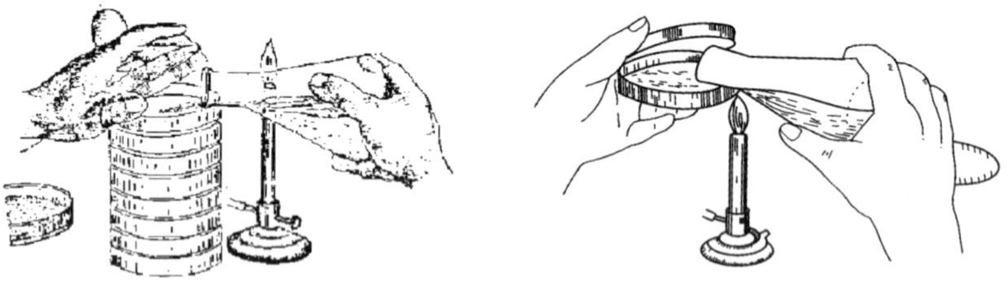

培养皿包扎

倒平板

图3-9　倒平板

(2) 编号　取8支无菌空试管（15mm×150mm），依次编号为10^{-1}、10^{-2}……10^{-8}；凝固后的平板分别编号为10^{-6}、10^{-7}、10^{-8}。每个稀释度各三只平板。

(3) 分装无菌水　按无菌操作用5mL移液管分别吸取4. 5mL无菌水于编好号的各无菌空试管中。

(4) 稀释　先摇匀大肠杆菌菌液试管，然后用一支1mL无菌移液管在菌液管中来回吹吸数次，再精确吸取0. 5mL于10^{-1}试管中（注意，这支移液管的尖端不能接触10^{-1}试管的菌液），随即弃去（放入石炭酸缸中）。另取一支1mL的无菌移液管，以同样方式，在10^{-1}的菌液管中来回吹洗数次，精确吸取5mL菌液至10^{-2}管中，其余依次类推，直至10^{-8}时为止（图3-10）。

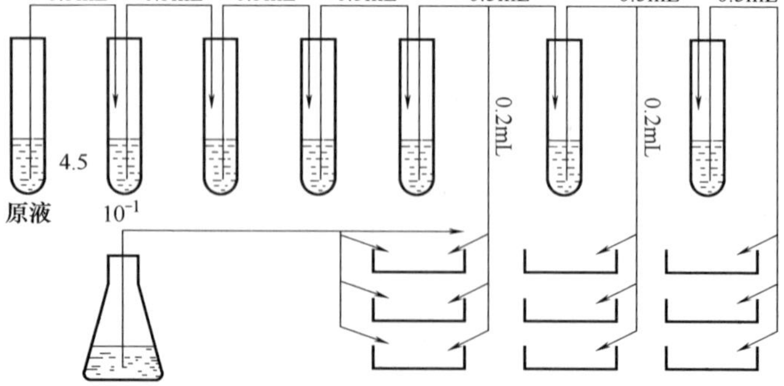

图3-10　菌液逐级稀释过程

（5）取样　分别精确吸取 10^{-6}、10^{-7}、10^{-8} 三个稀释度的菌液 0.2mL，对号加在已凝固的平板上。

（6）涂布　菌液一旦吹入平板上，应立即用涂布棒迅速将菌液均匀涂开（图 3-11）。即左手握培养皿，并使皿盖打开一条缝，右手拿涂布棒在培养基表面涂布。操作时要小心，不要因用力过猛而将培养基推破。

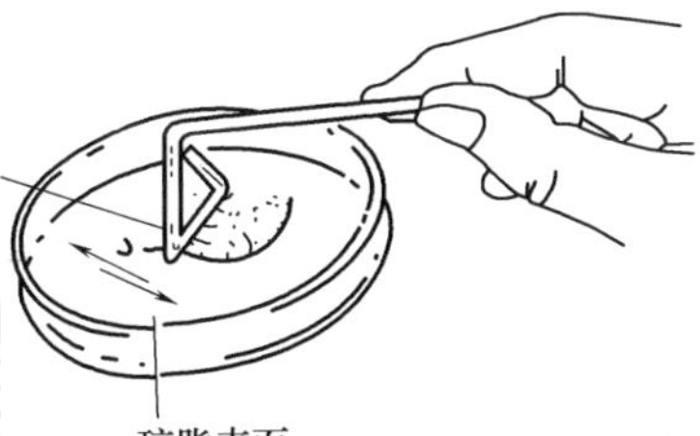

涂布分离

图 3-11　涂布操作

（7）培养　将涂布后的平板倒置于 37℃ 或 28℃ 恒温箱中培养，24h 后观察分离效果。

（8）选取单菌落　将典型的单菌落移接到适当的斜面培养基上，经培养后即得纯种微生物。

2. 平板划线分离法

（1）倒平板　熔化肉汤蛋白胨琼脂培养基，冷却至 45℃ 左右倒平板。水平静置待凝。

（2）领会划线要点　在正式做平板划线之前先以空培养皿做模拟平板划线。划线要点如下。

① 做平板划线分离用的接种环要圆滑。划线时平板培养基的平面与接种环的环平面之间的夹角要小些，为 20°~30°。划线时动作要轻巧、线条要平行且密集，这样才能充分利用平板表面积。

② 划线时四个区的作用不同，因而四个区的面积划分也不应相同，应是 D 区>C 区>B 区>A 区。D 区是关键，是单菌落的主要分布区，其面积最大。并且划线时 D 区线条不可同 A、B 区接触。

③ 挑菌量不可过多。划完 A 区后应把环上残留的菌体烧去。

（3）划线　在熟知上述要领后。可在火焰旁以无菌操作进行平板划线分离（图 3-12）。具体步骤如下：

① 放平板：将待划线分离的平板倒置于酒精灯的左侧，贴上标签。若划线时分区无把握，可用蜡笔在皿底上将平板预先分为四个区。

② 挑菌：将烧红的接种环在菌种管内冷却，并挑取少量斜面菌苔。

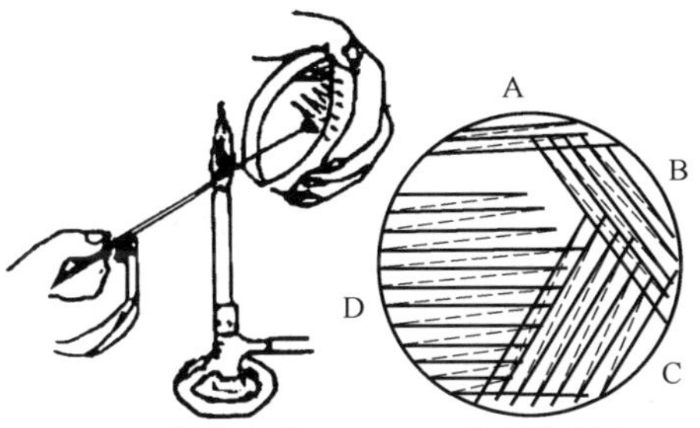

图 3-12　平板划线分离法

③ 划 A 区：左手拿培养皿底，此时皿底尽量垂直于桌面。然后将接种环上的菌种先在平板的 A 区划 3~5 条平行线，再烧掉接种环上剩余的菌种。

平板接种

④ 划其他各区：将烧红的接种环在平板培养基的边缘冷却。然后将平板转动一定角度（约60°），用接种环通过A区向B区做来回平行划线；同样再由B区向C区做划线；最后由C区做D区的划线（注意：区与区的线条间的夹角最好成120°，这样可使D区的线条与A区线条相平行，并可避免此两区线条相接触）。最后将平板倒放在培养皿盖中。

（4）培养　将皿倒置于37℃（或28℃）恒温箱中培养，24h后观察结果。

（5）选取单菌落　把D区或C区出现的典型单菌落用蜡笔在皿底做标记。

（6）移种至斜面上　将做有标记的单菌落移接至适当的斜面培养基上，经培养后即为纯种微生物。

（五）训练报告内容

1. 用两种方法分离，平板中菌落的分布有何不同？
2. 划线分离微生物为何线条不能重复？

（六）注意事项

1. 要使稀释涂布分离法达到好的分离效果，应将含菌样品做适当的稀释。
2. 要使平板划线分离一次获得成功，一定要在实际操作前做好模拟划线，掌握划线要领；在划完A区后，要烧死接种环上剩余的菌，以保证在C区、D区能得到菌落。

平板划线分离操作技能评分标准

<table>
<tr><td>班 级</td><td></td><td>姓 名</td><td></td><td>组 别</td><td></td></tr>
<tr><td>评分要素</td><td>分 值</td><td colspan="3">评分细则</td><td>得 分</td></tr>
<tr><td rowspan="6">整理台面、标记及消毒</td><td rowspan="6">5分</td><td colspan="3">物品摆放合理、培养皿正确写标签及酒精擦拭消毒正确，得5分</td><td rowspan="6"></td></tr>
<tr><td colspan="3">未以酒精棉球擦拭手，扣1分</td></tr>
<tr><td colspan="3">未以酒精棉球擦拭台面，扣1分</td></tr>
<tr><td colspan="3">试管菌种未用酒精擦拭，扣1分</td></tr>
<tr><td colspan="3">物品摆放影响操作，扣1分</td></tr>
<tr><td colspan="3">培养皿未写标签或者写错，扣1分</td></tr>
<tr><td rowspan="3">培养皿、三角瓶的持法</td><td rowspan="3">15分</td><td colspan="3">正确（单手持皿，平端，两指自如开合皿盖，另一只手持三角瓶，小指与手掌紧扣瓶塞），得15分</td><td rowspan="3"></td></tr>
<tr><td colspan="3">三角瓶瓶塞置于台面，扣10分</td></tr>
<tr><td colspan="3">培养皿放在台面上倒培养基，扣5分</td></tr>
<tr><td rowspan="5">倾注培养基</td><td rowspan="5">10分</td><td colspan="3">方法正确（加入量合适、不污染皿壁、培养基混匀），得10分</td><td rowspan="5"></td></tr>
<tr><td colspan="3">培养基不能覆盖皿底，扣3分</td></tr>
<tr><td colspan="3">培养基污染皿壁，扣3分</td></tr>
<tr><td colspan="3">培养基有凝块、有气泡，扣2分</td></tr>
<tr><td colspan="3">不在酒精灯附近倒平板，扣2分</td></tr>
</table>

续表

评分要素	分 值	评分细则	得 分
接种环的使用	15 分	操作正确（灼烧、冷却、取菌、灼烧多余菌），得 15 分	
		接种环未灼烧或灼烧不彻底，扣 3 分	
		灼烧后环未冷却直接取菌，扣 3 分	
		试管口未在火焰上灼烧一周，扣 3 分	
		接种环抽出试管后，未灼烧试管塞和试管口，直接加试管塞，扣 5 分	
划线操作	15 分	操作正确、熟练，得 15 分	
		操作不正确、不熟练，扣 6 分	
		未在酒精灯附近操作，扣 3 分	
		培养皿盖打开过大，扣 2 分	
		划线结束未灼烧环上多余的菌，扣 4 分	
培养	5 分	翻转培养皿，正确培养，得 5 分	
		培养时未翻转培养皿，扣 3 分	
		培养皿接触培养箱内壁，扣 2 分	
划线分离结果	30 分	分离出单菌落、未划破、成梯度、线型好，得 30 分	
		未分离出单菌落，扣 30 分	
		只分离出 2~3 个单菌落，扣 15 分	
		划破培养基，扣 10 分	
		线型不好，扣 8 分	
文明操作	5 分	整理实验台面，酒精擦拭台面消毒，得 5 分	
		未整理实验台面，扣 3 分	
		酒精擦拭台面消毒，扣 2 分	
总得分	5 分		

项目二 微生物的代谢

知识讲解

一、微生物代谢概述

微藻生物质能源

生物与周围环境进行物质交换和能量交换的过程，称为新陈代谢，简称代谢，是细胞内发生的各种化学反应的总称，主要由分解代谢和合成代谢两个过程组成。

分解代谢是指细胞将复杂的有机物大分子通过分解代谢酶系的催化，产生简单分子、三磷酸腺苷（ATP）形式的能量和还原力的作用。合成代谢是指在合成代谢酶系的催化下，由简单小分子、ATP 形式的能量和还原力一起合成复杂的大分子的过程。合成代谢所利用的小分子物质来源于分解代谢过程中产生的中间产物或环境中的小分子营养物质。

无论是分解代谢还是合成代谢，代谢途径都是由一系列连续的酶促反应构成的，前一步反应的产物是后续反应的底物。细胞通过各种方式有效地调节相关的酶促反应，来保证整个代谢途径的协调性与完整性，从而使细胞的生命活动得以正常进行。分解代谢为合成代谢提供原料和能量，而合成代谢又为分解代谢提供物质基础。

某些微生物在代谢过程中除了产生其生命活动所必需的初级代谢产物和能量外，还会产生一些次级代谢产物，这些次级代谢产物除了有利于这些微生物的生存外，还与人类的生产与生活密切相关。

二、异养型微生物的生物氧化

生物氧化实际上是物质在生物体内经过一系列连续的氧化还原反应，逐步分解并释放能量的过程，是一个产能代谢过程。在生物氧化过程中释放的能量可被微生物直接利用，也可通过能量转换储存在高能化合物（ATP）中，以便被逐步利用，还有部分能量以热的形式释放到环境中。不同类型微生物进行生物氧化所利用的物质是不同的，异养微生物利用有机物，自养微生物则利用无机物，通过生物氧化来进行产能代谢。

异养微生物将有机物氧化，根据氧化还原反应中电子受体的不同，可将微生物细胞内发生的生物氧化区分成有氧呼吸、无氧呼吸和发酵三种类型。

1. 发酵

发酵是指微生物细胞将有机物氧化释放的电子直接交给底物本身未完成氧化的某种中间产物，同时释放能量并产生各种不同的代谢产物。在发酵条件下，有机化合物只是部分地被氧化，因此只释放出小部分的能量。发酵过程的氧化是与有机物的还原偶联在一起的。被还原的有机物来自初始发酵的分解代谢，即不需要外界提供电子受体。但在工业生产上，发酵指的是利用好氧微生物或厌氧微生物来生产有用代谢产物的一类生产方式，是一个广义的概念，因此工业发酵覆盖了生物氧化的所有类型：有氧呼吸、无氧呼吸和发酵。

发酵的种类有很多，可发酵的底物有糖类、有机酸、氨基酸等，其中以微生物发酵葡萄糖最为重要。生物体内葡萄糖被降解成丙酮酸的过程称为糖酵解，主要分为 4 种途径：EMP（糖酵解）途径、HMP（磷酸戊糖循环）途径、ED（2-酮-3-脱氧-6-磷酸葡萄糖酸）途径、磷酸解酮酶途径。

（1）EMP 途径　EMP 途径又称糖酵解途径或己糖二磷酸途径，它是以 1 分子葡萄糖为底物，经过约 10 步反应而产生 2 分子丙酮酸和 2 分子 ATP 的过程。EMP 途径是绝大多数生物所共有的基本代谢途径，因而也是酵母菌、真菌和多数细菌所具有的代谢途径。在有氧条件下，EMP 途径与 TCA 途径连接，并通过后者把丙酮酸彻底氧化成 CO_2 和 H_2O。在无氧条件下，丙酮酸或其进一步代谢后所产生的乙醛等产物被还原，从而形成乳酸或乙醇等发酵产物。

EMP 途径分为两个阶段：第一阶段是无氧化还原反应和能量释放的准备阶段，生成两分子的中间代谢产物：3-磷酸甘油醛；第二阶段发生氧化还原反应，合成 ATP 和形成两分子的丙酮酸。EMP 途径为微生物的生理活动提供 ATP 和 NADH，其中间产物为微生物的合成代谢提供碳骨架，在一定条件下可逆转合成多糖。

EMP 途径的反应过程（图 3-13）如下：

① 6-磷酸葡萄糖的形成。不同菌种通过不同方式实现这步反应。在酵母菌、真菌和许多假单胞菌等好氧细菌中，需要通过 Mg^{2+} 和 ATP 的己糖激酶来实现（此反应在细胞内为不可逆反应）；在大肠杆菌和链球菌等兼性厌氧菌中，可借磷酸烯醇式丙酮酸-磷酸转移酶系统在葡萄糖进入细胞之时即完成了磷酸化。

② 6-磷酸葡萄糖经磷酸己糖异构酶异构成 6-磷酸果糖。

③ 6-磷酸果糖通过磷酸果糖激酶催化成 1,6-二磷酸果糖。磷酸果糖激酶是 EMP 途径中的一个关键酶，故它的存在就意味着该微生物具有 EMP 途径。与己糖激酶相似的是，磷酸果糖激酶也需要 ATP 和 Mg^{2+}，且在活细胞内催化的反应是不可逆的。

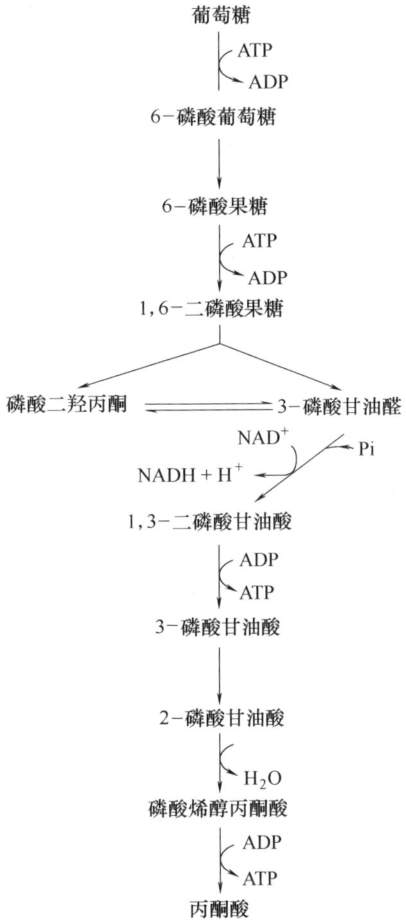

图 3-13　EMP 途径

④ 1,6-二磷酸果糖在二磷酸果糖醛缩酶的催化下，分裂成磷酸二羟丙酮和 3-磷酸甘油醛两个磷酸丙糖分子。二磷酸果糖醛缩酶不但在葡萄糖降解中十分重要，而且对葡萄糖异生作用即对由非碳水化合物前体逆向合成己糖的反应也很重要。另外，磷酸二羟丙酮在糖代谢和脂类代谢中还是一个重要的连接点，因为它可被还原成磷酸甘油而用于脂类的合成中。

⑤ 磷酸二羟丙酮在磷酸丙糖异构酶的作用下转化成 3-磷酸甘油醛。虽然在反

应④中产生等分子的磷酸丙糖，但磷酸二羟丙酮只有转化为3-磷酸甘油醛后才能进一步代谢。因此，己糖分子至此实际上已生成了2分子3-磷酸甘油醛。此后的代谢反应在所有能代谢葡萄糖的微生物中都没有什么不同了。

⑥ 3-磷酸甘油醛在3-磷酸甘油醛脱氢酶的催化下产生1,3-二磷酸甘油酸。此反应中的酶是一种依赖NAD^+的含硫醇酶，它能把无机磷酸结合到反应产物上。这一氧化反应由于产生一个高能磷酸化合物和1个$NADH+H^+$，所以从产能和产还原力的角度来看都是十分重要的。

⑦ 1,3-二磷酸甘油酸在磷酸甘油酸激酶的催化下形成3-磷酸甘油酸。此酶是一种依赖Mg^{2+}的酶，它催化1,3-二磷酸甘油酸C-1位置上的高能磷酸基转移到ADP分子上，产生了本途径中的第一个ATP。这是借底物水平磷酸化作用产生ATP的一个实例。

⑧ 3-磷酸甘油酸在磷酸甘油酸变位酶的作用下转变为2-磷酸甘油酸。

⑨ 2-磷酸甘油酸在烯醇酶作用下经脱水反应而产生含有一个高能磷酸键的磷酸烯醇式丙酮酸。烯醇酶需Mg^{2+}、Mn^{2+}或Zn^{2+}等二价金属离子作为激活剂。

⑩ 磷酸烯醇式丙酮酸在丙酮酸激酶的催化下产生了丙酮酸，这时，磷酸烯醇式丙酮酸分子上的磷酸基团转移到ADP上，产生了本途径的第二个ATP，这是借底物水平磷酸化而产生ATP的又一个例子。

EMP途径的总反应式为：

$$C_6H_{12}O_6+2NAD^++2ADP+2Pi \rightarrow 2CH_3COCOOH+2NADH+2H^++2ATP+2H_2O$$

在无氧条件下，整个EMP途径的产能效率很低，即每一个葡萄糖分子仅净产2个ATP，但其中产生的多种中间代谢物不仅可为合成反应提供原材料，而且起着连接许多有关代谢途径的作用。从发酵生产的角度来看，EMP途径与乙醇、乳酸、甘油、丙酮、丁醇和丁二醇等大量重要发酵产物的生产有着密切的关系。

（2）HMP途径　HMP途径即己糖-磷酸途径，也称戊糖磷酸途径或磷酸葡萄糖酸途径。这是一条葡萄糖不经EMP途径和TCA途径而得到彻底氧化，并能产生大量$NADPH+H^+$形式的还原力和多种重要中间代谢物的代谢途径。葡萄糖经转化成6-磷酸葡萄糖酸后，在6-磷酸葡萄糖酸脱氢酶的催化下，裂解成5-磷酸戊糖和CO_2。磷酸戊糖进一步代谢有两种结果：①磷酸戊糖经转酮-转醛酶系催化，又生成磷酸己糖和磷酸丙糖（3-磷酸甘油醛），磷酸丙糖借EMP途径的一些酶，进一步转化为丙酮酸，称为不完全HMP途径；②由6个葡萄糖分子参加反应，经一系列反应，最后回收5个葡萄糖分子，消耗了1分子葡萄糖（彻底氧化成CO_2和水），称为完全HMP途径（图3-14）。

HMP途径不是产生ATP的有效机制。大多数好氧和兼性厌氧微生物中都具有HMP途径，而且在同一微生物中往往同时存在EMP和HMP途径，单独具有EMP或HMP途径的微生物较为少见。

（3）ED途径　ED途径又称2-酮-3-脱氧-6-磷酸葡糖酸（KDPG）裂解途径。

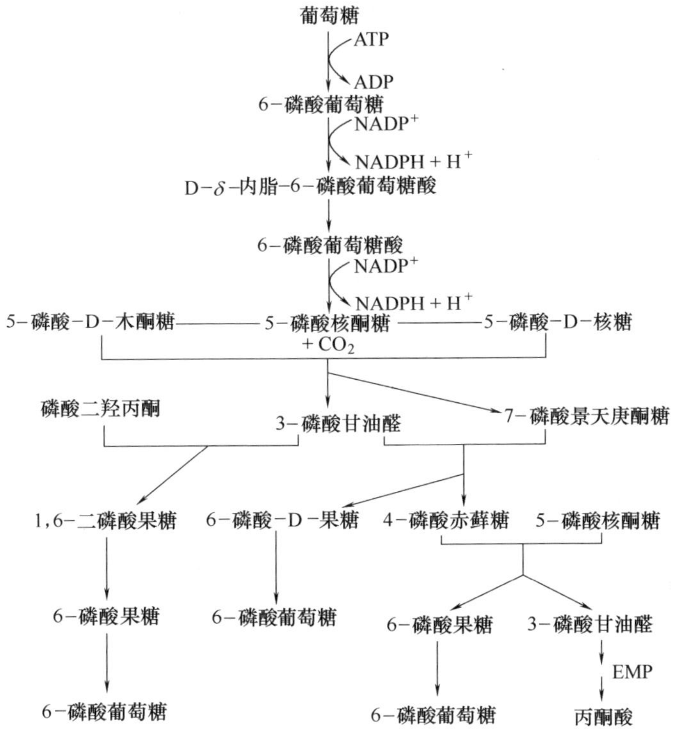

图 3-14　HMP 途径

ED 途径存在于多种细菌中（革兰阴性菌中分布较广，特别是假单胞菌和固氮菌的某些菌株较多存在）。ED 途径可不依赖于 EMP 和 HMP 途径而单独存在，是少数缺乏完整 EMP 途径的微生物所具有的一种替代途径，未发现存在于其他生物中。

葡萄糖通过 ED 途径只需 4 步反应即可快速获得由 EMP 途径须经 10 步才能获得的丙酮酸。ED 途径的具体过程见图 3-15。

ED 途径可与 EMP 途径、HMP 途径和 TCA 循环相连接，互相协调以满足微生物对能量、还原力和中间代谢物的需要。好氧时与 TCA 循环相连，厌氧时进行乙醇发酵。ED 途径中的关键反应是 2-酮-3-脱氧-6-磷酸葡萄糖酸的裂解。

所产生的丙酮酸对运动发酵单胞菌这类微好氧菌来说，可脱羧成乙醛，乙醛进一步被 $NADH_2$ 还原为乙醇。这种经 ED 途径发酵产生乙醇的过程与传统的由酵母菌通过 EMP 途径生产乙醇不同，因此称作细菌酒精发酵。

由此可见，在微生物细胞中，可能同时存在多条途径降解葡萄糖。在某一具体条件下，拥有多条途径的微生物究竟经何种途径代谢，对发酵产物的影响很大。

（4）磷酸解酮酶途径　该途径存在于某些细菌如明串珠菌属和乳杆菌属中的一些细菌中，是明串珠菌在进行异型乳酸发酵过程中分解己糖和戊糖的途径。其缺少醛缩酶，所以不能够将磷酸己糖裂解为 2 个三碳糖。根据解酮酶的不同，把具有磷

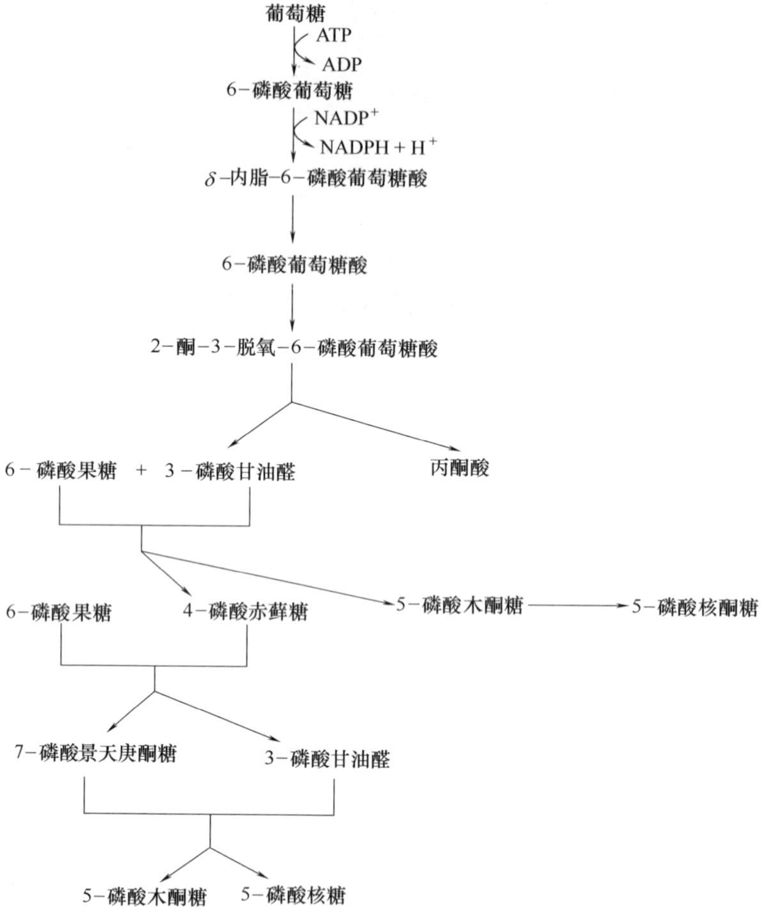

图 3-15　ED 途径

酸戊糖解酮酶的途径称为 PK 途径，把具有磷酸己糖解酮酶的途径称为 HK 途径。

磷酸戊糖解酮酶途径（PK 途径）的特点是：①分解 1 分子葡萄糖只产生 1 分子 ATP，相当于 EMP 途径的一半；②几乎产生等量的乳酸、乙醇和 CO_2。磷酸己糖解酮酶途径（HK 途径）的特点：①有 2 个磷酸酮解酶参加反应；②在没有氧化作用和脱氢作用的参与下，2 分子葡萄糖分解为 3 分子乙酸和 2 分子 3-磷酸甘油醛，3-磷酸甘油醛在脱氢酶的参与下转变为乳酸；磷酸乙酰生成乙酸的反应则与 ADP 生成 ATP 的反应相耦联；③每分子葡萄糖产生 2.5 分子 ATP；④许多微生物（如双歧杆菌）的异型乳酸发酵即采取此方式。

2. 呼吸作用

葡萄糖分子在没有外源电子受体时的代谢过程中，底物中所具有的能量只有一小部分被释放出来，并合成少量 ATP；如果有氧或其他外源电子受体存在时，底物分子可被完全氧化为 CO_2，且在此过程中合成的 ATP 量大大高于发酵过程。

微生物在降解底物的过程中，将释放出的电子交给 NAD（P）$^+$、FAD 或 FMN 等电子载体，再经电子传递系统传给外源电子受体，从而生成水或其他还原型产物并释放出能量的过程，称为呼吸作用。呼吸作用与发酵作用的根本区别在于：电子载体不是将电子直接传递给底物降解的中间产物，而是交给电子传递系统，逐步释放出能量后再交给最终电子受体。

以分子氧作为最终电子受体的称为有氧呼吸，以氧化型化合物作为最终电子受体的称为无氧呼吸。能通过呼吸作用分解的有机物包括某些碳氢化合物、脂肪酸和许多醇类。

（1）有氧呼吸　葡萄糖经过糖酵解作用形成丙酮酸，在发酵过程中，丙酮酸在厌氧条件下转变成不同的发酵产物；在有氧呼吸过程中，丙酮酸进入三羧酸循环（TCA 循环），被彻底氧化生成 CO_2 和水，同时释放大量能量（图 3-16 所示）。

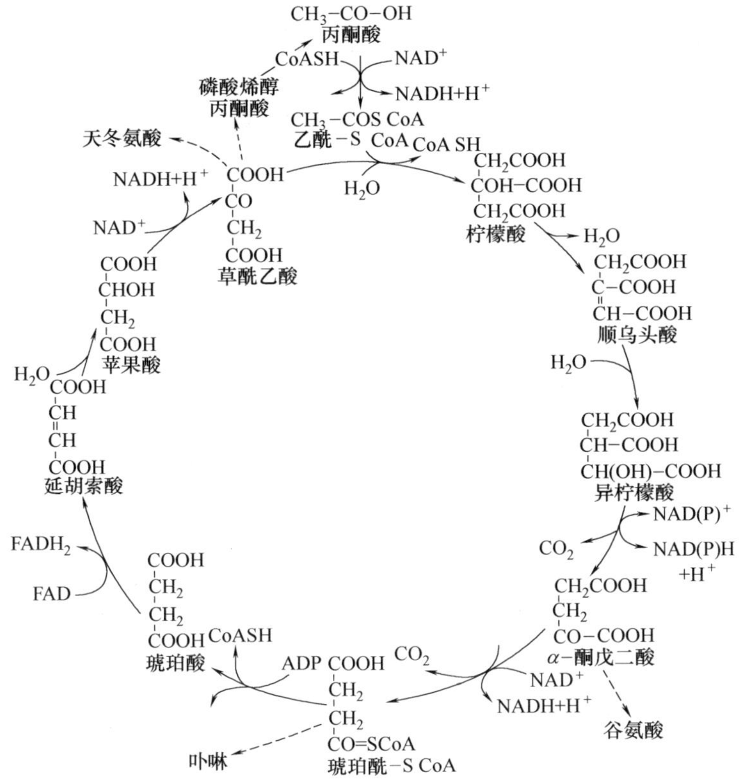

图 3-16　三羧酸循环

TCA 循环在绝大多数异养微生物的氧化性（呼吸）代谢中起着关键性的作用。在真核微生物中，TCA 循环在线粒体内进行，其中的大多数酶定位在线粒体的基质中；在原核生物例如细菌中，大多数酶都存在于细胞质内。只有琥珀酸脱氢酶属于例外，它在线粒体或细菌中都是结合在膜上的。

在三羧酸循环过程中，丙酮酸完全氧化为 3 分子的 CO_2，同时生成 4 分子的 NADH 和 1 分子 $FADH_2$。NADH 和 $FADH_2$ 可经电子传递系统重新被氧化，由此每氧化 1 分子 NADH 可生成 2.5 分子 ATP，每氧化 1 分子 $FADH_2$ 可生成 1.5 分子 ATP。另外琥珀酰辅酶 A 在氧化成延胡索酸时，包含着底物水平磷酸化作用，由此产生 1 分子 GTP，随后 GTP 转化为 ATP。因此每一次 TCA 循环可生成 12.5 分子 ATP。此外在糖酵解过程中产生的 2 分子 NADH 可经电子传递链系统重新被氧化，产生 5 分子 ATP。在葡萄糖转变为两个分子丙酮酸时还可借底物水平磷酸化生成 2 分子 ATP。因此需氧微生物在完全氧化葡萄糖的过程中总共可得到 32 分子的 ATP。

在糖酵解和三羧酸循环过程中形成的 NADH 和 $FADH_2$ 通过电子传递系统被氧化，最终形成 ATP 为微生物的生命活动提供能量。电子传递系统是由一系列氢和电子传递体组成的多酶氧化还原体系。NADH、$FADH_2$ 以及其他还原型载体上的氢原子，以质子和电子的形式在其上进行定向传递；其组成酶系是定向有序的，又是不对称地排列在原核微生物的细胞质膜上或是在真核微生物的线粒体内膜上。这些系统具有两种功能：一是从电子供体接受电子并将电子传递给电子受体；二是通过合成 ATP 把在电子传递过程中释放的一部分能量保存起来。电子传递系统中的氧化还原酶包括 NADH 脱氢酶、黄素蛋白、铁硫蛋白、细胞色素、醌及其化合物。

① NADH 脱氢酶位于细胞膜的内侧，从 NADH 接受电子，并传递 2 个氢原子给黄素蛋白。

② 黄素蛋白是一类由黄素单核苷酸（FMN）或黄素腺嘌呤二核苷酸（FAD）及相对分子质量不同的蛋白质结合而成，其活性基团是异咯嗪结构。

③ 铁硫蛋白（Fe-S）是传递电子的氧化还原载体，这类小分子蛋白的辅基是其分子中含铁硫（Fe_2S_2 和 Fe_4S_4）的中心部分。铁硫蛋白存在于呼吸链的几种酶复合体中，参与膜上的电子传递。

④ 醌类是一类脂溶性的氢载体。其作用是收集来自呼吸链各种辅酶和辅基所输出的氢（还原力［H］），然后将它们传递给细胞色素系统。有泛醌（辅酶 Q）、甲基萘醌（MK 或维生素 K_2）和脱甲基萘醌 3 种类型。

⑤ 细胞色素系统位于呼吸链的后端，功能是传递电子而不是传递氢。它们只从泛醌中接受电子，同时将同等数目的质子推到线粒体膜（真核生物）或细胞膜（原核生物）外的溶液中。细胞色素按其吸收光谱和氧化还原电位的差别可分成多种类型，细胞色素 a_3 即细胞色素氧化酶，是许多微生物的末端氧化酶，能催化 4 个电子还原氧的反应，从而把氧分子激活。

（2）无氧呼吸　又称厌氧呼吸，某些厌氧和兼性厌氧微生物在无氧条件下进行无氧呼吸。无氧呼吸的最终电子受体不是氧，而是像 NO_3^-、NO_2^-、SO_4^{2-}、$S_2O_3^{2-}$、CO_2 等这类外源受体。无氧呼吸也需要细胞色素等电子传递体，并在能量分级释放过程中伴随有磷酸化作用，由于部分能量随电子转移传给最终电子受体，所以生成的能量不如有氧呼吸产生的多。

根据呼吸链末端的最终氢受体的不同，可把无氧呼吸分成以下多种类型。

① 硝酸盐呼吸：又称反硝化作用。硝酸盐在微生物生命活动中具有两种功能，其一是在有氧或无氧条件下所进行的同化硝酸盐还原作用，即微生物利用硝酸盐作为氮源；其二是在无氧条件下，微生物利用硝酸盐作为呼吸链的最终氢受体，是一种异化硝酸盐还原作用，也称硝酸盐呼吸或反硝化作用。

能进行硝酸盐呼吸的都是一些兼性厌氧微生物即反硝化细菌，如地衣芽孢杆菌、铜绿假单胞菌、斯氏假单胞菌等。

② 硫酸盐呼吸：是一种由硫酸盐还原细菌（或称反硫化细菌）把经呼吸链传递的氢交给硫酸盐这类末端氢受体的一种厌氧呼吸。这是一种异化性的硫酸盐还原作用。通过此过程，微生物可在无氧条件下借呼吸链的电子传递磷酸化而获得能量。

硫酸盐还原的最终产物是 H_2S，自然界中的大多数 H_2S 是由这一反应产生的。与硝酸盐还原细菌不同的是，硫酸盐还原细菌都是专性厌氧细菌，例如脱硫弧菌等。

③ 硫呼吸：无机硫作为无氧呼吸链的最终氢受体，硫被还原成 H_2S。如氧化乙酸脱硫单胞菌的硫呼吸。

④ 碳酸盐呼吸：是一类以 CO_2 或重碳酸盐作为无氧呼吸链的末端氢受体的无氧呼吸。根据其还原产物的不同，可分为两种类型，一类是产甲烷菌产生甲烷的碳酸盐呼吸，另一类为产乙酸细菌产生乙酸的碳酸盐呼吸。

⑤ 延胡索酸呼吸：延胡索酸充当无氧呼吸链的末端氢受体。许多兼性厌氧细菌，例如埃希杆菌属、沙门菌属和克氏杆菌属等肠杆菌，以及厌氧细菌例如拟杆菌属、丙酸杆菌属和产琥珀酸弧菌等，都能进行延胡索酸呼吸。在无氧条件下培养它们时，如在培养基中加入延胡索酸，就会促使其快速生长并有较高的细胞得率，其原因是它们可利用延胡索酸作为末端氢受体，从而可利用电子传递磷酸化产生大量的 ATP。

三、耗能代谢

耗能代谢是指微生物利用这些能量合成细胞物质及其他耗能代谢的过程（如运输、运动、生物发光等生理过程）。

1. 细胞物质的合成

微生物利用能量代谢所产生的能量、中间产物以及从外界吸收的小分子，合成复杂的细胞物质的过程称为合成代谢。合成代谢所需要的能量由 ATP 和质子动力提供。糖类、氨基酸、脂肪酸、嘌呤、嘧啶等主要的细胞成分的合成反应的生化途径中，合成代谢和分解代谢虽有共同的中间代谢物参加（图 3-17），例如，由

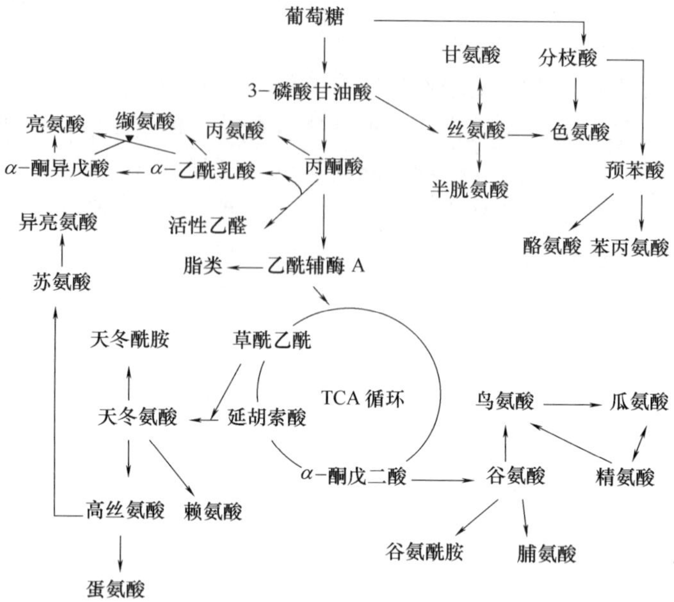

图 3-17　合成代谢示意图

分解代谢而产生的丙酮酸、乙酰辅酶 A、草酰乙酸和三磷酸甘油醛等化合物可作为生物合成反应的起始物。但在生物合成途径中，一个分子的生物合成化学途径与它的分解代谢途径通常是不同的。其中可能有相同的步骤，但导向一个分子合成的途径与从该分子开始的降解途径间至少有一个酶促反应步骤是不同的。另外，需能的生物合成途径与产能的 ATP 分解反应相耦联，因而生物合成方向是不可逆的。其次，调节生物合成的反应，与相应的分解代谢途径的调节机制无关，因为控制分解代谢途径速率的调节酶，并不参与生物合成途径。生物合成途径主要是被它们的末端产物的浓度所调节。

（1）糖类的生物合成　微生物生长中，除了有分解糖类的能量代谢，还能不断从简单化合物合成糖类，以构成细胞生长所需的单糖、多糖等。单糖很少以游离形式存在，一般以多糖或多聚糖及少量糖磷酸酯和糖核苷酸形式存在。

① 单糖的生物合成：合成单糖的途径是通过 EMP 途径逆行合成 6-磷酸葡萄糖，再转化为其他糖。葡萄糖的合成是单糖合成的中心环节。

自养微生物通过卡尔文循环可产生 3-磷酸甘油醛，通过还原的羧酸环可得到草酰乙酸或乙酰辅酶 A。异养微生物利用乙酸为碳源经乙醛酸循环产生草酰乙酸；利用乙醇酸、草酸、甘氨酸为碳源时通过甘油酸途径生成 3-磷酸甘油醛；利用乳酸为碳源时，可直接氧化成丙酮酸；生糖氨基酸脱去氨基后作为合成葡萄糖的前体。

② 多糖的生物合成：微生物细胞内所含的多聚糖包括同多糖（由相同的单糖

分子聚合而成，如糖原、纤维素等）和杂多糖（由不同的单糖分子聚合而成，如肽聚糖）。多糖的合成不仅仅是分解反应的逆转，而是以一种核苷糖为起始物，接着糖单位逐个添加在多糖链的末端。促进合成的能量是由核苷糖中高能-磷酸键水解中得到。

（2）氨基酸的生物合成　蛋白质中通常存在21种氨基酸，对于不能从环境中获得的氨基酸需要其他途径合成。氨基酸的合成包括各氨基酸碳骨架的合成和氨基的结合。碳骨架来自糖代谢的中间产物；氨来自外界环境、体内含氮化合物的分解、固氮作用合成、硝酸还原作用合成。多数微生物从环境中吸收硫酸盐经过一系列的还原反应作为硫的供体。

氨基酸合成的主要方式有3种：

① 氨基化作用：α-酮酸与氨反应形成相应的氨基酸，这是氨基酸同化氨的主要途径。能直接吸收氨合成氨基酸的α-酮酸只有α-酮戊二酸和丙酮酸；延胡索酸和谷氨酸虽不是α-酮酸，但前者可通过双键打开连接α-氨基，谷氨酸则通过酰胺键生成谷氨酰胺。

② 转氨基作用：在转氨酶作用下使一种氨基酸的氨基转移给酮酸形成新的氨基酸，是氨基酸合成代谢和分解代谢中极重要的反应，普遍存在于微生物体中，可以消耗含量过剩的氨基酸，得到含量较少的氨基酸。

③ 前体转化：21种氨基酸还可通过糖代谢的中间产物经一系列的反应合成。

（3）核苷酸的生物合成　核苷酸作为核酸的基本结构单位，由碱基、戊糖、磷酸组成。根据碱基不同分为嘌呤核苷酸和嘧啶核苷酸。

① 嘌呤核苷酸的生物合成：有两种方式，一种方式是由各种小分子化合物，全新合成次黄嘌呤核苷酸，再转化为其他嘌呤核苷酸；另一种是由自由碱基或核苷组成相应的嘌呤核苷酸。

② 嘧啶核苷酸的生物合成：由小分子化合物全新合成尿嘧啶核苷酸，再转化为其他嘧啶核苷酸；以完整的嘧啶或嘧啶核苷分子，组成嘧啶核苷酸。

③ 脱氧核苷酸的生物合成：脱氧核苷酸由核苷酸糖基第二碳上的—OH还原为H而成，是一个耗能过程，不同的微生物中脱氧过程在不同的水平上进行。

（4）生物固氮　生物固氮是指分子氮通过固氮微生物固氮酶系的催化而形成氨的过程，是一种在常温常压条件下的生物化学反应，它比利用铁催化剂、在高温（约300℃）、高压（约30MPa）下的化学固氮反应条件要优越得多。

固氮生物约有50多个属和100多种，都是原核生物。分成自生固氮菌、共生固氮菌和联合固氮菌三类：自生固氮菌能独立进行固氮；共生固氮菌必须与其他种生物共生在一起时才能固氮；联合固氮菌是一类必须生活在植物根际、叶面或动物肠道等处才能进行固氮的微生物。

2. 其他耗能反应

由细菌细胞产能反应形成ATP和质子动力，被消耗在各种途径中。许多能量用于新的细胞组分的生物合成，另外溶质的运动性细胞器的活动、跨膜运输及生物发光也是重要的生物耗能过程。

四、微生物的次级代谢

（一）初级代谢与次级代谢

微生物的初级代谢是指微生物从外界吸收各种营养物质，通过分解代谢和合成代谢，生成维持生命活动所需要的物质和能量的过程。这一过程的产物，如糖、氨基酸、脂肪酸、核苷酸以及由这些化合物聚合而成的高分子化合物（如多糖、蛋白质、脂类和核酸等），即为初级代谢产物。

由于初级代谢产物都是微生物营养性生长所必需，因此，除了遗传上有缺陷的菌株外，活细胞中初级代谢途径是普遍存在的。初级代谢途径中酶的特异性比次级代谢的酶要高。因为初级代谢产物合成的差错会导致细胞死亡。

次级代谢并没有一个十分严格的定义，它是相对于初级代谢而提出的一个概念，可以认为次级代谢是指微生物在一定的生长时期（一般是稳定生长期），以初级代谢产物为前体，合成一些对微生物的生命活动没有明确功能的物质的过程，这一过程的产物即为次级代谢产物。有人也把超出生理需求的过量初级代谢产物看作是次级代谢产物，例如微生物发酵产生的维生素、柠檬酸、谷氨酸等。次级代谢产物大多是一类分子结构比较复杂的化合物，根据所起作用，可将其分为抗生素、激素、生物碱、毒素及维生素等类型。

次级代谢产物在微生物生命活动过程中的产生极其微量，对微生物本身的生命活动没有明显作用，当次级代谢途径被阻断时，菌体生长繁殖仍不会受到影响，因此，它们没有一般性的生理功能，也不是生物体生长繁殖的必需物质，但对其他生物体往往具有不同的生理活性作用，因此，人们利用这些具有各种生理活性的次级代谢产物生产具有应用价值的药物。

抗生素

次级代谢与初级代谢关系密切，初级代谢的关键性中间产物往往是次级代谢的前体，例如糖降解过程中的乙酰 CoA 是合成四环素、红霉素的前体；次级代谢一般在对数生长后期或稳定期间进行，但会受到环境条件的影响。它们的区别主要表现为：

（1）次级代谢只存在于某些生物当中，而且代谢途径和代谢产物因生物不同而异，就是同种生物也会因营养和环境条件不同，产生不同的次级代谢产物。而初级代谢是一类普遍存在于各类生物中的基本代谢类型，代谢途径与产物的类同性强。

（2）次级代谢产物不是产生者本身生存所必需的物质，即使在次级代谢过程的某个环节上发生障碍，也不会导致机体生长的停止和死亡，一般只是影响机体合成某种次级代谢产物的能力。而初级代谢产物如单糖或单糖衍生物、核苷酸、脂肪酸等单体以及由它们组成的各种大分子聚合物如核酸、蛋白质、多糖、脂类等通常都是机体生存必不可少的物质，只要这些物质合成过程的某个环节上发生障碍，轻则表现为生长缓慢，重则导致生长停止、机体发生突变甚至死亡等。

(3) 次级代谢通常是在微生物的对数生长期末期或稳定期才出现，它与机体的生长不呈平行关系，而是明显地分为机体的生长期和次级代谢产物形成期两个不同时期。初级代谢则自始至终存在于一切生活的机体之中，它同机体的生长过程基本呈平行关系。

(4) 次级代谢产物虽然也是从少数几种初级代谢过程中产生的中间体或代谢产物衍生而来，但它的骨架碳原子的数量与排列上的微小变化，或氧、氮、氯、硫等元素的加入，或在产物氧化水平上的微小变化都可以导致产生的次级代谢产物各种各样，并且每种类型的次级代谢产物往往是一群化学结构非常相似而成分不同的混合物。这些次级代谢产物通常被机体分泌到胞外，它们虽然不是机体生长与繁殖所必需的物质，但它们与机体的分化有一定的关系，并在同其他生物的生存竞争中起着重要作用，而且它们中有许多对人类健康具有重大影响。而初级代谢产物的性质与类型在各类生物中相同或基本相同。

(5) 机体内两种代谢类型对环境条件变化的敏感性或遗传稳定性上明显不同。次级代谢对环境条件变化很敏感，其产物的合成往往会因环境条件变化而受到明显影响。而初级代谢对环境条件变化的相对敏感性小，相对较为稳定。

(6) 催化次级代谢产物合成的某些酶专一性较弱。在某种次级代谢产物合成的培养基里加进不同的前体物质时，往往可以导致机体合成不同种类的次级代谢产物。例如在青霉素发酵中可以通过加入不同前体物质的方式合成不同类型的青霉素。另外催化次级代谢产物合成的酶往往都是一些诱导酶，它们是在生产菌对数生长期末期或稳定生长期中，由于某种中间产物积累而诱导机体合成一种能催化次级代谢产物合成的酶。这些酶通常因环境条件变化而不能合成。相对而言催化初级代谢产物合成的酶专一性和稳定性较强。

次级代谢与初级代谢之间的联系非常密切，次级代谢以初级代谢为基础。因为初级代谢可以为次级代谢产物合成提供前体物质和为次级代谢产物合成提供所需要的能量，而次级代谢则是初级代谢在特定条件下的继续和发展，避免初级代谢过程中某种（或某些）中间体或产物过量积累对机体产生的毒害作用。另一方面初级代谢产物合成中的关键性中间体也是次级代谢产物合成中的重要中间体物质，如乙酰 CoA、丙二酸等都是许多初级代谢产物和次级代谢产物合成的中间体物质。初级代谢产物如半胱氨酸、缬氨酸、色氨酸、戊糖等通常是一些次级代谢产物合成的前体物质。

（二）次级代谢产物的种类

1. 次级代谢产物

许多次级代谢产物具有重要的生物效应，因此，次级代谢产物的生成和应用也日益受到重视，其中重要的次级代谢产物包括抗生素、毒素、激素、色素等。

2. 次级代谢产物的种类

次级代谢产物种类繁多，按照不同的标准可以分成不同的类型。有的按照次级代谢产物的产生菌不同来区分；有的根据次级代谢产物的结构或作用来区分；有的则根据次级代谢产物合成途径来区分。

（1）根据产物合成途径可以分为五种类型。

① 与糖代谢有关的类型：以糖或糖代谢产物为前体合成次级代谢产物，可直接由葡萄糖合成次级代谢产物，也可由预苯酸合成芳香族次级代谢产物，而由磷酸戊糖合成的次级代谢物质较多。

② 与脂肪酸代谢有关的类型有两种情况：以脂肪酸为前体，经过几次脱氢、β-氧化之后，生成比原来脂肪酸碳数少的聚乙炔脂肪酸；次级代谢产物不经过脂肪酸，而是从丙酮酸开始生成乙酰 CoA，再在羧化酶催化下生成丙二酰 CoA。在初级代谢中由此进一步合成脂肪酸，而在次级代谢中所生成的丙二酰 CoA 等链中的羰基不被还原，而生成聚酮或 β-多酮次甲基链。由此进一步生成不同的次级代谢产物。

③ 与萜烯和甾体化合物有关的次级代谢产物，主要是由霉菌产生的。

④ 与 TCA 环有关的次级代谢产物可分为两类：从 TCA 环得到的中间产物进一步合成次级产物；由乙酸得到的有机酸与 TCA 环上的中间产物缩合生成次级产物。

⑤ 与氨基酸代谢有关的类型可分为三类：由一个氨基酸形成的次级代谢产物。由两个氨基酸形成的曲霉酸、支霉黏毒（由两个氨基酸先以肽键结合，闭环生成二酮吡嗪进一步形成）。半胱氨酸和缬氨酸以另外的缩合方式形成 6-氨基青霉素烷酸。由三个以上氨基酸缩合而成的次级产物，氨基酸之间多以肽键结合成直链状。此外，还有两个以上氨基酸经过复杂的缩分后形成含氮芳香环如麦角生物碱。

（2）根据次级代谢产物的作用可以分为抗生素、毒素、激素、色素、生物碱及维生素等类型。

① 抗生素：由某些微生物合成或半合成的一类次级代谢产物或衍生物，是能抑制其他微生物生长或杀死它们的化合物。抗生素主要是通过抑制细菌细胞壁合成、破坏细胞质膜、作用于呼吸链以干扰氧化磷酸化、抑制蛋白质和核酸合成等方式来抑制微生物的生长或杀死它们。因此，抗生素是临床上广泛使用的化学治疗剂。

② 毒素：有些微生物在代谢过程中，能产生某些对人或动物有毒害的物质，称为毒素。微生物产生的毒素有细菌毒素和真菌毒素。

③ 激素：某些微生物能产生刺激动物生长或性器官发育的激素类物质，称为激素。目前已发现微生物能产生 15 种激素，如赤霉素、细胞分裂素、生长素等。

④ 色素：许多微生物在生长过程中能合成不同颜色的色素。有的在细胞内，有的分泌到细胞外。色素是微生物分类的一个依据。微生物所产生的色素，根据它们的性状区分为水溶性和脂溶性色素。水溶性色素有绿脓菌色素、蓝乳菌色素、

荧光菌的荧光色素等。脂溶性色素有八叠球菌属的黄色素、灵杆菌的红色素等。有的色素可用于食品工业，如红曲霉属的红曲色素。

⑤ 生物碱：大部分生物碱是由植物产生的。麦角菌可以产生麦角生物碱。

合成生物学家
覃重军

知识拓展

一、自养型微生物的生物氧化

自养微生物和异养微生物的生物氧化本质是相同的，即都包括脱氢、递氢和受氢三个阶段，其间经过与磷酸化反应相耦联，就可产生生命活动所需的通用能源——ATP。但从具体类型来看，自养微生物中的生物氧化与产能的类型很多、途径复杂，有些化能自养菌的生物氧化与产能过程至今还了解得很少。

1. 氨的氧化

NH_3 和亚硝酸（NO_2^-）是可以作能源的最普通的无机氮化合物，能被硝化细菌氧化，硝化细菌可分为亚硝化细菌和硝化细菌 2 个亚群。氨氧化为硝酸的过程分为两个阶段，先由亚硝化细菌将氨氧化为亚硝酸，再由硝化细菌将亚硝酸氧化为硝酸。硝化细菌都是一些专性好氧的革兰阳性细菌，以分子氧为最终电子受体，绝大多数是专性无机营养型。

2. 硫的氧化

硫杆菌能利用一种或多种还原态或部分还原态的硫化物作能源。H_2S 首先氧化成元素硫，再被硫氧化酶和细胞色素系统氧化成亚硫酸盐，放出的电子在传递过程中耦联并产生 4 个 ATP。亚硫酸盐的氧化分为两条途径：一是直接氧化成 SO_4^{2-} 的途径，由亚硫酸盐-细胞色素 C 还原酶和末端细胞色素系统催化，产生 1 个 ATP；二是经磷酸腺苷硫酸的氧化途径，每氧化 1 分子 SO_3^{2-} 产生 2. 5 个 ATP。

3. 铁的氧化

从亚铁到高铁的氧化，对少数细菌而言是一种产能反应，但只有少数的能量可被利用。在低 pH 环境中利用亚铁氧化时放出的能量生长，在电子传递到氧的过程中细胞质内有质子消耗，从而驱动 ATP 的合成。

4. 氢的氧化

氢细菌都是一些革兰阴性的兼性化能自养菌。能利用氢分子氧化产生的能量，同化 CO_2，也能利用其他有机物生长。氢细菌中，电子直接从氢传递给电子传递系统，电子在呼吸链传递过程中产生 ATP。多数氢细菌中有两种与氢的氧化有关的酶：一种是颗粒状氧化酶，能驱动质子的跨膜运输，形成跨膜质子梯度，为 ATP

的合成提供动力；另一种是可溶性氢化酶，可催化氢的氧化，使 NAD^+ 还原，所生成的 NADH 主要用于 CO_2 的还原。

二、能量转移

在产能代谢过程中，微生物通过底物水平磷酸化和氧化磷酸化将某种物质氧化释放的能量存于 ATP 等高能分子中，光合微生物可通过光合磷酸化将光能转变为化学能存于 ATP 中。

1. 底物水平磷酸化

底物水平磷酸化是在某种化合物氧化过程中可生成一种含高能磷酸键的化合物，这个化合物通过相应的酶作用把高能键磷酸根转移给 ADP，使其生成 ATP。这种类型的氧化磷酸化方式在生物代谢过程中较为普遍。催化底物水平磷酸化的酶存在于细胞质内。

2. 氧化磷酸化

氧化磷酸化是将化合物氧化过程中释放的能量生成 ATP 的反应。生成 ATP 的方式有不需氧的底物水平磷酸化和需氧的电子传递磷酸化两种。

底物水平磷酸化由于脱掉一个水分子，2-磷酸甘油酸的低能酯键转变为 2-磷酸烯醇丙酮酸中的高能烯醇键。这种高能连接的磷酸可以转给 ADP，产生 ATP 分子。在微生物代谢活动中，重要的高能磷酸化合物除上述一些物质外，还有 1,3-二磷酸甘油酸和乙酰磷酸等。

在电子传递磷酸化中，通过呼吸链传递电子，将氧化过程中释放的能量和 ADP 的磷酸化耦联起来，形成 ATP。呼吸链中的电子传递体主要由各种辅基和辅酶组成，最重要的电子传递体是泛醌（即辅酶 Q）和细胞色素系统。微生物种类不同，细胞色素的成员也不同。

3. 光合磷酸化

光合作用是自然界一个极其重要的生物学过程，就是利用光能合成 ATP 的反应。其实质就是利用光合磷酸化作用将光能转变成化学能，以用于从 CO_2 合成细胞物质。进行光合作用的生物体除了绿色植物外，主要存在于光合微生物中，光合微生物有藻类、蓝细菌、光合细菌（包括紫色细菌、绿色细菌和嗜盐菌等）。细菌的光合作用与高等植物不同的是，除蓝细菌具有叶绿素、能裂解水从而产氧的光合作用外，其他细菌没有叶绿素，只有菌绿素或其他光合色素，只能裂解无机物（如 H_2、H_2S 等）或简单有机物，进行不产氧的光合作用。

三、微生物代谢的调节

微生物细胞内各种代谢反应错综复杂，各个反应过程之间相互制约，彼此协调，可随环境条件的变化而迅速改变代谢反应的速度。微生物正是依靠其精确、可塑性强的代谢调节系统，才得以进行如此高效、协调的代谢。由于微生物体内任何代谢途径都是一系列酶促反应构成的，所以微生物细胞的代谢是通过控制酶的作用来实现的。代谢调节可分为两种：酶合成的调节，即调节酶分子的合成量；酶活性的调节，即调节酶分子的活性。分别是在遗传和酶化学水平上进行的。

（一）酶合成的调节

通过调节酶的合成量进而调节代谢速率的调节机制，这是基因水平上的调节，属于粗放的调节，间接而缓慢。酶合成的调节是通过阻止酶的过量合成，有利于节约生物合成的原料和能量。

1. 酶合成调节的类型

（1）诱导　酶促分解底物或产物诱使微生物细胞合成分解代谢途径中有关酶的过程。微生物通过诱导作用而产生的酶（为适应外来底物或其结构类似物而临时合成的酶类），称为诱导酶。如大肠杆菌含乳糖的培养基中合成β-半乳糖苷酶和半乳糖苷渗透酶等。诱导降解酶合成的物质称为诱导物。诱导物一般是底物或结构类似物，如异丙基-β-D-硫代半乳糖苷。诱导作用的类型有两种：

① 同时诱导：诱导物加入后，微生物能同时诱导出几种酶的合成，主要存在于短的代谢途径中。例如，将乳糖加入大肠杆菌培养基中后，即可同时诱导出β-半乳糖苷透性酶、β-半乳糖苷酶和半乳糖苷转乙酰酶的合成。

② 顺序诱导：先合成能分解底物的酶，再依次合成分解各中间代谢物的酶，以达到对较复杂代谢途径的分段调节。

（2）阻遏　在微生物的代谢过程中，当代谢途径中某末端产物过量时，通过阻遏作用来阻碍代谢途径中包括关键酶在内的一系列酶的生物合成的现象，从而更彻底地控制和减少末端产物的合成。阻遏作用的类型有两种：

① 末端产物阻遏：由于终产物的过量积累而导致生物合成途径中酶合成的阻遏的现象。常常发生在氨基酸、嘌呤和嘧啶等这些重要结构元件生物合成的时候。指由某代谢途径末端产物的过量累积而引起的阻遏。

末端产物阻遏在代谢调节中有着重要的作用，它可保证细胞内各种物质维持适当的浓度。例如，在嘌呤、嘧啶和氨基酸的生物合成中，它们的有关酶类就受到末端产物阻遏的调节。

② 分解代谢物阻遏：当微生物在含有两种能够分解底物（碳源或氮源）的培养基中生长时，利用快的那种分解底物会阻遏利用慢的底物的有关酶的合成的现象。最早发现于大肠杆菌生长在含葡萄糖和乳糖的培养基上，该菌优先利用葡萄糖，葡萄糖耗尽后才开始利用乳糖，故又称为葡萄糖效应。分解代谢物阻遏导致出现“二次生长”。

2. 酶合成调节的机制

（1）一些主要术语

① 操纵子：是基因表达和控制的一个完整单元，其中包括结构基因、调节基

因、操作基因和启动基因。

结构基因是决定某一多肽的DNA模板，可根据其上的碱基顺序转录出相应的mRNA，然后通过核糖体转译出相应的酶。调节基因是用于编码组成型调节蛋白的基因，一般远离操纵子，但在原核生物中，可以位于操纵子旁边，编码调节蛋白。启动基因是RNA聚合酶的结合部位和转录起点，是能被依赖于DNA的RNA聚合酶所识别的碱基顺序。操纵基因是位于启动基因和结构基因之间的一段碱基顺序，是阻遏蛋白的结合位点，能通过与阻遏物相结合来决定结构基因的转录是否能进行。

操纵子分为两类：一类是诱导型操纵子，只有当存在诱导物（一种效应物）时，其转录频率才最高，并随之转译出大量诱导酶，出现诱导现象；另一类是阻遏型操纵子，只有当缺乏辅阻遏物（一种效应物）时，其转录频率才最高。由阻遏型操纵子所编码的酶的合成，只有通过去阻遏作用才能启动。

② 效应物：是一类低相对分子质量的信号物质（如糖类及其衍生物、氨基酸和核苷酸等），它们可与调节蛋白相结合以使后者发生变构作用，并进一步提高或降低与操纵基因的结合能力。包括诱导物和辅阻遏物两种。

③ 调节蛋白：是一类变构蛋白，它有两个特殊位点，其一可与操纵基因结合，另一位点可与效应物相结合。当调节蛋白与效应物结合后，会发生变构作用。有的调节蛋白在其变构后可提高与操纵基因的结合能力，有的则会降低结合能力。

调节蛋白可分两种，其一称为阻遏物，它能在没有诱导物（效应物的一种）时与操纵基因相结合；另一则称为阻遏物蛋白，它只能在辅阻遏物（效应物的另一种）存在时才能与操纵基因相结合。

④ 正调节与负调节：正调节是指转录过程依赖于调节蛋白的存在。负调节是指转录过程不依赖于调节蛋白的存在。

（2）诱导、阻遏机制　目前认为，操纵子假说可较好地解释酶合成的诱导和阻遏现象。

① 乳糖操纵子的诱导机制：大肠杆菌乳糖操纵子（lac）由lac启动基因、lac操纵基因和三个结构基因组成。三个结构基因分别编码β-半乳糖苷酶、渗透酶和转乙酰基酶。乳糖操纵子是负调节的代表，因在缺乏乳糖等诱导物时，其调节蛋白（即lac阻遏物）一直结合在操纵基因上，抑制着结构基因上转录的进行。当有诱导物即乳糖存在时，乳糖与lac阻遏物相结合，后者发生构象变化，结果降低了lac阻遏物与操纵基因间的亲和力，使它不能继续结合在操纵子上，转录、转译就得以顺利进行了。当诱导物耗尽后，lac阻遏物可再次与操纵基因相结合，酶就无法合成，同时，细胞内已转录好的mRNA也迅速地被核酸内切酶所水解，所以细胞内酶的合成速度急剧下降。如果通过诱变方法使之发生lac阻遏物缺陷突变，就可获得解除调节即在无诱导物时也能合成β-半乳糖苷诱导酶的突变株。

② 色氨酸操纵子的末端产物阻遏机制：色氨酸操纵子的阻遏是对合成代谢酶

类进行正调节的。在合成代谢中，催化氨基酸等小分子末端产物合成的酶应随时存在于细胞内，因此，在细胞内这些酶的合成应经常处于消阻遏状态，相反，在分解代谢中的β-半乳糖苷酶等则须经常处于阻遏状态。

E. coli 色氨酸操纵子也是由启动基因、操纵基因和结构基因三部分组成的。启动基因位于操纵子的开始处；结构基因上有5个基因。其调节基因（*trpR*）远离操纵基因，编码一种称作阻遏物蛋白的效应物蛋白。当存在色氨酸时，它起着辅阻遏物的作用，因与阻遏物蛋白有极高的亲和力，故两者间形成了一个完全阻遏物，由这种完全阻遏物来阻止结构基因的转录。反之，当降低色氨酸浓度时，就会导致这一完全阻遏物的解离，并脱离操纵基因，因此结构基因的mRNA又可正常合成。

（二）酶活性的调节

酶活性的调节是在分子水平上的一种代谢调节，通过改变已有酶的催化活性来调节代谢的速率。包括酶活性的激活和抑制两个方面。

酶活性的激活是指在代谢途径中，催化后面反应的酶活性被前面的中间代谢产物（分解代谢时）或前体（合成代谢时）所促进，酶活性发生的主要原因是代谢过程中产生的物质与酶结合，致使酶的结构产生变化。在大肠杆菌、节杆菌和深红红螺菌等合成糖原时，1-磷酸葡萄糖对焦磷酸酶促反应有激活作用。这种调节现象在核苷酸、维生素的合成代谢中十分普遍。

酶活性的抑制主要为产物抑制，它发生在酶促反应的产物没有被后面反应用去的时候。一个酶与其底物结合在一起便发生酶促反应，同时有反应产物释放出来。因为酶促反应通常都是平衡反应，所以如果有反应产物积累，催化该步反应的酶活性就受到抑制。酶活性的抑制主要是反馈抑制，它主要表现在某代谢途径的末端产物（即终产物）过量时，这个产物可反过来直接抑制该途径中第一个酶的活性，促使整个反应过程减慢或停止，从而避免了末端产物的过多累积。如，当细胞内氨基酸或核苷酸等终产物过量而积累的时候，积累的终产物反过来直接抑制该途径中第一个酶的活性，使整个合成过程减慢或停止。从而避免了不必要的能量和养料浪费。反馈抑制具有作用直接、调节精细、效果快速以及当末端产物浓度降低时又可重新解除等优点。

1. 反馈抑制的类型

（1）直线式代谢途径中的反馈抑制　这是一种最简单的反馈抑制类型。因合成产物过多可抑制途径中第一个酶的活性，从而使其后一系列中间代谢物都无法合成，最终导致合成的停止。

（2）分支代谢途径中的反馈抑制　在分支代谢途径中，反馈抑制的情况较为复杂，为了避免在一个分支上的产物过多时不致同时影响另一分支上产物的供应，微生物发展出多种调节方式。主要有同功酶的调节、顺序反馈、协同反馈、积累反馈调节等。

① 同功酶调节：同功酶又称同工酶，是指催化相同的生化反应，而酶分子结构有差别的一组酶。它们虽同存于一个个体或同一组织中，但在生理、免疫和理化特性上却存在着差别。同功酶的主要功能在于其代谢调节。在一个分支代谢途径中，如果在分支点以前的一个较早的反应是由几个同功酶催化时，则分支代谢的几个最终产物往往分别对这几个同功酶发生抑制作用。某一产物过量仅抑制相应酶活性，对其他产物没影响。

② 协同反馈抑制：是指分支代谢途径中几个末端产物同时过量时才能抑制共同途径中的第一个酶的一种反馈调节方式。

③ 合作反馈抑制：两种末端产物同时存在时，共同的反馈抑制作用大于二者单独作用之和。如在嘌呤核苷酸合成中，磷酸核糖焦磷酸酶受 AMP 和 GMP（和 IMP）的合作反馈抑制，二者共同存在时，可以完全抑制该酶的活性。而二者单独过量时，分别抑制其活性的 70%和 10%。

④ 积累反馈抑制：每一分支途径末端产物按一定百分比单独抑制共同途径中前面的酶，所以当几种末端产物共同存在时它们的抑制作用是积累的，各末端产物之间既无协同效应，也无拮抗作用。

⑤ 顺序反馈抑制：一种终产物的积累，导致前一个中间产物的积累，通过后者反馈抑制合成途径关键酶的活性，使合成终止。这种通过逐步有顺序的方式达到的调节，称为顺序反馈抑制。

2. 酶活性调节的机制

酶活性调节的主要方式是反馈抑制。由于受反馈抑制的酶是变构酶，所以目前一般都用变构酶理论来解释。

变构酶在生物合成途径中普遍存在。它有两个重要的结合部位，一个是与底物结合的活性部位或催化中心；另一个是与氨基酸或核苷酸等小分子效应物结合并变构的变构部位或调节中心，当变构部位上有效应物结合时，酶分子构象便发生改变，致使底物不再能结合在活性部位上而失活。只有当氨基酸或核苷酸等的浓度下降，平衡有利于效应物从变构部位上解离而使酶的活性部位又回复到它催化的构象时，反馈抑制被解除，酶活性恢复，终产物重新合成。

实训六 微生物的生理生化反应

（一）目的要求

1. 了解细菌分解碳水化合物的多样性。
2. 能够利用常见的生理生化反应鉴定某些细菌。

（二）基本原理

微生物对大分子物质如淀粉和纤维素不能直接利用，必须分泌胞外酶将大分子分解，才能吸收利用。如果细菌产生淀粉酶，此酶可以使淀粉水解为麦芽糖和葡萄糖。淀粉遇碘变蓝色，但淀粉水解区域遇碘无色，表明细菌产生淀粉酶。如果细菌分泌纤维素酶，使纤维素分解，可以通过液体和固体培养进行试验。在液体培养基中滤纸条被分解后发生断裂或失去原有的物理性质；在固体培养基上，细菌降解纤维素可形成水解斑，从而能判断细菌能否分解纤维素。

糖发酵试验是最常用的生化反应，在肠道细菌的鉴定上尤为重要。绝大多数细菌都能利用糖类作为碳源和能源，但它们在分解糖的能力上有很大的差异，有些细菌能分解某种糖并产酸（如乳酸、醋酸、丙酸等）和气体（如氢、甲烷、二氧化碳等）；有些细菌只产酸不产气。酸的产生可用指示剂来断定。在配制培养基时预先加入溴甲酚紫，当发酵产酸时，可使培养基由紫色变为黄色。气体的产生可由发酵管中倒置的德汉小管中有无气泡来证明。

V. P.（乙酰甲基甲醇）试验可测定细菌发酵葡萄糖的变化。某些细菌在糖代谢过程中，分解葡萄糖产生丙酮酸，丙酮酸脱羧后可生成中性的乙酰甲基甲醇。乙酰甲基甲醇在碱性条件下被氧化为乙二酰，它与蛋白胨中氨基酸的胍基作用后产生红色化合物，即为 V. P. 试验阳性。

细菌利用柠檬酸盐的能力不同。如各种肠细菌可利用柠檬酸为碳源，而大肠埃希菌则不能利用。故能否利用柠檬酸盐是一项鉴别性特征。培养基中含有柠檬酸钠时，如微生物能将柠檬酸分解为 CO_2，则培养基中由于有游离钠离子呈碱性，使培养基中酚红指示剂由淡粉红色变为玫瑰红色以识别之。

（三）材料与仪器

1. 菌种

大肠杆菌、枯草杆菌、普通变形杆菌、产气肠杆菌斜面各 1 支。

2. 培养基

葡萄糖发酵培养基、乳糖发酵培养基、固体淀粉培养基、无机盐基础培养基、柠檬酸盐斜面培养基、葡萄糖蛋白胨水培养基、蛋白胨水培养基等。

3. 试剂

卢戈碘液、甲基红指示剂、20%葡萄糖、蔗糖、V. P. 试验用的试剂（A 液为 5%α-萘酚、B 液为 40%NaOH 溶液）。

4. 仪器或其他用具

培养皿、新华 1 号滤纸、试管、试管架、接种环、酒精灯、杜氏发酵管等。

（四）操作步骤

1. 淀粉水解试验

（1）制备淀粉培养基平板　按要求配制淀粉培养基，然后倒入无菌平皿中，凝固后制成平板。

（2）划分平皿　在培养皿背面划分四个区域，分别标上大肠杆菌和枯草芽孢杆菌。

（3）接种　用接种环取少量待测菌点接种在培养基表面（对应背面的菌名）。

（4）培养　将接种后的平皿倒置在37℃恒温培养箱中培养24h。

（5）检测　取出平板，打开平皿盖，滴加少量的碘液于平板上，轻轻旋转，使碘液均匀铺满整个平板。如果菌落周围出现无色透明圈，表明该菌具有分解淀粉的能力，则为阳性，不能水解为阴性；可以根据透明圈的大小初步判断该菌水解淀粉的能力的强弱。

（6）实验结果记录　记录两菌的实验结果，并画图表示。

2. 纤维素的水解实验

（1）制备培养基

① 按上面所列，配制无机盐基础培养基，并且分装6支试管中，灭菌备用。

② 在基础培养基的配方基础上加入0.8%的纤维素粉和1.5%琼脂配制培养基，灭菌后分别倒入平皿中凝固备用。

（2）标记　将两支试管标上大肠杆菌，另两支标上枯草杆菌，两支作为空白对照。

（3）试管测试法　在上面的灭菌含有培养基的试管中，分别加入一条无菌的宽1cm、长5~7cm的滤纸条。若测定好氧菌，滤纸条有部分在培养基外面；若为厌氧微生物，则纸条完全浸在培养基中。把所有试管包括对照在37℃恒温培养箱培养1周后观察，能将滤纸条分解为一团纤维或将滤纸条折断为阳性，没有变化则为阴性。

（4）平皿测试法　用（1）中的含纤维素的平板接种大肠杆菌和枯草杆菌，同时接种不含纤维素的培养基作对照。均在37℃恒温培养箱培养一周后观察菌落周围有透明圈为阳性，没有透明圈为阴性。

（5）实验结果记录　记录两菌的实验结果，并画图表示。

3. 细菌的糖发酵试验

糖发酵试验

（1）制备培养基　制备葡萄糖发酵培养基和乳糖发酵培养基，加入溴甲酚紫作指示剂，然后各分装3支试管（内装有倒置的德汉小管）灭菌备用。

（2）标记　在试管上标明培养基的名称和要接种的菌种以及对照组。

（3）接种　在每一组中，一管接入大肠杆菌；一管接入枯草杆菌；另一管不接种作对照。接种完，轻摇使试管混匀，要防止倒置的小管进入气泡。37℃保温培养24、48、72h后检查。

（4）培养后检查实验结果并记录在表3-4中。

4. 细菌V.P.试验

（1）制备培养基　按要求制备葡萄糖蛋白胨水培养基，然后将2支20mL试管中各装入 5mL 灭菌备用。

表 3-4　　糖发酵实验结果

糖类		葡萄糖			乳糖		
培养时间/h		24	48	72	24	48	72
枯草杆菌	产酸						
	产气						
大肠杆菌	产酸						
	产气						
对照	产酸						
	产气						

注意：(1) 检查时与对照比较。
(2) 记录符号“+”表示产生。产酸是指发酵液由紫色变为黄色。产气是指小玻璃管内有气体积累。“-”表示不产生。

(2) 接种　将大肠杆菌和产气肠杆菌分别接种于葡萄糖蛋白胨水培养液中，置于 37℃恒温培养箱中培养 48h（如为阴性可适当延长时间）。

(3) 结果观察　取培养液 1mL 加入无菌的小试管中，加 1mL 40% NaOH 和 0.5mL α-萘酚，用力振荡，在 37℃恒温培养箱中保温 15～30min 后观察其颜色变化。如培养液为红色则 V. P. 试验为阳性，黄色为 V. P. 试验阴性。

(4) 记录实验结果于表 3-5 中。

表 3-5　　V. P. 实验结果

V. P. 试验结果	阳性	阴性
大肠杆菌		
产气肠杆菌		

5. 柠檬酸盐利用试验

(1) 制备培养基　按要求制备柠檬酸盐培养基，灭菌制备斜面备用。

(2) 接种　将试验菌大肠杆菌和产气肠杆菌分别在斜面上划线接种，置于 37℃恒温培养箱中培养 48h。

(3) 结果观察　若该菌能利用柠檬酸盐，则可在此斜面上生长并将培养基由原来的淡粉红色变为玫瑰红色，此为阳性；颜色不变者为阴性。

(4) 实验结果记录于表 3-6 中。

表 3-6　　柠檬酸盐利用试验结果

柠檬酸试验结果	阳性	阴性
大肠杆菌		
产气肠杆菌		

注意：检查时与对照比较。所有阳性结果用“+”表示，所有阴性结果用“-”表示。

（五）实训报告内容

1. 将实验结果记录在上述各表中。
2. 现分离到一株肠道细菌，能否利用所学的试验设计试验方案进行鉴别。
3. 不同的细菌生理生化试验的结果不同，即使是同一种细菌的不同菌株之间也有差异，试分析其原因。
4. 仅根据一种生化反应结果，能否将不同的两种细菌区别开来？为什么？

【同步练习】

一、填空题

1. 能用作微生物碳源的物质有________、________、________、________等。
2. 能用作微生物氮源的物质有________、________、________、________等。
3. 光能异养菌以________作能源，以________为碳源，以________作供H体将________合成细胞有机物。
4. 化能自养菌以______________取得能量，以______________作碳源合成细胞有机物。
5. 根据微生物生长所需要的碳源和能源的不同，可把微生物分为________、________、________、________四种营养类型。
6. 在营养物质的四种运输方式中，只有________运输方式改变了被运输物质的化学组成。
7. 微生物所需要的营养物质包括________、________、________、________和另一种不可缺少的物质________。
8. 微生物细胞的化学元素主要以________、________和________的形式存在于细胞中。
9. 在营养物质运输中，能逆浓度梯度方向进行营养物运输的运输方式是________、________。
10. 在营养物质运输中既消耗能量又需要载体的运输方式是____________________。
11. 异养微生物合成代谢所需要的能量来自己糖降解的________、________、________和________。
12. 异养微生物合成代谢所需要的还原力来自己糖降解的________、________、________和________。
13. 合成代谢可分为________，________，________等三个阶段。
14. 微生物的次生代谢产物包括：________、________、________、________、________。
15. 无氧呼吸是以________作为最终电子受体。

二、单项选择题

16. 大多数微生物的营养类型属于（　　）

A. 光能自养　B. 光能异养　C. 化能自养　D. 化能异养

17. 碳素营养物质的主要功能是（　　）

A. 构成细胞物质　B. 提供能量　C. A，B 两者

18. 占微生物细胞总重量 70%~90%以上的细胞组分是（　　）

A. 碳素物质　B. 氮素物质　C. 水

19. 能用分子氮作氮源的微生物有（　　）

A. 酵母菌　B. 蓝细菌　C. 苏云金杆菌

20. 自养型微生物和异养型微生物的主要差别是（　　）

A. 所需能源物质不同　B. 所需碳源不同　C. 所需氮源不同

21. 基团转位和主动运输的主要差别是（　　）

A. 运输中需要各种载体参与

B. 需要消耗能量

C. 改变了被运输物质的化学结构

22. 单纯扩散和促进扩散的主要区别是（　　）

A. 物质运输的浓度梯度不同

B. 前者不需能量，后者需要能量

C. 前者不需要载体，后者需要载体

23. 微生物生长所需要的生长因子（生长因素）是（　　）

A. 微量元素　B. 氨基酸和碱基　C. 维生素　D. B，C 二者

24. 细菌中存在的一种主要运输方式为（　　）

A. 单纯扩散　B. 促进扩散　C. 主动运输　D. 基团转位

25. 微生物细胞中的 C 素含量大约占细胞干重的（　　）

A. 10%　B. 30%　C. 50%　D. 70%

26. 缺少合成氨基酸能力的微生物称为（　　）

A. 原养型　B. 野生型　C. 营养缺陷型

27. 自然界中的大多数微生物是靠（　　）产能

A. 发酵　B. 呼吸　C. 光合磷酸化

28. 在原核微生物细胞中单糖主要靠（　　）途径降解生成丙酮酸

A. EMP　B. HMP　C. ED

29. 反硝化细菌进行无氧呼吸产能时，电子最后交给（　　）

A. 无机化合物中的氧　B. O_2　C. 中间产物

30. 参与肽聚糖生物合成的高能磷酸化合物是（　　）

A. ATP　B. GTP　C. UTP

三、判断题

31. 大多数微生物可以合成自身所需的生长因子，不必从外界摄取。(　　)

32. 碳源对微生物的主要作用是构成细胞骨架和提供能源。(　　)

33. 氮素营养物质不仅用来合成细胞中的蛋白质，还可以为部分微生物提供能源。(　　)

34. 生长辅助物质（生长因子）是微生物生长代谢所必需的，但微生物本身又不能合成的微量的特殊营养物。(　　)

35. 微生物生长所需要的营养物主要包括 H_2O、碳源、氮源、无机盐类和生长素。(　　)

36. 微生物的营养类型，根据其所需碳素营养物质的不同，分为有机营养型和无机营养型；根据其生长所需的能量来源不同分为光能营养型和化能营养型。(　　)

37. 促进扩散必须借助于特异载体蛋白和能量。(　　)

38. EMP 途径主要存在于厌氧生活的细菌中。(　　)

39. 乳酸发酵和乙酸发酵都是在厌氧条件下进行的。(　　)

40. 一分子葡萄糖经正型乳酸发酵可产 2 个 ATP，经异型乳酸发酵可产 1 个 ATP。(　　)

41. 葡萄糖彻底氧化产生 30 个 ATP，大部分来自糖酵解。(　　)

42. 丙酮丁醇发酵是在好气条件下进行的，该菌是一种梭状芽胞杆菌。(　　)

43. UDP-G，UDP-M 是合成肽聚糖的重要前体物，它们是在细胞质内合成的。(　　)

44. ED 途径主要存在于某些 G^- 的厌氧菌中。(　　)

45. 微生物的次生代谢产物是微生物主代谢不畅通时，由支路代谢产生的。(　　)

四、综合题

46. 微生物需要哪些营养物质，它们各有什么主要生理功能?

47. 试比较营养物质进入微生物细胞的几种方式的基本特点。

48. 比较呼吸作用和发酵作用的区别。

49. 试述分解代谢与合成代谢的关系。

50. 试述初级代谢和次级代谢与微生物生长的关系。

51. 微生物在不同的生活环境中可通过哪些方式产生自身生长所需要的能量?

52. 说明微生物的几种发酵类型。

单元三　同步练习

【1+X 证书和技能竞赛考试内容】

	内容	1+X 证书考试内容	技能竞赛内容
知识	(1)微生物的营养要素	√	
	(2)培养基的类型及配制	√	
	(3)微生物的分离纯化技术	√	√
能力	(1)配制培养基并灭菌	√	√
	(2)对常见微生物进行分离、纯化	√	√
素质	(1)精益求精的工匠精神	√	
	(2)吃苦耐劳的奉献精神	√	√
	(3)培养食品安全责任意识	√	√

学习单元四

微生物的生长与控制

【知识目标】

1. 了解工业生产上常用的发酵技术。
2. 理解微生物生长的测定方法和理化因素对微生物生长繁殖的影响。
3. 掌握微生物的生长规律及应用和有害微生物的控制方法。

【能力目标】

1. 能够测定微生物的生长曲线。
2. 能够控制有害微生物的生长繁殖。

【素质目标】

1. 培养规范意识、责任意识。
2. 增强环境保护意识，树立食品安全意识。
3. 培养良好的职业道德、严谨认真的科学精神。

项目一　微生物生长曲线的测定

知识讲解

微生物在适宜的环境中，不断地吸收营养物质，进行新陈代谢。当同化作用大于异化作用，微生物细胞物质有规律地、不可逆地增加，导致细胞体积扩大的生物学过程，为个体生长的定义。

繁殖是微生物生长到一定阶段，由于细胞结构的复制与重建并产生新的生命个体，即引起生命个体数量增加的生物学过程。

由此可见，微生物的生长与繁殖是两个不同但又相互联系的概念。生长是一个逐步发生的量变过程，繁殖是一个产生新的生命个体的质变过程。在高等生物里这两个过程可以明显分开，但在低等生物里特别是在单细胞的生物里，由于个体微小，这两个过程是紧密联系很难划分的。因此在讨论微生物生长时，往往将这两个过程放在一起讨论，这样微生物生长又可以定义为在一定时间和条件下细胞数量的增加，这是微生物群体生长的定义。群体的生长可用其质量、体积、个体浓度或密度等作指标进行测定。所以个体与群体有以下关系。

个体生长——→个体繁殖——→群体生长

群体生长=个体生长+个体繁殖

除了特定的目的，在微生物的研究和应用中，只有群体的生长才有实际意义，因此，在微生物学中提到的“生长”，一般均指群体生长。

在微生物学中把从一个细胞或一群相同的细胞经过培养繁殖而得到的后代，称为纯培养。在微生物学中培养和发酵两个概念是相同的，在工业上大规模进行的微生物培养称为微生物发酵。

一、微生物的生长

（一）微生物的个体生长与同步生长

研究微生物单个细胞内的生物化学变化和细胞学变化，在技术上十分困难。目前能使用的方法：一是用电子显微镜观察细胞的超薄切片，二是使用同步培养技术，即设法使群体中的所有细胞尽可能都处于同样的细胞生长和分裂周期中，然后分析此群体的各种生物化学特征，间接了解单个细胞所产生的变化。这种通过同步培养的手段而使细胞群体处于分裂步调一致的状态，称为同步生长。

获得细胞同步生长的方法主要有两类：其一是通过环境条件来诱导同步性，例如用变换温度、光线或处于稳定期的培养物添加新鲜培养基等；其二是通过物理学方法从随机的不同步的细胞群体中选择出同步的群体，可用选择性过滤或梯度离心法或膜洗脱法来达到。其中，膜洗脱法较有效且常用，先将非同步的细胞培养物通过微孔滤膜，使细胞吸附于膜上，然后将膜反置，再以新鲜培养液滤过。一些未粘牢的细胞先被冲洗掉，接着脱落到培养液中的都是新分裂形成的细胞，从而获得同步生长。这种细胞在培养过程中，一般经过2~3个分裂周期就会很快丧失其同步性。

（二）单细胞微生物的生长规律

把少量纯种单细胞微生物接种到恒容积的液体培养基中后，在适宜的温度、通气（厌氧菌不能通气）等条件下，它们的群体会有规律地生长。单细胞微生物（细菌和酵母菌）的群体生长常用群体中细胞数量的增加来表示，由一个细胞分裂成为两个细胞的时间间隔称为世代，一个世代所需的时间为代时，代时即群体细胞数目扩大一倍所需的时间。单位时间内繁殖的代数称为生长速率。

将少量单细胞纯种微生物接种到一定量的液体培养基中进行分批培养，即培养过程中既不补充营养物质，也不移去培养物，保持整个培养液体积不变。定时取样测定单位体积的细胞数，以细胞数的对数作为纵坐标，以培养时间作为横坐标，绘出一条有规律的曲线，该曲线称为微生物的典型生长曲线。此曲线只适合单细胞微生物如细菌和酵母菌。根据微生物的生长速率常数，即每小时的分裂代数（R）不同，一般可把典型生长曲线粗分为延滞期、指数期、稳定期、衰亡期四个时期（图 4-1）。

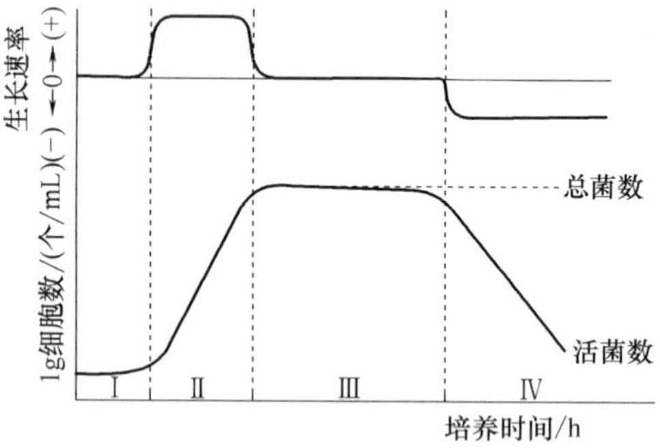

图 4-1　生长曲线

Ⅰ—延滞期　Ⅱ—指数期　Ⅲ—稳定期　Ⅳ—衰亡期

1. 延滞期

延滞期又称停滞期、调整期或适应期，是指将少量微生物接种到新培养液中后，在开始培养的一段时间内细胞数目不增加的时期。该时期有几个特点：①生长速率常数等于零。②细胞形态变大或增长，许多杆菌可长成长丝状，例如巨大芽孢杆菌在接种时，细胞长为 3.4μm；培养至 3.5h，其长为 9.1μm；至 5.5h，可达 19.8μm。③细胞内 RNA 尤其是 rRNA 含量增高，原生质嗜碱性增强。④合成代谢活跃，核糖体、酶类和 ATP 的合成加快，易产生诱导酶。⑤对外界不良条件例如 NaCl 溶液浓度、温度和抗生素等化学药物的反应敏感。

影响延滞期长短的因素很多，除菌种外，主要有：

（1）接种龄　接种龄即“种子”的生长年龄，即它处在生长曲线上的哪一个阶段。如果以对数期接种龄的“种子”接种，则子代培养物的延滞期就短；反之，如果以延滞期或衰亡期的“种子”接种，则子代培养物的延滞期就长；以稳定期的“种子”接种，则延滞期居中。

（2）接种量　接种量的大小明显影响延滞期的长短。一般来说，接种量大，则延滞期短，反之则长。因此，在发酵工业上，为缩短不利于提高发酵效率的延滞期，一般采用 1/10 的接种量。

（3）培养基成分　接种到营养丰富的天然培养基中的微生物，要比接种到营养单调的组合培养基中的延滞期短。所以在发酵生产中，一般要求发酵培养基的成分与种子培养基的成分尽量接近。

延滞期的出现，可能是因为在接种到新鲜培养液的细胞中，一时还缺乏分解或催化有关底物的酶，或是缺乏充足的中间代谢物。产生诱导酶或合成有关的中间代谢物，需要有一段适应期，此即延滞期。

2. 指数期

指数期又称对数期，是指在生长曲线中，紧接着延滞期的一个细胞以几何级数速度分裂的一段时期。

指数期有以下特点：①生长速率常数 R 最大，因而细胞每分裂一次所需的代时 G 或原生质增加一倍所需的时间最短。②细胞进行平衡生长，菌体大小、形态、菌体内各种成分最为均匀。③酶系活跃，代谢最为旺盛。

若时间 t_1 时的菌数为 X_1，假设经过 n 次裂殖，t_2 时的菌数 X_2。由于细菌是二分裂繁殖，则

$$X_2 = X_1 \cdot 2^n$$

即 $\lg X_2 = \lg X_1 + n\lg 2$

繁殖代数　$n = (\lg X_2 - \lg X_1)/\lg 2$

世代时间　$G = (t_2 - t_1)/n$

所以　$G = (t_2 - t_1)\lg 2/(\lg X_2 - \lg X_1)$

例如，一培养液中微生物数目由开始的 1.2×10^4，经 4h 后增加到 4.9×10^7，

则，$n = (\lg 4.9\times10^7 - \lg 1.2\times10^4) \div 0.301 = 12$

$G = t/n = 4\times60/12 = 20\text{min}$

所以，该种微生物的代时为 20min，在 4h 内共繁殖了 12 代。

代时能够反映微生物的生长速率，代时短，生长速率快；代时长，生长速率慢。代时在不同种微生物中的变化很大，有的还不到 10min，有的却可长达几小时或几天，多数微生物的代时为 1~3h。同一种微生物，在不同的生长条件下其代时的长短也不同。影响微生物代时的因素很多，主要有：

（1）菌种　从表 4-1 可以看出，不同菌种的代时差别极大。

表 4-1　一些细菌在不同培养条件下的代时

菌名	培养基	温度/℃	代时/min	菌名	培养基	温度/℃	代时/min
大肠杆菌	肉汤	37	17	乳酸链球菌	乳糖肉汤	37	48
大肠杆菌	牛奶	37	12.5	伤寒沙门菌	肉汤	37	23.5
产气肠杆菌	肉汤或牛奶	37	16~18	霍乱弧菌	肉汤	37	21~38
产气肠杆菌	组合	37	29~44	金黄色葡萄球菌	肉汤	37	27~30
蕈状芽孢杆菌	肉汤	37	28	丁酸梭菌	玉米醪	30	51
蜡状芽孢杆菌	肉汤	30	18	褐球固氮菌	葡萄糖	25	240
嗜热芽孢杆菌	肉汤	55	18.3	大豆根瘤菌	葡萄糖	25	344~461
枯草芽孢杆菌	肉汤	25	26~32	结核分枝杆菌	组合	37	792~932
巨大芽孢杆菌	肉汤	30	31	活跃硝化杆菌	组合	27	1200
嗜酸乳杆菌	牛奶	37	66~87	漂浮假单胞菌	肉汤	27	9.8
乳酸链球菌	牛奶	37	26	梅毒密螺旋体	家兔	37	1980

（2）营养成分　从表4-1中可以看出，同一种细菌，在营养物丰富的培养基中生长，其代时较短，反之则长。

（3）营养物浓度　营养物的浓度可影响微生物的生长速率和总生长量（图4-2）。在营养物浓度很低的情况下，才会影响生长速率；随着营养物浓度的逐步增高，生长速率不受影响，而只影响最终的菌体产量；如果进一步提高营养物的浓度，则生长速率和菌体产量两者均不受影响。凡是处于较低浓度范围内，可影响生长速率和菌体产量的营养物，就称为生长限制因子。

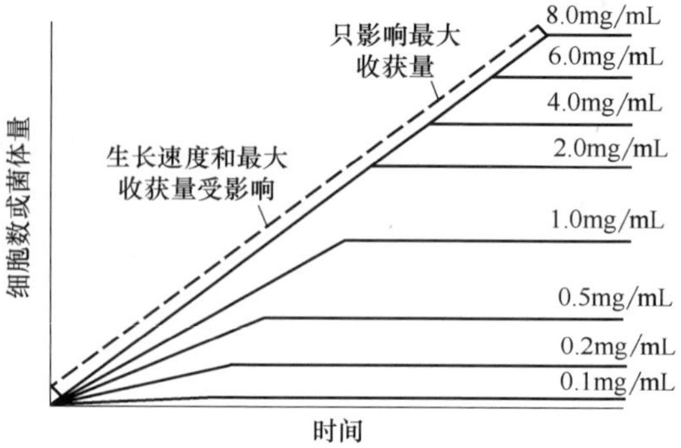

图4-2　营养物浓度对生长速度和菌体产量的影响

（4）培养温度　温度对微生物的生长速率有极其明显的影响（表4-2）。

表4-2　大肠杆菌在不同温度下的代时

温度/℃	代时/min	温度/℃	代时/min
10	860	35	22
15	120	40	17.5
20	90	45	20
25	40	47.5	77
30	29		

指数期的微生物因其整个群体的生理特性较一致、细胞成分平衡发展和生长速率恒定，故可作为代谢、生理和酶学等研究的良好材料，是噬菌体增殖的最适宿主，也是发酵生产中用作“种子”的最佳种龄。

3. 稳定期

稳定期又称恒定期或最高生长期。其特点是：①新增殖的细胞数与老细胞的死亡数几乎相等，微生物的生长速率处于动态平衡，培养物中的细胞数目达到最高值；②开始积累内含物，芽孢杆菌开始形成芽孢；③开始合成抗生素等次生代谢产物。对于发酵生产来说，一般在稳定期的后期，产物积累达到高峰。

稳定期到来的原因主要是：①营养物尤其是生长限制因子的耗尽；②营养物的比例失调，例如C/N比不合适等；③酸、醇、毒素或H_2O_2等有害代谢产物的累积；④pH、氧化还原势等物化条件越来越不适宜等。

稳定期是以生产菌体或与菌体生长相平行的代谢产物，例如单细胞蛋白、乳酸等为目的的一些发酵生产的最佳收获期，也是对某些生长因子例如维生素和氨基酸等进行生物测定的必要前提。由于对稳定期到来的原因进行研究，还促进了连续培养技术的设计和研究。

4. 衰亡期

在衰亡期，个体死亡的速度超过新生的速度，因此，整个群体呈现负生长（R为负值）。这时，细胞形态多样，例如会产生很多膨大、不规则的退化形态；有的微生物因蛋白水解酶活性的增强而发生自溶；有的微生物合成或释放对人类有用的抗生素等次生代谢产物；芽孢杆菌释放芽孢。

产生衰亡期的原因主要是外界环境进一步恶化，对继续生长越来越不利，从而引起细胞内的分解代谢大大超过合成代谢，继而导致菌体死亡。

（三）微生物生长曲线在生产中的指导意义

微生物生长曲线既可作为生长状态的研究指数，又可作为控制发酵生产的理论依据，对发酵生产具有重要的指导意义。

1. 缩短延滞期

在发酵工业上需设法尽量缩短延滞期，采取的措施有：①增加接种量；②采用对数期的健壮菌种；③调整培养基的成分，在种子基中加入发酵培养基的某些成分；④选用繁殖快的菌种。食品工业上，尽量在此时期进行消毒灭菌。

2. 把握指数期

此时期的菌种比较健壮，所以此时期是增殖噬菌体的最适菌龄，生产上用作接种的最佳菌龄。发酵工业上尽量延长该期，以达到较高的菌体密度；食品工业上尽量使有害微生物不能进入此期。同时，指数期的微生物是生理代谢及遗传研究或进行染色、形态观察等的良好材料。

3. 延长稳定期

对于需要初级代谢产物的发酵，产物的形成与微生物细胞的形成同步，故稳定期末期是最佳的收获期，如氨基酸、核苷酸、乙醇等的获取和活菌体的收获。对于需要次级代谢产物的发酵，如抗生素、维生素、色素、生长激素等，产物的形成往往与微生物细胞的形成不同步，这些次级代谢产物形成的高峰往往是在稳定期的后期或在衰亡期。

稳定期是发酵产物形成的重要时期，生产上常常采取补充营养物质、调 pH 和调节温度等措施来延长稳定期，以积累更多代谢产物。

4. 监控衰亡期

微生物细胞活力不断下降，同时由于积累的代谢毒物可能会与代谢产物起反应或影响提纯，或引起分解，因此，必须掌握好时间，在适当时间结束发酵。

（四）丝状真菌的生长规律

霉菌、放线菌在液体培养基中，大多数是以分散的沉淀物方式出现，在工业发酵过程中一般只经过三个阶段：生长停滞期（孢子萌发或菌丝长出芽体）、迅速生长期（菌丝长出分枝，形成菌丝体，菌丝质量迅速增加）、衰退期（菌丝质量下降，出现空泡及自溶现象)，因此没有对数生长期。

二、工业上常见的微生物发酵方式

工业上常见的微生物发酵方式有分批发酵、补料分批发酵、连续发酵等，它们适用于不同条件下的发酵生产。

1. 分批发酵法

分批培养是将微生物置于一定容积的、定量的培养基中培养，培养基一次性加入，不再补充和更换，最后一次性收获。分批培养的过程中菌体、各种代谢产物的数目与营养物的数目呈负相关性。当微生物生长及基质变化达到一定时，菌体生长则会停止。每一个分批发酵过程都经历接种、生长繁殖、菌体衰老进而结束发酵，最终提取出产物。这一过程在某些培养液的条件支配下，微生物经历着由生到死的一系列变化阶段，在各个变化的进程中都受到菌体自身特性的制约，也受周围环境的影响。只有正确认识和掌握这一系列变化过程，才有利于控制发酵生产。在发酵工业中可用中间补料或连续流加物料，使培养基中营养物质的浓度保持在适合菌体生长和有利于菌体积累代谢产物的环境中。

分批培养的特点是微生物所处的环境是不断变化的，可进行少量多品种的发酵生产，发生杂菌污染时很容易终止操作，当操作条件发生变化或需要生产新产品时，易改变发酵对策，对原料组成要求较粗放等。

2. 补料分批发酵法

补料分批发酵又称半连续发酵或半连续培养，是指在分批发酵过程中，间歇或连续地补加新鲜培养基的培养方法。与传统分批发酵相比，其优点在于使发酵系统中维持很低的基质浓度。这种低基质浓度有如下优点：①可以除去快速利用碳源的阻遏效应，并维持适当的菌体浓度，不致加剧供氧的矛盾；②避免培养基积累有毒代谢物。

补料分批发酵广泛应用于抗生素、氨基酸、酶制剂、核苷酸、有机酸及高聚物等的生产。

3. 连续发酵法

连续发酵又称连续培养，连续培养理论基础是基于对典型生长曲线中稳定期到来原因的认识，采取相应有效措施推迟其来临，从而发展出现在的连续培养技术。当微生物在单批培养方式下生长达到对数期后期时，一方面以一定的速度流进新鲜培养基并搅拌，另一方面以溢流方式流出培养液，使培养物达到动态平衡，其中的微生物就能长期保持对数期的平衡生长状态和稳定的生长速率。连续培养方法的出现，不仅可随时为微生物的研究工作提供一定生理状态的实验材料，而且可提高发酵工业的生产效益和自动化水平。此法已成为当前发酵工业的发展方向。

连续发酵与单批发酵相比有许多优点：①高效，简化了装料、灭菌、出料、清洗发酵罐等许多单元操作，减少了非生产时间，提高了设备的利用率；②自控，便于利用各种仪表进行自动控制；③产品质量较稳定；④节约大量动力、人力、水和蒸汽，且使水、汽、电的负荷均匀合理。

连续发酵也有其缺点：①菌种易于退化，处于长期高速繁殖下的微生物，即使其自发突变概率极低，也无法避免变异的发生，尤其发生比原生产菌株生长速率高、营养要求低和代谢产物少的负突变类型；②易遭杂菌污染，在长期发酵过程中，要保持各种设备无渗漏，尤其是通气系统不出任何故障，极为困难，因此所谓“连续”是有时间限制的，一般可达数月至一二年；③营养物的利用率一般低于单批培养。

连续培养器的类型很多，按控制方式可分为内控制（控制菌体密度）的恒浊器和外控制（控制营养液流速，以控制生长速率）的恒化器；按培养器的级数可分为单级连续培养器和多级连续培养器；按细胞状态可分为一般连续培养器和固定化细胞连续培养器；按用途可分为实验室科研用连续培养器和发酵生产用连续培养器。

（1）恒浊连续培养　恒浊连续培养是不断调节流速，而使微生物培养液浊度保持恒定的连续发酵方式。这是根据培养器内微生物的生长密度，并借光电控制系统来控制培养液流速，以取得菌体密度高、生长速度恒定的微生物细胞的连续培养器。在这一系统中，当培养基的流速低于微生物生长速度时，菌体密度增高，这时通过光电控制系统的调节，可促使培养液流速加快，使浊度降低；当培养基的流速高于微生物生长速度时，菌体密度降低，通过调节光电控制系统，可使培养液流速减慢，使浊度提高；并以此来达到保持恒密度的目的。因此，这类培养器的工作精度是由光电控制系统的灵敏度来决定的。在恒浊器中的微生物，始终能以最高生长速率进行生长，并可在允许范围内控制不同的菌体密度。如果所用培养基中有过量的必需营养物，就可以使菌体维持最高的生长速率。在生产实践上，为了获得大量菌体或与菌体生长相平行的某些代谢产物如乳酸、乙醇时，都可以利用恒浊器。

（2）恒化连续培养　恒化连续培养与恒浊连续培养相反，保持培养液流速不变，并使微生物始终在低于其最高生长速率下进行生长繁殖。这是一种通过控制某一种营养物质的浓度，使其始终成为生长限制因子的条件下达到的，因而可称为外控制式的连续培养。恒化连续培养中，必须将某种必需的营养物质控制在较低的浓度，以作为限制性因子，而其他营养物质均过量。细菌的生长速率取决于限制性因子的浓度，并低于最高生长速率。一方面菌体密度会随时间的增长而增高，另一方面，限制性生长因子的浓度又会随时间的增长而降低，两者互相作用的结果，出现微生物的生长速率正好与恒速流入的新鲜培养基流速相平衡。这样，既可获得一定生长速率的均一菌体，又可获得虽低于最高菌体产量，却能保持稳定菌体密度的菌体。

限制性因子必须是机体生长所必需的营养物质，如氨基酸和氨等氮源，或是葡萄糖、麦芽糖等碳源或者是无机盐，因而可在一定浓度范围内能决定该机体生长速率。通过控制流速可以得到生长速率不同但密度基本恒定的培养物。多用于遗传学的突变株分离、生理学的不同条件下的代谢变化以及生态学的模拟自然营养条件建立实验模型。

恒化培养与恒浊培养的比较见表4-3。

表4-3　　恒化培养与恒浊培养的比较

装置	控制对象	培养基	培养基流速	生长速率	产物	应用范围
恒浊器	菌体密度	无限制因子	不恒定	最高速率	大量菌体或与菌体相平行的代谢产物	生产为主
恒化器	培养基流速	有限制因子	恒定	低于最高速率	不同生长速率的菌体	实验室为主

（3）透析膜连续发酵　透析膜连续发酵是一个新方法，它是采用一种具有微孔的有机膜将发酵设备分隔，这种膜只能通过发酵产物，而不能通过菌体细胞。这样，将培养液连续流加到发酵设备的具有菌体的间隔中，微生物的代谢产物就通过透析膜连续不断地从另一间隔流出。在一些发酵过程中，当发酵液中代谢产物积累到一定程度时就会抑制它的继续积累，而采用透析膜发酵的方法可使代谢产物不断透析出去，发酵液中留下的产物不多，因而可以提高产物得率。

（4）固定化细胞连续培养　细胞固定化是通过包埋法、微胶囊法、吸附法等将细胞固定在载体的内部或表面，加入营养液并设置合适的培养条件，得到代谢产物。固定化细胞连续培养的优点是可提供高密度的细胞；减少细胞的流失，反复利用；简化细胞与代谢产物的分离工艺。但其缺点是：成本高；易污染；物质传递阻力大；只能用于细胞分泌型产物的发酵。

4. 混菌培养

混菌培养是指发酵工业中用两种或两种以上的具有互补性质的菌种进行的混合培养。

三、微生物与环境间的相互关系

生物间的相互关系是既多样又复杂，大体上可分为以下5种关系。

（一）互生

互生是指两种可以单独生活的生物，当它们生活在一起时，通过各自的代谢活动而有利于对方，或偏利于一方的一种生活方式。因此，这是一种“可分可合，合比分好”的相互关系。

1. 微生物间的互生关系

在微生物间，尤其在土壤微生物间互生现象是极其普遍的。例如，当好氧性自生固氮菌与纤维分解细菌生活在一起时，后者因分解纤维素而产生的有机酸可供前者用于固氮，而前者所固定的有机氮化物则可满足后者对氮素养料的需要。

2. 人体肠道正常菌群

人体肠道正常菌群与宿主间的关系，主要是互生关系，但在某些特殊条件下，也会转化成寄生关系。

人体肠道中的正常菌群对机体主要有以下几方面的作用。

（1）排阻、抑制外来致病菌　数量巨大的肠道正常菌群可排阻、抑制外来肠道致病菌，例如霍乱弧菌等的感染。

（2）提供若干维生素　例如大肠杆菌可在肠道中合成维生素 B_1、维生素 B_2、维生素 B_6、维生素 B_{12}、维生素 K、烟碱酸、泛酸、生物素和叶酸等供人体利用。

（3）产生若干酶类　如枯草杆菌会产生淀粉酶，有些细菌还产生蛋白酶和脂肪酶。

（二）共生

共生是指两种生物共居在一起，相互分工协作、相依有利，甚至达到难分难解、合二为一的一种相互关系。

1. 微生物间的共生关系

微生物与微生物间共生的最典型例子是菌、藻共生而形成的地衣。在地衣中的真菌，一般都属于囊菌，而其藻类则为绿藻或蓝细菌。其中的藻类或蓝细菌进行光合作用，为真菌提供有机营养，而真菌则可以其产生的有机酸去分解岩石中的某些成分，进一步为藻类或蓝细菌提供所必需的矿质养料。

2. 微生物与植物间的共生关系

根瘤菌与豆科植物间的共生关系是微生物与植物间共生的典型。共生固氮菌对农业增产具有重大的实际意义。例如，种植豆科植物可使土壤肥沃并可提高间作或后作植物的产量。利用根瘤菌制成的根瘤菌肥料来对豆科植物的种子进行拌种，可使作物明显增产。

3. 微生物与动物间的共生关系

微生物与动物间共生的例子也很多，如白蚁、蟑螂与其消化道中生存的某些原生动物间就是一种共生关系。白蚁可吞食木材和纤维质材料，却不能分泌水解纤维素的消化酶，在白蚁肠中生活的多种原生动物和微生物可水解纤维素供白蚁营养。

反刍动物与其瘤胃微生物的共生关系也十分典型。牛、羊等动物都是以植物中的纤维素为主要养料的反刍动物。反刍动物为瘤胃微生物提供了纤维素形式的养料及其他营养物质、合适的温度和 pH，以及良好的搅拌条件和厌氧环境；而瘤胃微生物则通过其分解纤维素的活动而产生大量有机酸供瘤胃吸收，并将产生的大量菌体蛋白以单细胞蛋白形式向反刍动物源源不断地提供养料。

(三) 拮抗

拮抗是指由某种生物所产生的某种代谢产物可抑制其他生物的生长发育甚至杀死它们的一种相互关系。在一般情况下，拮抗多指微生物间的化学作用，但有时因某微生物的生长而引起的其他条件改变（如缺氧、pH 改变等）抑制他种生物的现象也称拮抗。例如，在制造泡菜、青贮饲料过程中的乳酸菌，能产生大量乳酸而抑制其他腐败微生物的生长繁殖。但微生物间最典型、与人类关系最密切的拮抗作用，是抗生菌所产生的能抑制其他生物生长的抗生素。随着抗生素的广泛应用，抗药性或耐药性突变株不断产生，现有抗生素逐渐失去往日的疗效。我国科学家探索了具有很多明显抗菌效果的中草药，如黄檗、黄连、黄芩、紫花地丁、金银花、鱼腥草、板蓝根、连翘和青蒿等；在兽用抗菌肽方面，我国学者的研究工作也有重大进展。

微生物间的拮抗关系可为抗生素的筛选、食品保藏、医疗保健和动植物病害的防治等提供很多有效的手段。

(四) 寄生

寄生是指一种小型生物生活在另一种较大型生物的体内或体表，从中取得营养和进行生长繁殖，同时使后者受到伤害甚至被杀死的现象。前者称为寄生物，后者称作宿主或寄主。寄生又可分为专性寄生和兼性寄生等。

1. 微生物间的寄生关系

最常见的是噬菌体与其宿主细菌间的关系，还发现细菌与真菌、真菌与真菌存在寄生关系，如蛭弧菌寄生于细菌是一种细菌寄生于细菌的现象。

2. 微生物与植物间的寄生关系

微生物寄生于植物的例子极其常见，各种植物病原体都是寄生物，但寄生的程度分两种：一种是必须从活的植物细胞或组织中获取所需营养物，称为专性寄生物；另一种是除寄生生活外，还可生活在死的植物组织上或以有机物所配制的培养基中，可称兼性寄生物。

冬虫夏草

守护虫草
保护生态

3. 微生物与动物间的寄生关系

寄生于动物宿主上的微生物都是相应的病原微生物。一类是寄生于人类和高等动物的各种病原微生物，如细菌、放线菌、酵母菌、霉菌和病毒；另一类是寄生于昆虫的各种病原微生物，例如细菌、真菌和病毒。大多数昆虫都对人类有害，因此寄生于昆虫的各种微生物就有可能供人类利用作为微生物杀虫剂。

(五) 捕食

捕食是指一种较大型的生物直接捕捉、吞食另一种小型生物以满足其营养需要的相互关系。在微生物间的捕食关系主要是原生动物吞食细菌和藻类的现象。这种捕食关系在污水净化和生态系统的食物链中都具有重要的意义。还有一类是真菌捕食线虫和其他原生动物的现象，它们所产生的菌网、菌枝、菌丝和孢子等都可以粘捕线虫，而所产生的菌环则可以套捕线虫。

知识拓展

微生物特别是单细胞微生物，体积很小，个体生长很难测定，因此，测定微生物的生长是测定群体的增加量，即群体的生长。

微生物生长量的测定方法很多，描述不同种类、不同生长状态的微生物生长情况，需选用不同的测定指标。可根据菌体细胞数量、菌体体积或质量做直接测定，也可用某种细胞物质的含量或某个代谢活性的强度做间接测定。因此，微生物生长情况可以通过测定单位时间里微生物数量或生物量的变化来评价。通过对微生物生长的测定可以客观地评价培养条件、营养物质等对微生物生长的影响，或评价不同的抗菌物质对微生物产生抑制（或杀死）作用的效果，或客观地反映微生物生长的规律。所以，微生物生长的测量在理论上和实践上有着重要的意义。

一、生长量测定法

1. 体积测量法

体积测量法又称测菌丝浓度法。通过测定一定体积培养液中所含菌丝的量来反映微生物的生长状况。取一定量的待测培养液（如 10mL）放在有刻度的离心管中，设定一定的离心时间（如 5min）和转速（如 5000r/min），离心后，倒出上清液，测出上清液体积 V，则菌丝浓度为（$10-V$）/10。菌丝浓度测定法是大规模工业发酵生产上微生物生长的一个重要监测指标。这种方法比较粗放、简便、快速，但需要设定一致的处理条件，否则偏差很大，由于离心沉淀物中夹杂有一些固体营养物，结果会有一定偏差。

2. 称干重法

可用离心或过滤法测定。一般干重为湿重的 10%~20%。在离心法中，将一定体积待测培养液倒入离心管中，设定一定的离心时间和转速，进行离心，并用清水离心洗涤 1~5 次，进行干燥。干燥可用烘箱在 105℃或 100℃下烘干，或采用红外线烘干，也可在 80℃或 40℃下真空干燥，干燥后称重。

如用过滤法，丝状真菌可用滤纸过滤，细菌可用醋酸纤维膜等滤膜过滤，过滤后用少量水洗涤，在 40℃下进行真空干燥。称干重法较为繁琐，通常获取的微生物产品为菌体时，常采用这种方法，如活性干酵母。这种方法较适合于丝状微生物生长量的测定，对于细菌来说，一般在实验室或生产实践中较少使用。

3. 比浊法

细菌培养物在其生长过程中，由于原生质含量的增加，会引起培养物浑浊度的增加。最古老的比浊法是采用 MoFarland 比浊管。用不同浓度的 $BaCl_2$ 与稀 H_2SO_4 配制成的 10 支试管，其中形成的 $BaSO_4$ 有 10 个梯度，分别代表 10 个相对的细菌浓度（预先用相应的细菌测定）。某一未知浓度的菌液只要在透射光下用肉眼与某一比浊管进行比较，如果两者透光度相当。即可目测出该菌液的大致浓度。如果要做精确测定，则可用分光光度计进行。在可见光的 450~650nm 波段内均可测定。为了对某一培养物内的菌体生长做定时跟踪，可采用不必取样的侧壁三角烧瓶来进行。测定时，只要把瓶内的培养液倒入侧臂管中，然后将此管插入特制的光电比色计比色座孔中，即可随时测出生长情况，而不必取用菌液。该法主要用于发酵工业菌体生长监测。

4. 菌丝长度测量法

对于丝状真菌和一些放线菌，可以在培养基上测定一定时间内菌丝生长的长度，或是利用一只一端开口并带有刻度的细玻璃管，倒入合适的培养基，卧放，在开口的一端接种微生物，一段时间后记录其菌丝生长长度，借此衡量丝状微生物的生长。该方法的缺点是不能反映菌丝的纵向生长，不能计算菌落的厚度和培养集中的菌丝。接种量也能影响结果，不能反映菌丝的总量。也可用 U 形管培养法，该法方便不易污染，但通气性不良。

二、微生物计数法

1. 血球计数板法

血球计数板是一种有特别结构刻度和厚度的厚玻璃片，通过统计一定大格内微生物的数量，即可算出 1mL 菌液中所含的菌体数。

这种方法简便、直观、快捷，但测定的对象有一定的局限性，只适合于个体较大的微生物种类，如酵母菌、霉菌的孢子等。不适用于细菌等个体较小的细胞，因为细菌细胞太小，不易沉降；此外在油镜下看不清网格线，超出油镜工作距离。测定结果是微生物个体的总数，其中包括死亡的个体和存活的个体。

2. 染色计数法

为了弥补一些微生物在油镜下不易观察计数，而直接用血球计数板法又无法区分死细胞和活细胞的不足，可以用染色计数法。借助不同的染料对菌体进行适当的染色，可以更方便地在显微镜下进行活菌计数。如酵母活细胞计数可用美蓝染色液，染色后在显微镜下观察，活细胞为无色，而死细胞为蓝色。

3. 液体稀释法

此方法是将待测菌样做一系列连续十倍系列稀释，一直稀释到该稀释液的少量（如 1mL）接种到新鲜培养基中没有或极少出现生长繁殖。根据没有生长的最低稀释度与出现生长的最高稀释度（即临界级数），再用“或然率”理论，可以计算出样品单位体积中细菌数的近似值，此法也称为最大可能数量（MPN，most probably number）法。

活菌计数法尽管有一定的局限性，但它能提供其他方法不能获得的资料，所以在食品、乳品、医学及卫生微生物学中经常采用。为了消除上述方法的复杂性，现在不论是培养基、培养条件或是稀释方法、计算方法，以及结果分析和解释等方面，通过多年的实践，都制定了严格的标准。

如果测定量大而且含菌浓度很低的样品（如空气、水等）中的活菌数时，则应将待测样品通过微孔薄膜（如硝化纤维素薄膜）过滤浓缩，再与膜一起放到培养基或浸透了培养液的支持物表面培养，然后根据菌落数推知样品含菌数。

4. 平板菌落计数法

这是一种最常用的活菌计数法，将待测菌液进行一系列10倍梯度稀释，然后将最后三个稀释度的稀释液各取一定量（一般为0.2mL）与熔化并冷至45℃左右的琼脂培养基一起，倾入无菌平皿中摇匀，静置，待凝固后进行保温培养，或将菌液涂布于已凝固的固体培养基平板上，进行保温培养。用平板上出现的菌落数乘以菌液稀释度，即可算出原菌液的含菌数。

平皿菌落计数法是教学、生产、科研中最常见的一种活菌计数法。它不仅适用于多种材料，而且即使样品中含菌数量极少也可以测出。常用于测定水、土壤、食品（牛乳）及其他材料中的活菌数。

5. 试剂纸法

在平板计数法的基础上，发展了商品化产品以供快速计数用。形式有小型厚滤纸片、琼脂片等。在滤纸和琼脂片中吸有合适的培养基，其中加入活性指示剂2,3,5-氯化三苯基四氮唑（TTC，无色），蘸取测试菌液后置密封包装袋中培养。短期培养后在滤纸上出现一定密度的玫瑰色微小菌落，与标准纸色板上图谱比较即可估算出样品的含菌量。试剂纸法计数快捷准确，相比而言避免了平板计数法的人为操作误差。

6. 电子计数器法

在计数器中放有电解质及两个电极，将电极一端放入带微孔的小管，通电抽真空，使含有菌体的电解质从小孔进入管内。当细胞通过小孔时，电阻增大，电阻增大会引起脉冲变化，则每个细胞通过时均被记录下来。因样品的体积已知，故可以计算菌体的浓度，同时菌体的大小与电阻的大小成正比。该方法方便、快捷，但不能测定含有颗粒的菌液，对链状菌和丝状菌无效。

7. 薄膜过滤计数法

常用该法测定含菌量较少的空气和水中的微生物数目。将定量的样品通过薄膜（硝化纤维素薄膜、醋酸纤维素薄膜）过滤，菌体被阻留在滤膜上，取下滤膜进行培养，然后计算菌落数，可求出样品中所含菌数。

8. 涂片染色法

该方法可同时计数不同微生物的菌数，适于土壤、牛乳中细菌计数。其具体方法为用镜台测微尺计算出视野面积；取 0.1mL 菌液涂于 $1cm^2$ 面积上，计数后代入公式：

每毫升原菌液含菌数 = 视野中平均菌数 × 涂布面积/视野面积 × 100 × 稀释倍数

9. 比例计数法

将已知颗粒（如霉菌孢子或红细胞）浓度的液体与一待测细胞浓度的菌液按一定比例均匀混合，在显微镜视野中数出各自的数目，即可得未知菌液的细胞浓度。这种计数方法比较粗放，并且需要配制已知颗粒浓度的悬液为标准。

三、生理指标法

微生物的生长伴随着一系列生理指标发生变化，例如酸碱度、发酵液中的含氮量、含糖量、产气量等，与生长量相平行的生理指标很多，它们可作为生长测定的相对值。

1. 含氮量的测定

蛋白质是细胞的主要成分，含量也比较稳定，其中氮是蛋白质的重要组成元素。大多数细菌的含氮量为干重的 12.5%，酵母为 7.5%，霉菌为 6.0%。从一定体积的样品中分离出细胞，洗涤后，按凯氏定氮法测出总氮量，通过计算得到粗蛋白的含量。含氮量的测定方法有很多，如用硫酸、过氯酸、碘酸、磷酸等消化法和 Dumas 测氮气法。Dumas 测氮气法是将样品与 CuO 混合，在 CO_2 气流中加热后产生 N_2，收集在呼吸计中，用 KOH 吸去 CO_2 后即可测出 N_2 的量。

2. 含碳量的测定

将少量（干重 0.2～2.0mg）生物材料混入 1mL 水或无机缓冲液中，用 2mL 2%的 $K_2Cr_2O_7$ 溶液在 100℃下加热 30min 后冷却。加水稀释至 5mL，在 580nm 的波长下读取吸光光度值，即可推算出生长量。需用试剂作为空白对照，用标准样品做标准曲线。

3. 还原糖的测定

还原糖通常是指单糖或寡糖，可以被微生物直接利用，通过还原糖的测定可间接反映微生物的生长状况，常用于大规模工业发酵生产上微生物生长的常规监测。离心发酵液，取上清液，加入斐林试剂，沸水浴煮沸 3min，取出加少许盐酸酸化，加入 $Na_2S_2O_3$ 临近终点时加入淀粉溶液，继续加 $Na_2S_2O_3$ 至终点，查表读出还原糖的含量。

4. 氨基氮的测定

离心发酵液，取上清液，加入甲基红和盐酸作指示剂，加入 0.02mol/L 的 NaOH 调色至颜色刚刚褪去，加入底物 18%的中性甲醛，反应数分钟，加入 0.02mol/L 的 NaOH 使之变色，根据 NaOH 的用量折算出氨基氮的含量。根据培养液中氨基氮的含量，可间接反映微生物的生长状况。

5. 其他生理物质的测定

P、DNA、RNA、ATP、NAM（乙酰胞壁酸）等含量以及产酸、产气、产 CO_2

(用标记葡萄糖作基质)、耗氧、黏度、产热等指标，都可用于生长量的测定。也可以根据反应前后的基质浓度变化、最终产气量、微生物活性三方面的测定反映微生物的生长。

四、快速微生物检测法

微生物检测的发展方向是快速、准确、简便、自动化，当前利用传统微生物检测原理，结合不同的检测方法，设计了形式各异的微生物检测仪器设备，正逐步广泛应用于微生物检测和科学研究领域。

(1) 抗干扰培养基和微生物数量快速检测技术结合解决了传统微生物检测手段不能解决的难题，为建立一套完整的抗干扰微生物检测系统奠定了坚实的基础。例如抗干扰微生物培养基、新型生化鉴定管、微生物计数卡、环境质量检测试剂盒等，可方便地用于多项检测。

(2) 全自动各类总菌数及快速细菌检测系统可以在数小时内获得检测结果，样本颜色及光学特征都不影响读数，对酵母和霉菌检测同样高度敏感。原理是利用电阻抗法将待测样本与培养基置于反应试剂盒内，底部有一对不锈钢电极，测定因微生物生长而产生的阻抗改变。如微生物生长时可将培养基中的大分子营养物经代谢转变为活跃小分子，电阻抗法可测试这种微弱变化，从而比传统平板法更快速检测微生物的存在及数量。测定项目包括总菌数、酵母菌、大肠菌群、霉菌、乳酸菌、嗜热菌、革兰阴性菌、金黄色葡萄球菌等。

测定微生物生长量，在理论研究和实际应用中都十分重要。但是每一种方法都各有其优点和局限性。在选择测量方法时，只有充分考虑了各种因素同要解决的问题之间的关系之后，才能对具体的测量方法进行选择。当用两种不同的方法测量微生物的生长量时，其结果不一致甚至有较大的偏差是完全可能的。

实训七　生长曲线的测定

一、细菌生长曲线的测定

(一) 目的要求

1. 掌握细菌生长曲线特征。
2. 掌握液体培养基的配制以及注意事项。
3. 利用细菌悬液浑浊度间接测定细菌生长。

(二) 基本原理

测定微生物生长曲线的方法很多，有血细胞计数板法、平板菌落计数法、相对密度法和比浊法等。本实验采用比浊法测定，由于细菌悬液的浓度与浑浊度成正比，因此，可以利用分光光度计测定菌悬液的光密度来推知菌液的浓度。将所测得的光密度值（测 OD_{550} 或 OD_{620} 或 OD_{600} 或 OD_{420}，可任选一波长）与对应的培养时间作图，即可绘出该菌在一定条件下的生长曲线。由于光密度表示的是培养液中的总菌数，包括活菌与死菌，因此所测生长曲线的衰亡期不明显。

从生长曲线可以算出细胞每分裂一次所需要的时间，即代时，以 G 表示。其计算公式为：

$$G=(t_2-t_1)/[(\lg\rho_1-\lg\rho_2)/\lg2]$$

式中　t_1 和 t_2——所取对数期两点的时间

ρ_1 和 ρ_2——相应时间测得的细胞含量（g/L）或 OD 值

（三）材料与仪器

1. 菌种

大肠杆菌、枯草杆菌培养液及大肠杆菌平板。

2. 培养基

牛肉膏蛋白胨葡萄糖培养基（250mL 三角瓶内装 150mL 培养液）。

3. 仪器或其他用具

培养箱、摇床、722s 型分光光度计、移液管、比色皿等。

（四）操作步骤

1. 准备菌种

将大肠杆菌、枯草杆菌分别接种到装有牛肉膏蛋白胨葡萄糖培养基的三角瓶中，37℃，200r/min 振荡培养 14~18h。每个样品重复 4 次。另外准备大肠杆菌单菌落平板 1 块（37℃培养 24h）。

2. 接种

分别将 1.5mL（1%接种量）和 4~5mL（3%接种量）大肠杆菌菌液和一个大肠杆菌单菌落接入含 150mL 培养液的三角瓶中，37℃，200r/min 振荡培养；把 4.5mL 枯草杆菌（3%接种量）接入含 150mL 培养液的三角瓶中，37℃，200r/min 振荡培养。

3. 测量

每培养 1h 取样一次，净培养（不包括取样时间）10h 结束培养，测量培养液 OD 值（0h 也要测）。如果选用 4mL 比色皿，则取 500μL 培养液到 2000μL 蒸馏水中（稀释 5 倍），以蒸馏水为对照，测 OD_{650} 或 OD_{620} 或 OD_{600} 或 OD_{420}（任选一波长）；如果选用 1mL 比色皿，可以取 1000μL 培养液，以蒸馏水为对照，直接测 OD_{620} 或 OD_{600} 或 OD_{420}，当 OD 值大于 0.6 时，下一样品要稀释 1 倍测量。

以光密度（OD 值）为纵坐标，培养时间为横坐标，绘制生长曲线。

（五）实训报告内容

将所测得的 OD 值记入表 4-4 中。

表 4-4　不同培养时间所测得的 OD 值

菌种	时间/h										
	0	1	2	3	4	5	6	7	8	9	10
1%大肠杆菌											
3%大肠杆菌											
3%枯草杆菌											
大肠杆菌平板											

注：OD 值为 600nm 波长处比色所得。

液体种子比较均匀，用相同的液体培养基转接后条件变化小，因此延滞期几乎没有出现；实验结果代时长于理论值，主要是实验条件的影响，培养基、接种量、培养容器、温度条件等均影响到理论值。

（六）注意事项

（1）取样时间越短越好，要求在 10~15min 内完成，同时开始振荡，取样期间假定细菌暂停生长，取样时间从发酵总时间中扣除。

（2）为减少误差，需固定参比杯，不要旋动波长旋钮；每组固定用同一台分光光度计，固定用同一移液管。

二、酵母菌生长曲线的测定

（一）目的要求

1. 掌握倾注法接种的操作方法。
2. 掌握平板菌落计数的操作及利用其测定微生物生长曲线的方法。

（二）基本原理

平板菌落计数法是将待测样品经适当稀释之后，取一定量的稀释样品液接种到平板上，经培养后，每个单细胞繁殖形成肉眼可见的菌落，选择每板上菌落数在 30~300 的平板统计菌落数，用平板上（内）出现的菌落数乘以菌液的稀释度，即可计算出原菌液的含菌数。

（三）材料与仪器

1. 菌种

酿酒酵母。

2. 培养基

液体和固体麦芽培养基。

3. 仪器或其他用具

无菌试管、无菌吸管、无菌平皿等。

(四) 操作步骤

(1) 试管编号　取 11 支无菌大试管，用记号笔分别标明培养时间，即 0、1.5、3、4、6、8、10、12、14、16 和 20h。

(2) 接种　分别用 5mL 无菌吸管吸取 2.5mL 酿酒酵母过夜培养液（培养 10~12h）转入盛有 50mL 液体麦芽汁培养基的三角瓶内，混合均匀后分别取 5mL 混合液放入上述标记的 11 支无菌大试管中。

(3) 培养　将已接种的试管置摇床 30℃ 振荡培养（振荡频率 250r/min），分别培养 0、1.5、3、4、6、8、10、12、14、16 和 20h，将标有相应时间的试管取出，分别测定每支试管中的菌数，即可得知不同时间酿酒酵母的生长情况，从而绘制其生长曲线。以下以某一培养时间的菌液为例说明平板计数法的操作。

(4) 平皿编号　取无菌平皿 9 套，分别用记号笔标明 10^{-4}、10^{-5}、10^{-6} 稀释度，每稀释度各 3 套做平行之用，另取 6 支装有 4.5mL 无菌水的试管，依次标明 10^{-1}，10^{-2}、10^{-3}、10^{-4}、10^{-5}、10^{-6}。

(5) 稀释

① 用 1mL 无菌吸管吸取 0.5mL 已充分混匀的待测酵母悬液，转入 10^{-1} 的试管中，此即为 10 倍稀释。

② 另取一支 1mL 洁净无菌吸管插入 10^{-1} 试管中，来回吹吸菌悬液数次，将菌体分散均匀。注意，吸入菌液时吸管要伸入管底，吹出时一定要离开液面，以免使试管内液体外溢。用此吸管吸取 10^{-1} 菌液 0.5mL 移至 10^{-2} 试管中，此即为 100 倍稀释。其余以此类推。

菌液移至下一稀释度试管时注意勿使移液管尖端触到液面，即每一支移液管只能接触一个稀释度的菌悬液，以尽量减少误差。

(6) 取样　用一支 1mL 无菌吸管吸取 10^{-4} 的稀释菌悬液 1mL，向已编好号的对应三个平等无菌平皿中分别准确放入 0.2mL 稀释菌悬液。10^{-5} 和 10^{-6} 的稀释菌悬液也同样操作。

(7) 倒平板　将固体麦芽汁培养基熔化并冷却至 45℃ 左右倒入加好样品的平皿中，每平皿倒入 10~12mL 培养基，立即混匀。

由于细菌易吸附到玻璃器皿表面，所以菌液加入培养皿后，应尽快倒入熔化并已冷却至 45℃ 左右的培养基，立即混匀，否则细菌将不易分散或长成的菌落连在一起，影响计数。

(8) 培养　待平板完全凝固后，倒置于 30℃ 恒温箱中培养。

(9) 计菌落数　培养48h后，取出平板，算出同一稀释度三个平板上的菌落平均数。

(10) 对不同培养时间的菌液依次按步骤（4）至步骤（9）进行平板菌落计数。

(五) 实训报告内容

1. 结果记录

表4-5是对某培养时间菌液的平板计数结果的记录表格，其余培养时间菌液的计数表格可以此制作，将菌落计数结果填入表格。

表4-5　　某培养时间的菌落数

培养时间/h	稀释度	每皿菌落数/个			每稀释度平均数/个	活菌数/(个/mL)
		X_1	X_2	X_3		
	10^{-4}					
	10^{-5}					
	10^{-6}					

$$活菌数/菌液=\frac{X_1+X_2+X_3}{3}\times稀释倍数\times5$$

2. 绘制酿酒酵母生长曲线

以同一培养时间不同稀释度的菌数的对数值为纵坐标，培养时间为横坐标，绘制生长曲线。

项目二　微生物生长的控制

知识讲解

一、环境因素对微生物生长的影响

微生物的一切生命活动都离不开环境。同一种微生物在不同环境中的生长代谢情况有所不同。同时，微生物与所处的环境也会相互影响和相互作用。因此，研究微生物不能脱离环境条件。研究环境因素与微生物之间的关系，既可以通过控制环境条件来利用有益微生物，也可以通过控制环境条件防止有害微生物。影响微生物生长的外界因素既有生物因素，也有理化因素。

1. 温度

温度是影响微生物生长的最重要的因素之一。温度对微生物的影响具体表现在：影响酶和蛋白质的合成和活性、生物膜的液晶结构以及RNA的结构及转录等。以生物膜为例，温度低，细胞膜流动性降低，不利于物质运输；温度高，细胞膜流动性大，有利于物质的运输，但随着温度进一步上升，细胞膜上的蛋白质会受到不可逆的破坏，进而影响细胞膜的功能。可见温度的影响是多方面的。

微生物生长的温度范围一般在-10~95℃，极端下限为-30℃，极端上限为105~300℃；但特定的某一种微生物，只能在一定温度范围内生长，在这个范围内，每种微生物都有自己的生长温度“三基点”，即最低、最适、最高生长温度。

低温高温环境下的地球生命

最适生长温度是微生物生长繁殖速率最大的温度。处于最适生长温度时，微生物生长速度最快，代时最短。低于最低生长温度时，微生物停止生长；高于最高生长温度时，微生物不但停止生长，甚至会导致死亡。如大肠杆菌最低、最适、最高生长温度分别为：10℃，30~37℃，45℃。

各类微生物的适宜温度因种类及所处环境而异。根据微生物的最适生长温度的不同，可将微生物划为三个类型：低温型微生物（嗜冷微生物）；中温型微生物（嗜温微生物）和高温型微生物（嗜热微生物）。

（1）低温型微生物　最适生长温度在20℃以下的微生物。主要分布在地球的两极、冷泉、深海、冷冻场所及冷藏食品中。例如假单胞菌中的某些嗜冷菌在低温下生长，常引起冷藏食品的腐败。

（2）中温型微生物　最适生长温度为25~37℃的微生物。大多数微生物属于此类。这类微生物又可分为室温型微生物和体温型微生物。室温型微生物主要为腐生或植物寄生，分布在植物或土壤中。体温型微生物主要寄生于人和动物体内。

（3）高温型微生物　能在高于40℃下生长，最适生长温度为55℃左右的微生物，主要分布在温泉、堆肥和土壤中，甚至工厂的热水装置中。最适生长温度在85℃的微生物称为极端嗜热微生物。高温型微生物在高温下能生长的原因：①酶蛋白以及核糖体有较强的抗热性；②核酸具有较高的热稳定性（核酸中G+C含量高，可提供形成氢键，增加热稳定性）；③细胞膜中饱和脂肪酸含量高，较高温度下能维持正常的液晶状态。高温型微生物的特点是生长速度快，合成大分子迅速，可及时修复高温对其造成的分子损伤。耐高温菌具有很多应用优势：生长快速，发酵周期短；有利于非气体物质在发酵液中的扩散和溶解，防止杂菌污染；由高温微生物产的酶制剂，酶反应温度和耐热性都比中温微生物高。因此，在发酵工业中，寻求耐高温菌种一直是热门研究方向。

但是微生物的生长速率、代谢速率、代谢产物积累速率的高峰多数不在同一温度水平上。例如，卡尔斯伯酵母的最适生长温度为25℃，而最适发酵温度为4~10℃。

低温可以减弱或抑制微生物的生命活动。因此，低温保藏是食品贮藏方法中品质下降最少的一种贮藏方法。而高温可以杀死微生物。微生物对热的耐受力受微生物的种类、生长阶段的影响。如无芽孢的细菌在60℃的液体中，经30min即可死亡。酵母菌的营养细胞及霉菌的菌丝体，50~60℃时10min即可杀死，而其孢子在同样条件下则需76~80℃才会死亡。

2. 干燥

微生物的生命活动离不开水，干燥对微生物的生长有极大影响。干燥条件下，细胞内蛋白质变性，盐类物质浓度提高，微生物的生长受到抑制甚至死亡。在相同的干燥环境下，温度高，微生物易死亡；干燥速度快，微生物不易死亡；环境中含有糖、淀粉、蛋白质等物质时，微生物不易死亡；产荚膜菌比不产荚膜菌耐干燥；小型、厚壁细胞的微生物比长型、薄壁细胞的微生物耐干燥；芽孢、孢子比营养细胞抗干燥；老龄菌比幼龄菌抗干燥。

3. 渗透压

微生物在等渗溶液中，其生命活动保持正常，细胞外形不变；在高渗溶液中，细胞易失水，脱水后发生质壁分离，生长受抑制或死亡；在低渗溶液中，细胞吸水膨胀，甚至导致细胞破裂死亡。

对于一般微生物来说，在含盐5%~30%或含糖30%~80%的高渗条件下可抑制或杀死某些微生物。各种微生物承受渗透压的能力不同，有些能在高渗条件下生长，称其为耐高渗微生物。细菌中的嗜盐菌能在15%~30%的盐溶液中生长，主要分布在盐湖、死海、海水和盐场及腌渍菜中，可分为3类：低嗜盐菌（能在2%~5%盐溶液中生长）、中嗜盐菌（能在5%~20%盐溶液中生长）、极端嗜盐菌（能在20%~30%盐溶液中生长）。高糖环境下生长的微生物，如花蜜酵母菌和某些霉菌能在60%~80%的糖溶液中生长，产甘油的耐高渗酵母能在20%~40%的糖蜜中生长。耐高糖微生物的筛选也是工业微生物菌种选育的一个方向，可以提高单次发酵的产量；耐高糖酵母可用来生产甜面包。

4. 氢离子浓度

环境pH对微生物生长的影响表现在3个方面：影响膜表面电荷的性质及膜的通透性，进而影响对物质的吸收能力；改变酶活性、酶促反应的速率及代谢途径，如酵母菌在pH4.5~5产乙醇，在pH6.5以上产甘油、酸；影响培养基中营养物质的离子化程度，从而影响营养物质吸收，或有毒物质的毒性。

不同微生物对pH要求不同，微生物的生长pH范围极广，从pH2.0~8.0都有微生物能生长。但是绝大多数种类都生活在pH5.0~9.0。微生物生长的pH也有三基点：最低、最适和最高pH（表4-6）。低于最低或超过最高生长pH时，微生物生长会受抑制或导致死亡。

表4-6　一些微生物生长的pH范围

微生物种类	最低pH	最适pH	最高pH
大肠杆菌	4.3	6.0~8.0	9.5
枯草芽孢杆菌	4.5	6.0~7.5	8.5
金黄色葡萄球菌	4.2	7.0~7.5	9.3
黑曲霉	1.5	5.0~6.0	9.0
一般放线菌	5.0	7.0~8.0	10
一般酵母菌	3.0	5.0~6.0	8.0

根据微生物生长的最适 pH，将微生物分为以下 5 类：①嗜碱微生物（最适生长 pH≥9.0，如硝化细菌、尿素分解菌、多数放线菌）；②耐碱微生物（如链霉菌）；③中性微生物（如绝大多数细菌、一部分真菌）；④嗜酸微生物（最适 pH≤3.0，如硫杆菌属）；⑤耐酸微生物（如乳酸杆菌、醋酸杆菌）。

同一种微生物在其不同的生长阶段和不同的生理生化过程中，对 pH 的要求不尽相同。如黑曲霉在 pH2.0~2.5 时有利于合成柠檬酸，在 pH2.5~6.5 时以菌体生长为主，而在 pH7.0 时，则以合成草酸为主。丙酮丁醇梭菌在 pH5.5~7.0 时，以菌体生长为主，而在 pH4.3~5.3 时才进行丙酮丁醇发酵。因此，在发酵工业中，控制 pH 尤为重要。

虽然微生物生活的环境 pH 范围较宽，但细胞内部的 pH 却相当稳定，一般都接近中性，可以防止细胞内的 DNA、ATP 等成分遭受酸破坏，RNA 和磷脂类等免遭碱破坏。胞内酶的最适 pH 一般也为中性。所以细胞内稳定的中性环境对活细胞非常重要。

微生物在生长过程中也会改变环境的 pH。如糖类、脂肪等的分解，产生酸性物质，使培养液 pH 下降；蛋白质、尿素等的分解，产生碱性物质，使培养液 pH 上升；无机盐选择性吸收，如铵盐吸收导致 pH 下降，硝酸盐吸收导致上升。为了避免 pH 大幅度改变，在培养过程中需要采取措施调节 pH，过酸时，加入碱或适量氮源，提高通气量；过碱时，加入酸或适量碳源，降低通气量。

酸和碱有时可用来抑制或杀死微生物的生长。作为食品防腐剂的有机酸如苯甲酸和水杨酸可与微生物细胞中的成分发生氧化作用，从而抑制微生物的生长。食品工业中常用石灰水、NaOH、Na_2CO_3 等作为机器、工具以及冷藏库的消毒剂。

5. 氧气

微生物对氧的需要和耐受力在不同类群中变化很大，根据它们与氧的关系，可分为 5 个类群（表 4-7）。

表 4-7　　微生物与氧的关系

微生物类型	最适生长的 O_2 浓度(体积分数)
专性好氧菌	等于或大于 20%
微好氧菌	2%~10%
耐氧厌氧菌	2%以下
兼性厌氧菌	有氧或无氧
专性厌氧菌	不需要氧、有氧时死亡

（1）专性好氧菌　必须在有分子氧的条件下才能生长，有完整的呼吸链，以分子氧作为最终氢受体，细胞含有超氧化物歧化酶（SOD）和过氧化氢酶。

（2）微好氧菌　只能在较低的氧分压下才能正常生长，通过呼吸链并以氧为最终氢受体而产能。

(3) 兼性好氧菌　在有氧或无氧条件下均能生长，但有氧情况下生长得更好，在有氧时靠呼吸产能，无氧时按发酵或无氧呼吸产能；细胞含有 SOD 和过氧化氢酶。

(4) 耐氧菌　可在分子氧存在时进行厌氧生活的厌氧菌。生活不需要氧，分子氧也对它无毒害。不具有呼吸链，依靠专性发酵获得能量。细胞内存在 SOD 和过氧化物酶，但缺乏过氧化氢酶。

(5) 专性厌氧菌　分子氧对它有毒害作用，短期接触空气，也会抑制其生长甚至致死；在空气或含有 10%CO_2 的空气中，在固体培养基表面上不能生长，只有在其深层的无氧或低氧环境下才能生长；生命活动所需能量通过发酵、无氧呼吸、循环光合磷酸化或甲烷发酵提供；细胞内缺乏 SOD 和细胞色素氧化酶，大多数还缺乏过氧化氢酶。

在培养不同类型的微生物时，要采用相应的措施保证不同微生物的生长，如培养好氧微生物需振荡或通气，保证充足的氧气；培养专性厌氧微生物需排除环境中的氧气，同时在培养基中添加还原剂，降低培养基中的氧化还原电位势；培养兼性厌氧或耐氧微生物，可深层静置培养。

二、有害微生物生长的控制

食品安全与社会责任

环境中存在的微生物，有一部分对人类或人类的生产活动有害，如食品和农业产品的霉腐变质；人类和动植物遭受病原菌感染等。对有害微生物应采取有效的措施来杀灭或控制它们。

（一）几个基本概念

1. 灭菌

利用某种强烈的理化因素，使任何物体内外部的，包括芽孢在内的所有微生物永远丧失其生长繁殖能力的措施，灭菌后的物体不再有可存活的微生物。

2. 消毒

利用某种较温和的理化因素，仅杀死物体表面或内部的一部分对人体或动植物有害的病原微生物，而对被处理对象基本无害的措施。具有消毒作用的化学物质称为消毒剂。

3. 防腐

利用某种理化因素完全抑制微生物的生长繁殖，从而达到防止食品等发生变质的措施。具有防腐作用的化学物质称为防腐剂。干燥、低温、盐腌或糖渍等防腐方法是保藏食品（物）的主要方式。

4. 无菌

物体内外无活的微生物存在。

5. 无菌操作

微生物分离、转接及培养时防止一切微生物侵入机体和保持无菌物品及无菌区域不被污染的操作。

(二) 控制微生物生长繁殖的物理方法

1. 高温灭菌（消毒）法

高温灭菌是最常用的物理方法。其原理是，高温引起蛋白质、核酸等活性大分子不可逆地变性失活；破坏细胞质中其他活性物质；细胞膜被热溶解，造成胞内物质泄漏。

（1）干热灭菌法　包括干燥热空气灭菌法和火焰焚烧法两种。

① 干燥热空气灭菌法：将物品放入烘箱内，在150~170℃下维持1~2h。适用于玻璃、陶瓷和金属物品的灭菌，不适合液体样品、棉花、纸张、纤维和橡胶类物质的灭菌。

② 焚烧法：将被灭菌物品在火焰中燃烧，使所有的生物质炭化。简单、彻底，但对被灭菌物品的破坏极大。适用于无经济价值的物品及耐灼烧实验器具灭菌，如接种环、镊子、试管或三角瓶口的灭菌等。

（2）湿热灭菌法　具有温度低、时间短、灭菌效果高的特点，在相同温度下，湿热灭菌效果比干热灭菌好。

① 高压蒸汽灭菌法：利用水的沸点随水蒸气压力的增加而上升，以达到100℃以上高温灭菌的方法。高压蒸汽灭菌所使用的压力和时间与被灭菌物品有关，一般来说，在121℃（0.1MPa）时维持15~20min；112℃（0.05MPa）时维持20~30min；115℃（0.075MPa）时维持20~30min。应根据灭菌物品的性质或成分选择灭菌温度，例如生理盐水、营养琼脂等培养基用121℃，含葡萄糖、乳糖、氨基酸等培养基用112℃。此方法适用于耐高温物品，玻璃仪器、含水或不含水物品的灭菌。

高温对培养基会产生不利影响，如产生浑浊或形成不溶性沉淀；营养成分被破坏；色泽加深；改变培养基的pH（通常下降0.2）；降低培养基浓度。

② 巴氏消毒法：用较低的温度杀死其中的病原微生物，这样既可保持食品的营养风味，又可进行消毒。该法具体又分为低温长时法（62.9℃，30min）、高温瞬时法（71.6℃，15s）。巴氏消毒法在食品工业上常被采用，如牛乳、啤酒、果酒和酱油等的消毒。

③ 间歇灭菌法：将待灭菌物品在80~100℃蒸煮15~60min，冷却后搁置室温（28~37℃）下过夜，诱使其中的芽孢发芽，第二天以同法蒸煮和保温过夜，重复三次以上可保证彻底灭菌。适用于不耐高温的物品灭菌，如不适于高压灭菌的特殊培养基、药品的灭菌。缺点是麻烦、费时。

2. 低温抑菌

通过降低酶反应速度使微生物生长受到抑制。

（1）冷藏法　微生物斜面菌种放置4℃冰箱可保存数周至数月而不衰竭死亡；

食品在冷藏箱中可保鲜不腐败。

（2）冷冻法　食品工业中采用-10℃左右的冷冻温度较长时间地保藏食品；冷冻法也可用作菌种保藏，但所需温度更低，如-80℃低温冰箱、-78℃干冰或-80℃液氮中冷冻保存。

3. 过滤除菌法

对于空气和不耐热的液体培养基的灭菌，采用过滤除菌的方法。采用滤孔比细菌还小的筛子或滤膜做成各种过滤器，当空气或液体流经筛子或滤膜时，微生物不能通过滤孔而被阻留在一侧，从而达到灭菌的目的，但不能除去病毒。实验室常用纤维素膜滤器。此法主要应用于含酶、血清、维生素和氨基酸等热敏物质的除菌。

4. 辐射

辐射是指能量通过空间传递的一种物理现象。与微生物有关的辐射有电磁辐射（可见光、紫外光）和电离辐射（X 射线、γ 射线、β 射线）。

（1）可见光　波长在 400～800nm 的电磁辐射为可见光。大部分微生物不需要光，少数菌需要光作为能源。一般来说，可见光对大多数化能微生物没有影响，但太强或连续长时间照射也会导致微生物死亡。

（2）紫外线（UV）　波长在 100～400nm 的电磁辐射为紫外线。紫外线杀菌或诱变原理是紫外线作用于 DNA，使其产生胸腺嘧啶二聚体，阻碍正常的碱基配对，从而造成微生物变异或死亡。紫外线会使空气中的分子氧变成臭氧，臭氧释放的原子氧有杀菌作用。

微生物对紫外线的抵抗力与照射时间和照射强度等因素有关，一般，照射时间长，死亡率高；照射强度大，死亡率高。紫外线的杀菌效果与微生物种类及生长阶段有关。革兰阳性菌抗紫外线辐射的能力比阴性菌强，多倍体比单倍体抗性强，孢子和芽孢比营养细胞抗性强，干燥细胞比湿润细胞抗性强。

（3）电离辐射　包括 X 射线、γ 射线、β 射线等高能电磁波，波长短，能量高，杀伤力强。其作用原理是可引起水和其他物质的电离，产生游离基，使核酸、蛋白质或酶发生变化，造成细胞损伤或死亡。具有穿透力强，非专一性，作用于一切细胞成分，对所有生物均有杀伤作用的特点。用于杀菌或菌种诱变。

5. 高渗作用

环境的渗透压力高，细胞会发生质壁分离，生长受到抑制。因此提高环境的渗透压力，可以控制微生物的生长。例如盐腌制咸肉或咸鱼，糖浸果脯或蜜饯等都是这一方法在食品保存中的应用。

6. 干燥

降低物质的含水量直至干燥，可以抑制微生物生长，防止食品、衣物等物质的腐败与霉变。因此干燥也是保存各种物质的重要手段之一。

(三) 控制微生物生长繁殖的化学方法

物体表面常用消毒剂

许多化学药剂可抑制或杀灭微生物，因而可用来控制微生物的生长，可分为3类：消毒剂、防腐剂、化学治疗剂。

1. 消毒剂和防腐剂

消毒剂指的是可以抑制或杀灭微生物，但对人体也可能产生有害作用的化学试剂，主要用于抑制或杀灭物体表面、器械、排泄物和环境中的微生物。防腐剂是指可以抑制或阻止微生物生长，但对人体或动物体的毒性较低的化学试剂，可用于机体表面，如皮肤、黏膜、伤口等处防止感染，也有的用于食品、饮料、药品的防腐作用。

消毒剂种类很多，杀菌强度也各不相同，但几乎都有一个共同规律，浓度低时会对微生物的生命活动起刺激作用，当浓度不断升高时，相继出现抑菌和杀菌的作用，形成一个连续的作用谱。

表面消毒剂是指对一切活细胞、病毒粒和生物大分子都有毒性，不能用作微生物活细胞内或机体内治疗用的化学药剂（表4-8）。

表4-8　一些重要表面消毒剂及其应用

类型	名称及使用浓度	作用机制	应用范围
重金属类	$CuSO_4$ 0.1%~0.5%	与蛋白质的巯基结合使失活	杀植物真菌和藻类
酚类	苯酚 3%~5%	蛋白质变性，损伤细胞膜	地面，家具，器皿
醇类	乙醇 70%~75%	蛋白质变性，损伤细胞膜，脱水，溶解类脂	皮肤，器械
酸类	醋酸(熏蒸)5~10mL/m^3	破坏细胞膜和蛋白质	房间消毒
碱类	石灰水 1%~3%	破坏细胞膜和核酸	粪便或地面消毒
醛类	甲醛 0.5%~10%	破坏蛋白质	物品消毒，接种箱、接种室消毒
氧化剂	高锰酸钾 0.1%	氧化蛋白质	皮肤，果蔬
卤素及化合物	漂白粉 0.5%~1%	破坏细胞膜、酶、蛋白质	饮水，空气，体表
表面活性剂	新洁尔灭 0.05%~0.1%	破坏细胞膜，蛋白质变性	皮肤，黏膜，手术器械
染料	龙胆紫 2%~4%	破坏蛋白质	皮肤，伤口
其他	蔗糖 50%~80%	高渗使细胞脱水	食品

2. 化学治疗剂

化学治疗剂是指那些能够特异性地作用于某些微生物并具有选择性毒性的化学药剂，它们与非特异性的化学药剂相比，对人体几乎没有什么毒性或毒性很小，可用于治疗微生物引起的疾病。化学治疗剂既适于涂抹机体表面，也适于通过口服或注射吸收到机体。包括抗代谢药物和抗生素。

（1）抗代谢药物　抗代谢药物在化学结构上与必需的代谢物很相似，能竞争性地与特定酶结合，阻碍酶的功能发挥，干扰代谢的正常进行。如磺胺类药物是最常用的抗代谢物，细菌不能直接利用环境中的叶酸，需要利用对氨苯甲酸（PABA）合成叶酸。磺胺药的化学结构与 PABA 类似，能与 PABA 竞争二氢叶酸合成酶，影响了二氢叶酸的合成，因而使细菌生长和繁殖受到抑制。

（2）抗生素　抗生素是微生物在其生命过程中所产生的一类次级代谢产物或其衍生物，在很低浓度下就能抑制或杀死其他微生物的生长。抗生素的作用机理是：抑制细菌细胞壁的合成；破坏细胞质膜；作用于呼吸链以干扰氧化磷酸化；抑制蛋白质和核酸合成。

抗生素的作用对象有一定范围，这种作用范围称为该抗生素的抗菌谱。青霉素和红霉素主要抗 G^+ 细菌；链霉素以抗 G^- 细菌为主，也抗结核分枝杆菌；氯霉素、四环素、金霉素和土霉素等可以同时抗 G^+、G^- 细菌以及立克次体和衣原体，故称为广谱抗生素；灰黄霉素、制霉菌素等对真菌有抑制作用；对病毒性感染，至今还未找到特效抗生素。

双刃剑——抗生素

抗生素的适用范围

知识拓展

微生物极易产生抗药性（耐药性），而抗药性对人类的医疗实践危害严重。例如，1961 年首次出现在英国的耐甲氧西林金黄色葡萄球菌（MRSA），有“超级病菌”之称，至 20 世纪 80 年代后期，已发展成全球各大医院的院内传染菌之一。近年来，还在不断向社会扩散，全球年感染人数约达 10 万人。它所携带的一种杀白细胞毒素（PVL），可引起坏死性肺炎。此外，还有许多重要抗药菌如抗万古霉素肠球菌（VRE）、抗青霉素肺炎链球菌（PRSP）、抗多药结核菌（MDR-TB）以及 2010 年夏天报道的含有 NDM-1（新德里金属酶 1 号基因）的几种人体条件致病性“超级细菌”，包括大肠杆菌、肺炎克雷伯菌等。抗药性主要通过遗传途径产生，例如基因突变、遗传重组或质粒转移等。

抗生素与环境保护

微生物产生抗药性的原因如下所示：

（1）产生一种能使药物失去活性的酶　例如，抗青霉素或头孢霉素的菌株可产生 β-内酰胺酶，使这两类抗生素的核心结构中的内酰胺键断裂而丧失活性。

（2）把药物作用的靶位加以修饰和改变　抗链霉素的菌株可因通过突变而使 30S 核糖体亚单位的 P10 蛋白组分改变，从而使链霉素不再与这种变更的 30S 亚单位结合。

（3）形成“救护途径”（Salvage Pathway）　即通过被药物阻断的代谢途径发生变异，而变为仍能合成原来产物的新途径。如金黄色葡萄球菌和一些肠道菌的耐磺胺变异。

(4) 使药物不能透过细胞膜 包括通过酶的作用把药物改变成易外渗的衍生物，把药物变成不能进入细胞的衍生物，或改变细胞膜的透性以阻止药物透入等。例如，委内瑞拉链霉菌因改变细胞膜的透性而使四环素进入细胞受阻，但易于排出细胞；一些肠道细菌和铜绿假单胞菌可阻止青霉素透入细胞等。

(5) 通过主动外排系统把进入细胞内的药物泵出细胞外 近年发现，铜绿假单胞菌（俗称“绿脓杆菌”）的多重耐药菌株除其外膜的通透性较低外，还存在主动外排系统。

实训八 环境因素对微生物生长的影响

(一) 目的要求

1. 了解不同环境中微生物的存在。
2. 掌握物理因素及化学因素对抑制或杀死微生物的作用。

(二) 基本原理

不同环境因素对微生物的生长影响是不同的；同一因素因其浓度或作用时间不同，对微生物的影响也是有差异的。有的环境因素是微生物生长繁殖所必需的条件，有的表现为抑制作用，有的表现为杀菌作用。通过本实验掌握物理和化学因素对微生物生长繁殖的影响，以便对有利的微生物创造合适的生长条件，而对有害微生物则设法加以控制或杀死。

(三) 材料与仪器

1. 菌种

枯草杆菌、大肠杆菌、金黄色葡萄球菌。

2. 培养基

牛肉膏蛋白胨琼脂及液体培养基、葡萄糖蛋白胨液体培养基、豆芽汁葡萄糖琼脂培养基。

3. 药品

土霉素、新洁尔灭、复方新诺明、汞溴红（红药水）、结晶紫（紫药水）。

4. 仪器或其他用具

水浴锅、无菌黑纸、紫外灯、接种工具。

(四) 操作步骤

1. 环境中微生物的检查

微生物在自然界广泛分布，为了进行纯种培养，必须进行无菌操作。本实验通过检测空气、土壤、手指、钱币等多处微生物的存在，以加强无菌操作观念。

方法：制备牛肉膏蛋白胨平板培养基，在培养皿的底部，用红蜡笔划分几个区域，用手指、钱币等轻轻在平板上涂抹，37℃培养。如检查空气中杂菌时，则将培养皿盖打开，在空气中暴露5~10min，再盖上皿盖，37℃培养24h。

2. 物理因素的影响

（1）紫外线照射的影响　紫外线对细菌生长的影响随紫外灯的瓦数、照射时间及照射距离的不同而不同。功率大、时间长、距离短时容易杀死微生物；功率小、时间短、距离长时就会有微生物个体残存下来，其中一些个体会发生变异。可利用这种特性来进行灭菌和菌种的诱变选育。本实验证明的仅是紫外线的杀菌作用。

方法：制备牛肉膏蛋白胨平板，吸取0.1mL培养18h的金黄色葡萄球菌或大肠杆菌或枯草杆菌菌液于平板上，以无菌涂布棒涂布均匀，用无菌黑纸遮住部分平板，打开皿盖，置紫外灯下照射30min，取出黑纸，盖上皿盖。37℃避光培养24h，观察结果。

（2）微生物对高温的抵抗力　根据微生物最适生长的温度范围，可分为高温菌、中温菌、低温菌，自然界中绝大部分微生物属于中温菌，但不同的微生物对高温的抵抗力不同，特别是芽孢杆菌对温度抵抗力强。

方法如下：

① 取盛有牛肉膏蛋白胨培养基的试管8支，编号。

② 将培养48h的枯草杆菌及大肠杆菌的斜面，加入无菌生理盐水各4mL，用接种环刮下菌体，混匀，制成菌悬液，在单号试管1、3、5、7中各加入两滴枯草杆菌菌液，在双号试管2、4、6、8中个加入两滴大肠杆菌菌液。

③ 将所有试管都放入100℃水浴中，10min取出1~4管，再过10min取出5~8管。当上述各管取出后立即用冷水冲凉或冰浴中冷却，然后放入37℃培养24h，观察生长情况。

3. 化学因素的影响

一些化学药品对微生物生长有抑制或杀死作用。因此在实验室、生产上或医疗上常用适宜的化学药品对有害菌进行消毒或杀菌。但应注意药品的浓度及使用时其他因素的影响。

采用圆滤纸片法。步骤如下：

（1）在培养18~20h的金黄色葡萄球菌、大肠杆菌、枯草芽孢杆菌的斜面中，分别加入4mL生理盐水，用接种环将菌苔刮下，振荡，制成均匀的菌悬液。

（2）吸取0.2mL（或4滴）菌液，滴入无菌培养皿中，然后将熔化而冷却至50℃左右的肉膏蛋白胨培养基倾入（12~15mL），混匀，平置待冷。

（3）用镊子取已分别浸泡土霉素、新洁尔灭、复方新诺明、汞溴红（红药水)、结晶紫(紫药水)的药品溶液中的圆滤纸片，置于同一含菌的平板上，做好标记。

(4) 将平板倒置于37℃恒温箱中培养24h，观察结果。记录抑菌圈的直径，根据其直径的大小，可初步确定各种药物的抑菌效能。

(五) 实训报告内容

将实验结果记录在表4-9中。

表4-9　环境因素对微生物生长的影响

环境因素		被测菌种	处理方法	结果
物理因素	紫外线			
	高温处理			
化学因素	化学药品			

【同步练习】

一、填空题

1. 多数细菌生长最适pH是________，放线菌生长最适pH一般是________，真菌生长的最适pH一般是________。

2. 消毒和灭菌的区别是________________________________。

3. 微生物按其生长温度范围可分为________、________和________3类。

4. 细菌纯培养的生长曲线可分为________、________、________、________等四个时期。

5. 计算世代时间应在细菌生长的__________期进行，生产中为了长期维持对数生长期可采取__________，如培养细菌的目的在于获得大量菌体，应在培养的__________期进行收获。

6. 巴斯德消毒法的工艺条件是______________________________。

7. 室温型微生物的最低生长温度为________，最适生长温度为________，最高生长温度为________。

8. 低、中、高温型微生物的最适生长温度分别为____________、____________、____________。

9. 连续培养的方法主要有____________和____________两种。

10. 根据微生物与氧气的关系，可将微生物分成__________、__________、__________、__________和__________五个类型。

11. 影响微生物代时的主要因素有____________、____________、____________和____________。

12. 进行湿热灭菌的方法有____________、____________、____________、____________和____________。

13. 获得纯培养的方法有：________、________、________和________。

14. 影响微生物生长的主要因素有________、________、________、________和________等。

15. 杀灭或抑制微生物的物理因素有________、________、________、________、________和________等。

二、单项选择题

16. 高温对微生物的致死是因为（　　）

A. 高温使菌体蛋白变性　　B. 高温使核酸变性

C. 高温破坏细胞膜的透性　　D. 以上三个都是

17. 光波杀菌最强的波长是（　　）

A. 0.06～13.6nm　　B. 250～280nm　　C. 300～400nm

18. 消毒效果最好的乙醇浓度为（　　）

A. 50%　　B. 70%　　C. 90%

19. 巴氏灭菌的工艺条件是（　　）

A. 62～63℃ 30min　　B. 71～72℃ 30min　　C. 60～70℃ 30min

20. 杀死所有微生物的方法称为（　　）

A. 消毒　　B. 灭菌　　C. 防腐

21. 测微生物活菌数通常采用（　　）

A. 稀释平板法　　B. 滤膜培养法　　C. 稀释培养法

22. 各种中温型微生物生长的最适温度为（　　）

A. 20～40℃　　B. 25～37℃　　C. 35～40℃

23. 防腐的盐浓度通常为（　　）

A. 5%～10%　　B. 10%～15%　　C. 15%～20%

24. 专性厌氧微生物是由于其细胞内缺少（　　），从而不能解除分子氧对细胞的毒害

A. BOD　　B. COD　　C. NOD　　D. SOD

25. 使用高压锅灭菌时，打开排汽阀的目的是（　　）

A. 防止高压锅内压力过高，使培养基成分受到破坏　　B. 排尽锅内有害气体

C. 防止锅内压力过高，造成灭菌锅爆炸　　D. 排尽锅内冷空气

26. 发酵工业上为了提高设备利用率，经常在（　　）放罐以提取菌体或代谢产物

A. 延滞期　　B. 对数期　　C. 稳定期末期　　D. 衰亡期

27. 所有微生物世代时间在（　　）

A. 不同　　B. 在 30 分钟之内　　C. 为 3h　　D. 为 12h

28. 微生物处于稳定生长前期时（　　）

A. 细胞分裂速率增加　　B. 细胞分裂速度降低

C. 群体是在其最旺盛壮健的阶段　　D. 群体是在其最少的阶段

29. 直接显微镜计数用来测定下面所有微生物群体的数目，除了（　　）之外

A. 原生动物　　B. 真菌孢子　　C. 细菌　　D. 病毒

30. 为了下述目的，微生物学研究中可以用滤膜，但除了（　　）之外

A. 从细菌中分离出病毒　　B. 测定细菌数目

C. 从 ATP 分子分离出葡萄糖分子　　D. 从原生动物分离出病毒

三、判断题

31. 细菌分裂繁殖一代所需时间为倍增时间。(　　)

32. 在群体生长的细菌数量增加一倍所需时间为代时。(　　)

33. 凡是影响微生物生长速率的营养成分均称为生长限制因子。(　　)

34. 分子氧对专性厌氧微生物的抑制和制死作用是因为这些微生物内缺乏过氧化氢酶。(　　)

35. 一切好氧微生物都含有超氧化物歧化酶。(　　)

36. 在最适生长温度下，微生物生长繁殖速度最快，因此生产单细胞蛋白的发酵温度应选择最适生长温度。(　　)

37. 分批培养时，细菌首先经历一个适应期，此期间细胞处于代谢活动的低潮，所以细胞数目并不增加。(　　)

38. 最适的生长繁殖温度就是微生物代谢的最适温度。(　　)

39. 最低温度是指微生物能生长的温度下限。最高温度是指微生物能生长的温度上限。(　　)

40. 通常一种化合物在某一浓度下是杀菌剂，而在更低的浓度下是抑菌剂。(　　)

41. 兼性微生物是能够生活在许多环境中的微生物。(　　)

42. 在实验室中细菌不能形成菌落。(　　)

43. 连续培养的目的是使微生物始终保持在最高稳定生长阶段。(　　)

44. 酒精的浓度越高，杀菌能力越强。(　　)

45. 微生物生长的最适 pH 与合成某种代谢产物的 pH 是一致的。(　　)

四、综合题

46. 试述单个细菌细胞的生长与细菌群体生长的区别。

47. 与分批发酵相比，连续培养有何优点?

48. 说明温度对微生物生长的影响，详述温度对微生物生长影响的具体表现。

49. 细菌的纯培养生长曲线分为几个时期，每个时期各有什么特点?

50. 试述影响延迟期长短的因素。

51. 试述影响指数期微生物代时长短的因素。

单元四　同步练习

【1+X 证书和技能竞赛考试内容】

	内容	1+X 证书考试内容	技能竞赛内容
知识	(1)微生物的生长规律	√	
	(2)灭菌、消毒、无菌等基本概念	√	√
	(3)有害微生物生长繁殖的控制方法	√	√
能力	(1)进行灭菌、消毒操作	√	√
	(2)控制有害微生物的生长繁殖	√	√
素质	(1)食品安全责任意识	√	√
	(2)吃苦耐劳的奉献精神	√	√

学习单元五

微生物菌种的选育与保藏

【知识目标】

1. 了解微生物遗传变异的基础知识。
2. 理解微生物菌种筛选的方法，微生物菌种选育的方法与机制，微生物菌种衰退的原因与预防。
3. 掌握菌种复壮的方法，菌种保藏的原理与方法。

【能力目标】

具备选育菌种和保藏菌种的能力。

【素质目标】

1. 培养创新思维能力。
2. 树立良好的职业道德、严谨求实的科学态度、勇于奉献的奋斗精神。
3. 培养生态意识。

项目一　微生物菌种的选育

知识讲解

菌种是从事微生物学及生命科学研究的基本材料，是决定发酵产品的工业价值以及发酵工程成败的关键。优良菌种的选育是在微生物遗传变异的基础上进行的。遗传和变异是相互关联，同时又相互矛盾的两个方面，在一定条件下，二者可以相互转化。微生物菌种的选育工作主要包括选种与育种两方面。选种，主要是通过分离筛选工作，从中挑选符合生产要求菌种的过程；育种，是利用各种有效的方法改良已有菌种的性能，以达到提高产品质量或改良生产工艺的目的。微生物细胞具有生命周期短、环境适应性强、易变异的特点，因此，菌种的选育是微生物研究中一项重要的工作。

一、微生物的遗传变异

中国遗传学泰斗
——谈家桢

遗传和变异是生物体最本质的属性之一。遗传性是指世代间子代和亲代相似的现象；变异性是指子代与子代之间及子代与亲代之间的差异。遗传性保证了种的存在和延续；而变异性则推动了种的进化和发展。

（一）遗传变异的物质基础

人们利用微生物作为实验对象进行了三个著名的实验，以确凿的事实证实了核酸尤其是 DNA 是遗传变异的物质基础。

1. 经典转化实验

转化现象是由英国医生格里菲斯（Frederick Griffith）在 1928 年首次发现的。他把少量无毒的肺炎双球菌，又称肺炎链球菌的 RⅡ型（无荚膜，菌落粗糙型）和大量加热杀死的有毒的 SⅢ型（有荚膜，菌落光滑型）细胞混合注射到小白鼠体中，使白鼠病死，结果意外地发现在其尸体内有活的 SⅢ细胞（图 5-1）。

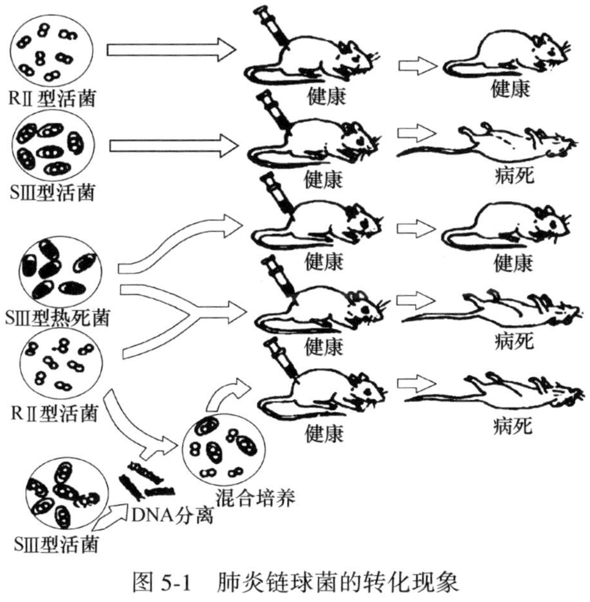

图 5-1　肺炎链球菌的转化现象

1944 年艾弗里（O. T. Avery）等在离体条件下重复了这一实验，并对转化现象的本质进行了一系列深入的研究，再一次证明了遗传物质是 DNA（图 5-2）。

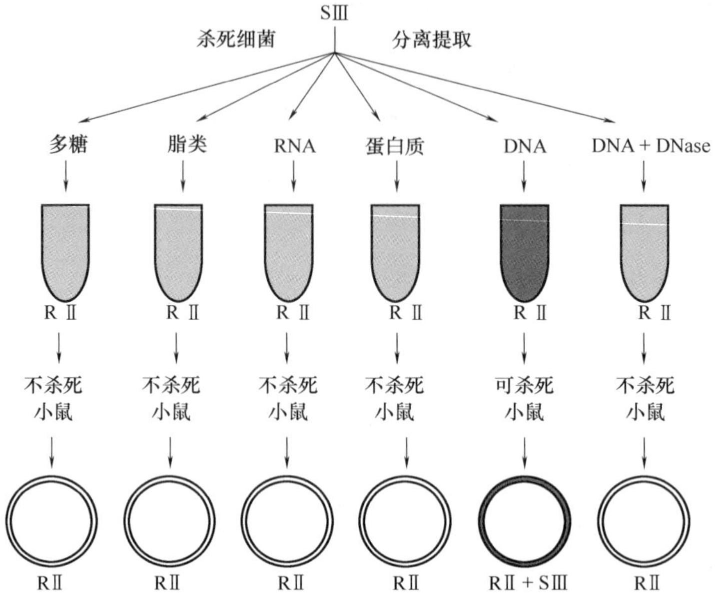

图 5-2　艾弗里等的体外转化实验

艾弗里的实验说明，只有 S 型细菌的 DNA 才能将肺炎双球菌的 R 型转化为 S 型，且 DNA 纯度越高，转化效率也越高。也说明 S 型菌株转移给 R 型菌株的绝不是遗传性状的本身，而是以 DNA 为物质基础的遗传信息。

2. 噬菌体的感染实验

1952 年，赫尔希（A. D. Hershey）和蔡斯（M. Chase）利用示踪元素，对大肠杆菌 T_2 噬菌体的吸附、增殖和释放进行了一系列研究（图 5-3）。

病毒学家
——朱既明

用分别被 ^{35}S、^{32}P 标记的 T_2 噬菌体去感染没有被放射性同位素标记的宿主大肠杆菌，T_2 经短时间保温后完成了吸附和侵入过程，测定宿主菌细胞带有的同位素情况。结果发现，几乎全部的 ^{32}P 都在细菌细胞内部，而几乎全部的 ^{35}S 都在细菌细胞外面，说明噬菌体在侵染细菌过程中蛋白质外壳留在细菌细胞外，只有 DNA 进入了宿主细胞内。释放出来的子代噬菌体与亲代一样，且只检测到 ^{32}P 而没有 ^{35}S，再次证明了遗传物质是 DNA，而不是蛋白质。

3. 植物病毒的重建实验

弗朗克-康勒脱（Fraenkel-Conrat）等于 1956 年在植物病毒领域中的著名实验中，也证明烟草花叶病毒（TMV）的主要感染成分是核酸 RNA，而病毒外壳的主要作用只是保护其 RNA 核心。他们通过甲、乙两株植物病毒的核酸和蛋白质的拆合和相互对换的巧妙实验（图 5-4），同样令人信服地证实了核酸是 TMV 病毒的遗传物质基础。

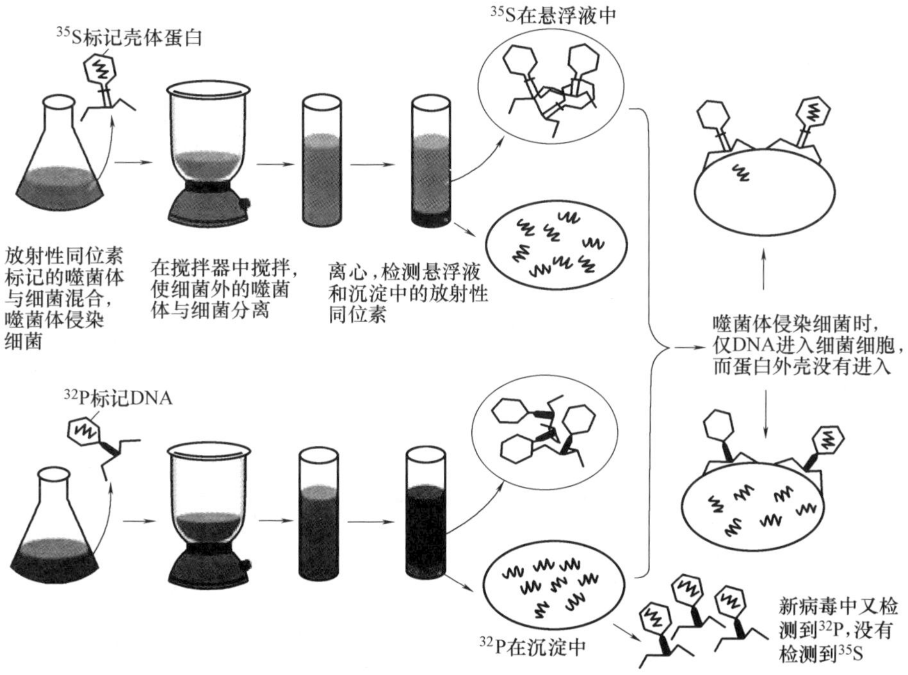

图 5-3　噬菌体感染试验

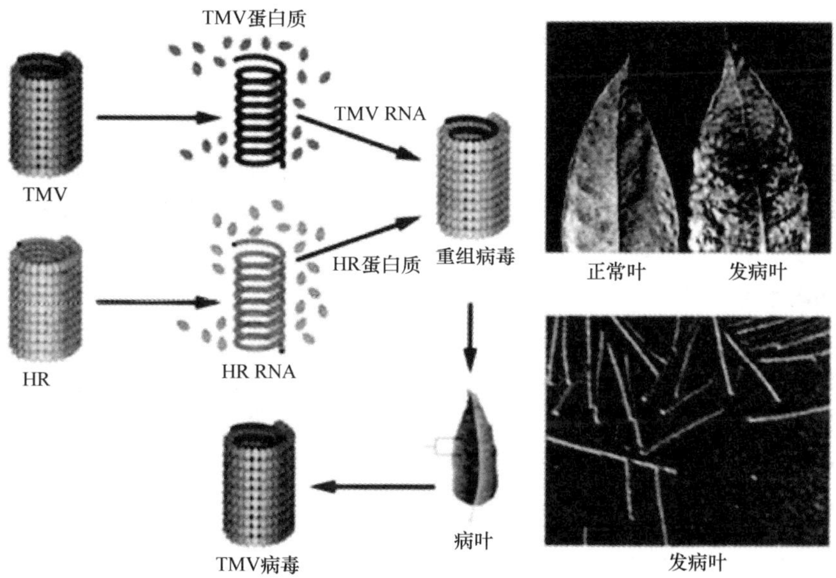

图 5-4　病毒重建实验

通过这三个具有历史意义的经典实验，得到一个共同结论：只有核酸才是负载遗传信息的真正物质。到目前为止，发现只有一部分病毒（包括动物、植物病毒和噬菌体）的遗传物质是 RNA，其他生物的遗传物质是 DNA。

（二）遗传物质在细胞中的存在方式

核酸（尤其是 DNA）是生物体的遗传物质基础，它们在生物体的存在方式可从 7 个方面来加以叙述。

1. 细胞水平

从细胞水平来看，不论是真核微生物还是原核微生物，它们的大部分或几乎全部 DNA 都集中在细胞核或核质中。在不同的微生物细胞或是在同种微生物的不同类型细胞中，细胞核的数目是不同的。例如，酵母、黑曲霉、产黄青霉等真菌以及多数放线菌一般是单核的；有的是多核的（如脉孢菌和米曲霉）；在细菌中，杆菌大多存在两个核质，而球菌一般只有一个。

2. 细胞核水平

从细胞核水平来看，真核生物与原核生物之间存在着一系列明显的差别。前者形成有完整形态的细胞核，核内的 DNA 与组蛋白结合成显微镜下可见的染色体；而后者没有细胞核，只有呈松散状态的核质，DNA 不与蛋白质相结合等。

不论是真核生物还是原核生物，除了它们具有集中大部分 DNA 的核或核质外，在细胞质中还存在一些能自主复制的另一类遗传物质，广义地讲，它们都可称作质粒。例如真核生物中的各种细胞质基团（叶绿体、线粒体等）和共生生物（如草履虫中的卡巴颗粒等）；原核生物中如细菌的致育因子（即 F 因子）、抗药性因子（即 R 因子）及大肠杆菌素因子等。

3. 染色体水平

不同种类的生物体，其细胞内往往有不同数目的染色体。真核微生物常有较多的染色体，如酿酒酵母有 16 条，米曲霉有 8 条等；而在原核微生物中，每一个核质里往往只有一条环状 DNA。因此，对原核生物来说，所谓染色体水平，实际上就是核酸水平。

4. 核酸水平

从核酸的种类来看，大多数微生物的遗传物质是 DNA，只有部分病毒（其中多数是植物病毒，还有少数是噬菌体、冠状病毒属等）的遗传物质是 RNA。在真核生物中，DNA 总是缠绕着粗蛋白，两者一起构成了复合物；而原核生物的 DNA 都是单独存在的。在核酸的结构上，绝大多数微生物的 DNA 是双链的，只有少数病毒为单链结构（如 $\Phi\times174$ 噬菌体、fd 噬菌体等）；RNA 也有双链（大多数真菌病毒）与单链（大多数 RNA 噬菌体）之分。

5. 基因水平

在生物体内，一切具有自主复制能力的遗传功能单位，都可称为基因，它的物质基础是一段具特定核苷酸顺序的核酸片段。基因有两类，一是结构基因，用于编码酶的结构，为细胞产生蛋白质提供了可能；二是调节基因，用于调节酶的合成，它使该细胞在某一特定条件下合成蛋白质的功能得到了实现。每一基因的相对分子质量约为 6.7×10^5，即含 1000 对核苷酸。细菌一般含有 5000~10000 个基因。

6. 密码子水平

遗传密码就是指 DNA 链上的核苷酸特定排列顺序。每个密码子是由三个核苷酸顺序所决定的，它是负载遗传信息的基本单位。生物体内的无数蛋白质都是生物体各种生理功能的具体执行者。可是，蛋白质分子并无自主复制能力，它是按 DNA 分子结构上遗传信息的指令而合成的。先把 DNA 上的遗传信息转移到 mRNA 分子上，形成一条与 DNA 碱基顺序互补的 mRNA 链（即转录），然后 mRNA 上的核苷酸顺序决定合成蛋白质时的氨基酸排列顺序（即翻译）。

7. 核苷酸水平

核苷酸水平，即碱基水平，可认为是一个最低突变单位或交换单位。在绝大多数生物的遗传物质组分中，一般只有五种碱基，分别是鸟嘌呤、腺嘌呤、胞嘧啶、胸腺嘧啶、尿嘧啶。但也有少数例外，它们含有一些稀有碱基，这些稀有碱基大多数是这五类碱基衍生出来的甲基化碱基。

（三）遗传信息的传递与表达

遗传信息的传递，是指亲代的遗传信息传递给子代的过程，即遗传物质的复制，一般是指 DNA 的复制。生物的 DNA 是以半保留复制方式进行的，即每一个新复制的 DNA 双链中，其中一条链来自子代 DNA，另一条链为与亲代 DNA 链互补的新链。这样，相应的遗传信息可以保留在亲代里，又可以完全地传递给子代，使亲代的表型性状在子代中得以完全表现。

遗传信息的表达，是指遗传信息行使功能的结果，一般是指 DNA 经过转录合成 mRNA，然后翻译成为蛋白质，该蛋白执行相应功能的结果。遗传信息的表达一般遵循着中心法则，遗传信息从 DNA 传递给 mRNA，再从 mRNA 传递给蛋白质，完成遗传信息转录和翻译的过程。转录，实际上是以 DNA 为模板合成 mRNA 的过程，是以基因片段为单位进行，可形成一条或多条同样的 mRNA 链，新合成的 mRNA 链携带着与 DNA 编码链同样的遗传信息。翻译，是按照 mRNA 链上的遗传信息合成多肽链的过程。mRNA 链上每连续的三个核苷酸组成一个三联体密码子，编码一种氨基酸。全套遗传密码共有 64 个密码子，共同编码 20 种氨基酸，除了少数氨基酸（如甲硫氨酸、色氨酸）外，一个氨基酸可有多个密码子。

（四）基因突变

基因突变是指遗传物质发生数量或结构变化的现象，并能稳定遗传给后代。微生物基因的突变可以是自然发生，也可以是人工诱导。自然变异发生的概率非常低，而人工诱变可提高突变率。

1. 基因突变的类型

(1) 按突变后极少数突变株的表型能否在选择性培养基上迅速选出和鉴别来区分。凡能用选择性培养基（或其他选择性培养条件）快速选择出来的突变株称为选择性突变株，反之则称为非选择性突变株。

① 营养缺陷型：某一野生型菌株因发生基因突变而丧失合成一种或几种生长因子、碱基或氨基酸的能力，因而无法在基本培养基上正常生长繁殖的变异类型，称为营养缺陷型。可在加有相应营养物质的基本培养基平板上选出。

② 抗性突变型：由于基因突变而使菌株产生了对某种化学药物或致死物理因子或噬菌体的抗性变异类型。可在加有相应药物、用相应物理因子处理或含噬菌体的培养基平板上选出。

③ 条件致死突变型：某菌株或病毒经基因突变后，在某种条件下可正常地生长、繁殖并实现其表型，而在另一条件下却无法生长、繁殖的突变类型，称为条件致死突变型。

④ 形态突变型：指因突变造成的个体或菌落形态的变异，一般属非选择性突变。例如，细菌鞭毛或荚膜的有无、霉菌或放线菌的孢子有无或颜色变化，细胞产可溶性色素的变化、菌落表面的光滑和粗糙以及噬菌体的大小或清晰度等的突变。

⑤ 抗原突变型：指由于基因突变引起的细胞抗原结构发生的变异类型，包括细胞壁缺陷变异、荚膜或鞭毛成分变异等，一般属非选择性突变。

⑥ 产量突变型：通过基因突变而产生的在代谢产物产量上明显有别于原始菌株的突变株，称为产量突变型。若产量显著高于原始菌株，称为正变株，反之则称为负变株。筛选高产正变株的工作对生产实践极其重要，但由于决定产量高低是由多个基因决定的，因此在育种实践上，只有把诱变育种与重组育种和遗传工程育种很好地结合起来，才能取得更好的效果。

(2) 按突变的条件和原因划分，可分为自发突变和诱发突变。

① 自发突变：指微生物在自然条件下，没有人工参与而发生的基因突变，绝大多数的自发突变起源于细胞内部的一些生命活动过程，如遗传重组的差错和 DNA 复制的差错，这些差错的产生与酶的活动相关联。

② 诱发突变：指利用物理的或化学的因素处理微生物群体，促使少数个体细胞的 DNA 分子结构发生改变，如基因内部碱基配对发生错误，最终引起微生物的遗传性状发生改变。凡能显著提高突变率的因素都称为诱发因素或诱变剂。常用的化学诱变剂有：烷化剂、吖啶类化合物、核酸碱基类似物等。常用的物理诱变因素有：紫外线、X 射线、λ 射线、快中子、激光和等离子等。诱发突变可以利用单因素进行，也可以多因素复合处理，还可以定向培育和驯化。

2. 基因突变的特点

(1) 不对应性　突变的性状与引起突变的原因之间无直接对应的关系。如抗药性突变有可能是接触药物所引起的，也有可能是由于紫外线照射引起的。

（2）自发性　突变可以在没有人为诱变因素处理下自发地产生。

（3）稀有性　突变率很低，通常自发突变的概率在 10^{-9} ~ 10^{-6}。10^{-9} 的突变率表示 10^9 个细胞在分裂成 2×10^9 个细胞的过程中，平均形成一个突变体。

（4）独立性　某个基因的突变与另一个基因的突变之间是互不相关的独立事件，一个基因的突变率不受其他基因突变率的影响。

（5）可诱发性　通过理化因子等诱变剂的诱变作用可提高突变率，但不改变突变的本质。

（6）稳定性　基因突变产生的新性状，可稳定地遗传给后代。

（7）可逆性　野生型菌株的某一性状既可发生正向突变，也可以发生相反的回复突变。

二、从自然界分离筛选菌种

从大自然的“资源库”中获得新菌种或符合生产需要的菌种，是微生物科研与工业应用的重要环节。自然界微生物种类非常多，它们以各种形式混居在同一环境中，因此菌种的分离工作不仅要把混杂的各种微生物单个分开，而且还要依照实际要求和菌种特性，灵活采用各种筛选方法，快速、准确地把所需要的菌种从中挑选出来。

从自然界中分离筛选菌种主要包括采样、增殖培养、纯种分离、初筛和复筛等几个步骤（图 5-5）。

（一）采样

采样就是从自然界采集含有目标菌的样品。应根据筛选的目的、微生物分布情况、菌种的主要特征及其生态关系等因素，确定具体的时间、环境和目标物。

1. 土壤采样

土壤具备微生物所需要的营养成分、空气、水等，其中含菌量最多，因此土壤是采集样品的首选目标。

2. 根据微生物生理特点采样

微生物在特定的环境下生息繁衍，它必然具有与之相适应的代谢类型并产生相应的代谢产物适应这种环境。例如，淀粉酶、糖化酶生产菌容易在面粉厂、食品厂、酒厂这类场所分离到；蛋白酶、脂肪酶生产菌容易在肉类加工厂、饭店的污水和污泥中分离到；纤维素酶生产菌容易在森林中腐烂草木下的土壤或直接从腐烂的草木中分离；油田附近的土壤容易分离出利用碳氢化合物的微生物。

筛选一些具有特殊性质的微生物时，需要根据该微生物独特的生理特性到特殊的环境条件下进行采样。在极端环境如高温、低温、高酸、高碱、高盐、高辐射等环境中存在少数极端微生物，这也是目前微生物研究的热点之一。如耐高温

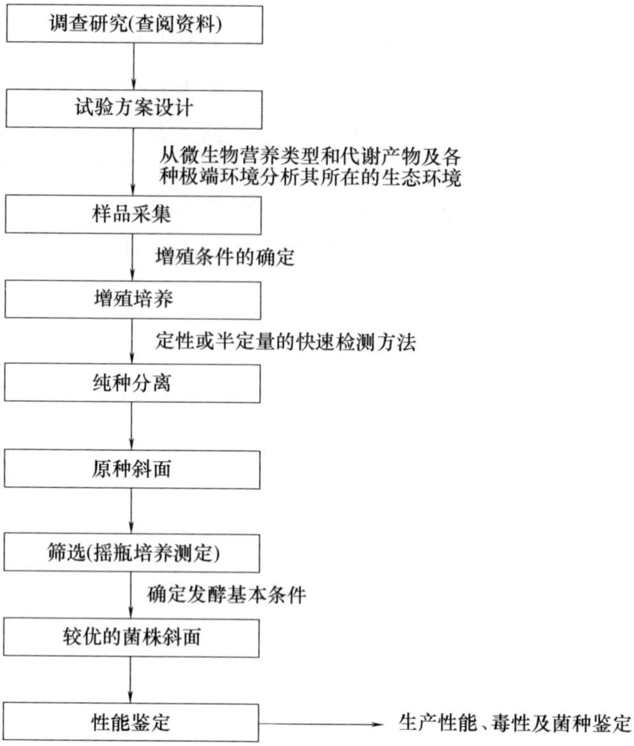

图 5-5 菌种分离筛选流程

菌通常在温度较高的南方，或温泉、火山爆发区以及北方的堆肥中采样；嗜低温菌种可到南北极、冰窖、深海等寒冷的地方采样。

（二）增殖培养

根据微生物的碳源、氮源、pH、温度和需氧等生理因素来控制。

1. 控制培养基的营养成分

对于大多数微生物的富集培养可用下面的基础培养基（表 5-1），对于碳源、氮源、能量物质的需求依所要富集的微生物不同而不同。

表 5-1 基础培养基成分

成分	用量	成分	用量
K_2HPO_4	1g	$CaCl_2$	0.02g
$MgSO_4 \cdot 7H_2O$	0.2g	微量元素溶液	0.1mL
$FeSO_4 \cdot 7H_2O$	0.05g	蒸馏水	1L

控制增殖培养基中营养成分，特别适合分离产水解酶类（纤维素酶、淀粉酶等）的产生菌，可在增殖培养基中以相应底物作为唯一碳源，加入含菌样品，并

给目的微生物以最佳的培养条件，能分解利用该底物的菌类得以繁殖，而其他微生物则因得不到碳源而无法生长。

许多碳源、氮源可被多种微生物利用，不适于用作控制条件。常规实验研究中，各大类微生物已确定基本的营养成分，如细菌用蛋白胨、牛肉膏，放线菌用淀粉，酵母、霉菌用麦芽汁或土豆汁等。

2. 控制培养条件

通过微生物对 pH、温度及通气等条件的特殊要求来控制培养，得到所需的微生物菌种。

（1）pH　不同微生物生长繁殖的最适 pH 不同。培养基配制时要考虑微生物生长代谢过程中 pH 变化，控制培养基的 pH 一般通过添加磷酸盐缓冲液体系、碳酸钙以及必要时补加酸、碱的方式来调节。

（2）培养温度和热处理　利用不同培养温度可使不同的嗜温性微生物生长速度不同，达到富集某一种微生物的目的。如发酵工业中为了节约冷却用水，则可筛选耐高温菌株，采用 50~60℃ 温度培养，就可使嗜冷、嗜温微生物大量淘汰。另外，芽孢或孢子特别耐热，可以抵抗 100℃ 或更高的温度，因此，要分离产芽孢或孢子的微生物，可将采集样品进行短时间的巴氏杀菌消除不产芽孢或孢子微生物的竞争，浓缩产芽孢或孢子菌种。

（3）通风　一般所筛选的微生物通常是好氧菌，但有时也分离厌氧菌。筛选厌氧菌除配制特殊的培养基外，还需要厌氧培养箱、厌氧罐等特殊设备创造有利于厌氧菌的生长环境。

表 5-2 列出了一些微生物增殖培养的条件控制。

表 5-2　某些微生物增殖培养条件的控制

增殖微生物类型	分离的样品	培养基添加物/(g/L)	控制的环境条件
好氧氨基酸氧化菌	土样	无	pH7.0，通空气
芽孢杆菌	经热处理的土样	无	pH7.0，通空气
发酵氨基酸梭菌	经热处理的土样	无	pH7.0，无空气
耐碱尿素分解芽孢杆菌	经热处理的土样	尿素 50	pH8.5，通空气
厌氧的某种八叠球菌	土样	葡萄糖 20	pH2.5，无空气
乳酸菌	植物材料、牛奶	葡萄糖 20	pH6.5，无空气
肠道细菌	土样或污水	葡萄糖 20，碳酸钙 20	pH7.0，有或无空气
发酵糖梭菌	经热处理的土样	葡萄糖 20，碳酸钙 20	pH7.0，无空气
丙酸细菌	干酪	酪氨酸 20	pH7.0，无空气
醋酸细菌	果汁、啤酒发酵罐	乙醇 40	pH6.0，通空气

3. 添加抑制剂

添加专一性抑制剂也可达到抑制不需增殖的微生物的目的。如土样悬浮液中加数滴 10%酚可抑制霉菌和细菌的生长，而放线菌仍生长；又如添加青霉素、链霉素之类抗生素能抑制细菌的生长而真菌能正常生长繁殖。不同抗生素能抑制的菌类的范围不同，所用浓度等也不同，应区别分离对象、药物性质及适当的添加量。

（三）分离纯化

增殖培养后，各类微生物仍然混杂在培养液中，必须进行微生物的分离纯化，把最需要的菌株从样品中分离出来。目前在分离筛选研究工作中常采用平皿反应快速检出法，根据目的菌特殊的生理特性设计有针对性的分离培养基，观察微生物在选择性培养基上的生长状况或生化反应进行筛选。

1. 透明圈法

在平板培养基中加入溶解性较差的底物，使培养基浑浊。能分解底物的微生物便会在菌落周围产生透明圈，圈的大小初步反映该菌株分解利用底物的能力。该法在筛选水解酶（如脂肪酶、淀粉酶、蛋白酶、核酸酶等）产生菌、产酸菌时采用较多。如筛选醋酸菌或乳酸菌时，往培养基中加入一定量的碳酸钙，透明圈越大则产酸能力越大（图 5-6）。

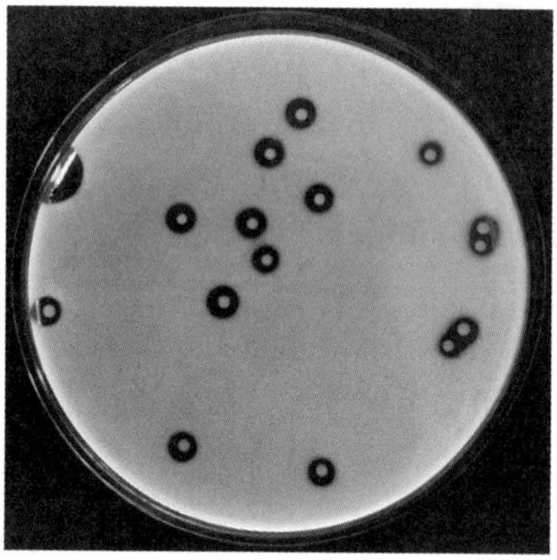

图 5-6　碳酸钙透明圈

2. 变色圈法

对于一些不易用透明圈法筛选的微生物，可在底物平板中加入指示剂或显色剂，菌落周围变色圈的大小初步反映该菌的这种特性的强弱，使目标微生物能被快速鉴别出来。如筛选产有机酸微生物时，往培养基中加入溴麝香草酚蓝指示剂（$pH<6.0$ 时呈黄色，$pH>7.6$ 时呈蓝色），调节培养基 pH 使其呈蓝色，若菌落周围呈现黄色圈，表明该菌能产有机酸，变色圈越大表示产酸能力越大（图 5-7）。

3. 抑菌圈法

抑菌圈法是筛选抑菌物质（如抗生素）生产菌常用的初筛方法。如筛选分泌抗生素的菌种时，挑取分离获得的单菌落接种至摇瓶培养基发酵一段时间，对发酵液进行初步处理，采用打孔法、牛津杯法或 K-B 法等进行抑菌圈大小的测量以选出高产菌株（图 5-8）。此方法中检测菌的选择十分重要，它直接关系到检出的灵敏度。

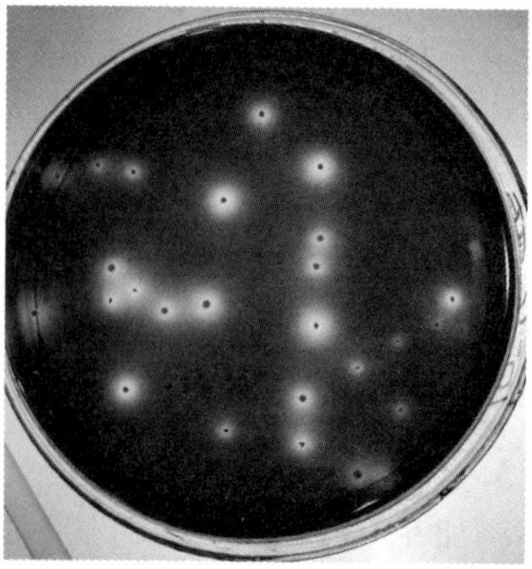

图 5-7　变色圈

4. 生长圈法

通常用于分离筛选氨基酸、核苷酸和维生素等生长因子的产生菌，筛选的过程中会用到相对应的营养缺陷型菌株作为工具菌。如筛选具有合成某种维生素的菌，将待检菌涂布于含有高浓度工具菌并缺少该维生素的平板上进行培养，若菌落周围形成一个浑浊的生长圈，说明该菌能合成此维生素，生长圈的大小反映了该菌合成此维生素能力的大小。

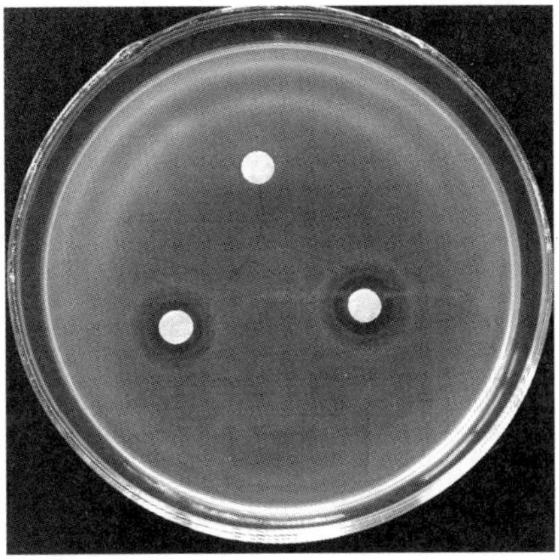

图 5-8　抑菌圈

（四）菌种筛选、性能评价及初步鉴定

1. 菌种筛选、性能评价

菌株的分离和初筛往往结合在一起，采用选择性培养基和特异性平板检测方法进行，但还需进一步采用液体培养法来复筛。复筛通常用摇瓶培养法，因为摇瓶培养法更接近于发酵罐培养的条件。

复筛是进一步挑出确有应用价值的菌株，排除潜力不足的菌株。复筛的主要工作是进行菌种性能测定，包括菌株的生产性能测定与毒性试验。一株菌株往往重复 3~5 次测试，复筛时的培养条件很关键，如培养基成分及配比、pH、培养温度、供氧等，应根据菌株性能目标及前人经验进行综合考虑。培养后的发酵液采用精确的分析方法进行测定，选出较优良的菌株 2~3 株。经过初筛、复筛、再次复筛，直到获得可靠的少数几株菌株进行后面的考察。

2. 菌种的初步鉴定

对筛选获得的菌株进行鉴定，尽可能地将其分类到种或属，以方便后续的科研与工业应用工作。与文献上已记载的菌株进行比较，可推测目标菌的生长特性、培养条件要求，同时可预测该菌是否有致病性等。

常用的微生物菌种鉴定的方法有两种，一是生理生化鉴定，二是分子生物学鉴定。随着基因库数据的不断完善，分子鉴定方法优势越来越明显，其操作简单，结果可靠，结合主要的生理生化鉴定试验，基本可以将菌株确定到种甚至是株型。

这种直接从自然界分离出来的具有一定生产性能的菌株称为野生型菌株。而野生型菌种往往是低产的，只有经过进一步的人工改造才能真正用于工业发酵。人们常将野生型菌株称为进一步育种工作的原始菌株或出发菌株。

三、诱变育种

诱变育种是选择合适的诱变因素、处理剂量及处理方法，人为地对出发菌株进行诱变处理，然后运用合埋的筛选程序及适当的筛选方法把优良的变异菌株筛选出来。

(一) 诱变育种的原理

诱变育种就是以人工诱变手段诱发生物体基因突变，从各变异体中筛选出目标变株。与自然选育比较，诱变育种加以诱变剂处理，加速了遗传物质突变的频率，扩大了变异的幅度，从而提高了获得优良特性突变株的概率。

目前使用的诱变剂基本可分为3大类：物理诱变因子、化学诱变因子、生物诱变因子（表5-3）。

表5-3　常用诱变因子及其性质

类别	名称	性质	作用机制	主要生物学效应
物理诱变因子	紫外线(UV)	非电离辐射	使被照射物质的分子或原子中的内层电子提高能级	①DNA链和氢键断裂 ②DNA分子内(间)交联 ③形成胸腺嘧啶二聚体 ④造成碱基对转换 ⑤造成嘧啶水合作用 ⑥修复后造成差错或缺失
	X射线 γ射线 β射线 快中子	电离辐射	使被照射物质的分子或原子发生电子跃迁，使内外层失去或获得电子	①DNA链断裂 ②碱基受损 ③引起染色体畸变 ④造成碱基对转换 ⑤修复后造成差错或缺失
化学诱变因子	硫酸二乙酯(DES) 甲基磺酸乙酯(EMS) 亚硝基胍(NTG) 亚硝基甲基胍(NMU)	烷化剂	碱基烷化作用	①DNA交联 ②碱基缺失 ③染色体畸变 ④碱基对转换或颠换
	亚硝酸(HNO_2)	脱氨基诱变剂	碱基脱氨基作用	①DNA交联 ②碱基缺失 ③碱基对转换
	吖啶橙 吖啶黄	移码诱变剂	插入碱基对之间	碱基排列产生码组移动
生物诱变因子	噬菌体 转座因子	诱发抗性突变	转导诱发突变 转化诱发突变 转座诱发突变	传递遗传信息

(二) 诱变育种的步骤和方法

诱变育种的基本过程如下。

选择合适的出发菌株 → 制备菌悬液 → 诱变处理 → 筛选 → 保藏和扩大试验

1. 出发菌株的选择

出发菌株就是用于育种的原始菌株，可按以下经验选择。

(1) 以单倍体纯种为出发菌株，可排除异核体和异质体的影响。

(2) 采用具有优良性状的菌株，如生长速度快、营养要求低以及产孢子早而多的菌株。

(3) 选择对诱变剂敏感的菌株。由于有些菌株在发生某一变异后，会提高对其他诱变因素的敏感性，故可考虑选择已发生其他变异的菌株为出发菌株。

(4) 多挑选一些已经发生诱变的菌株为出发菌株，进行多步育种，以获得高产菌株。

2. 单孢子（或单细胞）悬液的制备

诱变育种要求所处理的细胞必须是处于对数生长期且同步生长的单细胞悬液。细胞的生理状态对诱变处理的结果会产生很大的影响，例如，对细菌进行诱变处理时，应制备其对数生长期前中期的细胞，对芽孢杆菌则应处理其芽孢；对霉菌或放线菌进行诱变处理时，应制备其孢子悬液；细胞悬液应控制在合理浓度，真菌孢子或酵母菌细胞应在 $10^6 \sim 10^7$ 个/mL，细菌细胞或放线菌孢子约为 10^8 个/mL；菌悬液一般用生理盐水稀释，有时也需用 0.1mol/L 磷酸缓冲液稀释，因某些化学诱变剂处理时，常会改变反应液的 pH。

3. 诱变处理

诱变处理主要采用物理诱变剂和化学诱变剂。目前常用的诱变剂主要有紫外线（UV）、硫酸二乙酯、亚硝基胍（NTG）和亚硝基甲基脲（NMU）等。后两种因有突出的诱变效果，所以被誉为“超诱变剂”。诱变剂可以提高突变的频率，扩大产量变异的幅度，使变异向正变（即提高产量的变异）或负变（即降低产量的变异）的方向移动。

凡是在高诱变率的基础上，既能扩大变异幅度又能促使变异移向正突变范围的剂量，称为合适的剂量。一般来说，高剂量（致死率 90%以上）引起的变异范围较大，适用于单位产量较低的菌株；用于生产的经过多次诱变选育的菌株，适宜用中等剂量（致死率 70%~80%）甚至更低。目前倾向于使用较低的剂量。诱变育种中还常常采取诱变剂复合处理，使它们产生协同效应。复合处理方式可以是两种或多种诱变剂的先后使用，或同一种诱变剂的重复使用，或两种或多种诱变剂的同时使用等，会取得更好的诱变效果。

4. 突变株的筛选

要从大量突变菌株中把性状优良的目标菌株筛选出来，获得预定的效应表型，需要科学的筛选方案和筛选方法。在实际工作中，一般把筛选过程分为初筛与复筛两个阶段。前者以量（选留菌株的数量）为主，后者以质（测定数据的精确度）为主。具体方法参考项目一“二、从自然界分离筛选菌种”之（三）、（四）。

知识拓展

一、基因重组

基因重组是两个独立基因组内的遗传基因，通过交换与重新组合形成新的稳定基因组的过程。重组是在核酸分子水平上的一个概念，是遗传物质在分子水平上的杂交。

（一）转化

转化是细胞从周围介质中吸收异源 DNA 片段而使它的基因型及表型发生相应变化的现象。被吸收的 DNA 片段可以整合到自身染色体中，也可以游离于其外（如质粒）。通过转化方式而形成的后代，称为转化子。

转化现象已在许多细菌属中发现，如原核生物中的肺炎链球菌、嗜血杆菌属、芽孢杆菌属、奈瑟球菌属、根瘤菌属、葡萄球菌属、假单胞菌属和黄单胞菌属等。

遗传物质的转化过程：①供体菌的 DNA 片段与感受态受体菌细胞表面的接受位点相结合，其中一条链被核酸酶切开和水解，另一条进入细胞。②来自供体菌的 DNA 片段被细胞内的感受态特异的 DNA 结合蛋白相结合，并使 DNA 进入细胞，与受体菌核染色体上的同源区段配对、重组，形成一小段杂合 DNA 区段。③受体菌染色体组进行复制，杂合区也跟着得到复制。④细胞分裂后，形成一个转化子和一个仍保持受体菌原来基因型的子代（图 5-9）。

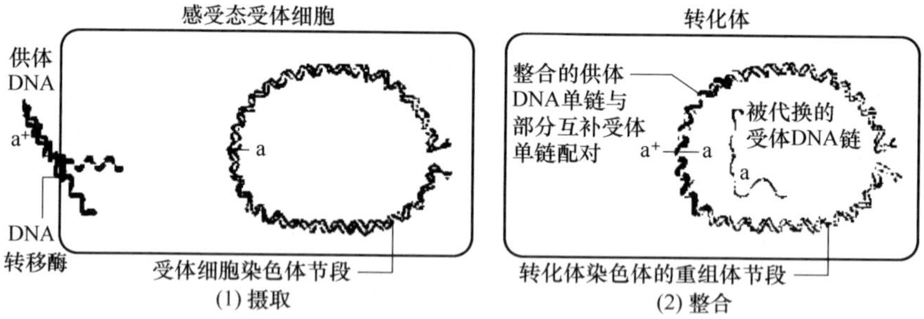

图 5-9　细菌转化的主要步骤

（二）转导

转导是以温和噬菌体为媒介进行的遗传物质重组的过程。在转导的过程中，细菌的一段 DNA 片段被错误包装在噬菌体的蛋白质衣壳内，通过噬菌体的感染作用而转移到另一受体细菌内，并与受体菌的遗传物质发生重组，使受体菌产生新的性状。转导主要分为两种类型，即普遍性转导和局限性转导。普遍性转导可将供体菌基因组上任何小片段 DNA 携带到受体细胞中，使后者获得前者部分遗传性状（图 5-10）。局限性转导只能把供体菌的少数特定基因携带到受体菌中，经过基因组整合、重组，使受体菌获得新性状。

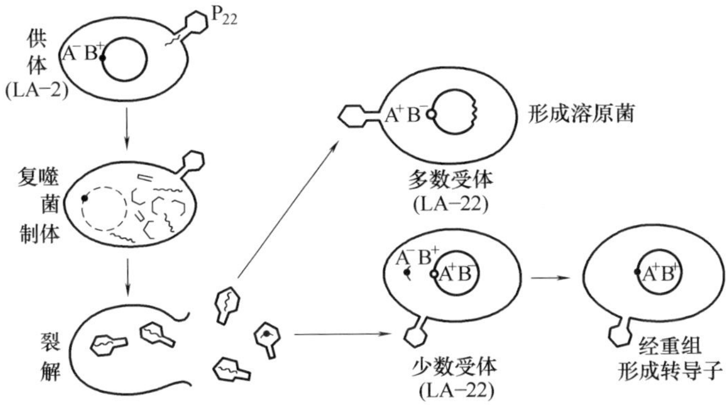

图 5-10 P_{22} 噬菌体介导的普遍性转导的基本过程

（三）接合

接合是指两个原核细胞通过性菌毛直接接触，遗传物质从供体菌向受体菌转移，并产生基因重组的过程。通过接合作用而获得新遗传性状的受体细胞，称为接合子。

接合现象存在于细菌和放线菌中（图 5-11），但重组的频率极低（如大肠杆菌 K12 约 10^{-6}）。在细菌中，G^{-}细菌中较为普遍，如大肠杆菌属、沙门菌属、志贺菌属、克雷伯菌属、沙雷菌属、弧菌属、固氮菌属和假单胞菌属等；放线菌中，以链霉菌属和诺卡菌属最为常见。此外，接合还可发生在不同属的一些菌种间，如大肠杆菌与鼠伤寒沙门菌间或沙门菌与痢疾志贺菌间。

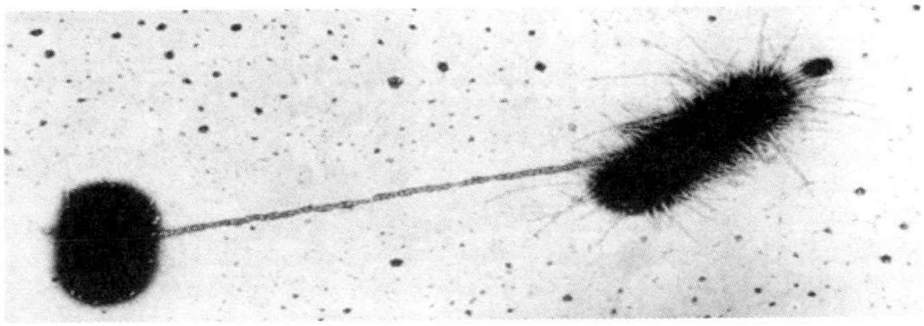

图 5-11 大肠杆菌的接合现象

（四）原生质体融合

使遗传性状不同的两个细胞的原生质体进行融合，以获得兼有双亲遗传性状的稳定重组子的过程，称为原生质体融合。原生质体融合技术的最大意义是打破了微生物的种属界限，可以实现亲缘较远的微生物进行基因重组。在实际应用中可以用于改良菌种特性、使菌种获得新性状等。

原生质体融合的主要操作步骤是：先选择两株有特殊价值并带有选择性遗传

标记的细胞作为亲本菌株置于高渗溶液中，用适当的脱壁酶（如细菌和放线菌可用溶菌酶等处理，真菌可用蜗牛消化酶或其他相应酶处理）去除细胞壁，再将形成的原生质体（包括球状体）进行离心聚集，加入促融合剂聚乙二醇 PEG 或借电脉冲等因素促进融合，然后用等渗溶液稀释，再涂在能促使其再生细胞壁和进行细胞分裂的基本培养基平板上。待形成菌落后，再通过影印平板法，接种到各种选择性培养基平板上，检验其是否为稳定的融合子，最后再测定其有关生物学性状或生产性能。

（五）有性杂交

有性杂交是指不同遗传型的性细胞间发生接合，随之发生减数分裂与遗传重组，进而产生新遗传型子代的过程。能产生有性孢子的微生物（如酵母菌、霉菌、蕈菌等）都具有有性杂交的能力。

（六）准性生殖

准性生殖是指同种生物的两个不同株型的体细胞发生融合，不需要经过减数分裂就能进行基因重组从而产生新的性状的过程。常见于丝状真菌中，尤其是半知菌中，其发生基因重组的频率比较低。准性生殖过程主要包括异核体的形成、二倍体的形成、体细胞交换和单倍体化（图 5-12）。

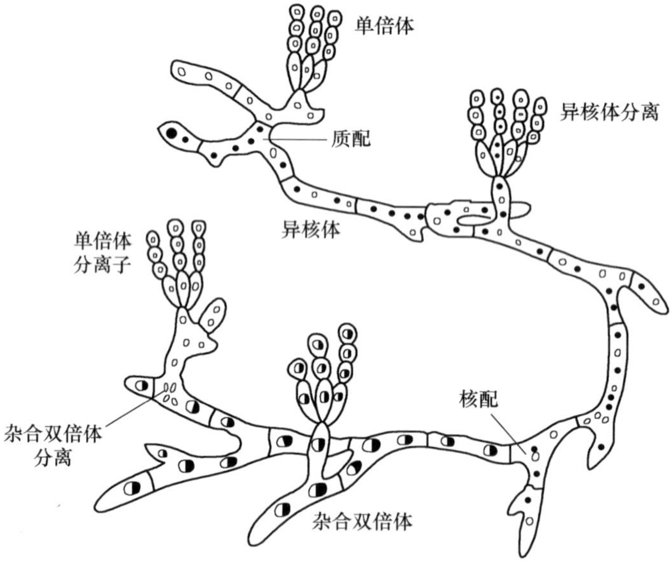

图 5-12　半知菌的准性生殖

二、基因工程育种

基因工程育种是指运用 DNA 重组技术将外源基因导入微生物细胞内，使微生物菌种获得某些新的目标性状的育种技术。基因工程育种不仅可以突破微生物的种属障碍以实现远缘杂交，还可以实现动物、植物、微生物之间的杂交。人们可以更精准、更有效地选育出目的菌株，并可能创造新物种。

基因工程育种的过程主要包括以下几个步骤。

（1）目的基因的获得　获得目的基因片段的主要方法有两个：一是通过化学合成法获得；二是通过 PCR 法（或 RT-PCR 法）获得。

（2）载体系统的选择　用于基因工程的载体必须具备以下特点：在受体细胞内能独立复制，且有较高的复制率；有利于检测筛选的标记，一般是抗性标记，如具有抗氨苄青霉素、卡那霉素、四环素、链霉素等抗性基因；有一段多克隆位点，使目的基因片段能固定地整合到载体上而不影响载体的复制；容易从受体细胞中分离纯化；用于表达的载体还应有表达调控元件（如启动子、增强子、终止子、SD 序列等）。

（3）目的基因与载体的重组　用限制性内切酶对目的基因片段与载体分别进行酶切，使其产生同样的黏性末端；用 DNA 连接酶对两者进行连接，使 DNA 片段与质粒 DNA 片段连起来形成一个完整的重组载体。

（4）重组载体导入受体细胞　重组 DNA 导入受体细胞的方法有很多。当用质粒作载体时，原核细胞常用感受态转化法和高压电穿孔转化法，真核细胞常用高压电穿孔转化法。当用病毒 DNA 作载体时，常用感染的方法。

（5）重组体的筛选　目的基因片段导入受体细胞后，需要在众多细胞中筛选出含有重组子的目标细胞。常用的筛选及鉴定的方法有：抗性变化检测、单菌落 PCR 法、原位杂交法、限制性内切酶图谱法、噬菌斑形成法等。

实训九　微生物的诱变育种

工业微生物菌种的选育——野生型菌株筛选

（一）目的要求

以紫外线诱变获得用于酱油生产的高产蛋白酶菌株为例，学习微生物诱变育种的基本操作方法。

（二）基本原理

本实验采用紫外线诱变进行育种。

对诱变最有效的紫外线波长为 253～265nm，与核酸的吸收光波相一致。当微生物细胞受到紫外线的照射后，其遗传物质 DNA 的结构会发生改变，引起细胞的突变或死亡。经紫外线照射损伤的 DNA，能被可见光照射修复，因此紫外线诱变育种应在暗室中进行，可借助微弱红光照明进行操作，诱变处理好的细胞应在黑暗条件下培养。

紫外线照射剂量的表示单位为 mW/cm^2，但测量较困难，所以在实际诱变工作中，常用间接测定法，即用紫外线照射的致死时间或致死率作为相对剂量单位。一般选择致死率在80%左右的剂量，可保证菌体细胞发生最大程度的突变。

（三）材料与仪器

1. 菌种

米曲霉斜面菌种。

2. 培养基和试剂

豆饼斜面培养基、酪素培养基、蒸馏水、0.1mol/L pH6.0 的磷酸盐缓冲液、0.5%酪蛋白。

3. 仪器或其他用具

三角瓶（300mL、500mL）、试管、培养皿（9cm）、恒温摇床、恒温培养箱、紫外诱变箱、磁力搅拌器、脱脂棉、无菌漏斗、玻璃珠、移液管、涂布器、酒精灯。

（四）操作步骤

1. 出发菌株的选择及菌悬液制备

（1）出发菌株的选择　可直接选用生产酱油的米曲霉菌株，或选用高产蛋白酶的米曲霉菌株。

（2）菌悬液制备　取出发菌株转接至豆饼斜面培养基中，30℃培养3~5d活化。然后用0.1mol/L pH6.0 的无菌磷酸盐缓冲液将孢子洗至无菌三角瓶中（内装玻璃珠，装量以大致铺满瓶底为宜），30℃振荡30min，用垫有脱脂棉的灭菌漏斗过滤，制成孢子悬液，调其浓度为 10^6~10^8 个/mL，置冰箱保藏备用。

2. 诱变处理

本实验采用紫外线诱变，操作流程如下。

打开紫外诱变箱的紫外灯预热20min。取5mL菌悬液放在无菌的培养皿中，同时制作5份。逐一操作，将培养皿平放在离紫外灯30cm（垂直距离）处的磁力搅拌器上，开动磁力搅拌器进行搅拌，1min后打开培养皿盖并开始计算时间，照射时间分别为15s、30s、1min、2min、5min。照射处理后依次取出诱变菌液，于黑暗条件、4℃保存1~2h备用。

3. 优良菌株的筛选

微生物菌种的鉴定

（1）初筛　按诱变处理的菌液进行10倍稀释至 10^{-7}，从 10^{-5} 到 10^{-7} 中各取出0.1mL加入酪素培养基平板中进行涂布（每个稀释度均做2个重复），于30℃恒温培养2~3d。观察各平板的菌落及透明圈情况，用卡尺测量透明圈直径（H）与其菌落直径（C），计算各菌落的 H/C，选择 H/C 大的菌落40~50个，作为复筛菌株。初筛菌株分别接种豆饼斜面培养基并进行编号，于30℃恒温培养至长满孢子，进行复筛。

（2）平板复筛　分别倒酪素培养基平板，在每个平皿的背面用油性笔划线分区，从圆心划线至周边分成8等份，1~7份中分别点种初筛菌株，第8份点种原始菌株作为对照。培养24h后即可见生长，若出现明显的透明圈，即可按初筛方法检测，获得数株二次优良菌株，进入摇瓶复筛阶段。

（3）摇瓶复筛　将平板复筛出的菌株，接入米曲霉复筛培养基中进行培养，其方法是：称取麦麸85g，豆饼粉（或面粉）15g，加水95~110mL，水含量以手捏后指缝有水而不下滴为宜，于500mL三角瓶中装入15~20g，121℃湿热灭菌30min，然后分别接入以上初筛获得的优良菌株，30℃培养，24h后摇瓶一次并均匀铺开，再培养24~48h，共培养3~5d后检测蛋白酶活性。

（4）蛋白酶活性的测定方法

① 取样：培养后随机称取以上摇瓶培养物1g，加蒸馏水100mL（或200mL），40℃水浴1h，取上清浸液测定酶活性。另取1g培养物于105℃烘干测定含水量。

② 酶活性测定：30℃ pH7.5条件下水解酪蛋白（底物为0.5%酪蛋白）1min产酪氨酸1μg为一个酶活性单位。计算公式为：

$$\text{样品中蛋白酶活性(U/g)}=(\text{样品 }OD_{680nm}\text{ 值}-\text{对照 }OD_{680nm}\text{ 值})\times K\times V/t\times N$$

式中　K——标准曲线中光吸收为“1”时的酪氨酸质量数，μg

V——酶促反应的总体积，mL

t——酶促反应时间，min

N——酶的稀释倍数

（5）谷氨酸的检测　检测培养基为6份豆饼粉与4份麦麸混匀，润水75%，在121℃湿热灭菌30min。于此培养基中加入70g/L盐水，40~45℃水浴，水解9d后过滤，以滤液检测谷氨酸含量（测压法）。

（五）实训报告内容

（1）试列表说明高产蛋白酶菌株的筛选过程和结果。

（2）你认为以上的筛选方法有什么优缺点，如何改进？

（3）为什么在诱变前要把菌悬液打散和培养一段时间？

（六）注意事项

（1）紫外线照射时注意保护眼睛和皮肤。

（2）诱变过程及诱变后的稀释操作均在红灯下进行，并在黑暗中培养。

（3）筛选菌株数的计算：若按突变率为1%计算，则一次筛选可取250~300个菌落，第一次筛选后可多选几株高产株。二级筛选为重点阶段，其最适量可按如下计算方法：如初筛菌株数为200株，二次筛选欲选2株，则二级应选为20株，这样的数量选择，便有可能从较少的数量中获得相对较多的优良菌株。

项目二 微生物菌种的保藏

知识讲解

一、菌种的衰退

菌种的衰退，主要是指在生产应用中，菌株经过多次转接传代或保藏之后，群体中某些本来优良的生理性状、形态特征逐渐减退甚至完全丧失的现象。

（一）微生物菌种衰退的现象

1. 菌落形态或细胞形态改变

微生物在一定的培养条件下会呈现一定的形态特征，如果典型的形态特征不断减少甚至发生改变，则表现为菌种衰退。菌落形态常表现为颜色改变、形状改变等，细胞形态常表现为细胞畸形、孢子形状改变等。

2. 生长速度减缓

主要表现为细胞代时延长，且产芽孢（孢子）速度变慢，量变少等。

3. 生产性能下降

主要表现为菌株发酵能力下降，代谢物产量减少等。

4. 对生长环境适应能力下降

主要表现为抗不良环境条件的能力下降。如抗不良温度、不良湿度、不良 pH 环境的能力减弱，抗噬菌体能力减弱等。

（二）微生物菌种衰退的原因

菌种的衰退是一个从量变到质变的逐渐演变的过程。导致菌种衰退的主要原因是控制菌种主要生产性状的基因发生了变异，并且是发生负突变的变异。当发生突变的个体达到一定数量时，会导致群体性能发生变化，表型上便呈现为菌种衰退。

1. 自然突变

微生物菌种自发突变的概率很低，但由于其具有代谢能力强、繁殖速度快等特点，随着传代次数的增多，发生基因突变的概率会有所增加，突变体也越多。微生物的突变常常是负突变，是指菌种原来的优良特性减弱甚至丧失，随着繁殖次数的增多，衰退细胞的数目不断增加，当衰退细胞的数目达到一定量时，就会发展为菌种衰退。

2. 环境条件

环境条件对菌种衰退是有影响的，当菌种处于不良环境时，会加速衰退。环境条件主要是指培养基成分、温度、湿度、pH、氧气量、射线等。同时，不适宜的保藏条件会加快菌种衰退的速度。

3. 杂菌污染

若菌种保藏不善，污染了杂菌，或感染了噬菌体，则容易发生衰退。

（三）微生物菌种衰退的预防

根据菌种衰退的原因，可制定相应的预防措施，主要有以下几方面。

1. 控制传代次数

尽量避免不必要的移种和传代，将必要的传代降低到最低限度，以减少发生突变的概率，因为微生物的突变都是在繁殖过程中发生或表现出来的。在 DNA 的复制过程中，碱基发生错配的概率低于 5×10^{-4}，一般自发突变率在 $10^{-9}\sim10^{-6}$，由此可以看出，菌种的传代次数越多，产生突变的概率就越高，因而发生衰退的机会也就越多。所以，不论在实验室还是在生产实践上，必须严格控制菌种的移种代数。

2. 创造良好的培养条件

为菌株提供良好的培养条件，可有效防止菌种衰退。不同的微生物菌株应使用对应的培养基，重点要控制好培养基的碳氮比、微量元素的种类及用量、是否需要添加生长因子等。另外，培养温度、通气状况、培养基 pH 等条件也非常重要，应使之有利于菌株生长，限制衰退细胞的数量，可预防菌种衰退。

3. 利用不同类型的细胞进行接种传代

丝状微生物如放线菌和霉菌，其菌丝细胞常含有两个核甚至多个核，因此用菌丝接种就会出现不纯和衰退，而孢子一般是单核的，用孢子接种就没有这种现象发生。如用无菌棉团轻轻蘸取“5406”放线菌斜面表面的孢子进行移种，可有效避免菌丝的接入，达到了防止菌种衰退的效果。

4. 采用有效的菌种保藏方法

微生物的特点各异，其菌种保藏的方法也不尽相同，如产芽孢的细菌应保藏其芽孢而不是营养体细胞，产孢子的霉菌应保藏其孢子而不是菌丝体。有效的保藏方法既可以保存细胞活力，而且可以减少传代的次数，可有效预防菌种衰退。

5. 定期进行菌种选育

在生产实践当中，应定时对菌种进行选育，主要工作是对菌种进行分离纯化与生产性能测定，保证保藏下来的菌种符合生产要求。

二、菌种的复壮

菌种如果发生衰退，就需要进行提纯复壮，以保证实验和生产所用。菌种的复壮主要包括微生物菌种的纯种分离与菌株性能测定两项工作，目的是从菌种群体中获得未衰退的或产生正突变的个体，使从中获得的菌种能恢复原菌种的典型性状，以保证生产质量。

狭义的复壮是指在菌种已发生衰退的情况下进行筛选与鉴定工作，是一种消极的应对措施。广义的复壮是指菌种尚未衰退前就有意识地进行筛选与鉴定工作，保证菌种生产性能的稳定，是一种积极的应对措施。

菌种复壮的主要方法如下。

1. 纯种分离

通过纯种分离，可在衰退菌种的细胞群体中分离出仍保持原有典型性状的一部分单细胞，经扩大培养，可恢复原菌株的典型性状。常用的分离纯化方法很多，大体上可将它们归纳成两类，一类较粗放，只能达到“菌落纯”的水平，即从种的水平来说是纯的，例如在琼脂平板上进行划线分离、表面涂布或倾注琼脂培养基等方法以获得单菌落；另一类是较精细的单细胞或单孢子分离方法，它可以达到细胞纯即“菌株纯”的水平。后者方法种类很多，既有简便的利用培养皿或凹玻片等分离室的方法，也有利用复杂的显微操纵器的分离方法。如果遇到不长孢子的丝状菌，则可用无菌小刀切取菌落边缘的菌丝尖端进行分离移植，也可用无菌毛细管插入菌丝尖端截取单细胞以进行纯种分离。

2. 通过寄主体进行复壮

对于寄生性微生物的衰退菌株，可通过接种至相应昆虫或动植物寄主体内以恢复菌株的特性。如经过长期人工培养的苏云金芽孢杆菌，会发生毒力减退、杀虫率降低等现象，这时可将衰退的菌株感染菜青虫的幼虫（相当于一种选择性培养基)，然后从病死的虫体内重新分离典型产毒菌株。如此反复多次，就可提高菌株的杀虫效率。

3. 淘汰已衰退的个体

对有抗性的菌种进行抗性压力选择（如药物、温度等因素)，淘汰已衰退的细胞个体，使保存下来的细胞能保持原有性状。

在使用上述防止衰退和达到复壮的措施之前，必须仔细分析和判断菌种是已经发生了衰退，还是仅仅一般性的表型变化（饰变)，或只是杂菌的污染而已。只有对症下药，才能使复壮工作奏效。

三、菌种的保藏

菌种保藏是指保持微生物菌株的生活力、遗传性状的技术。微生物代谢能力强，代时短，在应用与传代过程中有发生变异、死亡或者被杂菌污染的可能，因此，菌种保藏的目的主要在于保持菌种的活力、保持菌种原有典型性状。

菌种保藏的原理是根据微生物的生理生化特点，选用优良菌种（最好是它们的休眠体)，人为创造条件降低菌体细胞的代谢强度，限制其生长、繁殖，使其接近休眠状态，达到保持菌种活力、长时间保藏的目的。当需要使用时，给予适合的培养条件，菌种能恢复原有的典型性状。

菌种保藏的一般要求：应采用适宜的保藏方法；产芽孢或孢子的微生物应优先保藏其休眠体；同一菌种应使用两种或以上的保藏方法，每种方法至少有两个备份；定期检查菌种的保藏效果；做好菌种保藏的相关记录。

（一）菌种保藏的方法

菌种保藏的方法有很多，下面介绍几种常用的方法。

1. 冷冻干燥保藏法

将微生物细胞与保护剂（如脱脂牛乳等）混合制成悬液，注入安瓿管中，在冷冻干燥机中进行低温减压干燥，待水升华后制成固体菌块（或菌粉），并在真空条件下进行熔封，最后置于低温冰箱中保藏。

此法具备干燥、无氧、低温等条件，菌种保藏期长（一般为5~15年）、保藏效果好，携带方便，适用面广。除了丝状微生物的菌丝体不适宜于本法外，其他大多数微生物均可采用此法进行菌种保藏。此法的缺点是操作比较复杂，技术要求高，设备比较昂贵等。

2. 液氮保藏法

液氮的温度为-196℃，在此温度下可认为微生物细胞的代谢速率接近为零，因此保藏期很长，一般可超过10年。此法需要使用保护剂，常用的有甘油、二甲基亚砜等，其终浓度为10%~30%。

进行保藏操作时，将菌种与保护剂一起制备成浓度大于10^8个/mL的菌悬液或孢子悬液，分装于冻存管中，置于冰水浴中降温到0℃左右，然后使用程序降温仪以1~2℃/min的速度降温至-35℃左右，迅速把冻存管置于液氮中保藏。采用程序降温可使细胞内的自由水较快地渗出细胞膜，以有效防止形成冰晶而对细胞造成伤害。

此法的最大优点是保藏期很长，并且有效防止细胞变异，是目前公认的最有效的菌种长期保藏技术之一。缺点是需要购置液氮设备，耗能高、耗资高。

3. 斜面保藏法

将菌种接种在适宜的斜面培养基上，待菌种生长完全后，置于4℃左右的冰箱中保藏，每隔一定时间（保藏期）再转接至新的斜面培养基上，生长后继续保藏，如此连续不断。此法是微生物菌种的短期保藏法，适合大多数微生物，如细菌、放线菌、酵母菌和霉菌等。放线菌、霉菌和有芽孢的细菌一般可保存6个月左右，无芽孢的细菌可保存1个月左右，酵母菌可保存3个月左右。斜面保藏法的优点是简单便捷，不需要特殊设备，缺点是保藏期相对较短。

4. 液体石蜡封存法

将液体石蜡注入菌种斜面（或穿刺管）中，液面应高于斜面顶端至少1cm，加塞后垂直放置于4℃冰箱保藏。液体石蜡具有隔绝空气、防止水分挥发的作用，因此保藏期比斜面保藏法的效果好。液体石蜡应选择无毒、化学纯以上级别，在灭菌后放冷备用。本法较适合好氧微生物的保藏，如酵母菌、霉菌可保藏2年以上，长者可达10年甚至更长；但对厌氧微生物的保藏效果较差，尤其不适合能分解烃类的菌种。恢复培养时，由于菌体表面粘有液体石蜡，故生长较慢且有黏性，一般须转接2次或以上才能获得良好菌种。

5. 载体保藏法

使微生物吸附在适当的载体（土壤、砂土、滤纸等）上进行干燥保存的方法。常用的有沙土保藏法，主要用于孢子的保存。沙土经过处理后分装于安瓿管中，经灭菌、干燥，注入适量微生物细胞悬液并混匀，置于负压条件除去水分，密封保存。此法简便，保存时间较长，微生物转接也较方便。

6. 寄主保藏法

某些微生物（如病毒、立克次体、螺旋体和少数丝状真菌等）只能寄生在活的动物、植物或细菌中才能繁殖传代，故可针对寄主细胞或细胞的特性进行保存。如植物病毒可用植物幼叶的汁液与病毒混合，冷冻或干燥保存。噬菌体可以经过细菌培养扩大后，与培养基混合直接保存。动物病毒可直接用病毒感染适宜的脏器或体液，然后分装于试管中密封，低温保存。

（二）菌种保藏的注意事项

1. 保藏方法的选择

微生物种类繁多，不同类别的微生物其特性差异大，因此，应根据微生物菌种的具体特性、保藏的目的等因素来选择合适的保藏方法。如菌种经常使用，可选择斜面低温保藏法；如需长期保藏，可选择超低温保藏法或液氮保藏法。

2. 细胞菌龄的选择

对微生物菌种进行保藏时，不同菌龄的微生物细胞对保藏的效果有较大的影响。一般情况下，应选择生长同步且成熟的细胞群体、抗逆性强的孢子或芽孢进行菌种保藏。因此，保藏不产芽孢的细胞、酵母菌时，应选择对数生长期末期到稳定期初期之间的细胞；保藏产芽孢细胞、放线菌、霉菌时，应选择其成熟的芽孢或孢子。

3. 细胞悬液

增大菌种细胞悬液的浓度，可提高存活的细胞数量，提高菌种的存活概率。一般情况下，细菌细胞或芽孢的浓度应不低于10^8个/mL；酵母菌细胞或霉菌孢子的浓度应不低于10^7个/mL。另外，微生物经过培养后，培养基中可能存在对细胞有害的代谢产物，因此，对使用液态培养基培养的微生物细胞可离心去除培养液，再用无菌水悬浮成菌悬液，斜面菌种则可直接用无菌水洗脱成菌悬液。

4. 保护剂

保藏温度过低时，细胞内的自由水可形成冰晶，会对微生物菌种造成伤害，此时可加入保护剂。适合的保护剂可有效使细胞内的自由水渗出胞外，减少胞内冰晶的形成，有利于提高菌种的存活率，延长保藏期。常用的保护剂一般有甘油、脱脂牛乳、山梨醇、葡聚糖、淀粉、血清等，使用终浓度一般为10%~30%。

5. 冻结和解冻的速度

对于液氮保藏法，冻结速度和解冻速度对保藏的效果影响较大，一般使用慢冻结而快解冻的方式。研究表明，速度在1~10℃/min的程度降温，细胞死亡率低，超过10℃/min的快速冻结，细胞的死亡率大大提高（真核微生物较显著）。解冻时，一般迅速放置于35~40℃的温水中快速解冻，接着进行菌种活化相关工作；如果解冻速度较慢，有可能出现细胞内再结冰，对细胞造成伤害，从而影响菌种保藏的效果。

6. 菌种活化

菌种的活化就是将处于休眠状态的菌种细胞置于适宜的条件中培养，使其恢复原有生命活力及优良性状的过程。活化菌种时，应使用该菌种的最适合培养基及培养条件，经过2~3代的转接培养，即可达到活化的目的。一般情况下，斜面低温保藏的菌种转接一次即可，而超低温长时间保藏的菌种则需要转接2~3次。

知识拓展

一、甘油悬液保藏法

甘油是一种具有良好渗透性的小分子化合物，能渗透至细胞内部，以羟基和胞内大分子形成氢键，部分取代由水分子形成的氢键，使生物体内的蛋白质、碳水化合物、脂肪和其他大分子物质在缺水条件下仍可保持其原有结构，维持生物体活力。能降低细胞内自由水的含量，在冻结过程中减少冰晶的形成，是常用的菌种低温保藏保护剂，其使用终浓度在10%~30%，因菌种特性不同各异。

常用的操作方法有两种。

（1）将无菌15%甘油（体积分数）吸入斜面培养物中，轻刮菌苔制成菌悬液，细胞浓度应大于10^7个/mL，将菌悬液注入冻存管，置于低温冰箱保藏。斜面培养物宜用刚培养好的，防止菌龄过老。

（2）将待保藏微生物进行摇瓶培养至对数生长期中期至稳定期之间，吸取适量菌悬液注入冻存管，加入等体积的无菌30%甘油（体积分数），混匀后置于低温冰箱保藏。

冻存管一般使用1.5mL的EP管，装量约1mL。置于-80~-70℃的超低温冰箱中保藏可以大大减缓细胞的生理代谢速率，可保藏2~10年，达到长期保藏的目的。也可以置于-20℃的普通冰箱中进行保藏，保藏期稍短一些。本法操作简便，保藏占用空间小，适合于单细胞微生物、孢子的保藏。

进行复苏时，将冻存管从超低温冰箱中取出，立即置于37~40℃水浴中，不断摇动直至管内结冰全部溶解，然后将菌种接种至适宜的培养基中，在最适合条件下培养。

二、微生物菌种保藏机构

微生物菌种是一个国家的重要资源，世界各国都对菌种极为重视，设置了各种专业性保藏机构。目前，世界上约有550个微生物菌种保藏机构。

国外著名机构之一的美国典型菌种保藏中心（American Type Culture Collection, ATCC），1925年建立，是世界上最大的、保存微生物种类和数量最多的机构，目前保藏有细菌、放线菌、酵母菌、丝状真菌、病毒、衣原体、藻类、原生动物等29000株。主要从事农业微生物、工业微生物、医学微生物、普通微生物学、应用微生物学、遗传学、免疫学、细胞生物学、分子生物学、植物病理学、食品科学、分类学等的研究。ATCC向全球发布其获取、鉴定、保存及开发的生物标准品资源，同时还提供菌种的销售、保藏等服务。

我国为了推动菌种保藏事业的发展，1979年在国家科委与中国科学院的主持下，召开第一次全国菌种保藏工作会议，并成立了中国微生物菌种保藏管理委员会（China Committee for Culture Collection of Microorganisms，CCCMS），委托中国科学院负责全国菌种保藏管理业务，下设六个菌种保藏管理中心。

中国普通微生物菌种保藏管理中心（China General Microbiological Culture Collection Center，CGMCC），成立于1979年，隶属于中国科学院微生物研究所，是我国最主要的微生物资源保藏和共享利用机构。1985年以来，是国家知识产权局指定的保藏中心，承担用于专利程序的生物材料的保藏管理工作。2010年，成为我国首个通过ISO9001质量管理体系认证的保藏中心。CGMCC的工作主要包括：广泛分离、收集、保藏、交换和供应各类微生物菌种；保存用于专利程序的各种可培养生物材料；微生物菌种保藏技术研究；微生物分离、培养技术研究；微生物鉴定和复核技术研究；保藏菌种的资料情报收集和提供及编辑微生物菌种目录。CGMCC目前保存各类微生物资源超过5000种，46000余株，用于专利程序的生物材料7100余株，微生物元基因文库约有75万个克隆。

在做好菌种保藏工作的同时，还应做好菌种标记，建立编码制度，以有利于管理和查找。如中国科学院微生物研究所的菌种编码由三部分组成：AS+菌种类别+菌种编号。AS是中国科学院微生物研究所菌种保藏室的英文缩写；菌种类别：1表示细菌，2表示酵母菌，3表示霉菌，4表示放线菌；菌种编号是某一类别菌种的具体编号。例如用于酱油酿造的米曲霉菌株AS3.951，表示该菌种保藏于中国科学院微生物研究所菌种保藏室，菌种类别是霉菌，编号是951。

目前国内外主要的菌种保藏机构见表5-4。

表 5-4　　国内外主要的菌种保藏机构

国内机构		国外机构	
单位英文名简称	单位名称	单位英文名简称	单位中文译名
CGMCC	中国普通微生物菌种保藏管理中心	ATCC	美国典型菌种保藏中心
CMCC	中国医学微生物菌种保藏管理中心	NRRL	美国农业研究菌种保藏中心
CICC	中国工业微生物菌种保藏管理中心	CBS	荷兰微生物菌种保藏中心
ACCC	中国农业微生物菌种保藏管理中心	UKNCC	英国国家菌种保藏中心
CVCC	中国兽医微生物菌种保藏管理中心	VKPM	俄罗斯国家工业微生物保藏中心
CACC	中国抗生素菌种保藏管理中心	DSMZ	德国微生物菌种保藏中心
AS	中国科学院微生物研究所	KCTC	韩国典型菌种保藏中心
GIMCC	广东省微生物研究所微生物菌种保藏中心	NBRC	日本技术评价研究所生物资源中心

实训十　微生物菌种的保藏

微生物菌种的保藏
——瓷珠保藏法

（一）目的要求

1. 理解菌种保藏的目的和原理。
2. 掌握菌种保藏的常用方法。

（二）基本原理

微生物具有容易变异的特性，因此，在菌种保藏过程中，必须使微生物细胞的代谢处于最不活跃或相对静止的状态，才能在一定的时间内使其不发生变异而又保持生活能力。低温、干燥和隔绝空气是使微生物代谢能力降低的重要因素，菌种保藏的众多方法都是根据这 3 个因素而设计的。

（三）材料和仪器

1. 菌种

细菌、酵母菌、放线菌和霉菌斜面菌。

2. 培养基与试剂

营养琼脂培养基（培养细菌）、麦芽汁培养基（培养酵母菌）、高氏 1 号培养基（培养放线菌）、马铃薯葡萄糖培养基（培养霉菌）、无菌水、液体石蜡、30%甘油、脱脂奶粉、10%HCl、干冰、95%乙醇。

3. 仪器或其他用具

试管、移液管（1mL、5mL、10mL）、滴管、接种环、移液枪、吸嘴、冻存管（1.5mL EP 管）、安瓿管、二角烧瓶、蓝盖瓶、酒精喷灯、恒温干燥箱、冷冻真空干燥机、冰箱。

(四) 操作步骤

1. 斜面低温保藏法

(1) 贴标签　取各种无菌斜面试管数支，将注有菌株名称和接种日期的标签贴上，贴在试管斜面的正上方，距试管口 2~3cm 处。

(2) 斜面接种　将待保藏的菌种用接种环以无菌操作法移接至相应的试管斜面上，细菌和酵母菌宜采用对数生长期的细胞，而放线菌和丝状真菌宜采用成熟的孢子。

(3) 培养　细菌 37℃恒温培养 18~24h，酵母菌于 28~30℃培养 24~60h，放线菌和霉菌置于 26~30℃培养 2~7d。

(4) 保藏　斜面长好后，可直接放入 4℃冰箱保藏。

保藏时间依微生物种类而不同，酵母菌、霉菌、放线菌及有芽孢的细菌可保存 2~6 个月，然后移种一次；而不产芽孢的细菌最好每月移种一次。

2. 液体石蜡封存法

(1) 液体石蜡灭菌　在 250mL 三角烧瓶中装入 100mL 液体石蜡，塞上硅胶塞，并用牛皮纸包扎，121℃湿热灭菌 30min，然后于 60℃温箱中放置 18~24h（或置于 105~110℃烘箱中 1h），以除去液体石蜡中的水分，放凉后置于 4℃冰箱备用。

(2) 接种培养　同斜面保藏法。

(3) 加液体石蜡　用无菌滴管吸取液体石蜡以无菌操作加到已长好的菌种斜面中，加入量以高出斜面顶端约 1cm 为宜。

(4) 保藏　将试管斜面直立放置于 4℃冰箱中保存。

利用这种保藏方法，霉菌、放线菌、有芽孢细菌可保藏 2 年左右，酵母菌可保藏 1~2 年，一般无芽孢细菌也可保藏 1 年左右。

3. 超低温保藏法

(1) 甘油的配制及灭菌　按体积比配制 30% 的甘油溶液，装于蓝盖瓶中，121℃湿热灭菌 20min，冷却后放置 4℃冰箱备用。

(2) 接种培养　同斜面保藏法。

(3) 制备菌悬液　用 10mL 无菌吸管分别吸取 5~8mL 无菌水至待保藏的菌种斜面中，用接种环轻轻搅动，制成细胞悬液或孢子悬液。

(4) 加样　取无菌 EP 管，用油性笔在盖子及管身进行标记，然后用移液枪吸取 500μL 甘油溶液至 EP 管中；更换吸嘴，分别吸取 500μL 上述细胞悬液或孢子悬液于相应的 EP 管中，混匀。每个吸嘴只能吸取一种菌悬液。

(5) 保藏　将装有菌悬液的 EP 管放置于-80℃冰箱保存。也可置于-20℃冰箱保存。

此法适用于保藏细菌、酵母菌、霉菌孢子、放线菌孢子。甘油的终浓度一般为 15%（体积分数），结冻后的细胞悬液应该是均匀的，若发现细胞沉于管底，应调整甘油浓度。

4. 冷冻干燥保藏法

（1）准备安瓿管　将安瓿管用10% HCl浸泡8~10h后用自来水冲洗多次，最后用去离子水洗1~2次，烘干。管口加棉塞，121℃灭菌30min。

（2）制备脱脂牛奶　将脱脂奶粉配成20%乳液，然后分装，121℃灭菌15min，并做无菌试验。

（3）接种培养　同斜面保藏法。

（4）制备菌液及分装　吸取5mL无菌牛奶直接加入斜面菌种管中，用接种环轻轻搅动菌落，再用手振摇试管，制成均匀的细胞或孢子悬液。用无菌长滴管将菌液分装于安瓿管底部，每管装0.2mL。

（5）预冻　将安瓿管外的棉花剪去并将棉塞向里推至离管口约15mm处，再通过乳胶管把安瓿管连接于总管的侧管上，总管则通过厚壁橡皮管及三通短管与真空表及干燥瓶、真空泵相连接，并将所有安瓿管浸入装有干冰和95%乙醇的预冷槽中（此时槽内温度可达-50~-40℃），只需冷冻1h左右，即可使悬液冻结成固体。

（6）真空干燥　完成预冻后，升高总管使安瓿管仅底部与冰面接触（此处温度约-10℃），以保持安瓿管内的悬液仍呈固体状态。开启真空泵后，应在5~15min使真空度达66.7Pa以下，使被冻结的悬液开始升华，当真空度达到13.3~26.7Pa时，冻结样品逐渐被干燥成白色片状，此时使安瓿管脱离冰浴，在室温下（25~30℃）继续干燥（管内温度不超过30℃），升温可加速样品中残余水分的蒸发。总干燥时间应根据安瓿管的数量、悬浮液装量及保护剂性质来定，一般3~4h即可。

（7）封口　干燥后继续抽真空达1.33Pa时，在安瓿管棉塞的稍下部位用酒精喷灯火焰灼烧，拉成细颈并熔封，然后置4℃冰箱内保藏。

（8）恢复培养　用75%乙醇消毒安瓿管外壁后，在火焰上烧热安瓿管上部，然后将无菌水滴在烧热处，使管壁出现裂缝，放置片刻，让空气从裂缝中缓慢进入管内后，将裂口端敲断，用无菌的长颈滴管注入适量无菌生理盐水，充分溶解后吸取菌液至合适培养基中，置于最适条件下培养。

冷冻干燥保藏法综合利用了各种有利于菌种保藏的因素（低温、干燥和缺氧等），是目前最有效的菌种保藏方法之一。保存时间可长达10年以上。

（五）实训报告内容

1. 记录各种保藏方法的保藏效果。
2. 试比较各种保藏方法的优缺点。
3. 现有一个纤维素酶的高产霉菌菌株，你选用什么方法保存？试设计一个实验方案。

（六）注意事项

1. 从液体石蜡封藏的菌种管中挑菌后，接种环上带有油和菌，故接种环在火焰上灭菌时要先在火焰边烤干再直接灼烧，以免菌液四溅，引起污染。

2. 在真空干燥过程中安瓿管内样品应保持冻结状态，以防止抽真空时样品产生泡沫而外溢。

3. 熔封安瓿管时注意火焰大小要适中，封口处灼烧要均匀，若火焰过大，封口处易弯斜，冷却后易出现裂缝而造成漏气。

【同步练习】

一、填空题

1. ________是遗传信息的载体、是遗传变异的物质基础。

2. 核酸在生物体的存在方式可体现以下几个方面：________、________、________、________、________、________。

3. 生物的DNA是以________方式进行的，即每一个新复制的DNA双链中，其中一条链来自新代DNA，另一条链为与亲代DNA链互补的新链。

4. ________使遗传有了新的内容，使新的性状得以出现，促进了特种的演化。

5. 自然发生的基因重组方式主要有________、________、________、________、________等。

6. 菌种如果发生衰退，就需要进行________，以保证实验和生产所用。

7. 在对微生物菌种进行保藏时，如果保藏温度过低，细胞内的自由水可形成冰晶，会对微生物菌种造成伤害，此时可加入________以减少胞内冰晶的形成。

二、单项选择题

8. 从自然界中分离筛选菌种，欲获得淀粉酶生产菌，可到下列哪些场所采样（　　）

A. 米酒厂　　B. 肉类加工厂　　C. 污水处理厂　　D. 花生油加工厂

9. 下列诱变因子中，属于化学诱变因子的是（　　）

A. 紫外线　　B. 硫酸二乙酯　　C. 噬菌体　　D. 快中子

10. 下列现象不属于微生物菌种衰退的是（　　）

A. 细胞畸形　　B. 芽孢产量变多

C. 发酵能力下降　　D. 抗不良温度能力下降

11. 对枯草芽孢杆菌进行菌种保藏时，应选择下列哪种状态的细胞进行保藏（　　）

A. 对数生长期　　B. 稳定期　　C. 延滞期　　D. 芽孢

12. 证明核酸是遗传物质的三大经典实验，其中不包括（　　）

A. 肺炎双球菌的转化实验　　B. 噬菌体的感染实验

C. 曲颈瓶实验　　　　　　　D. 植物病毒的重组实验

13. 下列微生物菌种保藏的方法中，保藏期最长的是（　　）

A. 斜面保藏法　B. 寄主保藏法　　C. 载体保藏法　　D. 冷冻干燥保藏法

三、判断题

14. 遗传和变异是生物体最本质的属性之一。(　　)

15. 直接从自然界样品中分离出来的具有一定生产性能的菌株称为野生型菌株。(　　)

16. 在诱变育种的过程当中，不管是使用哪种诱变剂，均是剂量越高诱变效果越好。(　　)

17. 为了更好地预防菌种衰退，应增加传代次数以减少突变的几率。(　　)

18. 狭义的复壮是指在菌种已发生衰退的情况下进行筛选与鉴定工作，是一种积极的应对措施。(　　)

19. 菌种的活化就是将处于休眠状态的菌种细胞置于适宜的条件中培养，使其恢复原有生命活力及优良性状的过程。(　　)

四、综合题

20. 简述从自然界中分离筛选菌种的过程。

21. 基因突变的特点有哪些?

22. 简述紫外诱变育种的原理与过程。

23. 微生物菌种衰退有哪些表现?

24. 预防微生物菌种衰退的方法有哪些?

25. 简述菌种保藏的原理，列举几种常用的方法。

单元五　同步练习

【1+X 证书和技能竞赛考试内容】

	内容	1+X 证书考试内容	技能竞赛内容
知识	微生物菌种的保藏方法	√	√
能力	保藏微生物菌种	√	√
素质	(1)严谨客观的科学精神	√	√
	(2)吃苦耐劳,勇于奉献的奋斗精神	√	

学习单元六

免疫学基础

高福院士：要相信疫苗
要不断地向科学要答案

【知识目标】

1. 了解免疫系统的组成及生物学功能、免疫应答的调节、免疫学应用。
2. 理解免疫细胞和补体系统的相关知识、各型超敏反应的常见疾病与发生机制。
3. 掌握免疫的概念与功能、免疫球蛋白的相关知识、各型超敏反应的特点、免疫预防的基本原理和方式。

【能力目标】

1. 能理解免疫系统如何发挥作用。
2. 能完成凝集反应的操作，并能判断结果。

【素质目标】

1. 增强政治认同。
2. 培养科学精神，增强责任意识和法治意识。

知识讲解

免疫的两面性

一、免疫的概念与功能

免疫学最初是指机体对微生物的抵抗力和对同种微生物再感染的特异性防御能力。后来发现很多现象与病原微生物的感染无关。因此，把生物体能够辨认自我与非我,对非我做出反应以保持自身稳定的功能称为免疫。

免疫具有三大基本功能:①免疫防御,是机体排除外来抗原性异物的一种免疫保护功能,主要指抗感染。②免疫自身稳定,是机体清除衰老或损伤的细胞,进行自身调节,维持体内生理平衡的功能。③免疫监视,是机体识别和清除自身突变细胞,防止发生肿瘤,控制癌变细胞的功能(表 6-1)。

表 6-1　　免疫功能的分类

类别	功能正常	功能异常
免疫防御	防止外界病原体的入侵及清除入侵的病原体和有害物质	变态反应、反复感染或免疫缺陷综合征
免疫自稳	维持免疫系统内环境的稳定	识别紊乱,导致自身免疫病的发生
免疫监视	随时发现和清除体内出现的“非己”成分	导致癌变或持续感染的发生

二、免疫系统

免疫系统是由免疫器官和组织、免疫细胞及免疫分子组成。免疫系统的各部分在免疫细胞和免疫相关分子的协作及制约作用下，共同完成机体的免疫功能。

（一）免疫器官

1. 中枢免疫器官

中枢免疫器官又称初级免疫器官，是免疫细胞发生、分化、发育和成熟的场所，具有诱导淋巴细胞增殖分化为免疫活性细胞的功能。

（1）胸腺　是T淋巴细胞（即胸腺依赖淋巴细胞，简称T细胞）分化成熟的场所。它不仅通过T细胞的阳性选择和阴性选择诱导T细胞的发育成熟，还通过产生胸腺激素和多种细胞因子实现胸腺的免疫调节功能。

（2）骨髓　具有造血和免疫双重功能，是各种血细胞和免疫细胞的发源地和分化场所，B细胞分化成熟的场所，也是再次体液免疫应答发生的场所，是机体重要的中枢免疫器官。

（3）法氏囊　又称腔上囊，禽类特有，功能与骨髓类似，是B细胞分化发育的场所。

2. 外周免疫器官

外周免疫器官是成熟淋巴细胞定居的场所，也是淋巴细胞对外来抗原刺激产生免疫应答的主要部位。包括淋巴结、脾脏和黏膜相关淋巴组织等，终生存在，部分切除后对免疫影响较小。

（二）免疫细胞

免疫细胞泛指一切具有免疫功能的细胞，包括各类淋巴细胞（T、B、D、NK、

NS、K 和 N 细胞等)、粒细胞、单核细胞和各种类型的巨噬细胞等。其中，受抗原刺激后，能特异性地识别抗原决定簇，并能通过分化增殖，发生特异性免疫应答，产生抗体或淋巴因子的一类细胞称为免疫活性细胞，也称为具有免疫潜能的细胞，主要指 T 细胞和 B 细胞等（图 6-1）。

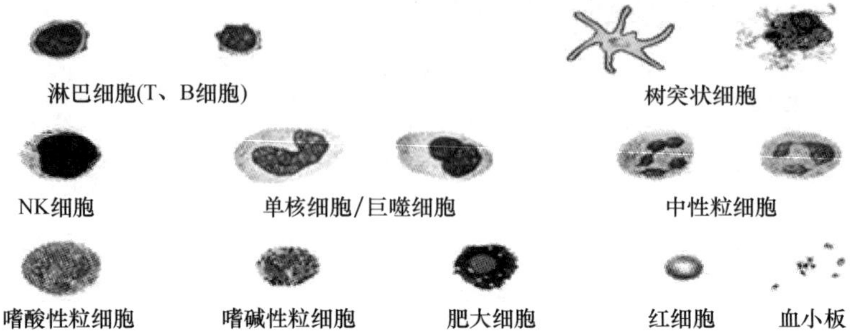

图 6-1　免疫细胞种类

1. T 细胞

T 细胞来源于骨髓的多功能干细胞。干细胞进入胸腺后，在胸腺素的诱导和作用下，分化增殖成为具有免疫活性的小淋巴细胞，称为胸腺依赖淋巴细胞。在胸腺形成的 T 细胞，经血液循环移至外周淋巴器官的胸腺依赖区（即淋巴结的副皮质区和脾小体的中央动脉周围）。在外周血液中，T 细胞占淋巴细胞总数的 60%~70%。当受到抗原刺激后，T 细胞会进一步分化、增殖，以发挥其特异性的细胞免疫功能。

T 细胞表面有其独特的表面标志，包括表面受体和表面抗原两类。表面受体如绵羊红细胞受体（E 受体），能与绵羊红细胞相结合，可使周围的绵羊红细胞结合在其周围而形成一个玫瑰花状物，称为 E 玫瑰花环，这是 T 细胞的特征之一。利用这一原理可检测外周血中 T 细胞的数目及其比例，此试验称为 E 花结试验或 E 玫瑰花环实验。

T 细胞的表面抗原实际上就是 T 细胞的抗原受体，或称为 T 细胞受体，是它执行复杂和精确的识别抗原性异物的物质基础之一。它只能识别经抗原递呈细胞加工后递呈的抗原。长寿的 T 淋巴细胞还能贮存和传递免疫信息。

2. B 细胞

B 细胞也由骨髓多功能干细胞分化而来，分化为具有免疫活性的 B 细胞（称为法氏囊依赖性淋巴细胞），经淋巴液和血液循环转移到外周淋巴器官。哺乳动物和人类的 B 细胞则由淋巴干细胞分化而来，故又称为骨髓依赖性淋巴细胞。B 细胞在抗原刺激后发生增殖，并分化为浆细胞和记忆细胞，合成并释放抗体等。B 细胞在外围血液中仅占淋巴细胞总数的 20%~30%。

3. K 细胞

K 细胞亦称杀伤细胞。它具有抗体依赖性细胞介导的细胞毒作用，能杀伤与特异性抗体结合的靶细胞。人体 K 细胞约占淋巴细胞总数的 5%～15%。K 细胞表面有 IgG 的 Fc 受体，当靶细胞与相应的 IgG 结合后，K 细胞可与结合在靶细胞上的 IgG 的 FC 段结合，使自身活化，释放细胞毒，破坏靶细胞。这种杀伤作用须通过特异性抗体作中介，因此 K 细胞也被称为抗体依赖性细胞毒性淋巴细胞。

（三）免疫分子

抗体的发现

1. 免疫球蛋白与抗体的概念

抗体是机体在抗原物质刺激下形成的一类能与相应抗原发生特异性反应的活性球蛋白，又称免疫球蛋白（Ig），由 B 细胞合成并分泌。抗体是机体对抗原物质产生免疫应答的重要产物，具有各种免疫功能，主要存在于动物血清、淋巴液、组织液及其他外分泌液中，因此将抗体介导的免疫称为体液免疫。

2. 免疫球蛋白的结构

虽然免疫球蛋白的种类很多，但其基本结构是相同的（图 6-2）。免疫球蛋白分子是由两条相同的重链（H 链）和两条相同的轻链（L 链）通过链间二硫键连接而成的四肽链结构。近对称轴的一对较长的肽链称为重链或 H 链。远对称轴的一对较短的肽链称为轻链或 L 链。重链的分子质量比轻链的分子质量大。Ig 分子由 3 个片段组成，位于上端的两个臂由易弯曲的铰链区连接到主干上形成一个“Y”形分子，称为 Ig 分子的单体，这是构成免疫球蛋白分子的基本单位。根据肽链中氨基酸顺序是否恒定，将 H 链和 L 链分别分为恒定区域（C 区）和可变区域（V 区）。Ig 的 V 区端是肽链的氨基末端（N 端），氨基酸序列变化很大；另一端为相对稳定、变化很小的羧基末端（C 端）。根据重链的血清学类型、分子质量大小、糖量的不同和与抗原结合方式的不同，免疫球蛋白可以分为类或亚类。世界卫生组织于 1968 年将人类血清中纯化的 Ig 分成五类：IgG、IgA、IgM、IgD、IgE，其中 IgG 是免疫球蛋白的主要组成成分。

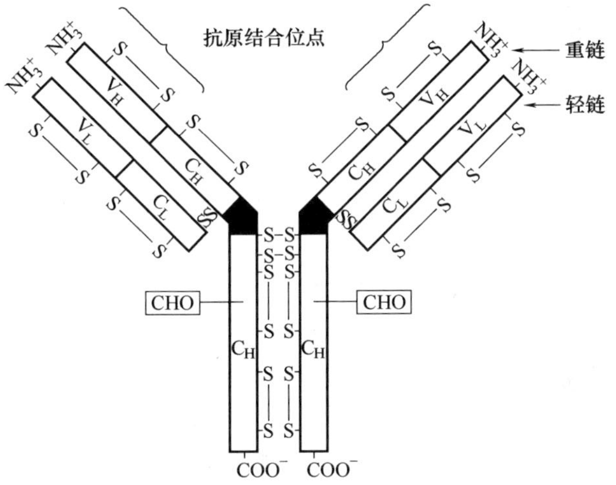

图 6-2　免疫球蛋白 IgG 的结构模式

Ig 分子上的两条重链和两条轻链是由二硫键连接的，因此它可以被巯基试剂还原成单链或双链；在 Ig 分子的铰链区，由于富含脯氨酸而被称为蛋白酶的酶切位点。为研究免疫球蛋白的结构和功能，需将免疫球蛋白用蛋白酶水解。

（1）木瓜蛋白酶水解片段　木瓜蛋白酶水解 IgG 的部位是在铰链区二硫键近 N 端，裂解后可得到 3 个片段：2 个相同片段称为抗原结合片段（Fab），每个 Fab 段由一条完整的轻链和重链的 V_H 和 C_H1 功能区组成。Fab 段为单价；1 个可结晶片段（Fc），相当于 IgG 的 C_H2 和 C_H3 功能区，无抗原结合活性，是抗体分子与效应分子和细胞相互作用的部位。Fc 能介导抗体的很多生物学功能，因此，Ig 同种型的抗原性主要存在于 Fc 段。

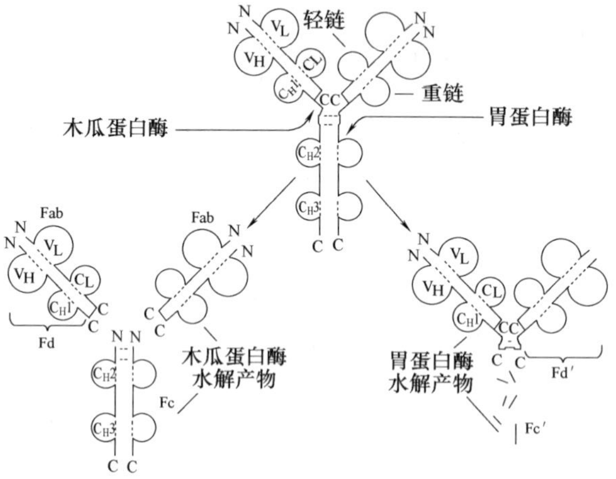

图 6-3　IgG 的水解片断

（2）胃蛋白酶水解片段　胃蛋白酶在铰链区连接重链的二硫键近 C 端水解 IgG，产生一个大片段和多条小分子多肽（图 6-3）。大片段称为 F（ab′）2 片段，由于抗体分子的两个臂仍由二硫键连接，因此 F（ab′）2 片段为双价，与抗原结合可发生凝集反应和沉淀反应。F（ab′）2 片段保留了结合相应抗原的生物学活性，又避免了 Fc 段抗原性可能引起的副作用，因而作为生物制品有较大的实际应用价值；若干小分子片段是由 Fc 段裂解而来，称为 pFc′，无生物学活性。

3. 免疫球蛋白分子的功能区

Ig 是体液免疫应答中发挥免疫功能最主要的免疫分子，其功能与结构密切相关，是由其分子中不同功能区的特点所决定的。Ig 分子有单体、二聚体和五聚体等几种形式。只有 1 个 Y 形分子组成的 Ig 称为单体，如 IgG、IgD、IgE 等；由 2 个 Y 分子组成的 Ig 称为双体，如血清型 IgA 或分泌型 IgA；由 5 个 Y 型分子组成的 Ig 是一个星状结构，5 个单体间由二硫键结合在一起，称为五体或五聚体。不同的抗体结合抗原表位的数目不同，如 Ig 单体可结合 2 个抗原表位，为双价；分泌型 IgA 为 4 价；五聚体 IgM 理论上为 10 价，但由于立体构型的空间位阻，一般只能结合 5 个抗原表位，故为 5 价（图 6-4）。抗体在体内与相应抗原特异结合，发挥免疫效应，清除病原微生物或导致免疫病理损伤。例如 IgG 和 IgA 可中和外毒素，保护细胞免受毒素作用；病毒的

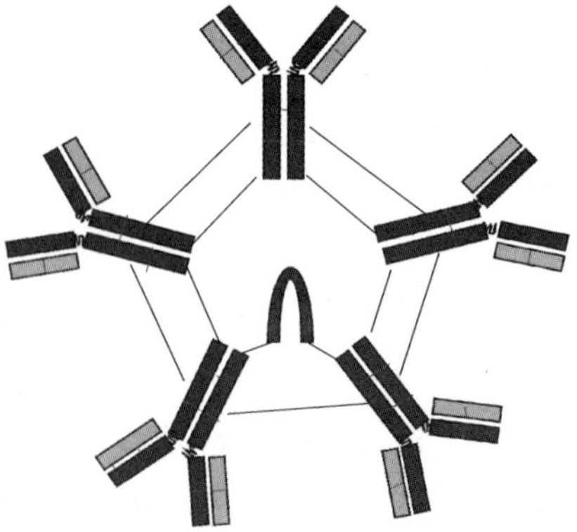

图 6-4　五聚体 IgM

中和抗体可阻止病毒吸附和穿入细胞从而阻止感染相应的靶细胞；分泌型 IgA 可抑制细菌黏附到宿主细胞（图 6-5）。B 细胞膜表面的 IgM 和 IgD 是 B 细胞识别抗原受体，能特异性识别抗原分子。抗体在体外与抗原结合引起各种抗原抗体反应。

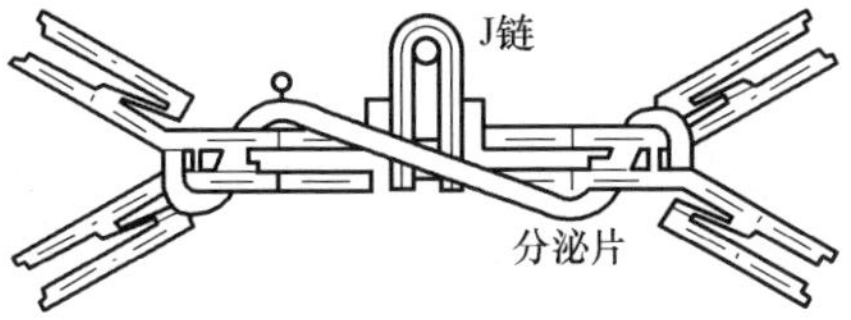

图 6-5　分泌型 IgA

4. 各类免疫球蛋白的特性与功能

（1）IgG　IgG 是血清中含量最高的 Ig，占血清 Ig 总量的 75%~80%。IgG 多为单体，也有少量 IgG 以多聚体形式存在。IgG 主要由脾脏和淋巴结中浆细胞合成，半衰期约 23d。IgG 在机体防御机制中发挥抗感染、中和毒素及调理作用。IgG 是唯一能通过胎盘的 Ig，胎盘内 IgG 含量远高于血清中，故对新生儿抗感染起重要作用。IgG 的 Fc 段可与中性粒细胞、单核细胞、巨噬细胞、K 细胞等表面的 Fc 受体结合，从而发挥其调理作用及激活 K 细胞等对靶细胞的杀伤作用。某些亚类 IgG 的 Fc 段可固定于皮肤，引起 Ⅰ 型超敏反应，还能与葡萄球菌胞壁上的 A 蛋白（SPA）结合。

（2）IgM　IgM 是初次体液免疫应答早期阶段产生的主要 Ig，占血清 Ig 总量的 5%~10%，主要在脾脏和淋巴结中产生，分布于血流中，抗全身感染的作用较强。IgM 是五类 Ig 中相对分子质量最大者，又称巨球蛋白。IgM 有较多结合价，是高效能的抗微生物抗体，其杀菌、溶菌、溶血、促吞噬以及凝集作用比 IgG 强。人体天然血型抗体（抗 A 型与抗 B 型血）为 IgM，为造成血型不符的输血反应的重要因素。人体若缺乏 IgM 可能导致致死性败血症。IgM 也可中和毒素和病毒。IgM 在感染早期即已产生，是在个体发育过程中最早出现的抗体，胚胎晚期已能合成。IgM 可激活补体经典途径，亦为引起Ⅱ、Ⅲ型超敏反应的抗体。

（3）IgA　IgA 分为血清型和分泌型。血清型 IgA 主要是由肠系膜淋巴组织中的浆细胞产生，占血清 Ig 总量的 10%~20%。IgA 大多（85%）为单体，只有少数以二、三、四、五聚体形式存在。分泌型 IgA（SIgA）是由呼吸道、消化道、泌尿生殖道等处黏膜固有层中的浆细胞产生，在浆细胞内已由 J 链（含胱氨酸较多的酸性蛋白）连接成二聚体，然后分泌出来。IgA 具有抗菌、抗病毒和中和毒素等多种生物学作用，对支原体和某些真菌可能也有作用，是机体黏膜防御感染的重要因素。血清 IgA 具有多种抗体活性，如同种血凝素，抗胰岛素，抗布氏菌，抗白喉毒素，抗脊髓灰质炎病毒抗体等。SIgA 对机体局部免疫，如保护呼吸道、消化道黏膜有重要作用。

（4）IgD　IgD 在血清内含量很低，仅占血清 Ig 总量约 0. 2%左右。IgD 易被蛋白水解酶水解，而且易自溶，故半衰期短，仅三天左右。IgD 不能通过胎盘。不能激活补体。目前已知的 IgD 抗体活性包括抗细胞核抗体、抗胰岛素抗体、抗青霉素抗体和牛奶过敏性抗体等，以及全身性红斑狼疮、类风湿性关节炎、甲状腺炎等自身免疫病中的自身抗体。

(5) IgE　IgE 在正常血清中含量极低且较稳定，仅占血清 Ig 总量的 0.002%。但在过敏体质个体的血清中含量显著增高。感染可诱导 IgE 大量产生。IgE 由呼吸道（鼻、咽扁桃体和支气管）和消化道黏膜固有层中的浆细胞产生，分布于这些部位的黏膜组织、外分泌液和血流内。IgE 是一种亲细胞抗体，易与皮肤组织、肥大细胞、血液中的嗜碱性粒细胞和血管内皮细胞结合。IgE 是引起Ⅰ型超敏反应的主要抗体，其抗寄生虫作用早有报道。

5. 人工制备抗体

(1) 多克隆抗体　早期传统的抗体制备方法是将一种天然抗原经各种途径免疫动物，刺激产生多种抗体形成细胞克隆，故在其血清中实际上是含多种抗体的混合物，这种用体内免疫法所获得的免疫血清为多克隆抗体（PcAb），也是第一代抗体。这种抗体不均一，在研究与临床应用上都受到很大限制。

(2) 单克隆抗体　单克隆抗体（McAb）是由单一 B 细胞克隆产生的高度均一、仅针对某一特定抗原表位的抗体。通常采用杂交瘤技术来制备，杂交瘤抗体技术是在细胞融合技术的基础上，将具有分泌特异性抗体能力的致敏 B 细胞和具有无限繁殖能力的骨髓瘤细胞融合为 B 细胞杂交瘤。这种用杂交瘤技术制备的单克隆抗体可视为第二代抗体。

(3) 基因工程抗体　基因工程抗体技术是利用 DNA 重组与蛋白质工程技术，在基因水平对 Ig 分子进行切割、拼接或修饰，甚至是人工嵌合后导入受体细胞表达，产生新型抗体，也称为第三代抗体。基因工程抗体包括嵌合抗体、重构抗体、单链抗体、单区抗体及抗体库等。其中以嵌合抗体研究得较多，也较成熟。单链抗体及单域抗体虽具有结构简单、分子小等优点但其临床应用的前景尚待证实。

(四) 补体系统

1. 补体系统的概念

补体（C）是存在于人和脊椎动物血清、组织液和细胞膜表面的一组与免疫相关并具有酶活性的球蛋白。由近 40 种可溶性蛋白和膜结合蛋白组成，包括直接参与补体激活的各种补体固有成分、调控补体激活的各种灭活因子和抑制因子及分布于多种细胞表面的补体受体等，故称为补体系统。

2. 补体系统的组成与性质

根据补体系统各成分的生物学功能，可将其分为 3 类：补体系统的固有成分，调控补体系统活化的成分，分布于多种细胞膜上的补体受体分子。通常把参与经典途径的固有成分，以符号“C”表示，按其发现的顺序分别称为 C1，C2……C9，替代途径的补体成分以因子命名，用大写英文字母表示，如 B 因子、D 因子、P 因子等。补体调控蛋白则根据其功能命名，如 C1 抑制物、C4 结合蛋白等。对于补体受体，则以其结合对象来命名，如 C1qR、C5aR，各种 C3 片段的受体则用 CR1、CR2……CR5 表示。补体活化的裂解片段一般在该成分的符号后附加小写字母表示，如 C3a、C3b。

补体系统各成分的化学组成均为糖蛋白，多数为 β 球蛋白，少数几种属 α 或 γ 球蛋白。补体在血清中的含量约为 4g/L，其中 C3 含量最高，高达 1.2g/L，约为补体总量的 1/3，D 因子含量最低，仅为 0.001~0.002g/L。

某些补体成分（如 C1、C2、C5、C8）性质极不稳定，加热 56℃ 30min 即被灭活，在室温下很快失活，在 0~10℃ 中活性仅能保持 3~4d，故补体应保存在-20℃以下，冷冻干燥后能较长时间保存。许多理化因素如机械振荡、紫外线照射、强酸、强碱、乙醇及蛋白酶等均可使补体失活。

3. 补体系统的激活途径

补体系统各成分多以非活化状态存在于血清和体液内。补体系统的激活是在某些激活物质的作用下，各补体成分按一定顺序，以连锁的酶促反应方式依次活化，并表现出各种生物学活性的过程，故亦称为补体级联反应。激活有两条途径：经典途径（传统途径）和替代途径（旁路途径）。此外还有甘露聚糖结合凝集素（MBL）途径，3 条途径仅前端反应不同，其末端通路相同。

4. 补体系统的生物学功能

（1）溶菌、溶细胞作用　补体系统激活后能溶解多种靶细胞，包括红细胞、白细胞、血小板、细菌、支原体、具有包膜的病毒和某些肿瘤细胞等。

（2）调理作用　补体裂解产物（C3b、C4b）与细胞或其他颗粒性物质结合，可促进吞噬细胞对其吞噬，称为补体的调理作用。

（3）免疫黏附与清除免疫复合物　补体后激活，可通过 C3b 或 C4b 黏附于具有 CR1 的红细胞、血小板或某些淋巴细胞上，易被吞噬细胞吞噬和清除。

（4）中和及溶解病毒作用　病毒与相应抗体结合后，在补体的参与下，可显著增强抗体对病毒的中和作用。

（5）炎症介质作用　具体表现在以下几个方面：①激肽样作用；②过敏毒素作用；③趋化作用。

肿瘤免疫的思考

（五）细胞因子

1. 细胞因子的概念

细胞因子（CKs）是构成免疫系统的重要介质之一，主要为由活化的免疫细胞和某些基质细胞（如骨髓基质细胞）分泌的具有高活性、多功能的小分子蛋白质。

2. 细胞因子的种类及功能

在免疫应答和免疫调节中起作用的细胞因子主要可分为 6 类。

（1）干扰素类　干扰素（IFN）是最先发现的细胞因子，由病毒或干扰素诱生剂刺激人或动物有核细胞产生的糖蛋白，因其具有干扰病毒感染和复制的能力，故称为干扰素。据其细胞来源、理化性质和抗原性的不同可分为 α、β 和 γ 等 3 种类型，其生物学作用主要有：广谱抗病毒作用；抑制细胞分裂和抗肿瘤作用；免疫调节作用，可激活巨噬细胞。

（2）白细胞介素类　白细胞介素（IL），简称白介素，指在白细胞或免疫细胞间相互作用的细胞因子。它在传递信息，激活与调节免疫细胞，介导T、B细胞活化、增殖与分化及在炎症反应中起重要作用。

（3）集落刺激因子　集落刺激因子（CSF）是能刺激不同造血干细胞和不同发育分化阶段的造血祖细胞增殖、分化的细胞因子，也称造血生长因子。

（4）肿瘤坏死因子（TNF）　是一类能引起肿瘤组织出血坏死的细胞因子。其生物学活性包括：对肿瘤细胞和病毒感染细胞有生长抑制；增强巨噬细胞、NK细胞的吞噬杀伤功能；增强T、B细胞对抗原和丝裂原刺激的增殖反应；刺激血管内皮细胞、纤维母细胞合成IL-1、CSFS等，增加血管内皮细胞对白细胞的黏附性等。

（5）生长因子　生长因子（GF）是具有刺激细胞生长作用的细胞因子。生长因子在免疫应答、肿瘤发生、损伤修复等方面有重要作用。

（6）趋化因子　是一类具有趋化活性的小分子蛋白质，称为趋化因子家族。由于该家族成员与炎症密切相关，故亦称为前炎症因子。

三、抗原

（一）抗原的概念与特性

凡是能刺激机体免疫系统诱导免疫应答并能与应答产物，如抗体或致敏淋巴细胞发生特异性反应的物质称为抗原（antigen，Ag）。抗原又称免疫原，具有两种基本特性：①免疫原性，指能刺激机体产生免疫应答能力的特性，又称抗原性；②免疫反应性，指能与免疫应答的产物发生特异反应的特性，又称反应原性。

根据抗原是否具有这两个特性，可以把抗原分为完全抗原和不完全抗原。既具有免疫原性又具有免疫反应性的抗原，称为完全抗原，包括大多数常见的抗原，例如多数蛋白质、细菌细胞、细菌外毒素、病毒体和动物血清等；只具有免疫反应性而无免疫原性的抗原物质，称为不完全抗原或半抗原，例如大多数糖、类脂、核酸及其降解物以及某些药物（如青霉素在水中分解产生的青霉烯酸和青霉噻唑等）等，因其无免疫原性，故不能刺激机体产生免疫应答，但当它们与适当的蛋白载体（如甲基化牛血清蛋白，MBSA）结合为复合物后，就兼有了免疫原性，由此刺激机体产生的抗体，就可与该半抗原发生特异结合。

（二）抗原的分类

医学上重要的抗原

自然界存在的抗原很多，可根据不同的原则进行分类。根据抗原的不同来源可分为天然抗原、人工抗原和合成抗原。根据抗原与机体的亲缘关系又可分为异种抗原、同种异体抗原和自身抗原。根据抗原的化学性质可分为蛋白质抗原、多糖抗原、脂抗原、核酸抗原等。根据刺激机体细胞产生抗体是否需要 T 细胞辅助又可分为胸腺依赖抗原（TD）和非胸腺依赖抗原（TI），绝大多数天然抗原属于前一种。

（三）决定抗原免疫原性的因素

在具有免疫应答能力的机体中能使机体产生免疫应答的物质称为免疫原，故抗原物质又可称为免疫原，但半抗原不是免疫原。影响抗原特性的因素主要有以下几方面：

1. 抗原的分子质量与分子结构

一般来说，分子质量越大、分子结构越复杂则免疫原性越强。抗原物质分子质量一般都大于 1.0×10^4u，低于 4.0×10^3u 的物质一般不是抗原。也有例外，如明胶的分子质量高达 1.0×10^5u，而抗原性很弱；胰岛素的分子质量仅为 5734u，但其氨基酸成分和结构较特殊，故具有抗原性。一般来说，分子结构和空间构象越复杂免疫原性越强。

2. 异物性

异物性又称异质性，指抗原的理化性质与所刺激机体的自身物质间的差异程度。

（1）非动物性抗原　如叶绿素、微生物等对动物宿主有良好的免疫原性。

（2）异种动物抗原　血缘关系越远，生物种系差别越大，免疫原性越好。

（3）同种异体抗原　同种动物异体间的某种物质也有免疫原性，如血型抗原、组织相容性抗原等。

（4）自体抗原　正常情况下，机体的自身物质或细胞不发生免疫应答，但如果组织蛋白结构发生改变、外因或感染而进入血液循环系统，可引起自身免疫系统发生免疫应答。

3. 抗原决定簇

抗原决定簇或称抗原表位，是位于抗原表面可决定抗原特异性的特定化学基团，亦即指构成抗原的免疫原性所必需的最少亚单位数。它能与相应淋巴细胞上的抗原受体及相应的抗体分子发生特异结合，从而可激活淋巴细胞并引起免疫应答。一个抗原分子可具有一种或多种不同的抗原决定簇，即产生一种或多种相应的特异性。

4. 物理状态

不同物理状态的抗原物质其免疫原性也有差异。颗粒性抗原的免疫原性通常比可溶性抗原强。可溶性抗原分子聚合后或吸附在颗粒表面可增强其免疫原性。

5. 免疫动物的遗传因素、机体与抗原的相互作用关系

如免疫途径、抗原剂量等都对抗原的免疫原性有影响。

（四）影响抗原特异性的因素

抗原的特异性是指抗原刺激机体产生免疫应答及其与应答产物发生反应所显

示的专一性，即某一特定抗原只能刺激机体产生特异性的抗体或致敏淋巴细胞，且仅能与该抗体或对该抗原应答的淋巴细胞有特异性结合。抗原表位是影响抗原特异性的结构基础，决定着抗原的特异性，即决定着抗原与抗体发生特异结合的能力。

1. 抗原表位

抗原表位的分子很小，大体相当于相应抗体的结合部位，一般由 5~7 个氨基酸、单糖或核苷酸残基组成。凡能与抗体分子结合的抗原决定簇的总数称为抗原结合价。一个半抗原相当于一个抗原表位，仅能与抗体分子的一个结合部位结合。天然抗原一般是大分子，由多种、多个抗原表位组成，是多价抗原，可以和多个抗体分子结合。大多数抗原的抗原结合价是多价的，例如，甲状腺球蛋白为 40，牛血清白蛋白为 18，鸡蛋清为 10 等；少数抗原是单价的，如肺炎链球菌荚膜多糖水解后形成的简单半抗原等。

2. 抗原表位的类型

根据 T、B 细胞所识别的抗原表位的不同，将其分为 T 细胞抗原表位和 B 细胞抗原表位。B 细胞表位多位于抗原表面，可直接刺激 B 细胞；T 细胞表位可存在于抗原物质的任何部位。

3. 抗原表位的影响因素

抗原表位的性质、数目、位置和空间构象决定着抗原表位的特异性。例如，虽然氨苯磺酸、氨苯砷酸和氨苯甲酸在结构上相似，仅一个有机酸基团的差异，但抗氨苯磺酸抗体仅对氨苯磺酸起强烈反应，对氨苯砷酸和氨苯甲酸只起中等和弱反应。

4. 表位-载体作用

在人工抗原中，表位（半抗原）为简单的有机化学分子，必须与蛋白质载体耦联后，才可诱导出抗半抗原抗体。在免疫应答中，B 细胞识别半抗原，并提呈载体表位给 CD4+T 细胞，Th 细胞识别载体表位，通过载体把特异的 T-B 细胞连接起来，T 细胞才能激活 B 细胞。在天然抗原中，常同时存在 T 及 B 细胞表位，分别活化 T 及 B 细胞。

5. 共同抗原表位与交叉反应

某些抗原不仅可与其诱生的抗体或致敏淋巴细胞反应，还可与其他抗原诱生的抗体或致敏淋巴细胞反应，因为这些抗原分子中常带有多种抗原表位，不同抗原之间含有相同或相似的抗原表位，称为共同抗原表位，抗体或致敏淋巴细胞对具有相同和相似表位不同抗原的反应，称为交叉反应。共同抗原的存在和交叉反应的发生并非否定抗原的特异性，而是由于抗原的异质性和共同表位所致。

（五）医学上的主要抗原物质

微生物的各种化学成分如蛋白质及与蛋白质结合的各种多糖和脂类，都可能是抗原，并可刺激机体产生各种相应的抗体。细菌、病毒、立克次体等都是很好的抗原，微生物的抗原结构是微生物分类的依据之一。

1. 表面抗原

表面抗原是指包围在细菌细胞壁外层的抗原，主要是荚膜或微荚膜抗原，成分为酸性多糖。它的存在可干扰菌体抗原与相应抗体的结合。根据菌种或结构的不同，表面抗原还有几种习惯名称，例如肺炎链球菌的表面抗原称为荚膜抗原；痢疾志贺菌的表面抗原称为荚膜抗原或 K 抗原；而伤寒沙门菌的表面抗原则称为 Vi 抗原。

2. 菌体抗原

菌体抗原是指存在于细胞壁、细胞膜与细胞质上的抗原，过去曾称为 O 抗原。目前 O 抗原已专指 G^-细菌尤其是一些肠道 G^-细菌表面的耐热、抗乙醇的脂多糖-蛋白抗原。一个细菌细胞含有多种抗原，是由不同蛋白质、多糖和脂类组成的复合抗原。所产生的特异抗体只能与该种或该型的细菌发生反应。有些不同种或不同型细菌之间有相同的抗原，称为共同抗原，它们所产生的抗体既能与产生这一抗体的该细菌抗原发生反应，又能与含有相同抗原的其他种细菌抗原发生交叉反应。

3. 鞭毛抗原

鞭毛抗原指存在于鞭毛上的抗原，即鞭毛蛋白抗原，又称 H 抗原，特异性较强，但不耐热，56~80℃即被破坏。

4. 外毒素和类毒素

细菌的外毒素一般都是抗原性很强的蛋白质。类毒素则是外毒素经甲醛脱毒后对动物无毒、仍保留强免疫原性的蛋白质。类毒素可免疫宿主动物以制取相应的抗体，即抗毒素，用以治疗相应的细菌毒素中毒症，例如白喉抗毒素和破伤风抗毒素等。

四、免疫应答

（一）免疫应答的概述

免疫应答是指免疫系统识别和清除抗原的整个过程。根据免疫应答识别的特点、获得形式以及效应机制，可将其分为固有免疫和适应性免疫两大类。固有免疫又称先天性免疫或非特异性免疫，适应性免疫又称获得性免疫或特异性免疫。固有免疫是生物在长期进化中逐渐形成的，是机体抵御病原体入侵的第一道防线。适应性免疫应答比固有免疫应答产生晚，常在感染 5~7d 后才起作用，但其作用特异，强而有力，故能在消除病原体、促进疾病恢复及防止再感染中发挥重要作用。两者相辅相成、密不可分。固有免疫往往是适应性免疫的先决条件；适应性免疫效应的分子可大大促进固有免疫应答。

（二）固有免疫系统及其介导的免疫应答

固有免疫，亦称天然免疫或非特异性免疫，是机体在长期进化过程中与病原微生物相互作用，逐渐建立起来的一系列天然防御功能，它只能识别自身和非自身，对异物无特异性区别作用，构成机体抵御病原微生物入侵的第一道防线。它主要由一些细胞成分、体液成分和机体的屏障结构所组成。此免疫在个体出生时就具备，能够稳定地遗传给下一代，对外来病原体迅速应答，产生非特异性抗感染作用，同时在特异性免疫应答中也起一定的作用。

固有免疫细胞和分子在识别病原体及其产物或体内衰老损伤、畸变细胞等抗原性异物后，迅速活化，有效吞噬、杀伤、清除病原体或体内“非己”抗原性异物，产生非特异性免疫防御、监视、自稳等保护作用的过程即固有免疫应答，由固有免疫系统执行。固有免疫系统由组织屏障、固有免疫细胞、固有免疫分子组成。

（三）适应性免疫应答

适应性免疫应答是指个体出生后应抗原刺激建立起来的针对接触抗原的应答能力。这种应答能力非机体出生时即有，故称为适应性免疫应答、获得性免疫应答或后天免疫应答。由多细胞、多因子参加并受到严格调控和制约，具有共同的特点：①特异性，表现在对相应抗原的识别及记忆，其基础是由 T 细胞表面的 TCR 结构及 B 细胞表面的 BCR（SmIg）结构决定的；②细胞间相互作用受 MHC 限制；③遵循再次应答规律即在第二次受相同抗原刺激时出现比第一次快而强的再次应答。

特异免疫应答分为感应阶段、反应阶段、效应阶段。感应阶段包括抗原在体内的分布、定位，抗原递呈细胞对抗原的摄取、加工和递呈以及抗原特异性淋巴细胞对抗原的识别；反应阶段（活化、增殖和分化阶段），指 T、B 细胞接受相应抗原刺激后活化、增殖的阶段；效应阶段，指产生特异性抗体或致敏淋巴细胞发挥免疫效应阶段。根据参与免疫应答的细胞类型和效应不同，可分为由 B 细胞介导的体液免疫应答和 T 细胞介导的细胞免疫应答。

淋巴结、脾脏等外周免疫器官是发生免疫应答的主要场所。抗原无论经血流进入脾脏或经淋巴循环到达相应引流区的淋巴结，通常均被相应区域的抗原递呈细胞摄取、滞留于细胞表面，使抗原性明显增强，提供给 B 细胞直接识别和结合。或者经加工处理后，与 MHC 分子结合而表达于细胞表面，递呈给 T 细胞识别和结合。免疫活性细胞受抗原刺激而活化、增殖、分化，B 细胞最终分化为浆细胞，产生抗体，T 细胞分化为效应性 T 细胞发挥细胞免疫作用。在免疫应答过程中所形成的记忆性 T、B 细胞，多数游出淋巴组织参加再循环、扩大免疫效应。活跃的免疫应答常伴有局部淋巴结肿大，在抗原刺激后 4~5d 起，可保持相当长的时间，这不仅是特异性淋巴细胞的增殖所致，更是由于活化的 T、B 细胞所释放的多种细胞因子（如趋化因子、炎症因子等）造成炎性细胞的集聚、浸润，血管渗出物的增加，组织水肿等多因素作用的结果。当免疫应答逐渐减弱时，肿大的淋巴结也将恢复正常。免疫应答的效应可表现于局部，也可为全身性反应。

1. T 细胞介导的细胞免疫应答

细胞免疫应答是指初始 CD4+T 细胞和 CD8+T 细胞特异识别 TD 抗原后增殖分化为效应 Th1 细胞和效应 CTL 发挥免疫效应清除抗原的过程。因该类应答的效应物质是被抗原激活的效应 T 细胞或称致敏 T 细胞，故将这类免疫称为细胞介导的免疫，其应答过程所述及的三个密切相关阶段的机制与 B 细胞介导的免疫应答过程基本相同。当致敏 T 细胞再次接触相同抗原时即可成为效应性 T 细胞，分别由 TD、TC 两类 T 细胞亚群完成，TD 细胞亚群可通过释放多种淋巴因子引起以单核巨噬细胞和淋巴细胞浸润为主的炎症反应；TC 细胞亚群释放穿孔素和颗粒酶等因子可直接发挥特异性杀伤靶细胞的作用。

（1）细胞免疫应答过程

① 免疫应答的感应阶段：是指外来抗原与成熟淋巴细胞表面的抗原受体发生特异性结合的过程。由于抗原的出现，体内执行体液免疫功能的 B 细胞，以其 BCR 结合外来蛋白质、多糖、脂类。执行细胞免疫功能的 T 细胞（TCR）只能识别蛋白质抗原中的短肽序列，即表达于其他细胞表面与 MHC 分子结合的肽类抗原而起作用。

② 免疫应答的反应阶段：是指识别抗原后诱发淋巴细胞的一系列反应，并经历两大重要变化的过程。首先，识别抗原特异性淋巴细胞的克隆迅速扩增，对机体的保护性功能起放大效应，并有效地再循环和归巢到抗原入侵和留存的部位。其次，经抗原刺激后的淋巴细胞后代细胞，分化为效应细胞以清除抗原；或分化为记忆细胞针对再次接触抗原时立即起反应；或经抗原刺激后其后代发生细胞凋亡，并从反应池中消失。淋巴细胞活化的共性是要求有两种信号，第一信号由抗原提供，第二信号由其他细胞（辅佐细胞等）提供。在此活化过程中有多种细胞及其分子参与反应和产生一系列清除抗原的重要机制。

③ 免疫应答的效应阶段：是指抗原特异性激活的淋巴细胞行使效应以清除抗原的过程。发挥清除抗原的细胞均可称为效应细胞。不同类型的淋巴细胞经抗原刺激后可分化为各种不同的效应细胞，即 B 细胞分化为分泌抗体的浆细胞，并发挥抗体对抗原的清除功能；T 细胞可直接溶解正在合成外来抗原（如病毒蛋白）等的靶细胞，也可激活吞噬细胞以杀伤胞内病原生物。效应阶段的功能还包括许多非淋巴细胞和天然防御机制参加，如抗体结合抗原可增强中性粒细胞、单核细胞等的吞噬细胞功能，也可激活补体等血浆蛋白系统参与溶解和吞噬病原生物。活化 T 细胞所分泌的多种细胞因子能增强吞噬作用，刺激炎症反应。介导天然免疫的各种防御成分包括吞噬细胞、补体、肥大细胞、红细胞、血小板、细胞因子和炎症性白细胞等。这些成分并无特异性识别外来抗原的能力，在无淋巴细胞活化时也发挥作用。但在淋巴细胞活化后则可加强其防御作用。因此，特异性免疫的效应阶段是与天然免疫共同发挥作用，即特异性免疫应答可扩大并强化针对外

来抗原的各类效应机制，以发挥对抗原的清除功能。

（2）细胞免疫应答的主要生物学意义

① 对胞内寄生性病原体的抗感染作用：细胞免疫主要针对胞内寄生菌（如结核杆菌、伤寒杆菌、麻风杆菌等）、病毒、真菌及某些寄生虫感染。在未经特异性免疫的机体内，对胞内寄生菌多形成不完全吞噬，经免疫后若单独依靠体液免疫难以排除胞内菌，故主要应通过细胞免疫发挥作用。

② 抗肿瘤免疫：TC 细胞可直接杀伤带有相应抗原的肿瘤细胞，该过程受 MHC Ⅰ类分子的限制。有些淋巴因子如肿瘤坏死因子（TNF）、干扰素等在抗肿瘤免疫中也具有一定作用。

③ 免疫损伤：细胞介导的免疫可参与迟发型超敏反应或造成自身免疫病而形成免疫性损伤。

④ 参与移植排斥反应：包括宿主抗移植物反应及移植物抗宿主反应。

2. B 细胞介导的体液免疫应答

体液免疫应答是由 B 淋巴细胞介导的免疫应答。因其效应分子抗体主要存在于体液中，故将这种免疫称为体液免疫。体液免疫应答可分别由胸腺依赖抗原（TD-Ag）和非胸腺依赖抗原（TI-Ag）诱发。引起体液免疫应答的 B 细胞有 B1 及 B2 两个亚群。两者在免疫应答过程中的区别：①B1 细胞一般不需辅助性 T 细胞（T_H 细胞）协助即可直接接受 TI-Ag 激活，产生 IgM 类抗体。B1 细胞对 TI-Ag 的应答过程中不形成记忆细胞，故无再次应答反应；②B2 细胞即普通 B 淋巴细胞，需要巨噬细胞（Mφ）及 T_H 细胞的辅助才能接受 TD-Ag 的激活，产生 IgG 类抗体，B 细胞对 TD-Ag 的应答过程中有记忆细胞形成，能发生再次应答反应。

（1）抗原识别和递呈阶段（感应阶段） 是指抗原递呈细胞（APC）对抗原的摄取、加工、递呈及淋巴细胞对特异性抗原的识别过程。现以 Mφ 为例说明 APC 处理和递呈抗原的过程。Mφ 能表达丰富的 MHC Ⅰ类和Ⅱ类分子，Mφ 处理和递呈抗原可分为内源性抗原递呈和外源性抗原递呈两条途径。B 细胞通过 BCR 结合抗原后，以内吞作用将抗原摄入胞内，经降解后与胞内 MHC Ⅱ类分子结合转运到细胞膜上，能更有效地刺激 CD4+T 细胞。在再次免疫时，即便抗原浓度极低，也因记忆性 B 细胞能浓集特异性抗原，又有高亲和力的 BCR 和丰富的 MHC Ⅱ类分子而使抗原递呈能力显著高于 Mφ。经 APC 加工后的抗原，其免疫原性比加工前可加强约 1000 倍。

（2）活化、增殖和分化阶段（反应阶段） B 细胞与 TD 抗原特异性结合后，与 T 细胞相似，B 细胞活化也需要接受双信号刺激，且 B 细胞活化的第二信号也由多对协同刺激分子提供，其中最重要的是 CD40 与 CD40L 的对应黏附。B 细胞接受双信号刺激后，启动胞内信号转导途径，使 B 细胞激活并表达多种细胞因子等受体蛋白，接受活化 T_H 细胞分泌的 IL-4、IL-5、IL-6、IL-10、IL-13 等细胞因子的作用，促进 B 细胞增殖分化为浆细胞及记忆性 B 细胞。浆细胞可顺序产生 IgM、IgG、

IgA 不同类别抗体。

（3）效应阶段　浆细胞产生 Ig 的类别与 B 细胞分化中受不同白介素（IL）的影响有关。近年 Abbase 证实 IL2、4、5 促进 IgM 的合成；IL2、4、6、IFNγ 激发 IgG 的产生；IL5 和 TGFβ 可诱导 IgA 合成；IgE 的合成与 IL4 有关。

（4）体液免疫效应　体液免疫主要是通过抗体发挥效应，包括：①中和作用。抗体与病毒或外毒素结合，具有重要的抗感染作用，但抗体只具有特异性识别作用，不具有杀伤作用，还需借助免疫细胞或免疫分子的协同，才能发挥排异功效；②通过激活补体引起溶菌、溶细胞等效应；③通过发挥 ADCC 效应，有助于杀伤肿瘤细胞及被病毒感染的靶细胞；④通过免疫调理作用增强吞噬细胞的活性；⑤在某些情况下，抗体还可参与超敏反应，引起病理性损伤。

（5）抗体产生的一般规律

① 初次应答：指抗原第一次进入机体时引起的应答。特点是：潜伏期长，需 1～2 周后才能产生抗体；抗体效价低；维持时间较短；最初出现 IgM，随后出现 IgG，在一定时间内 IgG 能保持稍高的水平；亲和力低；因为初次应答过程中大都是带低亲和力受体的 B 细胞与抗原结合，故抗体的平均亲和力较低。

② 再次应答或回忆应答：是机体再次接触相同抗原时的应答。其特点与初次应答不同：潜伏期较短，一般 1～2d，甚至数小时即可有抗体产生；抗体含量高，约为初次应答的几倍到几十倍；维持时间很长；以高亲和力的 IgG 为主，而 IgM 的含量与留存时间与初次应答相似。

再次应答的规律有利于指导临床诊断及预防接种：当进行疫苗接种或制备免疫血清时，应采用再次或多次加强免疫，目的是产生高效价、高亲和力的抗体，以维持长久的免疫力；在应答过程中 IgM 是最先出现的抗体，因此可检测 IgM 作为早期诊断的指标之一；当检测抗体的效价比前次增高 4 倍以上者可作为感染的证据。

（6）体液免疫应答的生物学意义　体液免疫的发生具有重要的生理学意义，其可通过相应效应物质（抗体）的多种生物学功能在黏膜局部抗感染及清除体液中病原微生物及其毒性产物，溶解病毒感染细胞、衰老死亡细胞及肿瘤细胞等免疫中发挥重要作用。但在一定条件下，体液免疫也可表现出病理作用，介导Ⅰ、Ⅱ、Ⅲ型超敏反应，参与自身免疫性疾病的组织损伤。

（四）超敏反应

超敏反应又称变态反应，指已致敏机体接触相同抗原时，所引起的组织损伤和/或生理功能紊乱。超敏反应也是机体对抗原物质的特异性免疫应答，只是表现为异常的或病理性的免疫应答。

超敏反应的分类，最早曾按变应原引起组织损伤发生的快和慢分为速发型和迟发型。以后 Gell 和 Coombs（1963 年）按变态反应的发生机制及临床特点，将其分为Ⅰ、Ⅱ、Ⅲ和Ⅳ四型。Ⅰ型称过敏反应型，Ⅱ型称为细胞毒型，Ⅲ型称为免疫复合物型，Ⅰ、Ⅱ、Ⅲ型为抗体介导，可经血清被动转移。Ⅳ型称为迟发型，由T细胞介导，可经细胞被动转移。1974年Roitt在此基础上提出了第Ⅴ型（刺激型），同年Irvine提出第Ⅵ型（ADCC型），但这两型的发生机制基本类似于Ⅱ型，故将其归入第Ⅱ型的特殊方式。

1. Ⅰ型超敏反应

Ⅰ型超敏反应，亦称过敏反应，是由致敏机体再次接触相同抗原（变应原）时所引起的反应。该型变态反应主要由血清中IgE介导，可以是局部性的，也可以是全身性的。按照发生的迅速程度而分为“即刻相”反应和“延缓相”反应。前者在再次接触变应原后几秒钟、几分钟或十几分钟后发作，能迅速消退；后者的发生需要2~4h，并持续24h后逐渐消退。有明显的个体差异和遗传倾向。

（1）发生机制　变应原通过各种途径进入机体，刺激抗原特异性B细胞分化成熟为浆细胞，产生IgE抗体。IgE抗体可通过其Fc段与肥大细胞或嗜碱性粒细胞表面的FcεR结合，使机体处于致敏状态（致敏阶段）。当相同的变应原再次进入致敏机体时，即可与吸附在上述细胞表面的IgE结合，引起一系列反应，使细胞膜的稳定性下降，通透性增强，细胞内颗粒脱出，许多生物活性介质释放，引起过敏反应的发作（发敏阶段）。

① 变应原：接触或吸入性变应原：广泛存在于大自然中，防止接触或吸入此类变应原很不容易。主要有植物花粉、室尘、异种动物蛋白质成分如猫、狗的唾液、皮屑等。

食物变应原：常见的过敏性食物有蛋白质含量较高的牛奶和鸡蛋；海产类食物；蛋白质含量高且不易消化的食物如鱿鱼；真菌类的食物如蘑菇等。

药物可经口服、注射或吸入等途径引起过敏症：常见的药物有青霉素、链霉素、普鲁卡因和有机碘等。

② IgE抗体：IgE由鼻咽、扁桃体、气管及胃肠道黏膜等处固有层淋巴组织中的浆细胞合成。这些部位是变应原入侵的部位也是Ⅰ型变态反应的好发部位。某些过敏性体质的人，血清IgE可高于正常人1000~10000倍。

③ 肥大细胞及相关细胞：肥大细胞主要存在于血管、神经的周围及皮下。活化肥大细胞合成的IL5能使嗜酸性粒细胞增殖、活化、发挥更大的ADCC效应。嗜碱性粒细胞与肥大细胞一样，能合成许多介质，引起即刻相反应。

④ 生物活性介质：活化的肥大细胞和嗜碱性粒细胞可释放多种生物活性介质：一是预先存在于颗粒内的介质，如生物活性胺类和嗜酸性粒细胞趋化因子等；二是新合成的介质，如前列腺素、白三烯和血小板活化因子等。

（2）临床常见疾病

① 过敏性休克：临床上较多发生在再次注射抗毒素血清或青霉素后数秒至数分钟内发生胸闷、气急及呼吸困难，甚至由于喉头水肿、支气管平滑肌痉挛，而

导致呼吸道阻塞、脉细、血压下降等一系列严重症状。以青霉素引起的过敏性休克为最常见；应用动物免疫血清如破伤风抗毒素、白喉抗毒素治疗或紧急预防时可能发生血清过敏性休克。

② 呼吸道过敏反应：好发于儿童和青壮年的支气管哮喘，有明显的家族史。多为吸入或食入变应原后发生的支气管平滑肌痉挛、气道变应性炎症，出现胸闷、哮喘、呼吸困难等症状。如支气管哮喘，因吸入植物花粉致敏引起的变应性鼻炎，具有明显的季节性和地区性特点。

③ 胃肠道过敏反应：主要表现为过敏性胃肠炎。少数人吃鱼、虾、蛋等食物及某些药物后，可出现荨麻疹、肠蠕动加速致腹痛、腹泻等症状。此类患者胃肠道 SIgA 明显低下和蛋白水解酶缺乏，局部黏膜防御功能下降，不能将食物中的异种蛋白完全分解而通过黏膜吸收诱发过敏症。

④ 皮肤过敏反应：摄入或接触某些变应原或肠道内有寄生虫感染等引起皮肤出现荨麻疹、红斑或全身性荨麻疹等，可在 15~20min 或数小时后消退。

（3）防治原则

① 找出变应原，避免接触：应详细询问过敏史及家族中有无过敏史者，避免接触变应原。

② 皮肤试验：使用青霉素或免疫血清前，必须进行皮肤试验。对皮肤试验阳性者，切忌再用该变应原。若必须使用，要人工脱敏。

③ 特异性脱敏疗法：对异种免疫血清可采用短期内小剂量多次注射方法脱敏，这种脱敏是暂时的，很快会重建致敏状态，以后再用异种免疫血清时，仍需做皮肤试验。已通过测试而确定的变应原可多次小量给患者皮下注射，以达到脱敏的目的。

④ 药物防治：抑制生物活性介质的释放。色苷酸二钠可稳定肥大细胞膜，抑制活性介质释放；肾上腺素、异丙肾上腺素等儿茶酚胺类、前列腺素 E2 类药物可通过激活腺苷酸环化酶，以增加 cAMP 的含量；甲基黄嘌呤和氨茶碱等则是抑制磷酸二酯酶，阻止 cAMP 分解，而提高 cAMP 的浓度，以稳定肥大细胞膜。

竞争靶细胞受体的药物及生物活性物质拮抗药。苯海拉明、扑尔敏、异丙嗪等通过与组胺竞争效应器官细胞上的组胺受体，从而影响组胺的作用。多根皮苷町磷酸盐有拮抗白三烯的作用。

改善靶器官的反应性。常用的肾上腺素、麻黄素不仅可解除支气管痉挛，而且可减少腺体分泌，葡萄糖酸钙、维生素 C 等除可解痉外，尚能降低毛细血管通透性与减少渗出。

2. Ⅱ型超敏反应

（1）概念　血清中的抗体（IgG、IgM）与组织细胞上的相应抗原或半抗原结合，活化补体、激活吞噬细胞和 NK 细胞等，引起靶细胞损伤，故又称为细胞溶解型或细胞毒型超敏反应。

（2）发生机制　Ⅱ型超敏反应的发生是由于患者血清中产生了针对细胞或组织抗原的IgG和IgM抗体，并能结合补体溶解靶细胞或激活吞噬细胞对靶细胞的破坏，也可通过ADCC使MΦ、NK等细胞发挥非吞噬性杀伤作用而导致靶细胞的溶解。

① 抗原根据来源不同分为两类

细胞固有的抗原：如红细胞的血型抗原、白细胞的LA抗原、血小板、肺基底膜及肾小球基底膜的抗原。

外来抗原或半抗原吸附在细胞上：如某些化学制剂、药物及病原微生物的抗原或半抗原成分与体内的细胞或蛋白质成分结合成完全抗原。

② 抗体及所致的溶细胞作用

抗体：介导Ⅱ型超敏反应的抗体主要是IgG、IgM类。

溶细胞作用：固定并激活补体裂解靶细胞。血清中的抗体与细胞抗原结合，激活补体的经典途径，形成溶细胞的攻膜复合物，使细胞渗透性溶解；另外在补体活化过程中的裂解产物如C3a、C5a，可吸引白细胞集聚到反应部位来，释放溶酶体酶等，而使靶细胞溶解。

③ 促进吞噬细胞的吞噬作用：当抗体与细胞上的抗原结合后，可降低靶细胞表面电荷的排斥力，使抗体Fc段易与吞噬细胞表面的Fc受体结合，发挥调理吞噬作用，也可通过吞噬细胞膜上C3b受体发挥免疫黏附作用杀伤靶细胞。

④ ADCC作用：抗体IgG的Fab段与靶细胞抗原结合后，其Fc段与NK细胞上的FcR结合，发挥非吞噬性杀伤作用。

（3）临床常见疾病

① 输血反应：输血反应是指血型不合的输血所引起的血细胞破坏，有溶血性和非溶血性两类。如ABO血型不合的输血，可导致红细胞大量破坏，即溶血性输血反应。非溶血性输血反应是由于反复输入异型LA的血液，在受者体内诱发抗白细胞、抗血小板抗体或抗血浆蛋白抗体，导致白细胞和血小板破坏。

② 新生儿溶血症：多发生于R^-孕妇所产R^+胎儿，尤其是再次妊娠的胎儿。当第一胎分娩时，胎盘剥离出血，极少量胎儿R^+的红细胞进入母体，刺激母体产生后天获得性抗R抗体（IgG）。若该母亲怀第二胎，胎儿仍为R^+时，母体的R抗体可通过胎盘进入胎儿体内，并与R^+红细胞结合，激活补体及相关细胞，导致红细胞破坏，引起新生儿溶血症。预防的方法可在初产妇分娩后72h内给予注射抗R抗体，以阻断R^+红细胞对母体的致敏。

③ 免疫性血细胞减少症：某些具有半抗原性质的药物与体内血细胞膜结合或因病原微生物感染，均可改变血细胞膜的抗原性质并诱生相应的抗体而致病。其发病机理主要为：一种是半抗原型。常见于药物过敏性血细胞减少症，是药物半抗原先与体内蛋白质或血细胞结合，刺激产生相应的抗体。当再次使用同样药物时，血细胞上的药物与相应抗体结合，激活补体、调理吞噬细胞，导致靶细胞溶

解。另一种是膜抗原改变型。用甲基多巴治疗高血压等病时可导致血细胞膜上的抗原性发生改变，诱发自身抗体而导致自身免疫性溶血反应。此类症状在停药后，症状多数能自行消失。

④ 抗体针对交叉反应性抗原所致的疾病：A 群乙型溶血性链球菌与人类肾小球基底膜具有共同抗原，故链球菌感染后产生的抗体可结合于肾小球基底膜，激活补体而导致肾小球病变。此类肾炎又称为肾毒性肾炎或抗膜性肾小球肾炎。A 族链球菌蛋白质抗原与心肌细胞有共同抗原，因而链球菌感染机体后产生的抗体可结合于心肌细胞上，引起风湿病。

⑤ 甲状腺功能亢进症（Graves 病）：是刺激型的一个例子。甲亢症病人血清中长效甲状腺刺激素（LATS）属 IgG 类自身抗体，半衰期比 TS 长，刺激作用更强，能与甲状腺细胞上的 TS 受体结合引起胞内 cAMP 增高，促使甲状腺细胞分泌大量甲状腺素，此作用不受甲状腺素的生理性反馈抑制，从而发生甲状腺功能亢进的各种临床症状。同种器官移植时所发生的超急排斥反应，是受者体内有预存的抗体所致。

有些疾病如 Good pasture′s 综合征，也是由于机体产生了 IgM、IgG 型抗体所致的免疫性疾病。有些抗体是针对自身细胞上的相应受体，导致细胞功能紊乱，如胰岛素抗性糖尿病等可称为自身免疫性受体病。由于这些抗体都是针对自身成分的，应属于自身免疫病。

3. Ⅲ型超敏反应

（1）概念　抗原与血清中的抗体组成免疫复合物（IC），在一定条件下，可以沉积于全身或局部血管壁基底膜或组织间隙，激活补体和白细胞，引起组织损伤或出现临床疾病，称为免疫复合物病（ICD）或第Ⅲ型超敏反应。

（2）发生机制　在正常情况下，机体受抗原刺激产生免疫应答，其中包括产生特异性抗体，能与抗原形成 IC，这种复合物可迅速被吞噬细胞吞噬、消化和清除，或由肾小球基底膜排出。只有在特定的条件下，IC 才能不被清除，而沉积到特定的部位致病。

① 免疫复合物沉积的条件：抗原物质持续存在。抗原成分长期在体内留存，可不断形成大量的 IC。当 IC 超过一定限度时，不易被彻底清除。如类风湿性关节炎病人的变性 IgG、系统性红斑狼疮（SLE）病人的核抗原及肿瘤抗原等内源性抗原；又如由细菌、病毒、寄生虫、药物等外源性抗原成分，长期刺激机体产生抗体所形成的循环 IC 易沉积到特定的组织和器官而致病。

形成 IC 的大小。细菌、细胞等颗粒性大体积抗原与相应抗体结合后，可加强吞噬细胞的吞噬作用，使抗原易于销毁和清除。可溶性小体积抗原如微生物的降解成分或代谢产物、机体组织释放的少量自身抗原等，与相应抗体结合时，形成较小的 IC，易通过肾小球基底膜滤出。但中等大小体积的 IC，其分子质量约 1000ku，沉降系数为 19S 者，不易被吞噬细胞吞噬，易于随血流播散到特定部位沉积下来，形成ICD。由于沉积部位不同，使ICD有多部位发病的特点。

抗原抗体的比例。抗原抗体结合时，由于二者比例不同，所形成的IC大小亦不同。当抗原高度过剩时，形成小于19S的IC，不易致病；当抗原略多于抗体时，易形成中等体积的IC，是引起ICD的重要原因；当抗原抗体比例适合时，形成大体积IC，也不致病。

抗原抗体的理化特性。抗原抗体的带电性、结合价、相互作用的亲和力、免疫球蛋白的抗原特异性等都可影响IC的形成和沉积。如带正电荷抗原所形成的IC特别易和带负电荷的肾小球基底膜结合，引起严重和持久的组织损伤。

解剖和血流动力学因素。这对决定IC的沉积位置是重要的。肾小球和滑膜中的毛细血管是在高流体静压下通过毛细血管壁而起超过滤作用的，因此这些部位常成为IC最易沉积的地方。另外，已发现肾小球的内皮细胞具有C3b受体，易与含有补体的IC结合。IC的沉积还易发生在抗原进入部位，因大体积抗原在输入局部尚未清除，再与略少于抗原量的抗体结合，形成中等体积的IC，引起局部ICD。

其他因素。当IC结合至炎症细胞上，刺激了细胞因子和血管活性介质的分泌，引起毛细血管通透性增强，内皮细胞间隙加大，以利IC的沉积而致病。

② IC引起的组织损伤和致病机制：IC并非引起组织损伤的直接原因，仅是引起损伤的始动因素，由于IC可以活化补体，吸引白细胞集聚、浸润，在血小板参与下引起炎症反应，这才是组织损伤的直接原因。

（3）临床常见疾病　有局部和全身二类，前者发生在抗原进入部位，后者因IC在血流中播散，而产生多部位沉积的全身ICD。

① 局部免疫复合物病：Artus反应。Arturs曾在家兔皮下多次注射无毒性的马血清，约4次后，局部出现细胞浸润；若再次注射，可发生水肿、出血、坏死等剧烈炎症反应。这是抗原在入侵局部与相应抗体结合形成免疫复合物所致。

人类局部免疫复合物病。可见于胰岛素依赖型糖尿病患者。由于反复注射胰岛素后体内产生过多的抗胰岛素抗体，此时再注射胰岛素时，可在注射局部出现类似Artus反应，数日后逐渐恢复。此外，长期大量吸入粉尘中所含的植物性或动物性蛋白质及霉菌孢子所引起的变应性肺泡炎或间质性肺泡炎，也属此类。

② 全身免疫复合物病：血清病。某些机体在初次注射大剂量异种抗毒素血清7~14d后，局部出现红肿、全身皮疹、发热、关节肿痛、淋巴结肿大及一过性蛋白尿等症状。一般病程较短，停止注射后自行康复。其原因可能是一次输入较多量抗原（异种血清），刺激机体产生抗体。抗体与逐渐被吸收而尚未排除的抗原结合，形成中等分子IC，随血流运行至全身各处，引起一系列临床症状。现在应用精制抗毒素，此病极为罕见。

急性免疫复合物型肾小球肾炎或感染后肾小球肾炎，占急性肾小球肾炎的80%，常发生于A族链球菌感染2~3周后。其他如葡萄球菌、肺炎球菌、某些病毒或寄生虫（疟原虫）等的感染也可引起急性肾小球肾炎。链球菌抗原与相应抗体结合形成的IC沉积在肾小球基底膜，引起急性肾小球肾炎。

③ 结节性多动脉炎：是全身性血管炎。常发生在乙肝病毒感染后。由机体产生的乙肝病毒表面抗体与该抗原结合形成IC，广泛地沉积在全身动脉血管壁引起病变。

④ 复合物在身体其他部位的沉积：脉络膜丛是一个主要的过滤场所，有利于IC的沉积，这是SLE病人出现中枢神经系统症状的原因。在亚急性硬化性泛脑炎病人的神经组织中有麻疹抗原和相应抗体的复合物沉积。在血清病和SLE的皮疹中，其表皮与真皮连接的基底膜上有Ig和C3沉积。

4. Ⅳ型超敏反应

（1）概念　Ⅳ型超敏反应是由致敏T细胞再次接触相同抗原18～24h后局部产生T细胞介导的，以单核细胞、淋巴细胞浸润为主的病理性损伤，48～72h达高峰。由于反应发生迟缓，故又称迟发型超敏反应（DT）。可通过致敏的T细胞将致敏状态转移给正常机体，与抗体和补体无关。T细胞免疫功能缺陷的个体，不发生Ⅳ型超敏反应。

（2）发生机制　引起Ⅳ型超敏反应的发生过程及其机制与细胞免疫应答基本一致，其本质是以细胞免疫为基础而导致的免疫病理损伤。诱发此型超敏反应的抗原包括病毒、胞内寄生菌（如结核杆菌、麻风杆菌）、寄生虫、真菌、细胞抗原（如肿瘤细胞、移植细胞）和某些化学物质等，经抗原致敏后，机体产生特异性的致敏T细胞。实际上是细胞免疫应答介导的组织损伤和疾病过程。

（3）临床常见疾病

① 传染性超敏反应：胞内寄生菌（如结核杆菌等）和某些病毒、寄生虫、真菌感染机体后，可诱导巨噬细胞活化和T细胞产生免疫应答，释放细胞因子等作用于内皮细胞和白细胞，一方面促进白细胞集聚到感染部位发挥作用，另一方面也诱导内皮细胞分泌血小板源性的生长因子，刺激纤维母细胞增生和胶原合成，形成纤维化病变和肉芽肿，导致组织受损和疤痕形成，影响器官的功能。临床上由感染诱发的Ⅳ型超敏反应性组织损伤，可见于结核病形成的肺空洞、干酪样坏死和全身毒血症，麻风患者的皮肤肉芽肿等均与T细胞大量释放淋巴因子导致Mφ大量聚集而产生病理变化有关。麻疹的皮疹、单纯疱疹的皮肤损伤也是因广泛的病毒感染引起T细胞活化，介导Ⅳ型超敏反应有关。另外，念珠菌病、皮肤丝状菌病、球孢子病等真菌感染以及血吸虫病等，也已证明有Ⅳ型超敏反应存在引起的病理变化。

② 接触性皮炎：某些个体在皮肤接触某些化学物质如药物、化妆品、染料、油漆、塑料、农药等时，这些小分子半抗原与皮肤角质细胞表面的蛋白结合形成新的完全抗原，刺激T细胞分泌细胞因子（如IFNγ），发生DT反应。一般在再次接触相同抗原后数小时或数天内，局部皮肤出现红肿、硬结、水泡等病变。重症者可有剥脱性皮炎。

③ 其他：如移植排斥反应、变态反应性脑脊髓炎、甲状腺炎、多发性神经炎

等与自身免疫有关的疾病，也有 DT 参与作用。

从理论而言，超敏反应可以分为Ⅰ、Ⅱ、Ⅲ、Ⅳ型，但在临床表现上并非如此界限分明。往往同一抗原在不同机体可引起不同的反应。而某些相似的临床表现也可由不同机制所引起。所以临床实践中，遇到的免疫性疾病往往不是单一型表现，而是以某一型损伤为主的混合型表现。在对这类疾病的防治手段上都应注意避免接触变应原和/或应用免疫抑制措施。

五、免疫学应用

我国的疫苗发展

免疫预防是根据特异性免疫原理，采用人工方法将抗原（疫苗、类毒素等）或抗体（免疫血清、丙种球蛋白等）制成各种制剂，接种于人体，使其获得特异性免疫能力，达到预防某些疾病的目的。前者称为人工主动免疫，主要用于预防；后者称为人工被动免疫，主要用于治疗和紧急预防。

（一）免疫学防治

顾方舟：一生做一事的“糖丸爷爷”

自英国医生 Jenner 首创接种牛痘预防天花以来，已制备出多种疫苗用于免疫预防接种。回顾疫苗研制历史，大致分为三个阶段：即 Basteur 及其后继者制备减毒和灭活疫苗；从病原微生物提取、人工合成制备或采用基因重组技术制备有效抗原组分疫苗；现阶段是核酸疫苗的研制。

1. 人工主动免疫

（1）人工主动免疫生物制剂

① 死疫苗：用物理或化学方法将病原微生物杀死而制成的制剂，称为死疫苗，或灭活疫苗。死疫苗在机体内不能生长繁殖，对人体免疫作用弱，为获得强而持久的免疫力，必须多次注射（2~3 次），用量较大，接种后反应亦大。但死疫苗稳定，易保存，无毒力回复突变危险。如乙型脑炎疫苗、狂犬病疫苗等。

② 活疫苗：用人工变异或直接从自然界筛选出来的毒力高度减弱或由基本无毒的活病原微生物制成，称为活疫苗，或减毒活疫苗。活疫苗在机体可生长繁殖，如同轻型感染，故只需接种一次，用量较小，接种后不良反应亦小。另外，某些活疫苗经自然途径接种后，除了产生循环抗体外，还可产生 sIgA，发挥黏膜免疫保护作用，活疫苗的缺点是稳定性较差，不易保存，有毒力回复突变可能，故制备和鉴定必须严格。如卡介苗、脊髓灰质炎疫苗等。

③ 类毒素：用 0.3%~0.4% 甲醛处理外毒素，使其失去毒性，保留抗原性，即成类毒素。如白喉类毒素、破伤风类毒素等。若在类毒素中加入适量氢氧化铝或明矾等吸附剂，则制成精制吸附类毒素。该制剂在体内吸收较慢，能增强免疫效果，类毒素常与死疫苗混合使用，制成白喉类毒素、破伤风类毒素及百日咳杆菌联合疫苗。

④ 亚单位疫苗：提取病原微生物有效抗原组分制成的制剂，称为亚单位疫苗。为提高亚单位疫苗的免疫原性，常加入适当佐剂。如口服幽门螺旋杆菌亚单位疫苗，就是用该菌表面蛋白脲酶与黏膜佐剂混合口服，诱导黏膜免疫应答，可产生免疫保护作用。另外，亚单位疫苗可减少无效抗原组分所致不良反应，毒性显著低于全菌疫苗。又因其不含核酸，排除了病毒核酸致癌的可能性。我国目前使用的乙型肝炎血源性疫苗，就是分离纯化乙型肝炎病毒小球型颗粒 HBsAg 制成的亚单位疫苗，接种后人群免疫保护力超过 80%。

⑤ 合成疫苗：将具有免疫保护作用的人工合成抗原肽结合到载体上，再加入佐剂制成的制剂，称为合成疫苗。研制合成疫苗，首先需要获得病原微生物中具有免疫保护作用有效组分的氨基酸序列，然后以此序列进行人工合成多肽组分。如乙型肝炎病毒多肽疫苗。合成疫苗的优点是：可以大量生产，解决某些病原微生物因难以培养而造成原料缺乏的困境；既无病毒核酸疫苗传播感染的危险性，亦无减毒活疫苗返祖的危险性；可制备多价合成疫苗，如在同一载体上连接多种人工合成免疫保护有效组分的氨基酸序列，即具有多价疫苗的作用。

⑥ 基因工程疫苗：将编码病原微生物有效抗原组分的 DNA 片段（目的基因）插入载体，形成重组 DNA，再导入宿主细胞（如酵母菌），目的基因随重组 DNA 的复制而复制，随宿主细胞的分裂而扩增，使目的基因表达大量有效抗原组分，由此制备的制剂，称为基因工程疫苗，即重组疫苗。现已成功地将编码多种病原微生物特定抗原组分 DNA 片段（如 HBsAg 的 DNA、HBcAg 的 DNA、HBeAg 的 DNA、流感病毒血凝素的 DNA、单纯疱疹病毒的 DNA）导入牛痘病毒或酵母菌中，制备了多种高纯度的基因工程疫苗。其中，接种 HBsAg 基因工程疫苗后，使 95% 以上婴儿体内抗 HBs 滴度达到保护水平，成人接种后有效率达 85%~95%。另外，有人将细胞因子，如 IL-2、IL-4、IFN-γ、TNF、IL-7、GM-CSF、G-CSF 等基因直接导入肿瘤细胞，制备出所谓细胞因子基因转导的肿瘤疫苗，再接种动物，以观察所分泌的细胞因子能否激发免疫应答而抑制肿瘤生长。实验表明，该疫苗能使肿瘤组织周围产生极高浓度的细胞因子，这种“旁分泌”生理学特征同正常情况下细胞因子作用非常相似。据报道，许多细胞因子基因导入肿瘤细胞后，诱发产生了依赖白细胞浸润的炎症反应或 T 细胞介导的免疫应答，发挥很好的抗肿瘤作用。该疫苗转导基因类型、表达能力、免疫途径及肿瘤细胞被攻击部位，均对免疫效果起关键性作用。

⑦ 核酸疫苗：将编码病原微生物有效的蛋白抗原基因插入质粒 DNA 中，建成基因重组质粒，再将其导入机体组织细胞，达到免疫接种效果。将这种既是载体，又是有效蛋白抗原来源的重组质粒，称为核酸疫苗。核酸疫苗包括 DNA 疫苗和 RNA 疫苗，目前研究最多的是 DNA 疫苗。已发现核酸疫苗接种到肌肉组织后产生的免疫效果较好。核酸疫苗是近年来受到关注的新型疫苗，它避免了蛋白抗原繁琐的纯化过程，注入机体后可直接表达有效蛋白抗原，引起类似病原体轻度自然

感染，诱发体液免疫和细胞免疫应答。该疫苗只需接种一次，即可获得持久有效的免疫保护。亦没有减毒活疫苗回复突变的潜在危险性。因为核酸疫苗直接在机体组织中表达病毒蛋白抗原，并提供型别交叉保护细胞免疫应答，特别适合于制备表面蛋白抗原易变的某些病毒疫苗（如流感病毒表面血凝素抗原等）。未来的核酸疫苗，可望将多个编码病原微生物有效蛋白抗原基因插入质粒，制备多价核酸疫苗，发挥广谱的抗感染免疫效应。

⑧ 转基因植物口服疫苗：将编码病原微生物有效蛋白抗原基因和高表达力质粒一同植入植物（如番茄、黄瓜、马铃薯、烟草、香蕉等）的基因组中，由此产生一种经过基因改造的转基因植物。该植物根、茎、叶和果实出现大量特异性免疫原，经食用即完成一次预防接种。将这种供人食用的转基因植物，称为转基因植物口服疫苗。由于转基因植物能保留天然免疫原形式，模拟自然感染方式接种，故能有效地激发体液和黏膜免疫应答。在 Norwalk 病毒、大肠杆菌不耐热 B 亚单位（LT-B）、变异链球菌表面蛋白（SPQA）和 HBsAg 转基因植物的研究中，均取得突破性进展。另外，转基因植物替代昂贵的重组细胞培养，避开了复杂的纯化蛋白抗原过程，可低成本生产大量免疫原；加上该疫苗方便的接种法，对幼儿和需多次接种时，有独特的优势。

（2）人工主动免疫注意事项

① 接种对象：凡是免疫防御能力差、与某些病原微生物接触机会多、疾病及并发症危害大、流行地区易感者均应免疫接种。

② 接种剂量、次数和间隔时间：在一定范围内，免疫力的产生与接种剂量成正相关，但一次接种量不宜过大。通常死疫苗接种量大，要种 2~3 次，每次间隔 7~10 天。类毒素接种 2 次，因其吸收缓慢，产生免疫力需时稍长，间隔 4~6 周。活疫苗能在体内繁殖，一般只接种一次。婴儿出生后，体内 IgG 水平与母体相等，大约每三周递减 50%，直至婴儿免疫系统发育成熟。4~12 周前婴儿还不能很好地产生抗体，故一般三月龄婴儿开始预防接种。

③ 接种途径：死疫苗用皮下注射，活疫苗可皮内注射、皮上划痕和自然感染途径接种，脊髓灰质炎疫苗以口服为佳，麻疹、流感、腮腺炎疫苗雾化吸入为好。

④ 接种后反应：常在接种后 24h 发生，表现为局部红肿、疼痛、淋巴结肿大；全身发热、头痛、恶心等，数天后即恢复正常。引起这些反应的主要原因是，疫苗中带有异种蛋白、培养基成分或防腐剂等因素造成。一般无须处理。少数人接种后，可引起严重的超敏反应及全身进行性疾病。如接种后过敏性休克，接种后脑炎等。预防措施：严格掌握各疫苗使用范围；制备疫苗时，要尽量减少异种蛋白和有害成分。

⑤ 禁忌证：凡高热、严重心血管疾病、急性传染病、恶性肿瘤、肾病、活动性结核、活动性风湿病、甲亢、糖尿病和免疫缺陷病等患者，均不宜接种疫苗，以免引起病情恶化。为防止流产或早产，孕妇应暂缓接种。

2. 人工被动免疫

（1）人工被动免疫生物制剂

① 抗毒素：抗毒素是将类毒素免疫马，取其血清分离纯化而成，主要用于治疗和紧急预防外毒素所致疾病。如白喉、破伤风、气性坏疽以及肉毒杆菌引起的食物中毒等。

② 正常人丙种球蛋白和胎盘丙种球蛋白：正常人丙种球蛋白是正常人血浆提取物，含 IgG 和 IgM；而胎盘丙种球蛋白则是从健康孕妇胎盘血液中提取物，主要含 IgG。由于多数成人已隐性或显性感染过麻疹、脊髓灰质炎和甲型肝炎等传染病，血清中含有相应抗体。因此，这两种丙种球蛋白可用于上述疾病潜伏期治疗或紧急预防，以达到防止发病、减轻症状或缩短病程的目的。

③ 人特异性免疫球蛋白：来源于恢复期病人及含高效价特异性抗体供血者血浆以及接受类毒素和疫苗免疫者血浆。与丙种球蛋白相比，人特异性免疫球蛋白含高效价特异性抗体；与动物免疫血清比较，人特异性免疫球蛋白在体内滞留时间长，超敏反应发生率低。常用于过敏性体质及丙种球蛋白治疗不佳病例。

（2）人工被动免疫注意事项

① 注意防止超敏反应：动物免疫血清使用前，应询问病史，做皮试，如阳性可使用脱敏方法。在注射丙种球蛋白时亦应注意观察。

② 注意早期和足量：只有在毒素尚未结合组织细胞前使用抗毒素，才能发挥其中和毒素作用；若毒素已与组织细胞结合，抗毒素就不再发挥中和毒素作用。

③ 不滥用丙种球蛋白：多次注射丙种球蛋白，易引起超敏反应。如给无麻疹接触史者注射丙种球蛋白，使其不易隐性感染，反而使易感人群增多。给儿童注射丙种球蛋白预防麻疹，虽能推迟发病年龄，但大年龄发病时症状较重，并发症亦多。鉴于以上情况，应严格控制丙种球蛋白的使用。

（二）免疫学检测

抗原抗体反应是特异性的，在应用时必须有一个是已知的，通过反应来鉴定另一个未知的。例如鉴定某一病原微生物时，多用已知抗体。诊断传染病时，对慢性病可用已知的抗原检测未知的特异性抗体；诊断急性病则用已知的抗体检测未知的抗原（病原），如炭疽病等。

1. 抗原与抗体的快速检测

在诊断传染病、寄生虫病、变态反应、肿瘤、自身免疫疾病时，均已广泛应用免疫学方法检查抗体或抗原（细菌、病毒）的存在。作为诊断疾病的手段，现已应用的间接血凝技术、对流电泳、标记抗体技术，均能快速、简便地确诊抗原或抗体。

2. 生物活性物质的超微定量

应用酶联免疫吸附实验、放射免疫等技术，对抗原抗体检测的敏感度均大为提高，已达到能精确测出 pg（皮克，旧称微微克，$1pg=10^{-12}g$，即千亿分之一克）的水平，其敏感度已大大超过了常规的化学分析。此类技术已应用于测定动物体内的激素、维生素、药物及其他病理过程中的微量产物。

3. 抗原或抗体在细胞与亚细胞水平的定位

用荧光抗体、酶标抗体技术，可以检测病毒或细菌在动物各种组织细胞中的分布。应用免疫酶组化法及铁蛋白标记技术进行免疫电镜观察，可以测定病毒在亚细胞水平的定位，也可测定淋巴细胞表面免疫球蛋白及抗体的产生情况。据此可分析传染病发生的机制及对免疫机理的探讨。

4. 微生物的鉴定与分析

应用交叉凝集实验、凝集吸收实验、沉淀实验等免疫学实验，进行微生物的鉴定及区别微生物的血清型，从而确定微生物的类型及其亲缘关系。还可应用琼脂扩散实验、免疫电泳等技术，对微生物的抗原组分进行分析。

5. 血型鉴定

用细胞直接凝集实验、血凝抑制实验、溶血实验等技术，可做血型鉴定、亲子关系的确定、新生儿和出生幼畜溶血病的诊断。

知识拓展

传染与免疫是病原生物与其宿主间相互关系的主要形式，属于寄生生态学范畴。由病原微生物引起的传染病在人类发展的历史长河中，一直扮演着一个重要的反面角色，因此，医学微生物学在微生物学的发展过程中，始终起着主导作用。近年来，在人类健康战线上大量新发和再现传染病一直在侵扰着人们的正常生活，使我们进一步认识到，人类与病原微生物间的斗争，将是一场没有终点的持久战、攻坚战。

病原体、宿主、环境因素是决定传染病的发生、发展和最终结局的 3 个要素。其中病原体的毒力强弱、数量多少和入侵宿主的门径是病原体研究中的主要内容。不同类型的病原体的致病特性差别很大，如细菌病原体以产生侵袭性酶类、外毒素和内毒素为主；病毒类以杀细胞传染、稳定性传染和整合性传染为主；而真菌类则以致病性、条件致病性、引起变态反应和产生真菌毒素等危害其宿主。在最常见的细菌病原体所表现出来的毒力中，以侵袭力形式出现的主要有增强吸附力的菌毛、促进繁殖和扩散的酶类，以及毒害宿主的外毒素和内毒素等 3 类物质。

在人体和高等脊椎动物与病原体的长期斗争中，已进化出多种完善的免疫防御系统，包括非特异性的免疫系统（屏障结构、化学防御、吞噬作用和炎症反应）以及特异性的免疫系统（体液免疫系统和细胞免疫系统）。在非特异性免疫中，各种吞噬细胞以多形核白细胞和巨噬细胞为代表，它们除发挥常规免疫防御即吞噬和杀灭外来的病原体外，其中的巨噬细胞还具有抗原递呈和免疫调节等特异性免疫功能。在化学防御中，具有酶原性质并有溶胞作用的补体以及具有广谱抗病毒作用的干扰素，是两类最重要的抗菌物质。其中的干扰素尤为重要，它是一种高活性具广谱抗病毒功能的糖蛋白，可在病毒、灭活病毒、病毒 RNA 或其他干扰素诱生剂的刺激下，由高等动物的细胞产生，其可抑制病毒增殖、进行免疫调节和杀灭癌细胞等。

特异性免疫是高等脊椎动物通过复杂的免疫应答系统而实现的。该系统由免疫器官、免疫细胞和免疫分子 3 个层次组成。免疫器官包括中枢性的骨髓、胸腺和法氏囊以及外周性的脾脏和淋巴结等多种器官。免疫细胞主要由各种类型的 T 淋巴细胞、B 淋巴细胞和 NK 细胞、K 细胞等组成。免疫分子以抗原和抗体为主要代表，它们具有种类繁多、作用重要、研究深入、内容丰富等特点，是现代分子免疫学的主要研究对象。抗原种类很多，决定每种抗原特异性的特异化学基团就是抗原决定簇。抗体是人体或高等脊椎动物在抗原物质的刺激下，由浆细胞产生的一类能与相应抗原发生特异性结合的免疫球蛋白，其典型化学结构是由两条重链和两条轻链按对称排列的 Y 形多肽分子，有 5 种，分别称为 IgG、IgA、IgM、IgD 和 IgE。若按链、端、区、类、型、数、段、体、价以及功能区和构象等特征对它们进行全面分析、比较，就可较深入地了解其构造和功能的全貌。

抗体形成的过程和机制较为复杂。胸腺依赖抗体（TD 抗体）和非胸腺依赖抗体（TI 抗体）是两类形成过程不同的抗体。前者须同时有 3 种免疫细胞参与，即巨噬细胞对抗原的递呈、T 细胞对 B 细胞的激活和 B 细胞转化为浆细胞以产生抗体。由此就使宿主出现初次免疫应答和再次免疫应答的两阶段现象。关于抗体形成的机制目前都支持 Burnet 提出的克隆选择学说，因为它很好地解释了获得性免疫中的识别、记忆和自身禁忌 3 个基本问题。与此相关的关于抗体多样性的分子生物学机制则一般都同意利根川进提出的体细胞突变学说。由于淋巴细胞杂交瘤的成功而推动的单克隆抗体技术，是克隆选择学说成功联系实际并取得广泛应用的范例。

现代免疫学方法的内容十分丰富，包括体液免疫和细胞免疫领域中的各种新方法。它们被广泛用于生命科学基础理论研究和医疗诊断等许多实际应用领域。由于这类方法把抗原与抗体分子间发生的特异、灵敏的反应与物理、化学中的多种新技术巧妙地结合在一起，创造了诸如琼脂扩散、免疫电泳、荧光抗体、免疫酶、免疫电镜、放射免疫和荧光免疫等众多的免疫测定法。

免疫学的发展对人类保健、医疗事业的贡献主要是通过广泛应用各种生物制品而实现的。人工主动免疫类生物制品主要用于各种传染病的预防，包括各种常规疫苗（活疫苗、死疫苗、类毒素等）和新型疫苗，尤其是基因工程疫苗和 DNA 疫苗更是受到广泛的重视。人工被动免疫类生物制品主要用于传染病的治疗，传统的产品有抗毒素、抗血清、免疫球蛋白和胎盘球蛋白等制剂；单克隆抗体则是其中的新品种；较新的产品还有各种非特异的免疫调节剂，如转移因子、白细胞介素-2、胸腺素、细胞毒T细胞和免疫干扰素等。

实训十一　凝集反应

(一) 目的要求

掌握凝集反应的操作方法，并能初步判断凝集反应的结果。

(二) 基本原理

颗粒性抗原（细菌或红细胞）的悬液与含有特异性抗体的血清混合，在适量电解质存在时，经过一定时间，出现肉眼可见的凝集块，称为凝集反应。参加反应的抗原称为凝集原，其血清中的抗体，称为凝集素。凝集反应常用的方法有玻片法与试管法。利用已知抗血清可以鉴定未知细菌，因此，此法可用于诊断许多传染病的病原；也可应用已知细菌检查未知血清的抗体。

(三) 材料与仪器

1. 药品

菌悬液、相对应的血清、生理盐水、PBS液。

2. 仪器或其他用具

试管、滴管、吸管、试管架、水浴锅。

(四) 操作步骤

1. 平板凝集反应（以布氏杆菌为例）

（1）取洁净玻片一块，用玻璃铅笔划成五行小格，并标明待检血清的号码。

（2）按表6-2滴加待检血清、抗原（将牛、羊、猪三型布氏杆菌悬浮于甘油浓盐水中，加入煌绿及结晶紫制成）和生理盐水（检查绵羊、山羊血清时，用12%浓盐水）。血清用前需放室温，使其温度达20℃左右。

表6-2　布氏杆菌的平板凝集反应

成　分	试　验　组				对　照
	1	2	3	4	
盐　水	—	—	—	—	0.03
被检血清	0.08	0.04	0.02	0.01	—
抗　原	0.03	0.03	0.03	0.03	0.03

（3）用火柴棒自血清量最少格起，依次往前搅拌，使血清与抗原混匀，每份血清用一根火柴棒。

（4）混合完毕后，将玻片置于凝集反应箱上均匀加温，或放于离火焰稍高处，微微加温至30℃左右，3~5min内记录反应结果。

（5）结果记录法

++++：出现大的凝集块、液体完全透明。

+++：有明显凝集块、液体几乎完全透明，即75%凝集。

++：有可见凝集片，液体不甚透明，即50%凝集。

+：液体浑浊，有小的颗粒状物，即25%凝集。

-：液体均匀浑浊，无凝集物。

牛、马和骆驼的血清在0.02mL处或以上凝集，而绵羊、山羊和猪的血清在0.04mL处或以上凝集，判为阳性反应；牛、马和骆驼的血清在0.04mL处凝集，绵羊、山羊和猪的血清在0.08mL处凝集时判为可疑反应。

大规模检疫时，允许只用两个血清量做试验，牛、马、骆驼用0.04mL和0.02mL，猪、山羊和绵羊、狗用0.08mL和0.04mL。如用两个血清量做试验，任何一个血清量出现凝集时，均需用四个血清量重检。

（6）每次试验须用标准阳性血清和阴性血清做对照。

2. 试管凝集反应

（1）每份血清用4支试管（1cm×8cm），另取对照管3支。如待检血清多时，只设一份对照组。

（2）用0.5%石炭酸生理盐水，将被检血清稀释成4个稀释度。第5管中不加血清，设抗原对照。第6管中加1∶25稀释的布氏杆菌阳性血清0.5mL作阳性对照。第7管中加1∶25稀释的布氏杆菌阴性血清0.5mL作阴性对照。

（3）各管中加入用0.5%石炭酸生理盐水稀释20倍的布氏杆菌抗原0.5mL（每1mL含菌8亿）。

（4）各管加抗原后，将各管充分混匀，放37℃温箱中4~10h，取出后放室温18~24h，然后观察并记录结果。

（5）检查猪、羊、狗时血清稀释度为1∶25，1∶50，1∶100，1∶200；绵羊、山羊血清用10%浓盐水稀释。牛、马和骆驼血清稀释度为1∶50，1∶100，1∶200，1∶400，大规模检疫可只用两个稀释度，即狗、猪、羊为1∶25，1∶50；牛、马、骆驼为1∶50和1∶100。

（6）结果记录法

++++：液体完全透明，菌体完全被凝集呈伞状沉于管底，振荡时，沉淀物呈片状、块状或颗粒状（即100%的菌体被凝集）。

+++：液体略浑浊，菌体大部分被凝集于管底，振荡时呈片状或颗粒状（75%菌体被凝集）。

++：液体不透明，管底有明显凝集片，振荡时有块状或小片絮状物（50%菌体被凝集）。

+：液体不透明，仅管底有少许凝集，其余无显著的凝集块（25%菌体被凝集）。

-：液体浑浊，管底无凝集，菌体不被凝集，但由于菌体自然下沉，在管底中央可见圆点状沉淀，振荡后立即散开呈均匀浑浊。

（7）当每份待检血清仅用 2 个稀释度进行试验时，无论哪一个稀释度发生凝集现象，该血清都应该用四个稀释度重检。

（8）判定血清凝集价：出现“++”以上凝集现象的最高血清稀释度为凝集价。牛、马和骆驼血清凝集价 1∶100 以上为阳性，1∶50 为可疑。猪、绵羊、山羊和狗的血清凝集价为 1∶50 以上为阳性，1∶25 可疑。

（五）实训报告内容

1. 写出实验结果。
2. 凝集反应有何用途?

【同步练习】

一、填空题

1. 人类的中枢免疫器官是________和________。
2. 细菌的荚膜具有________，可用于细菌分型。
3. 病毒附着到其宿主细胞上可以通过存在特异的________而抵消。
4. 来自母体能引起新生儿溶血症的 Rh 抗体是________类抗体。

二、单项选择题

5. 属于甲类传染病的是（　　）

A. 疟疾　　B. 艾滋病　　C. 鼠疫　　D. 炭疽

6. 下列哪项不是细胞免疫的特点（　　）

A. 介导移植排斥反应　　B. 引起慢性炎症　　C. 通过抗体发挥作用

D. 抗胞内寄生病原生物

7. 适应性免疫应答的基本过程是（　　）

A. 识别阶段→活化增殖阶段→效应阶段

B. 识别阶段→效应阶段→活化增殖阶段

C. 效应阶段→识别阶段→活化增殖阶段

D. 效应阶段→活化增殖阶段→识别阶段

8. 下列哪项不是体液免疫的生物学效应（　　）

A. 介导 ADCC 作用　　B. 补体参与的溶细胞作用

C. 发挥调理作用　　D. 杀死胞内的寄生病原生物

9. 再次应答时的抗体产生速度明显快于初次应答，这是因为（　）

A. 人体抵抗力增强　　B. 体液免疫的参与　　C. 细胞免疫的参与

D. 在初次免疫后，机体内会存在一定数量的记忆细胞

10. 人体免疫系统第二道防线的作用不包括哪些（　　）

A. 清除病原菌　　B. 吞噬作用　　C. 抗菌蛋白　　D. 炎症反应

11. 形成较深的伤口，且有泥土异物污染，采取的措施正确的是（　　）

A. 75%乙醇清理伤口，注射破伤风抗毒素

B. 双氧水清理伤口，注射破伤风类毒素

C. 双氧水清理伤口，注射破伤风抗毒素

D. 双氧水清理伤口，注射破伤风类毒素和抗毒素

12. 预防结核病的疫苗称之为（　　）

A. 卡介苗　　B. 脑膜炎疫苗　　C. 肺炎疫苗　　D. 脊髓灰质炎疫苗

13. 关于狂犬病的预防，下列说法正确的是（　　）

A. 人被咬伤立即用双氧水清洗伤口，再用 70%乙醇涂擦

B. 尽快包扎伤口区医院

C. 注射狂犬疫苗即可

D. 注射狂犬病免疫球蛋白和狂犬疫苗

14. 具有传染性超敏反应的病原菌是（　　）

A. 链球菌　　B. 金黄色葡萄球菌　　C. 淋病奈瑟菌　　D. 肺炎链球菌

15. 不属于 I 型超敏反应的疾病是（　　）

A. 荨麻疹　　B. 支气管哮喘

C. 链球菌感染后的肾小球肾炎　　D. 过敏性鼻炎

三、判断题

16. 抗体和免疫球蛋白不是一一对应的。（　　）

17. 免疫应答的全过程包括感应阶段和效应阶段。（　　）

18. 关于Ⅳ型超敏反应的特点是具有明显的个体差异和遗传倾向、反应发生慢、需效应 T 细胞参加。（　　）

19. 超敏反应是体免疫功能低下引起的。（　　）

20. 存在不同种属间的共同抗原称异嗜性抗原。（　　）

21. 体液免疫是 B 细胞介导的，与 T 细胞无关。（　　）

22. 流行性乙型脑炎是脑膜炎球菌引起的。（　　）

23. 干扰素具有抗病毒、抗肿瘤和免疫调节的作用。（　　）

24. HIV 主要攻击和破坏人体的 CD8+T 细胞。（　　）

四、综合题

25. 细菌、病毒和真菌三大类病原体对人和动物的致病力有何显著的差别？

26. 什么是人畜共患病？它有何重要性？试举两例加以说明。

27. 列举你本人已进行了疫苗接种加以预防的疾病种类，你对哪些疾病具有天然的免疫性？

28. 当前人类面临的传染病形势如何？它是怎样形成的？试讨论人类能否在21世纪消灭或控制传染病，并说明理由。

29. 当前疫苗研究的发展趋势如何？从天花在地球上被消灭一事，来讨论人工主动免疫技术的历史贡献和未来发展前景。

单元六　同步练习

学习单元七

微生物的应用

【知识目标】

1. 了解食用菌的生长条件、单细胞蛋白的生产及开发利用、微生物在环境保护方面的应用、微生态制剂和生物制药的开发应用。

2. 理解面包、发酵乳制品、啤酒、葡萄酒、酱油、食醋、谷氨酸和酶制剂的生产技术。

3. 掌握生产面包、发酵乳制品、啤酒、葡萄酒、酱油、食醋、腐乳以及谷氨酸等的发酵剂类型及发酵机理。

【能力目标】

能够陈述生产面包、发酵乳制品、啤酒、葡萄酒、酱油、食醋、腐乳以及谷氨酸等的发酵剂类型、发酵机理及工艺流程。

【素质目标】

1. 培养良好的职业道德，精益求精的工匠精神。

2. 培养吃苦耐劳的劳动素养。

知识讲解

樊庆笙——农业微生物学的开创者

一、微生物与发酵食品

（一）食用菌

食用菌又称伞菌，是大型真菌，是指能形成肉质或胶质的子实体或菌核的真菌，大多数属于担子菌亚门，少数属于子囊菌亚门。食用菌广泛分布于地球各处，在森林落叶地带更为丰富，它们与人类的关系密切，其中可供食用的种类2000多种，目前已利用的食用菌约400种，如常见的大型真菌有香菇、草菇、金针菇、双孢蘑菇、平菇、木耳、银耳、竹荪、羊肚菌等（图7-1）。新品种有杏鲍菇、珍香红菇、柳松菇、茶树菇和真姬菇等，可供药用的，如灵芝、云芝和猴头等，还有少数有毒或引起木材朽烂的种类。

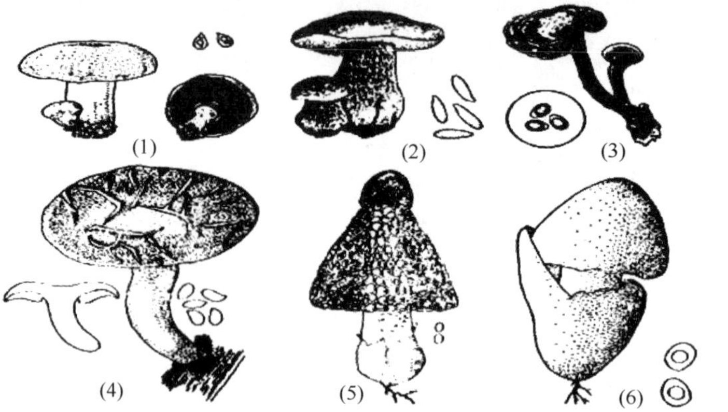

图7-1　常见的担子菌和担孢子

（1）蘑菇　（2）牛肝菌　（3）灵芝　（4）香菇　（5）竹荪　（6）草菇

1. 概述

（1）食用菌的形态结构　食用菌的菌体一般较大，为(3～18)cm×(4～20)cm，比其他真菌大，所以又称大型真菌。各种食用菌的形态多种多样，但以伞状为多。伞菌一般由菌盖、菌柄及菌丝体三部分组成（图7-2）。菌丝体呈须状，是营养器官。它的主要功能是分解基质，吸收营养。菌柄是菌盖的支持部分。菌盖，又名菌帽。它是食用菌的主要生殖器官，也是我们食用的主要部分。

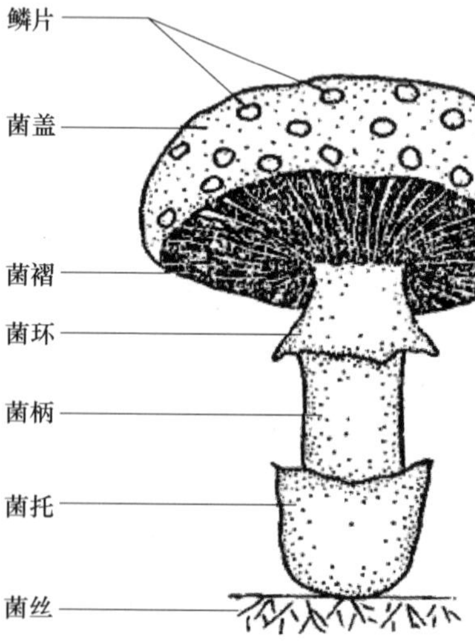

图7-2　伞菌的形态结构

（2）食用菌的营养价值　食用菌作为真菌中最高级的菌类，也是一类重要的菌类蔬菜，还是食品和制药工业的重要资源。食用菌之所以被视为珍贵食品，主要是因为食用菌含有丰富的氨基酸和维生素等营养成分，其中所含的氨基酸种类一般都有17～18种之多，而且都包括8种必需氨基酸。如羊肚菌所含的10种主要氨基酸，除甲硫氨酸和色氨酸略低外，其余与牛乳、肉和鱼粉相当。因此蘑菇等食用菌又被称为“植物肉”。此外，在食用菌中，蛋白质含量比一般蔬菜、水果要高得多。例如鲜蘑菇中的蛋白质含量为3.5%，是大白菜的3倍多。故蘑菇在世界上被认为是“十分好的蛋白质来源”，并有“素中之荤”的美称。此外，有些食用菌还含有较多的维生素。

2. 香菇

（1）概述　香菇又名香蕈、冬菇、花菇，是一种十分名贵的人工栽培食用菌。由于它滋味鲜美，菌肉肥厚，且香味浓郁，口感纯正，营养丰富，又具有十分明显的医疗保健作用，因此多年来为各国消费者所喜爱。

（2）生活史　香菇的生活史和典型的担子菌的生活史基本相似，包括：担孢子萌发；产生四种不同交配型的单核菌丝；两条可亲和的单核菌丝通过结合，进行质配；产生每个细胞中有两个细胞核的、横隔处常有锁状联合的双核菌丝；在适宜条件下，双核菌丝形成子实体；在菌褶上，双核菌丝的顶端细胞发育成担子，担子排列成子实层；在成熟的担子中，两个单元核发生融合（核配），形成一个双元核（$2n$）；担子中的双元核进行两次成熟分裂，其中包括一次减数分裂。此时，双方的遗传物质进行交换、重组、分离、最后重新形成4个单元核（n），每个单元核分别通过担子小梗在其顶端形成1个担孢子；担孢子弹射后（表示生活史结束），在萌发过程中，经常发生一次有丝分裂，表示生活史重新开始。

（3）香菇生长发育需要的环境条件

① 温度：温度是影响香菇菌丝生长、子实体分化和发育的最重要因素。

香菇孢子萌发的适宜温度在22~26℃；菌丝生长的温度范围在5~32℃，最适生长温度24~27℃，10℃以下、32℃以上生长不良，35℃停止生长，38℃以上死亡。过大的昼夜温差有抑制菌丝生长的作用，并对出菇期菇蕾的形成和产量有一定影响。因此，养菌期间昼夜温差最好不要超过5℃。

② 水分和空气湿度　在适温（22~24℃）条件下，孢子在水中或适宜的培养液中萌发率达80%~100%。在木屑培养基中，菌丝生长的最适含水量是55%~65%；在菇木中适宜的含水量是35%~45%。养菌期间密闭容器内的菌丝对环境中的空气湿度不敏感。子实体发生、生长发育需要较多的水分，木屑培养基中适宜的水分为60%~75%，菇木适宜的水分为50%~60%。基质水分过大，香菇质软易腐、菌盖呈暗褐色水浸状，商品价值低。基质水分适宜，可培养厚菇；若基质含水量偏少，空气湿度昼低夜高，气温昼高夜低，可以培养柄短肉厚、菌盖色浅、表面有裂纹的花菇。

子实体的分化需要干湿差的刺激，“干湿交替、干干湿湿”的条件有利于养菌与出菇的转换，即干养菌，湿出菇。

③ 氧气与二氧化碳　香菇是好气性菌类，足够的新鲜空气是保证香菇菌丝生长和子实体发育的重要环境条件之一。菌丝生长阶段缺氧，菌丝生长受阻，且易衰老、死亡，导致污染。生产中常用刺孔、换气、打包等措施增氧，以解决菌丝

生长阶段对氧气的大量需求。子实体分化期间缺氧，原基无法分化，发育期间缺氧，子实体畸形，菌柄长、菌盖小、菌褶难以形成。当菇房内二氧化碳浓度达 1%时，子实体长不大、易开伞；达 5%时，不能形成子实体。

④ 光照：强烈的光照对孢子萌发有不利的影响。菌丝在黑暗条件下生长良好，强光对菌丝有强烈的抑制作用。微弱的光线，能促进子实体的形成，但子实体的菌盖和菌褶发育较差，菌盖小、颜色浅、菌柄长、菌肉薄、品质差、畸形菇多。适当的散射光对子实体原基的分化以及子实体的生长发育非常有利。生产中，原基正常形成后，在发育过程中，即使在直射阳光下，只要温度不高，子实体就能够正常发育，且易形成花菇。

⑤ 酸碱度：香菇菌丝生长的 pH 范围是 3~8，最适 pH 为 4.7~6.5，pH>7.5 时菌丝生长受抑制。

pH3.5~4.5 适于香菇原基的分化和子实体的发育。处于中性条件下的培养基，经香菇菌丝生长后，其 pH 是很低的，一般为 pH3.7~3.8，有利于出菇。

⑥ 营养：香菇是典型的木腐菌类，香菇菌丝细胞体内含有分解木材中各种有机物质的酶类。香菇菌丝可利用广泛的碳源，包括单糖类（葡萄糖、果糖）、双糖（蔗糖、麦芽糖）和多糖类（纤维素、淀粉等）。具有很强的分解纤维素、半纤维素和木质素的能力，栽培中由于其生长周期较长，基质中应含有硬质的木屑，较长时间地供给其所需营养，有利于培养出优质的香菇子实体。香菇菌丝能利用有机氮和氨态氮，不能利用硝态氮和亚硝态氮。一般情况下，在香菇菌丝营养生长阶段，碳源和氮源的比例以 C/N 在（25~40）∶1 较合适。铁、锌、锰同时存在能促进香菇菌丝的生长，并有相辅相成的效果。钙和硼能抑制香菇菌丝的生长。香菇菌丝生长必须吸收维生素 B_1，其他维生素则不需要。适合香菇菌丝生长的维生素 B_1 浓度大约是每升培养基 100μg。

3. 平菇

（1）概述　平菇又称为侧耳，也称蚝菇，被广泛栽培的有 10 多个种。最常见的有糙皮侧耳（即平菇）、榆黄菇、凤尾菇、佛罗里达侧耳等。平菇是世界上栽培量最大的食用菌之一，也是我国发展速度较快、种植面积较广、经济效益较高的食用菌种类，平菇已成为世界性的食用菌。平菇肉质肥厚、风味独特、营养丰富，味道鲜美。

（2）生活史　平菇属于四极性异宗接合的食用菌，担孢子萌发形成单核菌丝，两条性别不同的单核菌丝结合形成双核菌丝，再以锁状联合不断进行细胞分裂，达到生理成熟后，菌丝扭结形成子实体。平菇子实体的分化发育可分成以下几个时期。

① 原基期：菌丝体在适宜的环境条件下，当培养料表面的气生菌丝的生长逐渐减弱，颜色由雪白转暗，菌丝扭结成团，并出现黄色水珠时，开始分化子实体原基，使其呈瘤状突起。

② 桑葚期：原基进一步分化发育，成为小米粒状的菌蕾，形似桑葚表面，故

称为桑葚期。

③ 珊瑚期：桑葚期经一定时间后形成珊瑚状的菌蕾群，小菌蕾逐渐伸长并且中间膨大，成为原始菌柄。其中只有少数小菌蕾能发育成子实体，大部分萎缩。

④ 伸长期：菌盖和菌柄已有明显区别。

⑤ 成形期：菌柄逐渐加粗，菌盖进一步发育长大。

⑥ 成熟期：从成形期至成熟期，根据菌盖形态变化及成熟程度，又分为以下4个时期。首先是幼菇期，菌褶开始出现，孢子也开始形成；紧接着是成熟前期，菌盖展开，中部隆起呈半球形，孢子开始散放；到了成熟中期，菌盖充分展开，边缘上卷，此期释放孢子最多，其中又以菌盖向上翻卷部分释放孢子最多；最后是成熟后期，菌盖开始萎缩，边缘有裂缝出现，孢子散落进入尾声。

（3）平菇生长发育需要的环境条件

① 营养：平菇的生活力很强，可以从各种天然材料中获得生长发育所需要的碳素营养、氮素营养及维生素物质。各种农林副产品，如木屑、棉籽壳、玉米芯、蔗渣、甜菜废丝、麦麸、米糠、豆饼粉、稻草等都可以作为栽培平菇的原料，再加些过磷酸钙、石膏等可使平菇生长更好，这些原料变化很大，应根据具体情况进行合理搭配。

② 温度：平菇的不同发育时期对温度要求不同。孢子萌发的最适温度为24~28℃；菌丝在3~35℃均可生长，在25~27℃生长最快。子实体形成需要较低温度，以10~18℃为最适宜，也因平菇的品种不同略有差异。平菇属于变温结实性菇类，菌丝成熟后，人工变温能刺激子实体的分化和形成。在平菇的生长温度范围内，使昼夜温差为10℃左右，可促进子实体的形成。

③ 湿度：菌丝生长要求培养料含水量为60%~65%。含水量过高、过低都不利于菌丝生长。子实体发育要求较高湿度，以空气相对湿度85%~90%为合适。低于80%，子实体发育缓慢；高于95%，子实体易腐烂，容易污染杂菌。

④ 空气：平菇是好气性真菌，但菌丝生长对氧的需要量不太高，发菌前期，混在培养料中的氧就够了，后期养菌室需要通风换气。子实体发育要求通气良好。如果二氧化碳过多，抑制子实体的形成和发育，甚至形成畸形菇。所以当平菇子实体形成时，菇房要通风换气，保持空气新鲜。但风也不能直接吹在菇体上，否则也会影响子实体发育。

⑤ 光照：平菇菌丝在黑暗条件下能正常生长。子实体形成需要一定散射光，因此，在平菇形成子实体时，菇房内要能射进一定散射光，利于菇体发育。光线过暗能形成畸形菇。直射光照射能抑制子实体形成或使表层的子实体干裂。

⑥ 酸碱度：平菇在pH3.0~9.0均能生长，但喜欢偏酸的环境，生长的最适pH为5.5~6.0，如果培养料过酸可用石灰水调节。

4. 黑木耳

（1）概述　黑木耳是属木耳科木耳属的真菌，又名耳子、川耳、云耳、木耳等。

黑木耳营养丰富；富含蛋白质、维生素等物质，是一种美味可口的食品，具有清肺益气、补血活血、镇静止痛等功效，能治疗痔疮出血等疾病，还有减少血液凝块、缓和冠状动脉粥样硬化、防止血栓形成的功能。由于黑木耳有润肺和清涤胃肠的作用，因而也是纺织工人和矿山工人的重要保健食品之一。

（2）生活史　黑木耳成熟时，其腹面可弹射出担孢子，担孢子或形成菌丝，或形成分生孢子，由分生孢子再生成菌丝。最初的菌丝是多核的，然后形成横隔，把菌丝分成单核细胞，称为初生菌丝。黑木耳属于二极性异宗接合菌类，其担孢子萌发可产生“+”“-”不同性别的单核菌丝。两条“+”“-”单核菌丝结合形成一个双核菌丝，即次生菌丝。黑木耳具有锁状联合，但是其锁状联合没有香菇那样多而明显，其锁状联合呈骨关节嵌合状。在此期间，菌丝不断生长发育，产生大量分枝向基质中分布蔓延，吸收大量的营养和水分。当条件适合时，就从基质表面产生子实体原基，随后，营养物质及水分大量输入，菌丝细胞迅速分裂增殖，使体积不断增大，并分化发育成子实体。黑木耳是异宗接合菌类，因此，在孢子分离母种时不能采取单孢子分离法，而应采用多孢子分离法，产生结实性双核菌丝，形成子实体。

（3）黑木耳生长发育需要的环境条件

① 营养：黑木耳赖以生存的营养，完全依靠其菌丝体从基质中吸取。纤维素和木质素是其主要的营养来源。黑木耳在分解、摄取养料时，菌丝体能不断分泌多种酶，把纤维素、木质素以及其他有机大分子化合物转变成黑木耳菌丝体易于吸收的小分子质量的简单化合物。此外，黑木耳生长还需含氮化合物、维生素及微量的钙、铁、钾等无机盐类。耳树的这些营养很丰富，尤其是生长在土质肥沃、向阳山坡的耳树，养分特别充足。在这些耳树上长出的黑木耳朵大、肉厚、产量高。

② 水分：在黑木耳的不同生长发育时期，不同的培养基对水分条件的需要是各不相同的。用耳木种植黑木耳，在菌丝的定殖、蔓延生长时期，含水量应为45%~55%，而木屑培养基含水量应为50%~60%。水分过少，影响菌丝体对营养物质的吸收和利用，生活力降低，生长缓慢。水分过多，会导致透气性不良，造成氧气供应不足，使菌丝体的生长发育受到抑制，可能导致窒息甚至死亡，另外易造成厌气性杂菌的滋生蔓延。在子实体发生和生长阶段，耳木含水量应为60%~70%，木屑培养基含水量应为70%~75%。

③ 温度：黑木耳属中温性菌类，菌丝在6~36℃均能生长，但以22~32℃为适合温度，在5℃以下和38℃以上，菌丝生长受抑制。黑木耳对低温有很强的耐受力，生长在基质中的菌丝体和幼小的耳片可以忍耐-40℃以下的低温。黑木耳对短时间的高温也有较强的耐受力，高温条件下菌丝生长较快，纤细，生长势弱。受过高温的菌种种植后有明显的减产作用。

④ 光照：黑木耳的各个发育阶段对光照的要求各有不同。在黑暗条件下菌丝能正常生长，但子实体形成和生长都需要可见光。黑木耳只有在光照强度为250~

1000lx，才有正常的深褐色。黑木耳是胶质菌，所以强烈的阳光暴晒不会使其子实体干枯死亡，但暴晒易引起水分蒸发，生长缓慢。

⑤ 空气：黑木耳是好氧性真菌。缺乏氧气，菌丝体和子实体的生长发育会受到影响，甚至会造成窒息死亡。配制培养基时，水分不可过高，装瓶不能太满；在黑木耳整个生长发育过程中，栽培场地应保持空气畅通、清新，以供给菌丝体、子实体生长发育充足的氧气。

⑥ 酸碱度：黑木耳喜欢在微酸性环境中生活。菌丝体在 pH4～7 范围内都能正常生长，以 pH5～6.5 最适宜。在段木栽培中，除了应注意喷洒的水具有合适的酸碱度外，一般不需考虑这个问题。

（二）微生物与单细胞蛋白的生产

单细胞蛋白原指用大规模培养方式来获取的微生物菌体蛋白（主要是酵母菌和细菌），可用作动物的饲料，也可直接作为人类的蛋白食品。后来，将单细胞蛋白的范围扩大，现在凡用各种基质培养细菌、酵母菌、霉菌、藻类和担子菌所获得的菌体蛋白都称为单细胞蛋白。

单细胞蛋白的营养价值相当高。其生产过程不仅易于实现高水平的自动化，还不与农作物竞争耕地、不依赖于气候与季节条件、生产原料十分广泛。若用各种废弃物为生产原料时，不仅能得到蛋白质产品，还可减少环境污染。此外，微生物还具备其他生物所不可比拟的极高生长速率。因此单细胞蛋白的开发利用日益得到人们的重视。

1. 生产单细胞蛋白的菌种

细菌、酵母菌、真菌和藻类均可用来生产单细胞蛋白。

细菌蛋白质含量高（50%～80%），生长速度快，氨基酸组成优于豆类蛋白，且能适应环境变化。细菌能在范围较广的基质（如甲烷、甲醇、乙醇、烷烃等）中生长。主要缺点是菌体小、密度低，以致从发酵液中回收困难；菌种中核酸含量较真菌高。核酸类物质会使血液中尿酸含量增加，在极端情况下引起尿酸中毒等病症，因此作为蛋白源不受人们欢迎。

酵母菌的优点是菌体较大（较易回收），核酸含量低，用作食品的历史长，赖氨酸含量高，能在酸性条件下生长。其缺点是生长速度较慢，蛋白质含量较低（45%～46%），甲硫氨酸含量较细菌低。

丝状真菌的优点是便于回收，质地良好，但其不足之处在于生产速度慢，蛋白质含量低，产品不易为公众所接受。藻类的主要缺点是细胞壁含有纤维质，以及具有富集重金属的倾向，对人体有潜在危害。

2. 单细胞蛋白的生产

单细胞蛋白的生产方式主要是液体培养。

单细胞蛋白的生产过程比较简单，在培养液配制及灭菌完成以后，将它们和菌种投放到发酵罐中，控制好发酵条件，菌种就会迅速繁殖，发酵完毕后用离心、沉淀等方法收集菌体，最后经过干燥处理，就制成了单细胞蛋白成品。

3. 单细胞蛋白的开发利用趋势

（1）原料和产品的开发　单细胞蛋白的生产原料分为3类：各种废弃物、碳氢化合物和淀粉质原料。

各种废弃物从来就是单细胞蛋白的生产原料。单细胞蛋白生产一开始所利用的是制糖工业的废弃物——糖蜜，后来发展到利用各种工业废物，至今几乎所有含糖的废弃物都被利用了。这些废弃物从本源上讲都是来源于植物。它包括玉米和水稻等农作物的秸秆、皮壳、木屑和刨花等林业和木材加工业的植物纤维素原料，也包括造纸、淀粉、制糖、豆制品、乳制品工业和多种发酵工业废液，甚至人和动物的粪便也成了单细胞蛋白的生产原料。

用淀粉质原料生产单细胞蛋白的传统方法是先把淀粉水解再进行微生物培养。这些年来的发展方向有3方面：

① 筛选能直接利用淀粉的微生物。如法国已筛选出能直接以木薯为唯一碳源的热带假丝酵母，发酵结束时产品蛋白质含量为19%，蛋白质中赖氨酸含量为7%，含硫氨基酸为4.9%。

② 将有糖化力的霉菌与酵母菌混合培养。如尼日利亚，把拟内孢霉和假丝酵母混合培养在木薯原料上，靠拟内孢霉分解淀粉，使酵母菌得以生长。

③ 把霉菌作固体生料发酵。如法国以木薯为原料，固体培养黑曲霉，培养基不灭菌，发酵结束蛋白质含量由2%提高到20%，用播种面积1hm^2产出的木薯可得纯蛋白1.8t，是同播种面积大豆蛋白产量的2.3倍。

（2）微生物及其遗传改良　作为单细胞蛋白生产菌，必须具有高度的安全性与营养价值，要有很高的生长速率、生产性能与产率，对培养条件无过高要求。

用作单细胞蛋白生产菌的微生物种类非常广泛。以植物水解物原料生产饲料蛋白的菌种主要是酵母菌，它包括假丝酵母属、丝孢酵母属、汉逊酵母属和接合豆孢酵母属的许多种。能利用碳氢化合物的微生物通常有假丝酵母属、曲霉属、镰刀菌属和毛霉科的许多种以及形形色色的细菌。这些微生物都是异养型的。近年来自养型和兼性异养型微生物得到了重视。有人认为氢细菌是一种很有前途的单细胞蛋白生产菌。也有人研究与设计各种光合细菌生产单细胞蛋白的工艺过程与相应设备，据估算其生产成本要比酵母蛋白低。

4. 单细胞蛋白的应用

例如用假丝酵母及产朊酵母作为菌种，利用亚硫酸废液或石油生产酵母菌体，可用于牲畜饲料。

以酵母菌和假丝酵母菌生产的单细胞蛋白，可直接用作人的食品。由于单细胞蛋白氨基酸组成齐全，因此，常作为营养强化剂而添加到食品中，用以提高各类产品的蛋白质含量。同时单细胞蛋白中维生素、矿物质含量丰富，因此还常用于补充许多食物所需全部或部分的维生素和矿物质。单细胞蛋白在食品加工中也有着重要作用，能提高食品的物理性能和食品的风味。

人类自身也会直接享受单细胞蛋白带来的巨大实惠。一方面，微生物蛋白食品的开发可以缓解耕地减少、粮食紧缺的矛盾；另一方面，高蛋白的微生物蛋白食品的开发，也有利于改善人们的食品结构。

（三）微生物与烘焙食品的生产

酵母在烘焙中能够起到使烘焙食品松软的作用，正常环境下可以发酵淀粉。经过酵母菌发酵后的面团，其内部更加松软，酵母菌发酵后的代谢物丰富了其营养组成，更易于消化与吸收。而残留在烘焙食品中的酵母菌体，自身也含有丰富的营养物质，进一步提高了烘焙食品的营养价值。

面包是一种典型的烘焙食品，是一种营养丰富、组织膨松、易于消化、食用方便的食品。它以面粉为主要原料，以酵母菌等为辅料，用水调制成面团，再经过发酵、成型、烘烤等工序制成。

1. 菌种及发酵剂类型

现代面包制造大多采用纯种发酵剂发酵生产。面包发酵剂类型有压榨酵母和活性干酵母两种。压榨酵母又称鲜酵母，是酵母菌经液体深层通气培养后再经压榨而制成。发酵活力高，使用方便，但不耐贮藏。活性干酵母是压榨酵母经低温干燥制成。便于贮藏和运输，但活性有所减弱，需经活化后使用。

2. 活性干酵母面包发酵剂的制备

（1）工艺流程

糖蜜→澄清处理→添加氮源、磷源→灭菌→发酵培养基→接入种子液→液体深层通气培养→冷却→酵母分离→洗涤→压榨成形→干燥→成品

（2）技术要点

① 接种与培养：接种量 20%~25%，进行液体深层通气培养。培养温度 25~30℃，pH 控制在 4.2~4.8，通风量 120~160$m^3/(h \cdot m^3)$ 培养基，采用每小时流加糖液的方法培养 12h 左右，使残糖降至 0.1~0.2g/100mL，终止培养。

② 酵母分离、压榨和干燥：培养后的发酵液经冷却降温，送入酵母分离机进行离心分离。得到的湿菌体用冷水洗涤后压榨成型，使压榨酵母的含水量达 65%~70%。最后采用 30℃低温将压榨酵母烘至含水量 6%~8%制成活性干酵母。

3. 面包生产工艺

面包生产工艺分为一次发酵法和两次发酵法，目前我国面包生产多采用两次发酵法。

面包的基本生产工艺流程是：

原辅材料的处理调配→第一次和面→第一次发酵→第二次调制面团→第二次面团处理→第二次发酵→整形→成型→烤前加工处理→烘烤→冷却→(半成品加工）包装→成品

原辅材料处理程序和注意事项如下：

（1）原材料的预处理　活性干酵母在使用前可以用适温的水进行溶解然后加入搅拌面团，但水温不能超过60℃。鲜酵母在使用前需提前4~5h从冷柜中取出使其软化，以恢复活力，然后用5倍以上的25℃左右的温水搅拌溶解，5min后可以投料使用。

（2）面团的调制　制作面包时还要加入一些辅料，如蔗糖、食盐、脱脂奶粉、鲜鸡蛋、化学改良剂等，注意添加的量以及添加的时间。

面团调制是将处理好的原辅材料按配方的用量，根据规范的投料程序，调制成适合加工性能的面团。水的用量为面粉的45%~65%。水必须与面粉直接接触，使面粉中的蛋白质充分吸水形成大量面筋。面团松弛和基本发酵时水的最适温度是25~28℃，最后发酵的最佳温度是38℃左右。

（3）面团的发酵　将面团材料分两次加入调制，一般第一次面粉量在50%~70%，加水量为50%~60%。调制好的面团放置在28℃、湿度78%左右的环境下发酵3h，然后再添加其他材料进行调制，最后发酵的最佳温度为37℃、相对湿度85%左右。

（4）整形和成型的控制　将第二次发酵成熟的面团加工成一定形状的面团坯的过程称为整形。整形包括分块、称量、搓圆、成型和装盘等工序。最后将面团坯做成各种设计好的形状、添加馅料、入模及最后发酵等工序称为成型。

按成品规格的要求进行分块称量，一般面团坯经过烘烤之后，其质量会损耗7%~10%，所以在面团分块称重时要把此因素考虑进去。主食面包的分块最好在20min左右完成，点心面包最好在40min之内完成。

搓圆和静置的目的是将不规则的面团坯搓成圆球形状，使其芯子结实，表面光滑，静置一段时间后，使其面筋回软，弹性降低一点后更方便操作和成型。成型室的温度应在36℃左右，相对湿度在80%左右。一般要求面团坯发酵程度为七至八成，另外两三成则在烤炉中膨胀。

（5）面包的焙烤　烘烤过程中的第一阶段是让其体积继续快速地膨胀，所以炉内要保持65%左右的湿度。第二阶段就是其成熟阶段，这一时间段一般在3~6min，而且达到成品体积的要求。第三阶段就是上色和增加香气、提高风味，面包已基本成熟，并产生金黄色的表皮。

一般点心面包的烘烤时间在13min左右，烘烤温度也在200℃左右；吐司类要求的温度比较低，时间比较长，才能使其内部完全熟透。特殊面包需要温差可能比较大，所以时间也随其而定。

中国古代之微生物应用

巴斯德灭菌法的由来

（四）微生物与酒类的发酵

1. 啤酒酿造

啤酒是以大麦、谷物、酒花等为主要原料，经过麦芽糖化和酵母发酵而制成的CO_2含量丰富、乙醇含量仅3%~5%、具有酒花芳香、苦味爽口的饮料酒。啤酒因富含多种营养成分，营养价值高，素有“液体面包”之称。

（1）啤酒酵母　啤酒的酿造，大多数采用啤酒酵母的各种菌株。啤酒酵母的细胞形态为椭圆形或圆形，在液体培养基中，呈浑浊状态。悬浮于发酵液液面的啤酒酵母称为上面啤酒酵母，沉淀于容器底部的啤酒酵母称为下面啤酒酵母。英国、新西兰等国家主要采用上面啤酒酵母进行啤酒生产，我国和欧洲国家主要采用下面啤酒酵母生产啤酒。

（2）啤酒酿造工艺

① 工艺流程

原料大麦→加工处理→发芽→麦芽及辅料粉碎→糖化→过滤→麦汁煮沸、添加酒花→麦汁沉淀→麦汁冷却→接种→酵母繁殖→主发酵→后发酵→灭菌/除菌→包装→成品

② 技术要点

a. 麦芽制造：麦芽制造的目的是使大麦产生各种水解酶并使胚乳细胞适当溶解，便于糖化时淀粉和蛋白质等大分子物质的分解。大麦经过清选、分级后，进入浸麦槽进行浸麦，一般淡色麦芽的浸麦度达到43%~45%时进入发芽箱发芽。淡色麦芽的发芽温度为15℃，发芽6~8d后，当根芽为麦粒的1~1.5倍长、叶芽为麦粒的3/4倍长时，发芽结束进行干燥。

b. 糖化与麦芽汁制造：麦芽汁制造俗称糖化。将粉碎的麦芽和未发芽的谷物原料与温水混合，借助麦芽各种水解酶将淀粉和蛋白质等不溶性的大分子物质分解为可溶性的糖类、糊精、氨基酸、肽、胨等低分子物质，为酵母菌的繁殖和发酵提供必需的营养物质。糖化方法分为浸出糖化法和煮出糖化法。

目前国内外制造淡色啤酒普遍采用双醪二次煮出糖化法。将粉碎的辅助原料和部分麦芽粉放入糊化锅与50℃温水混合，保温15min，煮沸30min，使辅料糊化，同时，另一部分麦芽粉放入糖化锅与50℃温水混合，保温30~90min，进行蛋白质分解，然后将这两部分糖化醪液在糖化锅内混合，63~70℃保温糖化。待碘液反应完成，取部分糖化醪液在糊化锅内进行第二次煮沸，再打回糖化锅，使糖化醪升温至75~78℃，继续糖化30min。然后过滤即为原麦芽汁。在原麦芽汁中添加0.1%酒花，煮沸1.5h，促进酒花有效物质的浸出和蛋白质凝固、析出。麦芽汁煮沸后，沉淀30~60min，除去酒花糟粕和蛋白质凝固物，冷却至接种温度6~8℃，完成糖化和麦芽汁制造。

c. 接种与酵母增殖：冷却麦芽汁入酵母繁殖槽，接种6代以内回收的酵母泥0.5%（或扩大培养的种子液），控制品温6~8℃，好氧培养12~24h，待起发后入发酵池（罐）进行主发酵。

d. 主发酵：主发酵也称前发酵，可分为4个时期：入发酵池（罐）后4~5h，酵母菌产生的CO_2使麦芽汁饱和，在麦芽汁表面出现白色、乳脂状气泡，称为起泡期。此时不需人工降温，保持2~3d。随着发酵的进行，酵母菌厌氧代谢旺盛，使泡沫层加厚，温度升高，发酵进入高泡期。此时需开动冰水人工降温，最高发

酵温度不超过9℃，保持2~3d。发酵5~6d后，泡沫开始回缩，颜色变深，称为落泡期。此时需开动冰水逐渐降温，维持2d。发酵7~8d后，泡沫消退，形成泡盖（由酒花树脂、蛋白质多酚复合物、泡沫和死酵母构成），称为泡盖形成期。此时应急剧降温至4~5℃，使酵母沉降，并打捞泡盖、回收酵母，结束主发酵。在主发酵过程中，酵母菌通过旺盛的厌氧代谢，使大部分可发酵性糖转化为酒精和CO_2，同时形成主要的代谢产物和风味物质。

e. 后发酵：后发酵的主要作用是使残糖继续发酵，促进CO_2在酒液中饱和，同时利用酵母内酶还原双乙酰，并且利用CO_2排除酒液中的生青物质（双乙酰，H_2S、乙醛），使啤酒成熟。

f. 后处理：后发酵结束，酒液经过过滤、装瓶、热杀菌（60℃ 30min）处理，称为熟啤酒，不经过热杀菌的啤酒称为鲜啤酒，而直接过滤除菌的啤酒称为纯生啤酒。

2. 葡萄酒酿造

葡萄酒是由新鲜葡萄或葡萄汁通过酵母的发酵作用而制成的一种饮料酒。乙醇含量一般为9%~16%vol。如果果皮与汁同时发酵，产品称为红葡萄酒；如果单独采用果汁发酵，就得到白葡萄酒。葡萄酒质量的好坏与葡萄品种及酵母种类密切相关。常用酵母有：中国张裕7318酵母、法国香槟酵母、匈牙利多加意酵母等。

（1）红葡萄酒的工艺流程

原料选择→分选→去梗→消毒→漂洗→破碎→主发酵→压榨→后发酵→贮藏→澄清过滤→装瓶、杀菌

（2）制作方法

① 原料选择：选用果皮带色的葡萄，剔除病烂、病虫、生青果。用清水洗去表面污物。

② 破碎、去梗：可用滚筒式或离心式破碎机将果实压破，再经除梗机去掉果梗，以使酿成的酒口味柔和。经破碎除去果梗的葡萄浆，因含有果汁、果皮、子实及细小果梗，应立即送入发酵池，发酵池上面不可加满，以防因发酵产生二氧化碳而溢出。

③ 发酵：把葡萄浆送入发酵池，直到主发酵完毕、新葡萄酒出池，这一过程称为发酵。发酵前需调整糖度，加糖量一般以葡萄原来的平均含糖量为标准，加糖不可过多以免影响成品质量。在葡萄浆入池时将二氧化硫一次加入，发酵过程中不再添加，其用量根据糖分、酸度和葡萄的完好状态而定，一般为20~40g/kg。经2~3h后，加入酵母液，加入量为果浆的5%~10%，加入后充分搅拌，使酵母均匀分布。发酵时每日必须检查酵母繁殖情况及有无菌害。如酵母生长不良或少时，应重新补加酒母。发现有杂菌危害，应在室内燃熏硫黄，利用二氧化硫杀菌。发酵温度必须控制在20~25℃。

主发酵的时间，根据葡萄含糖量、发酵温度和酵母接种数量而异。一般在相

对密度下降到 1.020 左右时即可出池，转入后发酵。

④ 后发酵：后发酵池或桶上面要留出 5~15cm 空间，因后发酵也会生成泡沫。后发酵期的品温控制在 18~20℃，最高不能超过 25℃。当相对密度下降到 0.993 左右时，发酵即结束。

⑤ 陈酿：陈酿时要求温度低、通风良好。适宜的陈酿温度为 15~20℃，相对湿度为 80%~85%。陈酿期除应保持适宜的温度、湿度外，还应注意换桶、添桶。

第一次换桶应在发酵完毕后 8~10d 进行，除去渣滓，并同时补加二氧化硫到 150~200mg/L。第二次换桶在前次换桶后 50~60d 进行。第二次换桶后约 3 个月进行第三次换桶，经过 3 个月以后再进行第四次换桶。

为了防止害菌侵入与繁殖，必须随时添满贮酒容器的空隙，不让它表面与空气接触。在新酒入桶后，第一个月内应 3~4d 添桶一次，第二个月 7~8d 添桶一次，以后每月一次，一年以上的陈酒，可隔半年添一次。添桶用的酒，必须清洁，最好使用品种和质量相同的原酒。

⑥ 调配：经过 2~3 年贮存的原酒，已成熟老化，具有陈酒香味。可根据品种、风味及成分进行调和。葡萄原酒要在 50%以上。

（五）微生物与乳制品的发酵

乳制品在世界各国很受欢迎，甚至在一些国家和地区的人们饮食结构中占据着重要地位。常见的发酵乳制品有酸奶、干酪、酸性奶油等，一般以乳液为主要原料，通过乳酸菌发酵或者是乳酸菌和酵母菌共同发酵，借助其他食品加工工艺，实现其口感、风味的多元化，且具有较高的营养价值与保健功效。

1. 酸奶

（1）酸奶的概念及分类

① 概念：酸奶是由优质鲜乳经脱脂、消毒后，接入乳酸发酵菌剂后发酵而制成。一般使用保加利亚乳杆菌和嗜热链球菌两种菌的混合菌剂为纯种发酵菌剂。成品中必须含有大量相应的活菌。

② 酸奶的分类：按成品的组织状态可分为凝固型酸奶、搅拌型酸奶、饮料型酸奶、冷冻型酸奶。

（2）酸奶的生产　凝固型酸奶的生产是以新鲜牛乳为主要原料，经过净化、标准化、均质、杀菌、接种发酵剂，分装后，通过乳酸菌的发酵作用，使乳糖分解为乳酸，导致乳的 pH 下降，酪蛋白凝固，同时产生醇、醛、酮等风味物质，再经冷藏和后熟制成凝乳状的酸牛奶。

工艺流程如下：

原料鲜乳→净化→标准化调制→均质→杀菌→冷却→接种→分装→发酵→冷却→冷藏后熟→成品

搅拌型酸奶即纯酸奶与凝固型酸奶生产工艺基本相似，所不同的是前者为先发酵，再搅拌，后分装；后者为先分装，后发酵。

2. 干酪

干酪是一种富有营养且易消化吸收的食品，蛋白质、维生素、钙和磷含量丰富。干酪种类目前已达近千种，根据原料，有牛乳干酪和羊乳干酪之分；根据乳脂肪含量，有脱脂干酪、全脂干酪和稀奶油干酪之别；根据含水量和硬度分为特硬质干酪、硬质干酪、半硬质干酪、软质干酪；根据成熟度，分为新鲜干酪（生干酪）和成熟干酪。

（1）发酵剂菌种　用于发酵剂的菌种大多是乳酸菌，但也有的干酪使用丙酸菌和丝状菌。多数乳酸菌发酵剂为多菌混合发酵剂，根据最适生长温度不同，可将干酪生产的乳酸菌发酵剂菌种分为两大类：一类是适温型乳酸菌，包括乳酸链球菌、乳脂链球菌、乳脂明串珠菌、丁二酮链球菌、嗜柠檬酸链球菌（前三种链球菌主要将乳糖转化为乳酸，后两种链球菌主要将柠檬酸转化为丁二酮）；另一类是嗜热型乳酸菌，包括：嗜热链球菌、坚韧链球菌、乳酸乳杆菌、嗜热乳杆菌、保加利亚乳杆菌、瑞士乳杆菌、嗜酸乳杆菌、发酵乳杆菌、短乳杆菌、布氏乳杆菌、干酪乳杆菌、植物乳杆菌。其中后两种乳杆菌具有脂肪分解酶和蛋白质分解酶的作用。

（2）干酪生产　不同品种干酪的风味、颜色、质地等特性不同，其生产工艺也不尽相同，但都有共同之处。一般工艺流程如下：

原料乳检验→净化→标准化调制→杀菌→冷却→添加发酵剂、色素、$CaCl_2$、凝乳酶→静置凝乳→凝块切割→搅拌→加热升温、排出乳清→压榨成型→盐渍→生成干酪→发酵成熟→成品

（3）技术要点

① 原料乳的检验和预处理：感官检验合格后，测定酸度<18°T，酒精试验呈阴性，细菌总数<50 万个/mL，必要时进行抗生素试验，然后进行过滤净化，按照不同产品要求进行标准化调制，70～75℃杀菌 15min。根据发酵剂菌种的最适生长温度，冷却至接种温度。

② 接种发酵剂及添加色素、氯化钙、凝乳酶和静置凝乳：在接种温度下，接种混合发酵剂 1%～3%。添加 3%～12%的色素安那妥或胡萝卜素可使产品均匀一致。原料乳杀菌后，可溶性 Ca^{2+}浓度降低，通过添加 0. 01%$CaCl_2$ 则有利于干酪凝固和品质改善。干酪制造中，乳液凝固，一般使用凝乳酶，添加量应根据其效价而定，即 1 份凝乳酶在 30～35℃ 40min 内可凝固的乳量一般为 10000～15000 份。添加凝乳酶后，搅拌均匀，静置 40min，即可形成凝乳。

③ 凝块切割、搅拌加热、排出乳清：凝乳达到一定硬度后，用干酪刀将其纵横切割成小块，然后轻轻搅拌，使乳清分离。加热升温可使凝块收缩，有利乳清分离，加热时应缓慢升温（1～2℃/min），制造软质干酪升温至 37～38℃，硬质干酪则升温至 47～48℃。凝块收缩到适当硬度时，即可排出乳清，此时乳清酸度约为 0. 12%。

④ 压榨和盐渍：将排出乳清后的凝块均匀地放在压榨槽内，压成饼状，再将凝块分成大小相等的小块，压榨成型（10~15℃），时间保持6~10h。盐渍的目的是硬化凝块、改善风味和防腐，一般将粉碎的食盐撒在干酪表面或将干酪浸在20%NaCl溶液中，8~10℃保持3~7d，使干酪的含盐量达1%~3%，压榨成型并将盐渍后的干酪称为生干酪，可以直接食用，但大多数干酪要经过发酵成熟。

⑤ 发酵成熟：发酵成熟的温度10~15℃，相对湿度85%~95%。

⑥ 成熟期：软质干酪为1~4个月，硬质干酪长达6~8个月。发酵成熟后的干酪具有独特的芳香风味和细腻均匀的自然状态。

（六）微生物与调味品的生产

1. 酱油

酱油是我国传统的发酵食品之一，不仅营养丰富，含有糖分、多肽、氨基酸、维生素、食盐和水等物质，而且赋予食品以咸味、鲜味、香味和颜色，增进人们的食欲，因而是人们生活中不可或缺的调味品。

酱油生产中常用的霉菌有米曲霉、黄曲霉、黑曲霉等，选择菌种的依据是不产生黄曲霉毒素和其他真菌毒素；蛋白酶及糖化酶活性强，生长繁殖快，对杂菌抵抗力强；发酵过程中能形成香味物质。生产中常常是两个菌株混合使用，以提高原料蛋白质和碳水化合物的利用率，提高酱油中还原糖、氨基酸、色素以及香味物质的水平。除曲霉外还有酵母菌、乳酸菌参与发酵，它们对酱油香味的形成起一定的作用。

酱油的生产流程如下：

原料蒸煮→制曲→制醅发酵→浸出淋油→配制→消毒→装瓶

制作酱油常用的原料有豆粕或豆饼、花生饼、葵花籽饼、豌豆、大豆等蛋白质原料以及麸皮、小麦、玉米、甘薯等淀粉质原料。

酱油的鲜味一般来源于氮基酸和核酸类物质的钠盐；甜味主要来源于糖类、某些氨基酸（甘氨酸等）、醇类（如甘油等）；酸味来源于有机酸；苦味来源于某些氨基酸（如酪氨酸等）；咸味主要来源于食盐。

2. 食醋

食醋自古以来就是我国主要的调味品，食醋酿造是在醋酸菌的作用下经厌氧发酵将产生的酒精转化为醋酸的过程。用于食醋生产的细菌有纹膜醋酸菌和许氏醋杆菌。通过粮食发酵得到的食醋不仅含有大量的醋酸，还含有不同种类的氨基酸、有机酸、糖类、维生素、醇类、酯类营养成分，其中各类营养成分的不同实现了食醋产品的多样化。

食醋的酿造过程中，除了醋酸菌，还有更多的微生物参与，主要有霉菌、酵母菌、乳酸菌。霉菌在食醋的酿造中，通过各种酶将淀粉、蛋白质等大分子物质酶解为葡萄糖、氨基酸等小分子物质。食醋酿造过程中以淀粉质为主要原料时，需通过霉菌产生糖化酶将淀粉水解为糖，进而为酒精发酵以及醋酸发酵提供原料，米曲霉、黑曲霉是传统食醋发酵的关键微生物。酵母菌在食醋的酿造中主要起到酒精发酵的作用，缺氧的条件下分解糖产生乙醇，其产生的乙醇还可同经乳酸菌降解产生的乳酸合成为酯类，可提高食醋的风味。乳酸菌对食醋的风味有积极的影响。在食醋中含量最多的不挥发酸是乳酸，主要来源于乳酸菌。

食醋的酿造方法通常可分为固态发酵和液态发酵两大类。我国传统的酿造法多采用固态发酵。用这种方法生产的醋风味较好，但需要的辅料多，发酵周期长，原料利用率低，劳动强度大。

食醋生产的一般工艺流程为：

原料混合→加水拌匀、蒸煮→冷却后加麸曲和酒母→糖化、发酵→拌糠、接入醋酸菌→醋酸发酵→加盐陈酿→淋醋→陈酿→配兑→灭菌→包装→成品

在固体发酵中，糖化和乙醇发酵是同步进行的。

可用于食醋生产的原料很多，有糖蜜、高粱、大米、玉米、甘薯、糖糟、梨、柿、枣等干鲜果品以及野生含糖或含淀粉的果实等。著名的食醋一般仍以糯米、大米、高粱等粮食原料为主。

我国生产的食醋品种很多，有许多名优产品，如山西陈醋、镇江香醋、江浙的玫瑰醋、福建的红曲醋以及东北的白醋等。各种醋在选料、发酵工艺及最后的调配料、陈酿上都有各自的特点。

3. 腐乳

腐乳，又称豆腐乳，是我国特有的发酵食品，现在各地均有生产，最有名的是江浙、两广、西南各省。由于各地生产工艺、形状大小、配料等不同，腐乳品种较多，风味各异。腐乳具有较高的营养价值，味道鲜美，易于消化吸收，刺激食欲，价格便宜，因而是我国人民普遍喜爱的一种发酵食品。

（1）菌种　用于腐乳发霉的菌种有腐乳毛霉、鲁氏毛霉，五通桥毛霉、总状毛霉、华根霉等。另外在细菌型腐乳中，克东腐乳是利用微球菌属进行酿造的。

（2）机理　腐乳的酿造是几种微生物及其所产生的酶不断作用的过程。在发酵前期，主要是毛霉等的生长发育期，在豆乳坯周围布满菌丝，同时分泌各种酶，引起豆乳中少量淀粉的糖化和蛋白质的逐步降解。此时由外界来到坯上的细菌、酵母菌也随之繁殖，参与发酵。加入食盐、红曲、黄酒等辅料，装坛后，即进行厌氧的后发酵。毛霉产生的蛋白酶和细菌、酵母菌的发酵作用，经过复杂的生物化学变化，将蛋白质分解成胨、多肽和氨基酸等物质。同时生成一些有机酸、醇类、酯类，最后制成具有特殊色、香、味的腐乳成品。

（3）工艺流程　腐乳的制作工艺比较简单，一般分为3个阶段：制豆腐坯；人工发霉；装坛发酵。其生产流程如下：

大豆→浸泡→磨浆→刮浆过滤→点浆→压榨→豆腐→切坯→豆腐坯→人工接种→毛坯加入辅料→装坛→后发酵（3~6个月）→腐乳成品

（4）红曲　红曲是制造红腐乳不可缺少的配料。红曲霉色素是由红曲霉产生

的色素，通常是几种不同结构的色素的混合物，包括红曲霉素、红曲霉红素、红曲霉黄素和红斑红曲霉素等几种色素。

二、微生物与现代发酵工业

方心芳——微生物学的“忠实牧童”

（一）微生物发酵产谷氨酸

1. 谷氨酸生产菌的种类

能进行谷氨酸发酵的细菌主要有：棒杆菌属、短杆菌属、节杆菌属、微杆菌属等属中的一些种。常用的菌种有谷氨酸棒状杆菌、黄色短杆菌、双歧短杆菌等。目前我国使用的生产菌种主要是：北京棒杆菌、钝齿棒杆菌和黄色短杆菌等。谷氨酸生产菌中除了芽孢杆菌外，其他属种均有共同特点：G^+，菌体球形，短杆状至棒状，无鞭毛，不运动，不形成芽孢，需生长因子，在通气条件下发酵谷氨酸。

2. 谷氨酸的生产

（1）淀粉水解糖的制备　发酵法生产谷氨酸的原料有淀粉（玉米、小麦、甘薯、大米等）和糖蜜（甘蔗、甜菜等）以及氮源（尿素或氨水）。利用淀粉作原料时，因大部分谷氨酸生产菌不具备糖化能力，因此需要先将淀粉糖化。

（2）谷氨酸发酵　培养谷氨酸生产菌常用的碳源是淀粉水解糖和糖蜜，常用的氮源是尿素和氨水，碳氮比为100∶25，其中80%的氮源用于合成谷氨酸，3%~5%合成菌体，其余的用于调节发酵液的pH和产生氮气。还要加入一些无机盐，如K^+、Mg^{2+}、Fe^{2+}、Mn^{2+}等阳离子和PO_4^{3-}、SO_4^{2-}、Cl^-等阴离子，但用量很小。此外，谷氨酸生产菌还需生长因子，一般添加一定量的玉米浆、麸皮、水解液、糖蜜等。

根据生产要求，需通气培养。若通气量过大，则菌体大量繁殖，糖的消耗量也大；通气量过小，则菌生长不良，乳酸积累。因此只有适量通气才能提高谷氨酸的产量。发酵前期是谷氨酸生产菌大量繁殖阶段，菌体生长的最适温度是30~32℃，pH控制在7.5~8.0；发酵后期是谷氨酸大量积累阶段，温度为34~36℃，pH在7.0~7.6。

谷氨酸的合成途径包括糖酵解（EMP）、已糖磷酸支路（HMP）、三羧酸循环（TCA）、乙醛酸循环等。谷氨酸生产菌把糖分解成有机酸、含氮物质分解成NH_4^+，进一步合成谷氨酸积累在发酵液中。

发酵液中糖的转化率达到50%~60%时，即过滤或离心除去菌体，滤液浓缩酸化，使发酵液中的L-谷氨酸沉淀下来，然后再纯化结晶，制得较纯的L-谷氨酸，最后与纯碱（Na_2CO_3）作用形成味精。

3. 工艺流程

淀粉质原料→水解糖化→中和→脱色→过滤→添加氮源、无机盐和生长因子→接种→谷氨酸发酵→提取谷氨酸→加碱→除铁脱色→浓缩→干燥→成品味精人们很早发现许多核苷酸类物质具有强化食品风味的功能。目前国内外已发酵生产肌苷酸和鸟嘌呤核苷酸作为特鲜味精，主要利用细菌发酵，其中有些是谷氨酸生产菌，如棒杆菌属、短杆菌属的某些种。

（二）微生物发酵产柠檬酸

1. 柠檬酸生产菌

能产生柠檬酸的微生物种类很多，其中包括青霉、曲霉、毛霉和假丝酵母等，目前生产上常用产酸能力强的黑曲霉。用于工业生产的黑曲霉菌株几乎都是从自然界筛选再经诱变而获得的，选育耐高渗透压和不分解利用柠檬酸的突变株。

2. 生产工艺

柠檬酸发酵可分为固体发酵和液体发酵两大类。液体法又分浅盘发酵法和液体深层发酵法。目前世界各国多采用液体深层发酵法进行生产。柠檬酸生产的全部过程包括：试管斜面菌种培养、种子扩大培养、柠檬酸的发酵和成品提炼等4个阶段。其一般工艺流程如下：

（1）薯干粉原料深层发酵　工艺流程为：

斜面菌种→麸曲瓶→种子
↓
薯干粉→调浆→灭菌（间歇或连续）→冷却→发酵→发酵液→提取→成品
↑
无菌空气

（2）以薯渣为原料的固体发酵　工艺流程为：

试管斜面→三角瓶菌种→种曲
↓
薯渣→粉碎→蒸煮→摊凉接种→装盘→发酵→出曲→提取→成品
↑
米糠

（三）微生物发酵生产酶制剂

酶制剂可以由细菌、酵母菌、霉菌、放线菌等微生物生产。微生物产生的各种酶以及它们在食品工业中的应用见表7-1。

表7-1　微生物酶制剂及其在食品工业中的应用

酶	用　途	来　源
耐高温α-淀粉酶	水解淀粉制造葡萄糖、麦芽糖、糊精	细菌、霉菌
糖化酶	水解淀粉成葡萄糖	细菌、霉菌
普鲁兰酶	水解淀粉成直链低聚糖	细菌、霉菌

续表

酶	用途	来源
蛋白酶	软化肌肉纤维、澄清啤酒及果酒、水解动植物蛋白质制成营养液	细菌、霉菌
脂肪酶	制作干酪和奶油，增进食品香味，大豆脱腥等	酵母、霉菌
纤维素酶	大米、大豆、玉米脱皮，制造淀粉	霉菌
半纤维素酶	大米、大豆、玉米脱皮，提高果汁澄清度等	霉菌
果胶酶	柑橘脱囊衣，饮料、果酒澄清等	霉菌、细菌
葡萄糖氧化酶	蛋白质脱葡萄糖以防止食品褐变，食品除氧防腐	霉菌
葡萄糖异构酶	可使葡萄糖转化为果糖	细菌、放线菌
蔗糖酶	制造转化糖，防止高浓度糖浆中蔗糖析出，防止糖果发沙	酵母
橙皮苷酶	防止柑橘罐头的白色沉淀	霉菌
乳糖酶	乳糖酶缺乏的乳品制造，防止乳制品中乳糖析出	酵母、霉菌
单宁酶	食品脱涩	霉菌
花色素酶	防止水果制品变色，白葡萄酒脱去红色	霉菌
凝乳酶	乳液凝固剂	霉菌
胺氧化酶	胺类脱臭	酵母、细菌

1. 菌种选择

一般来说，能用于酶发酵生产的细胞必须具备如下几个条件：酶的产量高，有较好的开发应用价值；产酶细胞容易生长繁殖，适应性较强，容易培养和管理；产酶稳定性好，在通常的生产条件下，能够稳定地用于生产，不易退化；产酶细胞本身及其他杂质易于和酶分离；使用的细胞及其代谢物安全无毒，不会影响生产人员和环境，也不会对酶的应用产生其他不良的影响。

2. 产酶培养

（1）固体培养法　固体培养是以麸皮或米糠为主要原料，另外添加谷糠、豆饼等为辅助原料。经过对原料发酵前处理，在一定的培养条件下微生物进行生长繁殖代谢产酶。固体培养法比液体培养法产酶量高。同时还具有原料简单、不易污染、操作简便、酶提取容易、节省能源等优点。缺点是不便自动化和连续化作业，占地多，劳动强度大，生产周期长。

（2）液体培养法　液体培养法的优点是：占地少、生产量大、适合机械化作业、发酵条件容易控制、不易污染，还可大大减轻劳动强度。其培养方法有分批培养、流加培养和连续培养三种，其中前两种培养法广为应用，后者因污染和变异等关键性技术问题尚未解决，应用受到限制。

（3）产酶条件的控制　提高微生物酶活性和产率的途径是多方面的，其中控制营养和培养条件是最基本也是最重要的途径。

① 培养基控制

碳源：碳水化合物是微生物细胞的重要组成成分、能源和酶的组成部分，也是多种诱导酶的诱导物。不同微生物要求的碳源不同，是由菌种自身的酶系（组成酶或诱导酶）所决定的。

氮源：氮源是蛋白质的组成成分，氮源的不同，也能起到诱导和阻遏酶形成的作用。在蛋白酶生产中，蛋白质能诱导酶的形成，而它的水解物就不及它本身好。氨基酸的作用变化很大，有的有利，有的抑制。

在严格选定氮源类型之后，还应当注意碳源浓度，即碳氮比、无机氮与有机氮的浓度比例、无机氮的种类等。

无机盐：盐对产酶的效应比较复杂，如磷多数情况对产酶有促进作用，在蛋白酶中比较明显；Ca^{2+}对蛋白酶有明显的保护和稳定作用；Na^{+}、Cl^{-}对提高枯草杆菌液化型α-淀粉酶的耐热性的作用尤为显著；适量的Mg^{2+}、Zn^{2+}、Mn^{2+}、Co^{2+}、Fe^{2+}等能提高蛋白酶和α-淀粉酶等的产酶量；重金属离子如Hg^{2+}、Ag^{2+}、Pb^{2+}、Zn^{2+}、Ni^{2+}、Cu^{2+}、Al^{3+}及有些情况下的Ca^{2+}、Fe^{2+}等对酶活性有抑制。

生长因子：多种氨基酸、维生素是微生物生长与产酶的必要成分，有些维生素甚至就是酶的组成部分。麦芽根、酵母膏、玉米浆、米糠、曲汁、麦芽汁、玉米废醪中均含有不同程度的微量生长因子，对促进产酶有显著效应。

② 培养条件控制

pH：同一菌种产酶的类型与酶系组成可以随 pH 的改变而产生不同程度的变化。如用黑曲霉使腺苷酸氧化脱氨转变为肌苷酸时，培养在 pH6.0 以上的环境中，果胶酶活性受到抑制，pH 改变到 6.0 以下就形成果胶酶。

温度：温度对产酶的影响有以下几种情况：产酶温度低于生长温度，如酱油曲霉蛋白酶合成的适宜温度在 28℃，比生长温度 40℃ 条件下产酶量高出 2~4 倍；产酶温度与生长温度一致，如链霉菌合成葡萄糖异构酶约在 30℃；产酶温度高于生长温度，例如产生糖化型淀粉酶的适宜温度在 35℃，而它生长的最适温度为 30℃。此外，温度还能影响酶系组成及酶的特性。例如，用米曲霉制曲时，温度控制在低限，有利于蛋白酶合成，而α-淀粉酶活性受到抑制。

通气和搅拌：以枯草杆菌产生α-淀粉酶为例。将细菌的生理时期划分为三个阶段：菌体繁殖期，接种后 5~13h；芽孢产生期；产酶期。这三个阶段对于供氧要求是不同的。如果第二时期维持缺氧状态，有助于抑制芽孢形成，第一和第三生理时期充分供氧，可以促进菌体繁殖并提高产酶量。

3. 分离提纯

微生物酶的提取方法有盐析法、有机溶剂沉淀法和吸附法等，理想的提纯方法应满足两个条件，即比活性的提高与总活性的回收高，但实际上往往难以兼得。

4. 酶制剂化和稳定化处理

浓缩的酶液可制成液体或固体酶制剂。酶制剂的出售是以一定体积或质量的酶活性计价，所以生产出的酶制剂在出售前往往需要稀释至一定的标准酶活性。同时为改进和提高酶制剂的储藏稳定性，一般都要在酶制剂中加入一种以上的物质，如辅基、辅酶、金属离子、蛋白质等，最常用的有多元醇（如甘油、乙二醇、山梨醇、聚乙二醇等）、糖类、食盐、乙醇及有机钙。有时需要几种稳定剂合用，才能取得显著效果。

三、微生物与环境保护

（一）微生物对污染物的降解与转化

1. 降解性质粒

污染物的生物降解反应和其他生物反应本质上都是酶促反应，降解过程中大部分降解酶是由染色体编码的，但其中有些酶，特别是降解难降解化合物的酶类是由质粒控制的，这类质粒称为降解性质粒。细菌中的降解性质粒和该细菌所处环境污染程度密切相关，从污染地分离得到的细菌50%以上含有降解性质粒，与从清洁区分离的细菌质粒相比，不但数量多，其分子也大（信息量大）。

2. 降解反应和生物降解性

微生物对污染物的降解主要包括氧化反应、还原反应、水解反应和聚合反应。化学结构是决定化合物生物降解性的主要因素，有机物的结构与自然物质越相似，就越易降解，结构差别越大，就越难降解。具有不常见取代基和化学结构的化学农药则难以进行生物降解。

微生物降解农药有两种方式：一种是以农药作为唯一碳源和能源，或唯一氮源，此类农药能很快被微生物降解；另一种是通过共代谢作用，是指一些难降解的有机物，通过微生物利用其他有机物作为碳源或能源的同时被降解的现象。微生物降解农药，主要通过脱卤作用、脱烃作用，对酚胺及脂的水解、氧化作用、还原作用及环裂解、缩合等方式改变农药分子的一些化学基本结构。

微生物对烃类化合物的降解主要是在加氧酶的作用下，将分子氧掺入基质中形成一种含氧的中间产物，然后转化成其他物质参与代谢过程。能降解烃类化合物的微生物包括细菌、放线菌、霉菌、酵母菌、藻类及蓝细菌等200多种。

微生物在转化其他有机化合物如表面活性剂、多氯联苯、氰和腈等方面也起着重要作用。

（二）重金属的转化

环境污染中所说的重金属一般指汞、镉、铬、铅、银、锡以及非金属砷和硒等。治理重金属污染常用的修复方法有两种。一种是生物吸附法，真菌、藻类等微生物细胞表面与一些金属络合、配位成为能力基团，这些基团通过与吸附的金属离子形成离子键或共价键来达到吸附金属的目的，此外金属也可通过沉淀或晶体化作用沉积于细胞表面，某些难溶金属液可被胞外分泌物或胞壁空洞捕获而沉积。另一种是生物积累法，生物积累法主要利用微生物的代谢作用，吸收金属离子并运输到细胞内部累积起来，以达到去污效果。

汞造成的环境污染最早受到关注，汞的微生物转化及其环境意义具有代表性。汞的微生物转化包括三个方面：无机汞（Hg^{2+}）的甲基化；无机汞（Hg^{2+}）还原成 Hg；甲基汞和其他有机汞化合物裂解并还原成 Hg。包括梭菌、脉孢菌，假单胞菌等和许多真菌在内的微生物都具有甲基化汞的能力。能使无机汞和有机汞转化为单质汞的微生物也称为抗汞微生物，包括铜绿假单胞菌、金黄色葡萄球菌、大肠埃希菌等。微生物的抗汞功能是由质粒控制的，编码有机汞裂解酶和无机汞还原酶的是 mer 操纵子。

微生物对其他重金属也具有转化能力，多种金属及非金属元素物质如硒、铅、锡、镉、砷、铝、镁、钯、金、铊也可以通过甲基化转化。微生物虽然不能降解重金属，但通过对重金属的转化作用，控制其转化途径，可以达到减轻毒性的作用。

（三）污染介质的微生物处理

人类生产和生活活动产生的污水（废水）、废气及固体废弃物都可以用生物方法进行处理。

1. 污水处理

微生物由于其自身的代谢特点，几乎能够转换或降解环境中所存在的各种各样的物质。迄今为止微生物处理技术在污水处理中得到极为广泛的应用，无论是工业污水的处理还是城镇生活污水的处理，都能见到微生物技术的应用。并且污水具备微生物的生长条件，所以微生物可以在污水中获得其自身所需要的营养物质，并降解利用污水中的有害物质，进而达到净化污水的效果。净化方式有：

（1）降解　细菌、真菌和藻类都能降解有机污染物。如霉菌可以降解石油烃、敌百虫等；好氧革兰阴性杆菌和球菌可以降解有机磷农药、石油烃等。

（2）共代谢　是指微生物能分解有机物基质，但是却不能够利用这种基质，将其作为能源和组成元素。这类微生物有卡诺菌属、芽孢杆菌属等。

（3）去毒　微生物通过转化、降解、聚合等一系列反应，改变污染物的分子结构，从而降低或者去除其毒性。如有机磷农药马拉硫磷可以在微生物的水解作用下被分解为含有一酸或二酸的物质。由此可见微生物污水处理技术在我国具有很大的前景。

2. 固体废弃物处理与资源化技术

利用微生物分解固体废弃物中的有机物，从而实现其无害化和资源化，是处理固体废弃物的有效而经济的技术方法。它包括堆肥化处理、生态工程处理法、废纤维糖化、废纤维饲料化等。

3. 气态污染物的生物处理

气态污染物的生物处理技术是生物降解污染物的新应用。生物处理气态污染物的原理与污水处理是一致的，本质上是对污染物的生物降解与转化。生物降解作用难以在气相中进行，所以废气的生物处理中，气态污染物首先要经历由气相转移到液相或固体表面液膜中的过程。降解与转化液化污染物的也是混合的微生物群体。处理过程在悬浮或附着系统的生物反应器中进行。提高净化效率需要增强传质过程（即污染物从气相转入液相）和创造有利于转化和降解的条件。

（四）污染环境的生物修复

生物修复是微生物催化降解有机污染物，转化其他污染物从而消除污染的一个受控或自发进行的过程。生物修复基础是发生在生态环境中微生物对有机污染物的降解作用。由于自然的生物修复过程一般较慢，难以实际应用，生物修复技术则是工程化在人为促进条件下的生物修复；它是传统的生物处理方法的延伸，其创新之处在于它治理的对象是较大面积的污染。由于污染环境和污染物的复杂多样，因而产生了不同于传统治理点源污染的新概念和新的技术措施。

目前生物修复技术主要用于土壤、水体（包括地下水）、海滩的污染治理以及固体废弃物的处理。主要污染物是石油烃及各种有毒有害难降解的有机污染物。

生物修复的本质是生物降解，能否成功取决于生物降解速率，在生物修复中采取强化措施促进生物降解十分重要。包括：

1. 接种微生物

目的是增加降解微生物数量，提高降解能力，针对不同的污染物可以接种人工筛选分离的高效降解微生物，接入单种、多种或一个降解菌群，人工构建的遗传工程菌被认为是首选的接种微生物。

2. 添加微生物营养盐

微生物的生长繁殖和降解活动需要充足均衡的营养，为了提高降解速度，需要添加缺少的营养物。

3. 提供电子受体

为使有机物的氧化降解途径畅通，要提供充足的电子受体，一般为好氧环境提供氧，为厌氧环境的降解提供硝酸盐。

4. 提供共代谢底物

共代谢有助于难降解有机污染物的生物降解。

5. 提高生物可利用性

低水溶性的疏水污染物难以被微生物所降解，利用表面活性剂、各种分散剂来提高污染物的溶解度，可提高生物可利用性。

6. 添加生物降解促进剂

一般使用 H_2O_2 可以明显加快生物降解的速度。

（五）环境污染的微生物监测

生态环境中的微生物是环境污染的直接承受者，环境状况的任何变化都对微生物群落结构和生态功能产生影响，因此可以用微生物指示环境污染。由于微生物易变异，抗性强，微生物作为环境污染的指示物在应用上虽不及动物和植物广泛而规范，但微生物的某些独有的特性使微生物在环境监测中有特殊作用。

1. 粪便污染指示菌

粪便中肠道病原菌对水体的污染是引起霍乱、伤寒等流行病的主要原因。沙门菌、志贺菌等肠道病原菌数量少，检出鉴定困难。因此不能把直接检测病原菌作为常规的监测手段。根据对正常人粪便中微生物的分析结果，采用大肠菌群及粪链球菌作为指标较为合适，大肠菌群指标应用较为广泛，是最常用的水质指标之一。检测水体中总大肠菌群的方法主要是MPN试验法和膜滤试验法。

2. 致突变物的微生物检测

环境污染物的遗传学效应主要表现在污染物的致突变作用，致突变作用是致癌和致畸的根本原因。具有致突变作用或怀疑具有致突变效能的化合物数量巨大，这就要求发展快速准确的检测手段。微生物生长快的特点正适合这种要求，微生物监测被公认为是对致突变物最好的初步检测方法。

现在被广泛使用的是美国Ames教授等建立的称为Ames试验的方法。其原理是利用鼠伤寒沙门菌的组氨酸营养缺陷型菌株在致突变物的作用下发生回复突变的性能，来检测物质的致突变性。一般采用纸片点试法和平皿掺入法监测环境污染物的致突变性。当培养基中含有微量组氨酸时，倾注过量菌液的平板上形成一层微小的菌落，但当受到致突变物作用时，缺陷型菌株回复为野生型菌株，这时在培养基上长出明显的菌落。

3. 发光细菌检测法

发光细菌发光是菌体生理代谢正常的一种表现，这类菌在生长对数期发光能力极强。当环境条件不良或有毒物质存在时，发光能力受到影响而减弱，其减弱程度与毒物的毒性大小和浓度成一定的比例关系。通过灵敏的光电测定装置，检查在毒物作用下发光菌的发光强度变化可以评价待测物的毒性。其中研究和应用最多的为明亮发光杆菌。

4. 硝化细菌的相对代谢率试验

硝化细菌所进行的把铵离子（NH_4^+）在好氧条件下氧化成硝酸根（NO_3^-）的硝化作用在生态系统的氮循环中具有重要作用，这个过程只有微生物中才有。用测定硝化细菌相对代谢率的方法检测水及土壤中的有毒物，并以此评判水体、土壤环境及环境污染物的生物毒性，对于宏观生态环境健康程度的评价有重要意义。

在环境污染的微生物监测中以上介绍的几种方法重复性好，易于规范，可以作为标准的监测方法。依照同样原理的其他微生物监测方法（以微生物组成、数量、代谢活性、遗传特性为指标）也在不断研究和使用。

四、微生物与人类健康

（一）微生物对人体的危害

微生物对人类最重要的影响之一是导致传染病的流行。在人类疾病中有50%是由病毒性微生物引起的。世界卫生组织公布资料显示，传染病的发病率和病死率在所有疾病中占据第一位。微生物导致人类疾病的历史，也就是人类与之不断斗争的历史。在疾病的预防和治疗方面，人类取得了长足的进展，但是新现和再现的微生物感染还是不断发生。有大量的病毒性疾病一直缺乏有效的治疗药物，一些疾病的致病机制并不清楚，大量的广谱抗生素的滥用造成了强大的选择压力，使许多菌株发生变异，导致耐药性的产生，人类健康受到新的威胁。一些分节段的病毒之间可以通过重组或重配发生变异，最典型的例子就是流行性感冒病毒。每次流感暴发时，流感病毒都在前次导致感染的株型基础上发生了变异，这种快速的变异给疫苗的设计和治疗造成了很大的障碍。但是随着时代的进步，人们逐渐意识到微生物并不都是对人类有害的。合理地运用微生物不仅可以规避危害，更能够为人类的健康服务。当今社会，微生物技术作为一种新兴的现代科技诞生并发展起来，它可以利用微生物的生物特征，辅以人为控制来造福于人类的生产生活，它的出现为现代社会的很多领域提供了重要的技术支持。

（二）微生态制剂

随着人类对微生物学的不断研究探索，微生态制剂得到迅速发展，逐渐运用到食品、饲料、医疗等领域中。微生态制剂分为益生菌、益生元和合生元3种类型，应用的微生物主要有酵母菌、乳酸杆菌、双歧杆菌等。由于具有增加肠道中有益菌、调节人体微生态平衡、增强机体免疫力、防止胃肠疾病等作用，微生态制剂在食品加工中的应用越来越广。以乳制品行业为例，益生菌乳制品有益生菌酸奶、益生菌奶粉和益生菌干酪等，益生元与合生元乳制品也扩展到奶粉和乳饮料等产品的生产中。益生菌剂对人类健康的影响也是近来国际研究的热点，有科学家通过对患有肝癌的小鼠喂养益生菌剂1周后，研究发现小鼠的肿瘤重量和体积减小了40%。

（三）微生物与生物制药

近年来，微生物技术得到了飞速的发展，并且其在制药领域中取得的进展也十分显著，同时也给制药工业带来了经济效益与研究价值。微生物制药指的是以微生物技术为前提，利用一系列新型工程化的综合技术，并以微生物的发酵过程为基础，将其代谢与繁殖过程中的产物进行分离与提纯，从而获得所需要的药物剂型的过程。

比起化学制药，微生物药物具有以下特点：一是微生物的生长周期短，易选育菌种，条件温和易控制，可大规模工业生产；二是微生物药物专一有效，完成有机合成难以实现的反应；三是微生物的来源非常丰富，筛选时不用特别考虑先导化合物，筛选概率也比较大；四是通过微生物药物合成改造，提升微生物药物的生产能力。

1. 疫苗

疫苗属于一种生物制品。其原理是将病原微生物减毒，一旦动物体接触到这种减毒的病原微生物，机体仍然能够产生免疫反应获得抗性。利用免疫学技术生产的免疫血清包含特异性抗体，针对某种特异性疾病有预防性效果。史上第一支疫苗是出现于1796年的牛痘疫苗，用以对抗天花。在其之后，研究人员制造出了霍乱疫苗、狂犬病疫苗、结合疫苗等多种疫苗，解决了许多疾病。在我国，每一名儿童都必须在一岁内完成五种疫苗的接种，包括乙肝疫苗、卡介苗、小儿麻痹糖丸、百白破制剂以及麻疹疫苗。

2. 维生素

维生素C是应用较为广泛的维生素种类，而现今微生物制药合成维生素C的技术已经较为成熟了。合成方法中的二步发酵法是一种具有显著优势的药物合成方法。为了进一步提高维生素C的生产率，在其合成过程中，加入了固定化细胞技术，这种方法在提高维生素C生产率方面取得的效果十分显著。目前生物制药的重点多放在细菌合成维生素C方面。

维生素E是一种脂溶性维生素，生理活性显著，可在光合细菌中合成，纤细裸藻能有效积聚维生素E，并且能获得高密度细胞，其合成的维生素E极易提取。尤其在光照异养条件下，可以得到更高的生产力。

3. 抗生素

抗生素是微生物制药最广泛的产物之一。抗生素是目前为止种类最多、对人类健康影响最大的药物家族。抗生素是指小分子质量的微生物的次级代谢产物，其在低浓度下可以抑制其他微生物的生长，是一类在化学性质上各异的分子。迄今为止已经分离并确定了超过一万种抗生素。其中青霉素是最早被发现的抗生素，目前仍然在被广泛地应用。而在此基础上逐步研究出的头孢菌素应用范围更加广泛，并且在革兰阳性菌、阴性菌以及葡萄球菌的治疗中，具有十分显著的临床效果。

4. 抗癌药物

许多微生物的次级代谢产物具有抗癌活性，比如紫杉醇；该化合物如今已被广泛用于生产作为抗癌药物。最近研究表明来源于纤维堆囊菌的埃博霉素不但与紫杉醇作用相似，而且比紫杉醇具有更好的水溶性，相对分子质量小，结构简单，尤其是对耐紫杉醇类的肿瘤细胞具有高活性，被认为是紫杉醇的更新换代产品。

5. 医用酶

医用酶与人体生命健康具有密切的关系，若机体缺乏某种酶，会导致自身代谢反应与发展过程受到抑制，从而导致机体出现一系列的疾病反应。因此，医用酶的生产和研发是酶工程中的重要内容与热点内容。研究表明，海洋微生物能够产生溶菌酶，能够有效地清除致病菌，是生产医用酶的重要来源。并且将其联合应用抗生素，对抗生素效果的提高具有促进作用。目前，在高效溶栓酶的研发中，微生物的应用也较为广泛。据统计，我国每年死于血栓性疾病的人数多达数百万。近些年，全世界都在重点研究高效溶栓酶的研发。而微生物自身具备的酶便是血栓治疗的有效药，其在临床治疗中的应用也较为广泛，取得的经济效益与社会效益也十分明显。

目前，基因工程技术和细胞工程技术在微生物菌种改良中发挥了关键的作用。20 世纪以来，随着基因工程技术、细胞融合技术等的不断进步，微生物发酵工业进入了全新的阶段。其产品从传统的酒精、酱料，逐渐发展到多种药物原料，如胰岛素（蛋白质）、生长激素和抗生素等。

微生物转化是指利用微生物的一种或多种酶，在一定条件下，把一种化合物转变为结构相关的有经济价值的另一种化合物。近年来，微生物转化技术越来越多地应用于中药的研发，目的在于提高中药药效，降低毒性，去除杂质，帮助有效成分在体内代谢，产生新的活性成分等。此外，微生物转化具有反应类型广、特异性强、副产物少、反应条件温和可控、环保无污染等优点，在中药转化领域具有独特优势。

微生物制药所需要的条件较为温和，并且原料来源丰富、经济低廉，对环境的污染程度低，其优点十分显著。随着医疗技术与生物技术的不断发展，微生物制药在未来将会获得更加充分的发展。

知识拓展

一、植物保护

微生物的新作用

微生物在植物保护中的作用是应用微生物生产的激素、抗生素等来生产生物农药，治理病虫害。

目前，生物农药在我国已广泛应用，这类产品主要有生产成本较低、安全性高、效率较高、使用无污染等优势，如利用苏云金芽孢杆菌（*Bacillus thuringiensis*，Bt）制备的低毒杀虫剂。随后，研究人员对此不断进行改良，研制出 Bt 菌株并应用于工厂化生产中。主要优势在于安全性较高，为人类提供所需的绿色食品，特别是为无污染农产品的生产提供了机遇。目前，我国抗生素生产已在国际社会中占有重要地位，尤其是在阿维菌素生产方面，已经成为世界上最大的生产国。

二、医学美容

夏季紫外线强烈，长期受阳光照射容易导致人体皮肤红肿脱皮，并发水泡炎症，严重者甚至诱发皮肤癌，因此对于很多户外工作者和爱美人士来说，有效的防晒是十分必要的。现代社会，除了常见的物理防晒，人们最常用的方式便是涂抹防晒乳。最近有研究报道，法国的 Sederma 化妆品公司从深海微生物群中成功筛选出一种嗜热细菌，该种微生物在一定条件下可发酵出多种防晒护肤成分，其中含有多种生物酶，能吞噬各种自由基和过氧化物。进一步的研究表明，该产品对皮肤无刺激性，在修复皮肤胶原蛋白和弹性蛋白方面也有很好的疗效，防晒同时兼具护肤效果。目前该公司正在着手研发添加此类微生物发酵物的各类化妆品，期待在不远的未来国内也能涌现出依赖微生物实现更加安全有效的生物制品。

某些微生物的次级代谢产物对人类疾病有较好的治疗作用。肉毒芽孢杆菌能产生肉毒杆菌毒素，曾经被广泛应用于医疗美容行业。最新研究表明肉毒杆菌毒素对鳄鱼泪综合征有很好的治愈作用，因其能有效地控制神经和肌肉活动。以此为理论基础，猜想可以对该物质进行更多的神经肌肉类疾病的治疗试验，如流涎症、良性咬肌肥大等。

【同步练习】

一、填空题

1. 在制作腐乳、果醋、泡菜的过程中需要氧气的是________。现代科学研究发现，腐乳生产过程中有多种微生物参与，其中起主要作用的是______________。

2. 果汁发酵后是否产生酒精，可以用来__________检验，在酸性条件下，该物质与酒精反应呈__________色。

3. 微生物培养过程中，获得纯净培养物的关键是________，其中对培养皿进行灭菌常用的方法是__________。

4. 微生物培养基除需要充足的碳源、氮源、无机盐和水外，还需要满足微生物生长对__________、______________和______________的需求。

二、单项选择题

5. 应用微生物在医药卫生应用研究的主要内容不包括（　　）

A. 病原微生物的危害　　B. 微生物的代谢产物

C. 微生物疫苗　　D. 微生物抗生素

6. 微生物在农业上的应用，除了（　　）

A. 微生物农药　　B. 微生物杀虫剂

C. 微生物除草剂　　D. 微生物肥料（菌剂）

7. 微生物食品的开发利用主要内容不包括（　　）

A. 微生物发酵食品　　B. 利用野生真菌驯化

C. 其他药用作用微生物饲料　　D. 栽培食用菌等

8. 环境保护中的应用不包括（　　）

A. 污染物的降解和转化　　B. 污水的生物处理

C. 微生物环境检测　　D. 微生物污染环境

9. 通过发酵罐发酵可大规模生产谷氨酸，生产中常用的菌种是好氧的谷氨酸棒状杆菌。下面有关谷氨酸发酵过程的叙述，正确的是（　　）

A. 溶氧充足时，发酵液中有乳酸的累积

B. 发酵液中碳源和氮源比例的变化不影响谷氨酸的产量

C. 菌体中谷氨酸的排出，有利于谷氨酸的合成和产量的提高

D. 发酵液 pH 呈碱性时，有利于谷氨酸棒状杆菌生成乙酰谷氨酰胺

10. 下列与果酒、果醋和腐乳制作相关的叙述，正确的是（　　）

A. 腐乳制作所需要的适宜温度最高

B. 果醋发酵包括无氧发酵和有氧发酵

C. 使用的菌种分别是酵母菌、醋酸菌、乳酸菌

D. 使用的菌种都具有细胞壁、核糖体、DNA 和 RNA

11. 微生物是生产以下食品时的一个重要因素，除了（　　）之外

A. 酸菜　　B. 朝鲜泡菜　　C. 纯牛奶　　D. 酸奶

12. 苏云金孢杆菌作为（　　）广泛用于现代生物学中

A. 乳酸菌　　B. 干酪和干酪产品的生产者

C. 水系统的净化者　　D. 生物杀虫剂

三、判断题

13. 冬虫夏草是一种真菌。（　　）

14. 乳酸发酵后的牛奶可保存相对较长时间，这种乳酸菌与其他牛奶腐败细菌之间构成一种特异性的拮抗关系。（　　）

15. 微生物的发酵作用只可以产生酒精。（　　）

16. 在发酵过程中，当乌头酸酶和异柠檬酸脱氢酶活性很低，而柠檬酸合成酶活性很高时，才有利于柠檬酸的大量积累。（　　）

17. 一般工业生产菌菌种分离纯化和筛选步骤如下：[标本采集]→[标本材料的预处理]→[富集培养]→[菌种初筛]→[性能鉴定]→[菌种保藏]。（　　）

18. 在可见光照下可以对微生物进行紫外线诱变而达到育种目的。（　　）

19. 提高微生物酶活性和产率的途径是多方面的，其中控制营养和培养条件是最基本也是最重要的途径。（　　）

20. 微生物对人类最重要的影响之一是导致传染病的流行。（　　）

四、综合题

21. 简述原核生物（主要是细菌）与人类的关系。

22. 简述谷氨酸发酵的工艺流程?

23. 微生物在食品中的应用有哪些?

24. 酵母菌在面包制造过程中起哪些作用?

25. 现拟从自然界中分离筛选出 α-淀粉酶产量较高的枯草芽孢杆菌，试回答下列问题：(1) 你认为应该到什么地方采集含此菌的样品较为适宜?(2) 进行纯种分离时，为提高效率，根据该菌的何种特性可采用哪些相应的措施?(3) 可采用哪些纯种分离方法?(4) 在进行性能测定时，可采用何种简化的初筛方法?

26. 根据你所学知识谈谈如何发挥微生物技术在环境保护方面的潜力。

单元七　同步练习

学习单元八

微生物与食品腐败变质

敬畏生命
共同守护
“健康中国”

【知识目标】

1. 理解各类食品腐败变质的原因。
2. 掌握腐败变质的概念、微生物引起食品腐败变质的原理与条件。

【能力目标】

能够陈述腐败变质的概念、微生物引起食品腐败变质的原理与条件。

【素质目标】

1. 树立食品安全职业使命感，增强生态保护意识。
2. 培养良好的职业道德。

知识讲解

食品安全
无小事

食品腐败变质是指食品受到微生物污染后，造成其化学性质或物理性质发生不好的变化，降低或失去营养价值和食用价值。食品腐败变质是微生物污染、食品性质和环境条件综合作用的结果。

一、微生物与食品腐败变质

正确认识
食品防腐

（一）微生物引起食品腐败变质的原理

食品的腐败变质实质上是食品中的营养成分碳水化合物、蛋白质、脂肪在微生物的作用下或在自身组织酶的催化下分解变化、产生有害物质的过程。

1. 食品中蛋白质的分解

肉、鱼、蛋和豆制品富含蛋白质，此类食品的腐败变质以蛋白质分解为主要特征。在微生物分泌的蛋白酶和肽链内切酶以及食物自身组织酶的作用下，蛋白质被分解成多肽及氨基酸，氨基酸被进一步分解成氨、相应的胺类、有机酸和各种碳氢化合物。不同的氨基酸分解产生不同的腐败胺类和其他产物，如甘氨酸产生甲胺，鸟氨酸产生腐胺，精氨酸产生色胺，色胺进一步分解成吲哚，含硫氨基酸分解产生硫化氢和氨、异硫醇等。这些产物具有特异的臭味。

2. 食品中脂肪的分解

食品中脂肪的变质主要是酸败。在微生物或动植物组织中解脂酶的作用下，中性脂肪水解成脂肪酸和甘油。饱和脂肪酸氧化后，最终生成酮酸和甲基酮；不饱和脂肪酸可形成过氧化物，过氧化物继续分解，产生低级的醛、酮类化合物和羧酸。脂肪酸的这些分解产物和低级脂肪酸都具有很强的刺激性臭味。

3. 食品中碳水化合物的分解

食品中的碳水化合物包括淀粉、糖原、纤维素、半纤维素以及双糖和单糖等。粮食、蔬菜、水果和糖类及其制品中含有丰富的碳水化合物。在微生物及动植物组织中的各种酶及其他因素作用下，这些成分可分解形成低级产物，如单糖、醇、醛、羧酸、二氧化碳和水。其主要变化指标是酸度升高。根据食品种类不同也表现为糖、醇、醛、酮含量升高或产气（CO_2），有时带有这些产物特有的气味。如水果中的果胶可被一种曲霉和多酶梭菌所产生的果胶酶分解，使新鲜果蔬软化。

4. 有害物质的形成

微生物在食品中大量生长繁殖，分解营养物质，引起组织溃烂、变黏，导致食品腐败变质，使食品失去食用价值；某些细菌或霉菌可能产生危害人体健康的毒素，引起食物中毒，有些毒素还能引起人体器官的病变及癌症。

（二）微生物引起食品腐败变质的条件

微生物污染食品后，是否会引起食品变质，还与食品本身的性质、微生物的种类和数量以及外界环境条件有着密切的关系。

1. 食品的性质

食品营养丰富，是微生物生长繁殖的良好基质。食品种类不同，营养物质的组成比例也不同，引起食品腐败变质的微生物也不同。

（1）食品的营养成分与微生物生长的适应性　微生物能否引起食品腐败变质，要看该种微生物能否分解该类食品的营养物质。食品中的主要营养物质是蛋白质、碳水化合物和脂肪，不同的微生物对营养物质的利用能力不同。

① 分解蛋白质的微生物：大多数细菌能分解蛋白质，分解能力强的细菌有芽

孢杆菌属、梭状芽孢杆菌属、假单胞菌属和变形杆菌属等。多数酵母菌对蛋白质的分解能力较弱。很多霉菌都具有分解蛋白质的能力，毛霉属和根霉属比细菌更能利用蛋白质。

② 分解碳水化合物的微生物：绝大多数微生物都能利用简单的碳水化合物。能分解碳水化合物的细菌主要是芽孢杆菌属、八叠球菌属和梭状芽孢杆菌属。芽孢杆菌属分解淀粉的能力较强；八叠球菌属和梭状芽孢杆菌属分解纤维素和半纤维素的能力较强。大多数酵母菌能在含糖量高的食品上生长，具有利用有机酸的能力。但不能分解淀粉。几乎全部霉菌都能直接分解淀粉，但能分解纤维素和果胶质的霉菌只有活性强的曲霉属、青霉属、毛霉属和镰刀霉属。霉菌还具有利用某些简单有机酸或醇的能力。

③ 分解脂肪的微生物：分解脂肪的微生物种类不多。细菌中的荧光假单胞菌分解脂肪的能力较强，酵母菌中的解脂假丝酵母分解脂肪和蛋白质的能力都很强，很多霉菌能分解脂肪，如黄曲霉、黑曲霉、烟曲霉、灰绿曲霉等。

（2）食品的 pH、水分和渗透压与微生物生长的适应性

① 食品的 pH：各种食品都具有一定的 H^+浓度，一般，食品原料 pH<7，动物性食品的 pH 在 5~7，蔬菜 pH 为 5~6，水果 pH 为 2~5。

根据食品 pH 不同，可将食品分为酸性食品和非酸性食品。凡 pH 在 4.5 以下者属于酸性食品，几乎所有的水果为酸性食品。在此类食品中，细菌受到抑制，而酵母菌和霉菌可正常生长。某些耐酸细菌（如乳杆菌属）也能生长。

凡 pH 在 4.5 以上者属于非酸性食品，几乎所有的动物性食品和蔬菜为非酸性食品。此类食品适合于多数细菌的生长繁殖，大多数酵母菌和霉菌也能生长。

食品的 pH 可随微生物的生长繁殖而发生改变。在含糖和蛋白质丰富的食品中，微生物分解糖类产酸使得食品的 pH 下降；当糖类不够时，分解蛋白质产氨（胺），使 pH 上升。

② 食品的水分：微生物在食品中生长，除需要充足的营养外，还需要一定的水分。影响微生物生长繁殖的主要是游离水。一般以水分活度（A_w）来反映食品水分含量与微生物引起食品腐败变质的关系（表 8-1）。

表 8-1　几种食品的 A_w 值

食品种类	A_w 值	食品种类	A_w 值
新鲜果蔬	0.97~0.99	蜂蜜	0.54~0.75
鲜肉	0.95~0.99	干面条	0.50
果酱	0.75~0.85	奶粉	0.20
面粉	0.67~0.87	鲜蛋	0.97

食品中结合水含量越高，A_w 值就越低，可被微生物利用的水分就越少。因此降低食品的 A_w 值可抑制微生物生长。一般新鲜的食品原料含水较多，A_w 值较高，若 A_w 值降至 0.70 以下，则可延长食品的保质期。大多数细菌生长所需的 A_w 值在

0.90 以上，酵母菌需要的 A_w 值比细菌低，比霉菌高（表 8-2）。

表 8-2　食品中微生物类群生长的最低 A_w 值

微生物类群	最低 A_w	微生物类群	最低 A_w
多数细菌	0.94~0.99	嗜盐性细菌	0.75
多数酵母	0.88~0.94	干性霉菌	0.65
多数霉菌	0.73~0.94	耐渗酵母菌	0.60

③ 渗透压：微生物一般在低渗透压的食品中容易生长，在高渗透压食品中易脱水死亡，但少数细菌能适应高渗环境，如盐杆菌属的一些种能生活在 NaCl 浓度为 20%~30%的食品中，引起盐腌食品变质；肠膜明串珠菌能耐高浓度糖。酵母菌和霉菌一般能耐受较高渗透压，如异常汉逊酵母、鲁氏酵母、膜醭毕赤酵母等能耐受高糖，常引起糖浆、果酱、果汁等食品变质。霉菌中比较突出的代表是灰绿曲霉、青霉属等，易引起腌制品、干果类、低水分粮食的霉变。

在食品中加入不同量的糖或盐，就形成了不同的渗透压。加入的糖或盐越多，食品的 A_w 值就越小。例如食品中食盐含量为 0.87%时，A_w 值为 0.995；食盐含量为 23.1%时，A_w 值则为 0.8。在实践中，常用盐腌或糖渍的方法来保存食品。

2. 环境条件

引起食品腐败变质的环境条件也很重要，如温度、湿度和气体等因素。

（1）温度　微生物的生长繁殖需要适宜的温度（表 8-3）。低温对微生物的生长不利，温度低于 10℃时，中温菌和嗜热菌的生长繁殖受到抑制，所以低温在一定程度上能延长食品的贮存期；但部分嗜冷菌仍能缓慢生长繁殖，会引起冷藏、冷冻食品腐败变质。高温（尤其是 45℃以上）对微生物的生长也不利。温度越高，死亡率越高，只有少数嗜热细菌能在高温条件下存活，嗜热细菌新陈代谢速度加快，产生的酶对营养物质的分解速度也加快，因此引起食品腐败变质的时间较短；能适应 45℃以上高温的微生物很少。在 20~30℃，食品中的中温菌和嗜热菌都能生长，且中温菌分布较广，因此食品最难保存。

表 8-3　不同温度范围内活动的微生物类群

低温(<10℃)	中温(25~30℃)	高温(>45℃)
霉菌	霉菌	细菌(少数)
酵母菌(少数)	酵母菌	
细菌(少数)	细菌	

（2）气体　在有氧条件下，霉菌、放线菌和绝大多数细菌都能生长繁殖，在缺氧条件下只有厌氧和兼性厌氧细菌、酵母菌能生长繁殖。因此食品在有氧环境中，腐败变质的速度较快，在缺氧环境中，食品变质的速度较慢。

新鲜的食品原料中一般含有较多的还原性物质（如植物组织中的维生素 C 和还原糖、动物组织中的—SH 基），具有抗氧能力，可使动植物组织内部一直保持缺氧的状态，因此，新鲜食品原料内部只有一些厌氧或兼性厌氧菌能够生长。但原料经加工处理，改变食品组织状态，或者破坏还原性物质，氧渗透到组织内部，需氧微生物可在组织内部生长繁殖。

此外，H_2 和 CO_2 等气体对微生物的生长繁殖也有一定的影响。在实践中，可通过控制其浓度来防止食品的腐败变质。

二、各类食品的腐败变质

(一) 乳和乳制品的腐败变质

1. 鲜乳中微生物的来源

刚生产出来的鲜乳，总含有一定量的微生物。挤乳过程中最易污染。牛舍内饲料、粪便、地面和乳牛体表是污染乳的主要微生物来源，其次，牛舍空气、挤奶用具、容器、操作人员也是乳中微生物的来源。挤出的乳液在处理过程中，乳液接触到的贮乳器、过滤器和环境中的空气等，可能会使鲜乳再次发生细菌污染。

2. 鲜乳中微生物的种类

鲜乳中常见的微生物有细菌、酵母菌和霉菌等，但主要是细菌。

(1) 乳酸菌　在鲜乳中普遍存在，能利用乳中的碳水化合物进行乳酸发酵产生乳酸，具有一定的分解蛋白质的能力，常见的有乳酸链球菌、乳脂链球菌、粪链球菌、液化链球菌、嗜热链球菌、嗜酸乳杆菌、干酪乳杆菌、保加利亚乳杆菌、嗜热乳杆菌、短乳杆菌、瑞士乳杆菌、清酒乳杆菌、罗伊乳杆菌等。

(2) 胨化细菌　胨化细菌能使不溶状态的蛋白质变成溶解状态的简单蛋白质。乳液在乳酸菌作用下产酸，使乳中蛋白质凝固，或在细菌凝乳酶作用下，使乳中酪蛋白凝固。胨化细菌产生的蛋白酶，使这种凝固蛋白质消化成可溶性状态。乳中常见的胨化细菌有枯草芽孢杆菌、地衣芽孢杆菌、蜡状芽孢杆菌、荧光假单胞菌和腐败假单胞菌等。

(3) 脂肪分解菌　主要是假单胞杆菌属和无色杆菌属等。

(4) 酪酸菌　酪酸菌能分解碳水化合物，产生酪酸、CO_2 和 H_2。

(5) 产气菌　能分解碳水化合物，产酸产气，如大肠杆菌和产气肠杆菌。

(6) 产碱菌　能分解乳中的柠檬酸盐形成碳酸盐，使乳的 pH 升高，使乳变黏稠。主要是革兰阴性的需氧菌，如粪产碱杆菌、稠乳产碱杆菌。

(7) 病原菌　鲜乳中可能存在病原菌，如布氏杆菌、结核杆菌、病原性大肠杆菌、沙门菌、金黄色葡萄球菌和溶血链球菌等。

(8) 酵母和霉菌　鲜乳中常见的酵母有脆壁酵母、霍尔姆球拟酵母、高加索乳酒球拟酵母、球拟圆酵母等。常见的霉菌有乳卵孢霉，乳酪卵孢霉、黑丛梗孢霉、变异丛梗孢霉、蜡叶芽枝霉、乳酪青霉、灰绿青霉和黑曲霉等。

3. 鲜乳的腐败变质

在 10~20℃的环境中，鲜乳的腐败变质过程分为 5 个阶段（图 8-1）。

（1）抑制期　新鲜乳液中含有来自动物体内的多种抑菌物质，可抑制和杀死乳中的微生物。清洁鲜乳中，抑制作用可持续 36h 左右；污染严重的乳液，只能持续 18h 左右。因此，鲜乳置于室温环境中，在一定时间内不会出现变质现象。

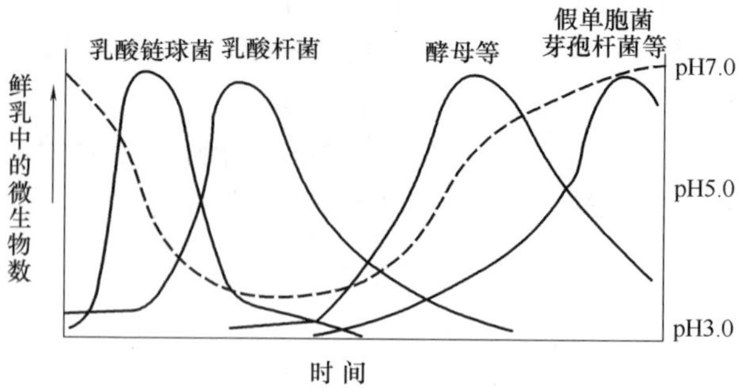

图 8-1　鲜乳中微生物活动曲线

（2）乳酸链球菌期　鲜乳中的抑菌物质减少或消失后，鲜乳中的多种微生物开始生长繁殖。其中以乳酸链球菌生长占绝对优势，分解乳糖和其他糖类产生乳酸，使乳液酸度不断升高，因而抑制其他腐败细菌的活动。当酸度达到 pH4. 5 左右，乳酸链球菌自身受到抑制，且有乳液凝块出现。

（3）乳酸杆菌期　当乳液 pH 降至 6 左右时，乳酸杆菌的活动力逐渐增强。pH 下降至 4. 5 以下时，乳酸链球菌受到抑制，由于乳酸杆菌耐酸力较强，仍能继续生长并产酸。此时，乳液中出现大量乳凝块，并析出大量乳清。

（4）真菌期　pH 继续下降至 3. 5~3. 0 时，绝大多数细菌被抑制或死亡，仅酵母和霉菌能适应，利用乳酸和其他有机酸，乳液 pH 逐渐上升至接近中性。

（5）胨化菌期　经过上述几个阶段后，乳中乳糖已被大量消耗，但蛋白质和脂肪的含量仍较高。此时能分解蛋白质和脂肪的细菌开始大量生长，乳凝块逐渐消化，乳液 pH 向碱性转化，芽孢杆菌、假单胞菌、变形杆菌等腐败细菌开始生长繁殖，乳液出现腐败臭味。

4. 乳制品的腐败变质

（1）奶粉　奶粉在制造过程中，原料乳经过净化、杀菌、浓缩和干燥等工艺，其中的微生物数量大大降低。制成的奶粉含水量低至 2%~3%，微生物难以生长繁殖。但如果原料乳中微生物污染严重、生产工艺不完善、生产环境卫生条件差，不仅原料乳中的微生物没有完全杀死，而且可能造成微生物的再次污染，甚至可能存在病原菌。奶粉中的常见病原菌是沙门菌和金黄色葡萄球菌。

贮存条件不当或包装密封不严时，会受到微生物的污染，同时残存在奶粉中的微生物也会生长繁殖，引起奶粉变质。主要原因是一些耐热菌如芽孢杆菌、微球菌、嗜热链球菌等。

（2）淡炼乳　淡炼乳是将牛乳浓缩至原体积的 40%或 50%而成的制品。由于淡炼乳中水分含量大大降低，灌装后经 115~117℃ 高温杀菌 15min 或经超高温灭菌，故正常制品中不会有病原菌和可以引起变质的杂菌，可以长期保存。如果加热灭菌不充分而残留抗热力强的细菌，或罐体密封不良而污染外界微生物，则会造成淡炼乳变质，有凝乳、产气乳、苦味乳等类型。

（3）甜炼乳　甜炼乳是在鲜乳中加入一定量的蔗糖，经消毒并浓缩至原体积的1/3~2/5，成品中蔗糖浓度达40%~45%，装罐后不再灭菌，而是借助高浓度糖形成的高渗透压环境，来抑制微生物的生长，达到长期保存的目的。由于乳原料污染严重、加工工艺粗放造成再次污染以及蔗糖量不足等原因，也会造成甜炼乳变质。变质情况主要有膨胀、变稠、霉乳等类型。

（二）肉类的腐败变质

1. 鲜肉的微生物来源

机体健康、饲养正常的动物肌肉组织内部一般无菌，但动物体表、被毛、消化道和上呼吸道等器官总存在微生物。在机体抵抗力下降时，某些病原性或条件致病性微生物如沙门菌，可进入淋巴液、血液，并侵入肌肉组织或实质脏器。此外，患传染病的动物，病原菌可能蔓延于肌肉和内脏器官，如炭疽杆菌、猪丹毒杆菌、多杀性巴杆菌、耶尔森菌等。

在屠宰的放血、脱毛、剥皮、去内脏和分割过程中，以及屠宰后的包装、运输、销售、加工等过程中，可能会造成多次污染机会，宰后的肉体表面就会有微生物附着，不及时使肉体表面干燥冷却和及时冷藏，就会造成细菌数的增多。

2. 鲜肉中微生物的种类

鲜肉中的微生物包括细菌、霉菌和酵母菌，它们分解蛋白质的能力都较强。大部分为致腐性微生物，常见的致腐性细菌有假单胞菌属、产碱菌属、变形杆菌属、微球菌属、黄杆菌属、梭状芽孢杆菌属、芽孢杆菌属、埃希菌属等；常见的致腐性真菌有球拟酵母属、丝孢酵母属、红酵母属、毛霉属、青霉属、枝霉属、分枝孢霉属等。有时可能存在病原微生物。

3. 鲜肉的腐败变质

鲜肉表层的微生物较多，为有氧环境，分解作用旺盛。因此，腐败一般从表层逐渐深入组织内部。进入组织内部后，主要是厌氧菌起作用。

（1）有氧条件下，主要是需氧菌和兼性厌氧菌引起肉类腐败变质，表现为：

① 表面发黏：微生物在肉表面上生长繁殖，产生黏液。肉体切开后会出现拉丝和产生臭味，微生物数目在10^7个/cm^2以上。

② 颜色变化：微生物分解含硫氨基酸产生H_2S，H_2S与肌肉中的血红蛋白反应形成绿色的硫化氢血红蛋白，使肉产生暗绿色斑点；产生色素的微生物，使肉表面呈现各种色斑；一些发磷光的细菌产生磷光。

③ 产生臭味和变味：蛋白质腐败产生臭味；脂肪酸败产生挥发性酸，形成“酸味”；放线菌产生泥土味；霉菌产生霉味。

（2）无氧条件下，主要是厌氧菌和兼性厌氧菌引起肉类变质，表现为：

① 酸味：梭状芽孢杆菌、大肠杆菌类以及乳酸菌都能利用糖类发酵，产生甲

酸、乙酸、丙酸、丁酸、脂肪酸或乳酸、丁二酸，形成酸味。

② 腐烂：梭状芽孢杆菌属、兼性厌氧菌如假单胞菌属和变形杆菌属中的某些菌种，在厌氧条件下分解蛋白质，引起肉类的腐烂。

（三）蛋类的腐败变质

1. 鲜蛋中微生物的来源

鲜蛋易受微生物的污染，微生物来源有两方面：一是来自家禽本身的内源性污染。母禽不健康、抵抗能力下降，外界细菌侵入输卵管和卵巢，在形成蛋黄时，常见的卵巢感染菌——雏沙门菌和鸡沙门菌会混入其中。二是来自外界的污染。微生物可能通过蛋壳上的气孔侵入；水洗或磨损后，壳面胶质层易脱落，或溶菌酶失去保护作用，容易导致微生物入侵，造成蛋的腐败。

2. 鲜蛋中微生物的种类

引起鲜蛋腐败变质的微生物主要是细菌和霉菌。常见的细菌有假单胞菌属、变形杆菌属、产碱杆菌属、大肠菌群等；常见的霉菌有青霉属、枝孢霉属、侧孢霉属等。可能存在的病原菌主要有沙门菌，其次为金黄色葡萄球菌等。

3. 鲜蛋的腐败变质

微生物侵入蛋后，先分解蛋白质，使蛋黄不能固定而发生移位。随后使蛋黄膜破裂，蛋黄与蛋白混合，习惯上称为散黄蛋。散黄蛋进一步腐败，蛋黄的核蛋白和卵磷脂被分解，产生恶臭的 H_2S、NH_3 和粪臭素，蛋液呈灰绿色，称为泻黄蛋。有时蛋液变质不产 H_2S 而产生酸臭，呈红色，称为酸败蛋。霉菌在蛋壳表面或在内侧生长，形成深色霉斑，导致蛋液黏着，伴有霉味，称为黏壳蛋。

（四）罐藏食品的腐败变质

罐藏食品是食品原料经过清洗、预处理、灌装、密封、杀菌之后制成的食品，通常称为罐头。罐头密封可防止外部微生物侵入内部，加热杀菌可杀灭存在于罐头内部的致病菌、产毒菌和腐败菌。因此，罐头可以保存较长时间，但有时也会腐败变质。

1. 罐藏食品腐败变质的原因

导致罐藏食品腐败变质的原因主要有两个：一是化学原因，食品中的酸与马口铁相互作用产生 H_2，引起罐头“氢膨胀”，使食品变质。二是罐内微生物，由于杀菌不彻底，罐内残留有微生物，或在杀菌后由于罐头密闭不良、发生漏罐而遭受外界微生物污染。

2. 罐藏食品腐败变质的类型

正常的罐头，因罐内保持有一定的真空度，罐盖和罐底应该是平的或者稍向内凹陷。腐败变质罐头的外观有平听和胀罐两种类型。

（1）平听

① 平酸腐败：罐内微生物大量生长，罐头内容物已变质，呈浑浊，有酸味，pH 下降，但外观仍与正常罐头一样不膨胀。导致罐头平酸腐败的微生物习惯上称为平酸菌，主要有嗜热脂肪芽孢杆菌、蜡样芽孢杆菌、枯草芽孢杆菌等。这些细菌往往是由于杀菌不彻底引起的，或者是罐头密封不严引起的二次污染。

② 硫化物腐败：含硫蛋白质被分解，产生的 H_2S 与罐内壁铁反应形成黑色 FeS，沉积于罐内壁或食品上，导致食品发黑并呈臭味。罐头外观一般保持正常，或出现隐胀或轻胀。这类腐败是致黑梭状芽孢杆菌引起的。

（2）胀罐　绝大多数胀罐现象是由于微生物生长繁殖所造成的，其次是“氢膨胀”或者罐内食品过多形成膨胀。引起胀罐的微生物有：

① TA 菌：TA 菌是不产 H_2S 的嗜热厌氧菌的缩写，常见的有嗜热解糖梭状芽孢杆菌。在中酸或低酸罐头中生长繁殖，产酸、CO_2 和 H_2 等气体。当气体过多、温度过高时会引起罐头膨胀甚至破裂。

② 中温需氧芽孢杆菌：这类菌分解糖产酸产气，多出现在真空度不够的罐头中，如多黏芽孢杆菌、浸麻芽孢杆菌等。

③ 中温厌氧梭状芽孢杆菌：该类菌最适生长温度为37℃，其中分解糖类的丁酸细菌和巴氏固氮梭菌，可在酸性或中酸罐头内进行丁酸发酵，产生 H_2 和 CO_2 造成胀罐；分解蛋白质的魏氏梭菌、生芽孢梭菌、肉毒梭菌等，分解蛋白质产生 H_2S、硫醇、NH_3、吲哚和粪臭素等恶臭物质，多发生于肉类和鱼类罐头中。

④ 不产芽孢的细菌：该类菌出现在漏气或杀菌不足的罐头内，包括两类：一类是肠道菌，如大肠杆菌、产气杆菌和变形杆菌等；另一类是链球菌，如乳酸链球菌、粪链球菌和嗜热链球菌等。常发生在果蔬罐头中，分解糖类产酸产气。

⑤ 酵母菌：酵母菌及其孢子一般较易杀死。外界酵母菌可侵入杀菌不够或密闭不良的罐头，造成罐头浑浊、沉淀、膨胀和爆裂。常见于水果、果酱、果汁和甜炼乳等含糖量高的罐头。

⑥ 霉菌：少数耐热性较强的霉菌，残存在真空度不足的罐内，或者外界霉菌侵入密闭不良的罐内，产生 CO_2，造成罐头膨胀。

（五）果蔬及其制品的腐败变质

1. 果蔬及其制品的微生物来源

水果和蔬菜组织内部微生物来源：一是在果蔬开花期，微生物侵入并生存于组织内部；二是在果蔬生长期，植物病原微生物从根、茎、叶、花、果侵入，或收获后在包装、运输和贮藏过程中感染微生物。

2. 果蔬的腐败变质

新鲜果蔬的表皮和表皮外覆盖有蜡质层，可防止微生物侵入。当果蔬遭到昆虫刺伤或其他机械损伤时，微生物便会入侵、繁殖，并造成腐烂变质。这些微生物主要是霉菌、酵母菌和少数细菌。果蔬的变质，首先是霉菌在表皮损伤处繁殖，侵入果蔬组织后，先分解细胞壁的纤维素，然后分解果蔬内的蛋白质、果胶、淀粉、有机酸等，形成更简单的物质。果蔬内糖分减少，pH 升高，细菌和酵母菌开始繁殖，进一步分解果蔬内的营养物质。

3. 果汁的腐败变质

果汁中总会存在一定数量的微生物。微生物在果汁中能否生长繁殖，主要取决于果汁的 pH 和糖分含量，果汁的 pH 一般为 2.4~4.2，糖度可达 60~70°Bx，因此果汁中生长的微生物主要是酵母、一些霉菌和极少数细菌。果汁中存在的细菌主要是乳酸菌，这些乳酸菌能发酵糖类产生乳酸，或发酵有机酸产生乳酸和其他有机酸，或产生发黏的产物。果汁中存在的酵母主要有假丝酵母属、圆酵母属、隐球酵母属和红酵母属；浓缩果汁中，只有少数菌种能存活，如鲁氏酵母、蜂蜜酵母等。酵母菌在果汁中进行酒精发酵，随着酒精的氧化和果酸的存在，产膜酵母也可在果汁表面生长，使果汁变质。果汁中存在的霉菌，以青霉属最常见，其次是曲霉属、丝衣霉属等。

微生物引起的果汁变质现象有：由于酵母菌的酒精发酵使果汁浑浊；产生酒精；由于有机酸的发酵，使有机酸含量及成分改变；由于霉菌的污染，产生霉味；由于明串珠菌的生长，使果汁黏稠度增加。

“以腐防腐”
——古人的智慧

知识拓展

一、污染食品的微生物来源及途径

食品在生产、加工、运输、贮藏、销售过程中都可能遭受微生物的污染，这些微生物主要来自以下几个方面。

1. 土壤

土壤中病原微生物的来源主要是自然界中的植物病株残体、病人或患病动物的排泄物与尸体、废物和污水。这些微生物进入土壤中，多数病原菌很快死亡，但芽孢细菌存活时间较长。土壤中与食品有关的细菌主要有嗜热脂肪芽孢杆菌、肉毒梭状芽孢杆菌、大肠杆菌、假单胞菌属、产碱杆菌属、黄杆菌属、节杆菌属、棒状杆菌属、微球菌属等；土壤中的酵母菌含量较少，但在含糖量丰富的果园和养蜂场的土壤中，每克土壤中可高达几十万个酵母菌。

2. 空气

空气中的微生物来自土壤、水、人及动植物的脱落物和呼吸道、消化道的排泄物，包含霉菌、放线菌的孢子和细菌的芽孢及酵母等抵抗能力强的类群。不同环境空气中微生物的数量和种类有很大差异。空气中的尘埃越多，越靠近地面的空气，受微生物污染的程度越严重。人类生活环境的空气中，微生物的数量一般为 10^2~10^4 个/m^3，而污染严重的室内空气微生物数高达 10^6/m^3。食品暴露在空气中很容易被微生物污染，因此食品厂一般不宜建在闹市区或交通主干线旁。

3. 水

水既是许多食品的原料或配料成分，也是清洗、冷却、冰冻不可缺少的物质。自然界的水不仅是微生物的污染源，也是微生物污染食品的主要途径。自来水管出现漏洞、管道暂时变成负压时，会引起管道周围环境中的微生物渗漏进入管道，使自来水中的微生物数量增加。在生产过程中，即使水源符合卫生标准，也可能会由于方法不当而导致微生物的污染范围扩大。

4. 人、动物及昆虫携带

如果食品从业人员的身体、衣帽不经常清洗，或者患有某些疾病，就会有大量的微生物附着，通过皮肤、毛发、衣帽与食品接触而造成污染。食品在加工、运输、贮藏及销售过程中，如果被鼠、蝇、蟑螂等直接或间接接触，同样会造成食品的微生物污染。

5. 加工设备及包装材料

生产、加工和贮藏食品所使用的各种机械设备及包装材料，在未经消毒或灭菌前，会带有不同数量的微生物。通过不经消毒灭菌的设备越多，造成微生物污染的机会也越多。经过消毒灭菌的食品，如果使用的包装材料未经过无菌处理，也会造成食品的重新污染。

6. 原料及辅料

健康的动、植物表面及内部总会带有一定数量的微生物，如果在加工过程中处理不当，就会引起食品变质，某些动物性食品原料甚至可能传播疫病。辅料只占食品总量的小部分，但可能带有大量微生物，如调料中含菌可达 10^8 个/g。

微生物污染食品的途径可分为两大类：第一类是内源性污染，即动植物体在生活过程中，由于本身带有的微生物而造成的食品污染。第二类是外源性污染，指的是食品在生产加工、运输、贮藏、销售、食用过程中，发生的微生物污染。

二、天然食品防腐剂——乳酸链球菌素

乳酸链球菌素（Nisin）也称乳链菌肽，是由乳酸链球菌产生的一种多肽物质，食用后，在人体的生理 pH 条件和 α-胰凝乳蛋白酶作用下很快水解成氨基酸，不会改变人体肠道内正常菌群以及产生如其他抗生素所出现的抗性问题，更不会与其他抗生素出现交叉抗性，是一种高效、无毒、安全、性能卓越的天然食品防腐剂。乳酸链球菌素的抑菌机制是可以抑制细菌细胞壁中肽聚糖的生物合成，使细胞膜和磷脂化合物的合成受阻，从而导致细胞内物质的外泄，甚至引起细胞裂解。也有的学者认为乳酸链球菌素是一个疏水带正电荷的小肽，能与细胞膜结合形成管道结构，使小分子和离子通过管道流失，造成细胞膜渗漏。乳酸链球菌素的作用

范围相对较窄，但能有效抑杀嗜热脂肪芽孢杆菌、蜡状芽孢杆菌、金黄色葡萄球菌、李斯特菌、肉毒梭菌等各种 G^+ 菌的营养细胞和芽孢。加入食品中可大大地降低食品的灭菌温度、缩短食品灭菌时间，使食品保持原有营养成分、风味、色泽，同时还可大量节能。可广泛应用于肉制品、乳制品、植物蛋白食品、罐装食品、果汁饮料及经热处理密闭包装食品的防腐保鲜，同时也可应用于化妆品和医药等领域。

【同步练习】

一、填空题

1. 引起食品腐败变质的原因有________、________和环境因素，后者如________、________、湿度、空气等起着促变作用。

2. 食品腐败变质的本质实际上是食品中以________、________和________为主的分解过程。

3. 高温灭菌的目的在于____________________。

4. 盐腌和糖渍法是利用了____________原理，细菌原生质在该环境下会________________，这是一种__________方法。

5. 酸渍法是向食品中加入________以提高食物环境的____________________来抑制微生物的生长。

6. 酸发酵法是利用____________或____________发酵产酸，可杀灭蔬菜中的致病菌和________。

7. 在食品腐败变质中，最普遍、最重要的原因是____________________。

二、不定项选择题

8. 食品腐败变质后的腐臭是（　　）分解的结果

A. 脂肪酸　　B. 氨基酸　　C. 淀粉　　D. 有机酸

9. 糖类物质腐败变质后产生（　　）气味

A. 酸馊　　B. 腐臭　　C. 哈喇　　D. 粪臭

10. 食品低温贮存不能达到（　　）目的

A. 灭菌　　B. 抑菌　　C. 灭酶　　D. 防腐

11. 巴氏消毒法适用于（　　）

A. 牛奶　　B. 面包　　C. 香肠

12. 巴氏消毒法采用（　　）的杀菌方式

A. 56℃，1h　　B. 65℃，30min

C. 80~90℃，30~60s　　D. 100℃，5s

13. 食品干燥储藏法主要排除了微生物赖以生存的（　　）

A. 蛋白质　　B. 温度　　C. 气体　　D. 水

14. 日常食用的（　　）是利用酸发酵法制作的

A. 酸萝卜　　B. 酸黄瓜　　C. 泡菜　　D. 酸菜

15. 细菌污染了某种食品，但却因为菌体脱水而不能正常生长繁殖，该食品很可能是（　　）食品

A. 干燥　　B. 加有防腐剂　　C. 酸渍　　D. 盐腌

16. 高温灭菌法适用于（　　）

A. 罐头食品　　B. 牛奶　　C. 果汁　　D. 啤酒

三、判断题

17. 食品腐败变质与微生物有关，于温度无关。(　　)

18. 脂肪变质主要是变酸。(　　)

19. 引起食品腐败变质的微生物是致病菌为主。(　　)

20. 经过低温贮藏后食物微生物不能恢复生长。(　　)

21. 经过高温灭菌后食物可以长期保存。(　　)

22. 巴氏消毒法可杀灭大部分微生物，达到完全灭菌。(　　)

23. 日常吃的泡菜、酸菜、酸黄瓜、酸萝卜都是用酸渍法制作的。(　　)

四、综合题

24. 什么是食品的腐败变质？微生物引起食品腐败变质的原理是什么？

25. 简述微生物污染食品的来源和途径。

26. 微生物引起食品腐败变质的基本条件有哪些？

27. 简述鲜乳中微生物主要有哪些。

28. 鲜肉腐烂变质的主要类型和变化有几种？

29. 引起鲜蛋腐败变质的原因是什么？

30. 简述罐藏食品腐败变质的类型及原因，以及菌的种类。

31. 抑制食品腐败变质的方法有哪些？

单元八　同步练习

学习单元九

微生物的常规检验技术

【知识目标】

1. 理解沙门菌、金黄色葡萄球菌的检验方法。
2. 掌握菌落总数测定、大肠菌群计数、霉菌和酵母计数的卫生学意义和方法。

【能力目标】

能够正确测定菌落总数、大肠菌群、霉菌和酵母菌并报告。

【素质目标】

1. 形成政治认同。
2. 树立食品安全职业使命感。
3. 培养规范意识和法治意识，树立严谨客观的科学精神。

敬畏　责任

知识讲解

食品卫生标准中的微生物指标主要包括菌落总数、大肠菌群和致病菌三个项目。其中菌落总数和大肠菌群是最重要、最常检的检验项目，食品中不允许有致病菌存在。

药物制剂中非规定灭菌制剂的微生物限度检查项目主要包括菌落总数、霉菌数和酵母菌数以及病原菌等控制菌。一般不要求绝对无菌，允许一定限量的微生物存在，但不得有病原菌存在。

微生物检验人员，需熟悉相关检测方法、程序和结果评价，掌握微生物专业知识和良好的操作经验，具有遵纪守法、求真务实、乐于奉献、勇于担当的工作态度。

一、菌落总数测定

菌落总数是指检样经过处理，在一定条件下培养（如培养基、培养温度和培养时间等）后，所得每 g（mL）检样中形成的微生物菌落总数。

测定菌落总数的卫生学意义主要体现在两个方面：第一，菌落总数可以作为食品和药物被污染程度的标志。菌落总数越多，则表明食品和药物污染越严重，受致病菌污染的可能性也越大。第二，通过菌落总数可以预测食品贮藏期限（保质期）。如菌落总数为 10^5CFU/cm^2 的牛肉在 0℃ 下只可保存 7d，而菌落数为 10^2CFU/cm^2 时，同样条件下可存放 18d。

二、大肠菌群计数

严格检验检疫
严守国民健康

大肠菌群是指在一定培养条件下能发酵乳糖、产酸产气的需氧和兼性厌氧革兰阴性无芽孢杆菌。包括肠杆菌科大肠埃希菌属、柠檬酸杆菌属、克雷伯菌属和阴沟肠杆菌属的细菌，以埃希菌属为主。

大肠菌群计数具有一定的卫生学意义：第一，大肠菌群直接或间接来源于人畜粪便，可以作为粪便污染食品的指标菌。若食品中检测出大肠菌群，则表明食品曾受到过人或温血动物粪便的污染。第二，可以作为肠道致病菌污染食品的指标菌。肠道致病菌如沙门菌属和志贺菌属等，对食品的安全性威胁很大，逐批或经常检验致病菌有一定的困难，而大肠菌群较易检验，且肠道致病菌与大肠菌群的来源相同，在体外生存时间也一致，因此大肠菌群也可作为肠道致病菌污染食品的指示菌。

三、霉菌和酵母计数

霉菌和酵母分布广泛，可作为食品和药物正常菌相的一部分，在食品、化学、医药工业中应用广泛。但在某些情况下，食品和药物若遭受霉菌和酵母菌的侵染，则发生霉坏变质，引起急性和慢性中毒。因此，霉菌和酵母也作为评价食品和药物卫生质量的指示菌，并以霉菌和酵母计数来制定食品和药物被真菌污染的程度。目前，包括我国在内，已有若干个国家制订了某些食品的霉菌和酵母限量标准。

实训十二　微生物的检验

一、菌落总数测定

（一）目的要求

1. 学习活菌计数的技术方法。

2. 掌握菌落总数的测定及报告方式。

（二）基本原理

菌落总数是指检样经过处理，在一定条件（培养基、培养温度和培养时间等）下培养后，所得 1g 或 1mL 检样中所含细菌菌落的总数。

平板计数法是通过将样品稀释成系列稀释液，使样品中细菌分散成单个细胞，取一定量的稀释液接种，使其均匀分布于计数平板上。一般认为每个菌落由一个细菌繁殖而成，因此，培养后统计菌落数目即可计算出样品中的细菌数。

用这种方法测得的菌落数是培养基上生长的活菌数，不含有死菌，故此法又称为活菌计数法。

（三）材料与仪器

1. 设备和材料

恒温培养箱（36℃±1℃，30℃±1℃）、冰箱（2~5℃）、恒温水浴箱（46℃±1℃）、天平（感量为 0.1g）、均质器、振荡器、无菌吸管（1mL、10mL）或微量移液器及吸头、无菌锥形瓶（容量 250mL、500mL）、无菌培养皿（直径 90mm）、pH 计或精密 pH 试纸。

2. 培养基和试剂

平板计数琼脂培养基，磷酸盐缓冲液，无菌生理盐水。

大肠菌君平板计数法
——样品稀释、接种

（四）检验程序

菌落总数的检验程序如图 9-1 所示。

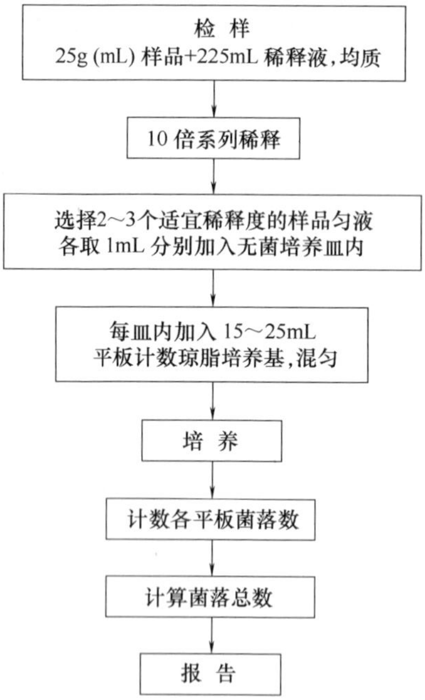

图 9-1 菌落总数的检验程序

（五）操作步骤

1. 样品的稀释

（1）固体和半固体样品 称取 25g 样品置于盛有 225mL 磷酸盐缓冲液或生理盐水的无菌均质杯内，8000~10000r/min 均质 1~2min，或放入盛有 225mL 稀释液的无菌均质袋中，用拍击式均质器拍打 1~2min，制成 1∶10 的样品匀液。

（2）液体样品 以无菌吸管吸取 25mL 样品置于盛有 225mL 磷酸盐缓冲液或生理盐水的无菌锥形瓶（瓶内预置适当数量的无菌玻璃珠）中，充分混匀，制成 1∶10 的样品匀液。

（3）用 1mL 无菌吸管或微量移液器吸取 1∶10 样品匀液 1mL，沿管壁缓慢注于盛有 9mL 稀释液的无菌试管中（注意吸管或吸头尖端不要触及稀释液面），振摇试管或换用 1 支无菌吸管反复吹打使其混合均匀，制成 1∶100 的样品匀液。

（4）按（3）的操作，制备 10 倍系列稀释样品匀液。每递增稀释一次，换用 1 支 1mL 的无菌吸管或吸头。

（5）根据对样品污染状况的估计，选择 2~3 个适宜稀释度的样品匀液（液体样品可包括原液），在进行 10 倍递增稀释时，吸取 1mL 样品匀液于无菌平皿内，每个稀释度做两个平皿。同时，分别吸取 1mL 空白稀释液加入两个无菌平皿内作空白对照。

（6）及时将 15~20mL 冷至 46℃ 的平板计数琼脂培养基（可放置于 46℃±1℃ 恒温水浴箱中保温）倾注平皿，并转动平皿使其混合均匀。

斜面接种

2. 培养

（1）待琼脂凝固后，将平板翻转，置 36℃±1℃ 培养 48h±2h。水产品 30℃±1℃ 培养 72h±3h。

（2）如果样品中可能含有在琼脂培养基表面弥漫生长的菌落时，可在凝固后的琼脂表面覆盖一薄层琼脂培养基（约 4mL），凝固后翻转平板，按（1）进行培养。

3. 菌落计数

（1）可用肉眼观察，必要时用放大镜或菌落计数器，记录稀释倍数和相应的菌落数量。菌落计数以菌落形成单位（Colony-Forming Units，CFU）表示。

菌落总数测定之菌落计数

（2）选取菌落数在 30~300CFU、无蔓延菌落生长的平板计数菌落总数。低于 30CFU 的平板记录具体菌落数，大于 300CFU 的可记录为多不可计。每个稀释度的菌落数应采用两个平板的平均数。

（3）其中一个平板有较大片状菌落生长时，则不宜采用，而应以无片状菌落生长的平板作为该稀释度的菌落数；若片状菌落不到平板的一半，而其余一半中菌落分布又很均匀，即可计算半个平板后乘以 2，代表一个平板菌落数。

（4）当平板上出现菌落间无明显界线的链状生长时，则将每条单链作为一个菌落计数。

（六）结果与报告

1. 菌落总数的计算方法

（1）若只有一个稀释度平板上的菌落数在适宜计数范围内，计算两个平板菌落数的平均值，再将平均值乘以相应稀释倍数，作为每 g（mL）样品的菌落总数结果。

（2）若有两个连续稀释度的平板菌落数在适宜计数范围内，则按式（9-1）计算：

$$N=\sum C/(n_1+0.1n_2)d \tag{9-1}$$

式中　N——样品中菌落总数

$\sum C$——平板（含适宜范围菌落数的平板）菌落数之和

n_1——第一稀释度（低稀释倍数）平板个数

n_2——第二稀释度（高稀释倍数）平板个数

d——稀释因子（第一稀释度）

菌落总数的计数方法

表 9-1 所示为两个连续稀释度的平板菌落数，请计算样品中菌落总数。

表 9-1　　两个连续稀释度的平板菌落数

稀释度	1∶100(第一稀释度)	1∶1000(第二稀释度)
菌落数(CFU)	232、244	33、35

$$\text{则：} N=\sum C/(n_1+0.1n_2)d=\frac{232+244+33+35}{(2+0.1\times2)10^{-2}}=\frac{544}{0.022}=24727$$

上述数据按“菌落总数的报告”之（2）项数字修约后，表示为 25000 或 2.5×10^4。

（3）若所有稀释度的平板菌落数均大于 300CFU，则对稀释度最高的平板进行计数，其他平板记录为多不可计，结果按平均菌落数乘以最高稀释倍数计算。

（4）若所有稀释度的平板菌落数均小于 30CFU，则应按稀释度最低的平均菌落数乘以稀释倍数计算。

（5）若所有稀释度（包括液体样品原液）平板均无菌落生长，则以小于 1 乘以最低稀释倍数计算。

（6）若所有稀释度的平板菌落数均不在 30～300CFU，其中一部分小于 30CFU 或大于 300CFU 时，则以最接近 30CFU 或 300CFU 的平均菌落数乘以稀释倍数计算。

2. 菌落总数的报告

（1）菌落数小于 100CFU 时，按“四舍五入”原则修约，以整数报告。

（2）菌落数大于或等于 100CFU 时，第 3 位数字采用“四舍五入”原则修约后，取前 2 位数字，后面用 0 代替位数；也可用 10 的指数形式来表示，按“四舍五入”原则修约后，采用两位有效数字。

菌落总数结果报告

（3）若所有平板上为蔓延菌落而无法计数，则报告菌落蔓延。

（4）若空白对照上有菌落生长，则此次检测结果无效。

（5）称重取样以 CFU/g 为单位报告，体积取样以 CFU/mL 为单位报告。

（七）实训报告内容

（1）将各稀释度的平板菌落数填入表 9-2。

（2）结果报告　该样品的菌落总数是____________CFU/g（mL）。

企业技术人员分享——菌落总数测定细节分析

表 9-2　　各稀释度的平板菌落数

培养皿号	稀释度		
培养皿 1 菌落数			
培养皿 2 菌落数			
平均菌落数			
菌落总数计算(CFU/g 或 CFU/mL)			
报告方式(CFU/g 或 CFU/mL)			

(八) 注意事项

(1) 检验中所用玻璃器皿，如培养皿、吸管、试管等必须彻底洗涤干净方可进行灭菌，不得残留抑菌物质。

(2) 用作样品稀释的液体，每批都要有空白对照。若空白对照上有菌落生长，则检测结果无效；同时要查明污染的来源，以判定是空白稀释液，用于倾注平皿的培养基，还是平皿、吸管或空气可能存在的污染。

(3) 在做 10 倍递增稀释时，吸管插入检样稀释液内不能低于液面 2.5cm；吸入液体时，应先高于吸管刻度，然后提起吸管尖端离开液面，将尖端贴于玻璃瓶或试管的内壁使吸管内液体调至所要求的刻度，这样取样较准确，而且在吸管从稀释液内取出时不会有多余的液体黏附于管外。当用吸管将检样稀释液加至另一装有 9mL 空白稀释液的管内时，应小心沿管壁加入，不要触及管内稀释液，以防吸管尖端外侧部分黏附的检液也混入其中。

(4) 检液加入培养皿后，应在 20min 内倾入琼脂，并立即使其与琼脂混合均匀，防止细菌增殖及产生片状菌落。检样与琼脂混合时，可将皿底在平面上先前后左右摇动，然后按顺时针方向和逆时针方向旋转，以充分混匀。混合过程中不得使混合物溅到皿边的上方。

(5) 培养温度应根据食品种类而定。肉、乳、蛋类食品在 37℃ 培养，培养 (48±2) h，水产品在 30℃ 培养，培养时间为 (72±3) h。

(6) 如果稀释度大的平板上菌落数比稀释度小的平板上菌落数高，则可能是检验工作中发生差错，或者是样品中混入抑菌剂，均不可作检样计数报告的依据。

菌落总数测定（Ⅰ）操作技能评分标准

姓名：__________　班级：__________　组别：__________

生牛乳样品中菌落总数测定的技能操作（Ⅰ）

考核环节	考核内容	分值	扣分点	考核记录	得分
准备工作(12 分)	物品摆放合理	4	物品摆放正确合理，方便操作。不合格扣 2 分		
	实验前消毒	4	手部消毒、台面消毒。缺一项扣 2 分		
	标记	4	对试管、培养皿未编号或者编号不正确的，一次扣 2 分		

续表

考核环节	考核内容	分值	扣分点	考核记录	得分
样品稀释及接种（28分）	取样	4	未无菌操作开启牛奶样品或稀释样液；吸液前未摇匀样品或稀释样液，一次扣2分		
	吸管的使用	6	吸管未在酒精灯无菌操作区域；吸管尖端触及试管外壁或管内稀释液面；移液过程有漏滴液的，一次扣2分		
	试管、三角瓶的使用	4	未烧试管口或瓶口；试管塞放桌面上的，一次扣2分		
	稀释度制作	6	稀释顺序不正确；稀释全部完成后再接种的，扣6分		
	接种平皿	8	吸管尖端碰到培养皿外壁；接种样液溅到培养皿壁或溅出培养皿；漏接培养皿；一次扣2分。接种流程不正确，扣8分		
培养基倾注（10分）	倾注平皿	10	未在酒精灯附近无菌区进行；加入培养基量不适量；培养基滴落至台面；未正确混匀接种样液与培养基；培养基未凝固进行翻转，一次扣2分		
培养（6分）	平皿放置培养箱	6	平皿未倒置培养，扣6分		
文明操作（4分）	台面的清洁整理	4	实验完成后，未进行清洁整理的，扣4分		
扣分项	损坏器皿或用具		实验过程中损坏器皿或用具，一次扣2分；最多扣10分		
合计（60分）					

菌落总数测定（Ⅱ）操作技能评分标准

姓名：________ 班级：________ 组别：________

菌落计数

考核环节	考核内容	分值	扣分点	考核记录	得分
平板菌落生长状况（15分）	空白对照状况	6	空白对照平板长菌落，一块平板扣3分		
	菌落生长状况	9	菌落在平板上不均匀分布，一块平板扣2分 同一稀释度两平板菌落数相差10以上，扣2分 相邻稀释度平均菌落数相差<80或>120，扣2分		
计算及报告（25分）	原始记录	15	写漏、写错，一个扣1分；不正确记录平板上的菌落数，一个平板扣1分（结果记录表格中15个空格）		
	菌落计数与结果报告	6	选择错误的平板菌落数进行计算，扣6分；计算错误，扣6分；计算结果修约错误，扣2分；未出具检测报告或检测报告错误，扣2分		
	结果计算	4	结果应规范，错误一处扣2分；漏写单位或单位写错，一次扣1分		
扣分项	损坏器皿或用具		实验过程中损坏器皿或用具，一次扣2分；最多扣4分		
合计（40分）					

二、大肠菌群计数

（一）目的要求

（1）学习并掌握大肠菌群计数的原理和方法。

（2）掌握大肠菌群结果的报告方式。

（二）基本原理

大肠菌群能发酵乳糖，产酸，产气，需氧和兼性厌氧，革兰阴性，无芽孢。大肠菌群计数包括MPN法（第一法）和平板计数法（第二法）。

MPN法是统计学和微生物学结合的一种定量检测法。待测样品经系列稀释并培养后，根据其未生长的最低稀释度与生长的最高稀释度，应用统计学概率论推算出待测样品中大肠菌群的最大可能数。

平板计数法中，大肠菌群在结晶紫中性红胆盐琼脂（VRBA）培养基中发酵乳糖产酸，在指示剂的作用下形成可计数的红色或紫色、带有或不带有沉淀环的菌落。

（三）材料与仪器

1. 设备和材料

恒温培养箱（36℃±1℃）、冰箱（2~5℃）、恒温水浴箱（46℃±1℃）、天平（感量为0.1g）、均质器、振荡器、无菌吸管（1mL、10mL）或微量移液器及吸头、无菌锥形瓶（容量500mL）、无菌培养皿（直径90mm）、pH计或精密pH试纸。

2. 培养基和试剂

月桂基硫酸盐胰蛋白胨（LST）肉汤，煌绿乳糖胆盐（BGLB）肉汤，结晶紫中性红胆盐琼脂（VRBA），无菌磷酸盐缓冲液，无菌生理盐水，1mol/L NaOH溶液，1mol/L HCl溶液。

企业技术人员分享
——VRBA的配制

第一法　大肠菌群MPN计数法

（四）检验程序

大肠菌群MPN计数的检验程序见图9-2。

菌落总数测定
之梯度稀释

（五）操作步骤

1. 样品的稀释

（1）固体和半固体样品　称取25g样品，放入盛有225mL磷酸盐缓冲液或生理盐水的无菌均质杯内，8000～10000r/min 均质 1～2min，或放入盛有 225mL 磷酸盐缓冲液或生理盐水的无菌均质袋中，用拍击式均质器拍打 1～2min，制成 1∶10 的样品匀液。

（2）液体样品　以无菌吸管吸取 25mL 样品置于盛有 225mL 磷酸盐缓冲液或生理盐水的无菌锥形瓶（瓶内预置适当数量的无菌玻璃珠）或其他无菌容器中充分振摇或置于机械振荡器中振摇，充分混匀，制成 1∶10 的样品匀液。

（3）样品匀液的 pH 应为 6.5～7.5，必要时分别用 1mol/L NaOH 或 1mol/L HCl 调节。

（4）用 1mL 无菌吸管或微量移液器吸取 1∶10 样品匀液 1mL，沿管壁缓缓注入 9mL 磷酸盐缓冲液或生理盐水的无菌试管中（注意吸管或吸头尖端不要触及稀释液面），振摇试管或换用 1 支 1mL 无菌吸管反复吹吸，使其混合均匀，制成 1∶100 的样品匀液。

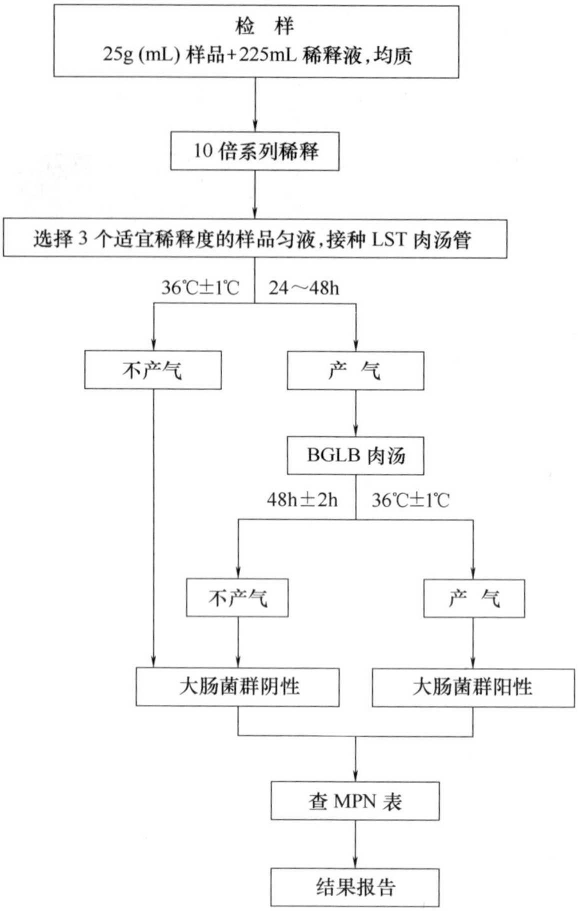

图 9-2　大肠菌群 MPN 计数法检验程序

（5）根据对样品污染状况的估计，按上述操作，依次制成 10 倍递增梯度稀释样品匀液。每递增稀释 1 次，换用 1 支 1mL 无菌吸管或吸头。从制备样品匀液至样品接种完毕，全过程不得超过 15min。

2. 初发酵试验

每个样品，选择 3 个适宜的连续稀释度的样品匀液（液体样品可以选择原液），每个稀释度接种 3 管月桂基硫酸盐胰蛋白胨（LST）肉汤，每管接种 1mL（如接种量超过 1mL，则用双料 LST 肉汤），36℃±1℃ 培养 24h±2h，观察倒管内是否有气泡产生，24h±2h 产气者进行复发酵试验（证实试验），如未产气则继续培养至 48h±2h，产气者进行复发酵试验。未产气者为大肠菌群阴性。

企业技术人员分享——单双料 LST 肉汤管的使用

3. 复发酵试验

用接种环从产气的LST肉汤管中分别取培养物1环，移种于煌绿乳糖胆盐肉汤（BGLB）管中，36℃±1℃培养48h±2h，观察产气情况。产气者，计为大肠菌群阳性管。

大肠菌群总数——初发酵试验结果观察

大肠菌群MPN计数法——复发酵试验

大肠菌群最可能数MPN的报告

4. 大肠菌群最可能数（MPN）的报告

按确证的大肠菌群BGLB阳性管数，检索MPN表（表9-5），报告每g（mL）样品中大肠菌群的MPN值。

样品稀释、接种

第二法　大肠菌群平板计数法

（六）检验程序

大肠菌群平板计数法的检验程序见图9-3。

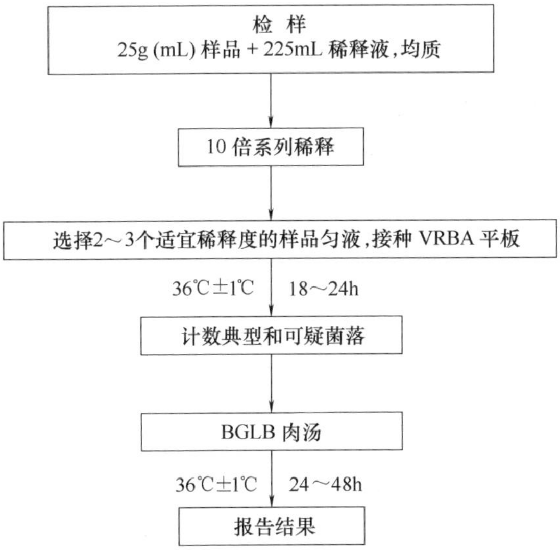

图9-3　大肠菌群平板计数法检验程序

（七）操作步骤

1. 样品的稀释

按第一法进行。

2. 平板计数

（1）选取2~3个适宜的连续稀释度，每个稀释度接种2个无菌平皿，每皿1mL。同时取1mL生理盐水加入无菌平皿作空白对照。

（2）及时将15~20mL熔化并恒温至46℃的结晶紫中性红胆盐琼脂（VRBA）倾注于每个平皿中。小心旋转平皿，将培养基与样液充分混匀，待琼脂凝固后，再加3~4mL VRBA覆盖平板表层。翻转平板，置于36℃±1℃培养18h~24h。

3. 平板菌落数的选择

选取菌落数在15~150CFU的平板，分别计数平板上出现的典型和可疑大肠菌群菌落（如菌落直径较典型菌落小）。典型菌落为紫红色，菌落周围有红色的胆盐沉淀环，菌落直径为 0.5mm 或更大。最低稀释度低于 15CFU 的记录具体菌落数。

4. 证实试验

从 VRBA 平板上挑取 10 个不同类型的典型和可疑菌落，少于 10 个菌落的挑取全部典型和可疑菌落。分别移种于 BGLB 肉汤管内，36℃±1℃培养 24~48h，观察产气情况。凡 BGLB 肉汤管产气，即可报告为大肠菌群阳性。

大肠菌群平板计数法——VRBA 平板菌落数的选择

大肠菌群平板计数法——证实试验

大肠菌群平板计数的报告

5. 大肠菌群平板计数的报告

经最后证实为大肠菌群阳性的试管比例乘以上述 3 中计数的平板菌落数，再乘以稀释倍数，即为每 g（mL）样品中大肠菌群数。例如：10^{-4} 样品稀释液 1mL，在 VRBA 平板上有 100 个典型和可疑菌落，挑取其中 10 个接种 BGLB 肉汤管，证实有 6 个阳性管，则该样品的大肠菌群数为：$100\times6/(10\times10^{4})=6.0\times10^{5}$CFU/g（mL）。若所有稀释度（包括液体样品原液）平板均无菌落生长，则以小于 1 乘以最低稀释倍数计算。

求真　求实

（八）实训报告内容

1. 将大肠菌群 MPN 计数法各步实验结果填入表 9-3。

表 9-3　大肠菌群计数法实验结果

管号	稀释度	初发酵试验	复发酵试验	大肠菌群阳性/阴性

根据结果查大肠菌群 MPN 检索表，得出每 g（mL）样品中大肠菌群的 MPN 值是__________。

2. 将大肠菌群平板计数法各步实验结果填入表 9-4 中。

表 9-4　　大肠菌群平板计数法各步实验结果

	平板菌落数	稀释度		
平板计数	平板 1 菌落数			
	平板 2 菌落数			
	平均菌落数			
	典型和可疑菌落数（CFU/g 或 CFU/mL）			
证实实验	BGLB 肉汤管阳性管数			

根据典型和可疑菌落数及 BGLB 阳性管数，得出该样品的大肠菌群菌落数是__________CFU/g（mL）。

（九）注意事项

（1）这两种方法都只需两步即可判定。第一步不是纯菌的培养，而是样品的初培养结果，有时阳性结果经过第二步的 BGLB 发酵试验后可能成为阴性。因此应结合两步的结果方可做出判断。

（2）胆盐和月桂基硫酸钠是抑菌剂，可抑制某些杂菌，有利于大肠菌群的生长和挑选，但对大肠菌群中的某些菌株有时也产生抑制作用。

（3）在结晶紫中性红胆盐琼脂（VRBA）平板上，大肠菌群的典型菌落为紫红色，菌落周围有红色的胆盐沉淀环，菌落直径为 0. 5mm 或更大。

（4）MPN 检索表中的 MPN（最可能数）是表示样品中活菌密度的估测（表 9-5）。本检索表采用 3 种稀释度 9 管法，稀释度的选择是基于对样品中菌数的估测，若无法估测样品中的菌数，则应做一定范围的稀释度。

表 9-5　　大肠菌群最可能数（MPN）检索表

阳性管数			MPN	95%可信限		阳性管数			MPN	95%可信限	
0. 10	0. 01	0. 001		下限	上限	0. 10	0. 01	0. 001		下限	上限
0	0	0	<3. 0	—	9. 5	1	1	1	11	3. 6	38
0	0	1	3. 0	0. 15	9. 6	1	2	0	11	3. 6	42
0	1	0	3. 0	0. 15	11	1	2	1	15	4. 5	42
0	1	1	6. 1	1. 2	18	1	3	0	16	4. 5	42
0	2	0	6. 2	1. 2	18	2	0	0	9. 2	1. 4	38
0	3	0	9. 4	3. 6	38	2	0	1	14	3. 6	42
1	0	0	3. 6	0. 17	18	2	0	2	20	4. 5	42
1	0	1	7. 2	1. 3	18	2	1	0	15	3. 7	42
1	0	2	11	3. 6	38	2	1	1	20	4. 5	42
1	1	0	7. 4	1. 3	20	2	1	2	27	8. 7	94

续表

阳性管数			MPN	95%可信限		阳性管数			MPN	95%可信限	
0.10	0.01	0.001		下限	上限	0.10	0.01	0.001		下限	上限
2	2	0	21	4.5	42	3	1	2	120	37	420
2	2	1	28	8.7	94	3	1	3	160	40	420
2	2	2	35	8.7	94	3	2	0	93	18	420
2	3	0	29	8.7	94	3	2	1	150	37	420
2	3	1	36	8.7	94	3	2	2	210	40	430
3	0	0	23	4.6	94	3	2	3	290	90	1000
3	0	1	38	8.7	110	3	3	0	240	42	1000
3	0	2	64	17	180	3	3	1	460	90	2000
3	1	0	43	9	180	3	3	2	1100	180	4100
3	1	1	75	17	200	3	3	3	>1100	420	—

在查阅 MPN 检索表时，应注意：

（1）MPN 检索表采用 3 个稀释度［0.1g（mL）、0.01g（mL）和 0.001g（mL）］，每个稀释度接种 3 管。

（2）表内所列检样量如改用 1g（mL）、0.1g（mL）和 0.01g（mL）时，表内数字应相应降低 10 倍；如改用 0.01g（mL）、0.001g（mL）、0.0001g（mL）时，则表内数字应相应增高 10 倍，其余类推。

大肠菌群 MPN 计数法（Ⅰ）操作技能评分标准

姓名：＿＿＿＿＿＿ 班级：＿＿＿＿＿＿ 组别：＿＿＿＿＿＿

一、牛乳样品中大肠菌群 MPN 计数法的技能操作（Ⅰ）

考核环节	考核内容	分值	扣分点	考核记录	得分
准备工作（12 分）	物品摆放合理	4	物品摆放正确合理，方便操作。不合格扣 2 分		
	实验前消毒	4	手部消毒、台面消毒。缺一项扣 2 分		
	标记	4	对试管、三角瓶未编号或者编号不正确的，一次扣 2 分		
样品稀释及接种（28 分）	取样	4	未无菌操作开启牛奶样品或稀释样液；吸液前未摇匀样品或稀释样液，一次扣 2 分		
	吸管的使用	6	吸管未在酒精灯无菌操作区域；吸管尖端触及试管外壁或管内稀释液面；移液过程有漏滴液的；一次扣 2 分		
	试管、三角瓶的使用	4	未烧试管口或瓶口；试管塞放桌面上的，一次扣 2 分		
	稀释度制作	6	稀释顺序不正确；稀释全部完成后再接种的，扣 6 分		
	接种试管	8	吸管尖端碰到试管外壁、培养液或溅出试管口；漏接；一次扣 2 分。接种流程不正确，扣 8 分		
摇匀（6 分）	轻摇 LST 管，放置培养箱	6	LST 试管未摇匀，扣 6 分		

续表

考核环节	考核内容	分值	扣分点	考核记录	得分
文明操作（4分）	台面的清洁整理	4	实验完成后，未进行清洁整理的，扣4分		
扣分项	损坏器皿或用具		实验过程中损坏器皿或用具，一次扣2分；最多扣10分		
合计（50分）					

大肠菌群 MPN 计数法（Ⅱ）操作技能评分标准

姓名：______________ 班级：______________ 组别：______________

二、牛乳样品中大肠菌群 MPN 计数法的技能操作（Ⅱ）

考核环节	考核内容	分值	扣分点	考核记录	得分
初发酵结果判断（10分）	初发酵情况	6	阳性管判断错误，一支试管扣2分		
	原始记录	4	写漏、写错，一个扣2分		
复发酵接种（10分）	接种试管	10	吸管尖端碰到试管外壁、培养液或溅出试管口；漏接；一次扣2分。接种流程不正确，扣10分		
复发酵结果判断（10分）	复发酵情况	6	阳性管判断错误，一支试管扣2分		
	原始记录	4	写漏、写错，一个扣2分		
查 MPN 表计算及报告（20分）	查表	5	不会查表，或查表错误，扣5分		
	原始记录	5	记录有涂改，扣2分；错误，扣5分		
	结果计数与报告	6	计算错误，扣6分；未出具检测报告或检测报告错误，扣2分		
	结果计算	4	结果应规范，漏写单位或单位写错，一次扣2分		
扣分项	损坏器皿或用具		实验过程中损坏器皿或用具，一次扣2分；最多扣4分		
合计（50分）					

大肠菌群平板计数（Ⅰ）操作技能评分标准

姓名：______________ 班级：______________ 组别：______________

一、生牛乳样品中大肠菌群平板计数的技能操作（Ⅰ）

考核环节	考核内容	分值	扣分点	考核记录	得分
准备工作（6分）	物品摆放合理	2	物品摆放正确合理，方便操作。不合格扣2分		
	实验前消毒	2	手部消毒、台面消毒。缺一项扣2分		
	标记	2	对试管、培养皿未编号或者编号不正确的，一次扣2分		

续表

考核环节	考核内容	分值	扣分点	考核记录	得分
样品稀释及接种（24分）	取样	4	未无菌操作开启牛奶样品或稀释样液；吸液前未摇匀样品或稀释样液，一次扣2分		
	吸管的使用	4	吸管未在酒精灯无菌操作区域；吸管尖端触及试管外壁或管内稀释液面；移液过程有漏滴液的；一次扣2分		
	试管、三角瓶的使用	4	未烧试管口或瓶口；试管塞放桌面上的，一次扣2分		
	稀释度制作	6	稀释顺序不正确；稀释全部完成后再接种的，扣6分		
	接种平皿	6	吸管尖端碰到培养皿外壁；接种样液溅到培养皿壁或溅出培养皿；漏接培养皿；一次扣2分。接种流程不正确，扣6分		
培养基倾注（10分）	倾注平皿	10	未在酒精灯附近无菌区进行；加入培养基量不适量；培养基滴落至台面；未正确混匀接种样液与培养基；培养基未凝固进行翻转，一次扣2分		
培养（6分）	平皿放置培养箱	6	平皿未倒置培养，扣6分		
文明操作（4分）	台面的清洁整理	4	实验完成后，未进行清洁整理的，扣4分		
扣分项	损坏器皿或用具		实验过程中损坏器皿或用具，一次扣2分；最多扣10分		
合计（50分）					

大肠菌群平板计数（Ⅱ）操作技能评分标准

姓名：__________ 班级：__________ 组别：__________

二、生牛乳样品中大肠菌群平板计数的技能操作（Ⅱ）

考核环节	考核内容	分值	扣分点	考核记录	得分
平板菌落生长状况（18分）	空白对照状况	4	空白对照平板长菌落，一块平板扣2分		
	菌落生长状况	8	菌落在平板上不均匀分布，一块平板扣2分 同一稀释度两平板菌落数相差10以上，扣2分 相邻稀释度平均菌落数相差<80或>120，扣2分		
	原始记录	6	写漏、写错，一个扣1分；不正确记录平板上的菌落数，一个平板扣1分		
复发酵接种（12分）	选择合适的平板和典型菌落接种	6	选择错误的平板菌落数进行证实试验，扣6分；典型菌落选择错误，扣3分		
	接种复发酵管	6	吸管尖端碰到试管外壁、培养液或溅出试管口；漏接；一次扣2分。接种流程不正确，扣10分		

续表

考核环节	考核内容	分值	扣分点	考核记录	得分
结果判断计算及报告（20分）	复发酵情况	6	阳性管判断错误，一支试管扣2分		
	原始记录	4	写漏、写错，一个扣2分		
	菌落计数与结果报告	6	计算错误，扣6分；计算结果修约错误，扣2分；未出具检测报告或检测报告错误，扣2分		
	结果计算	4	结果应规范，错误一处扣2分；漏写单位或单位写错，一次扣1分		
扣分项	损坏器皿或用具		实验过程中损坏器皿或用具，一次扣2分；最多扣4分		
合计（50分）					

三、霉菌和酵母计数

（一）目的要求

掌握霉菌和酵母的计数方法。

（二）基本原理

霉菌和酵母计数是指检样经过处理，在一定条件下培养后，所得1g（mL）检样中所含的霉菌和酵母菌菌落数。第一法适用于各类食品中霉菌和酵母的计数，第二法适用于番茄酱罐头、番茄汁中霉菌的计数。

（三）材料与仪器

1. 设备和材料

恒温培养箱（28℃±1℃）、恒温水浴箱（46℃±1℃）、拍击式均质器及均质袋、电子天平（感量为0.1g）、无菌锥形瓶（500mL）、无菌吸管（1mL和10mL）、无菌试管（18mm×180mm）、旋涡混合器、无菌培养皿（直径90mm）、显微镜（10~100倍）、微量移液器及枪头（1.0mL）、折光仪、郝氏计测玻片（具有标准计数室的特制玻片）、盖玻片、测微器（具标准刻度的玻片）。

2. 培养基和试剂

生理盐水，磷酸盐缓冲液，马铃薯葡萄糖琼脂，孟加拉红琼脂。

第一法　霉菌和酵母平板计数法

（四）检验程序

霉菌和酵母计数的检验程序如图9-4所示。

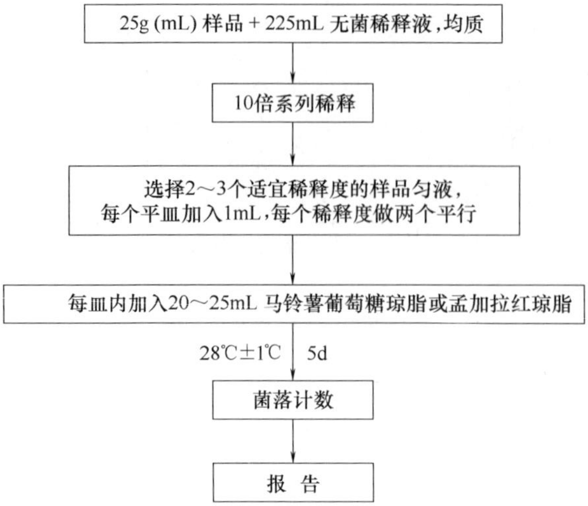

图 9-4　霉菌和酵母平板计数法的检验程序

（五）操作步骤

1. 样品的稀释

（1）固体和半固体样品　称取 25g 样品，加入 225mL 无菌稀释液（蒸馏水或生理盐水或磷酸盐缓冲液），充分振摇，或用拍击式均质器拍打 1～2min，制成 1∶10 的样品匀液。

（2）液体样品　以无菌吸管吸取 25mL 样品至盛有 225mL 无菌稀释液（蒸馏水或生理盐水或磷酸盐缓冲液）的适宜容器内（可在瓶内预置适当数量的无菌玻璃珠）或无菌均质袋中，充分振摇或用拍击式均质器拍打 1～2min，制成 1∶10 的样品匀液。

（3）取 1mL 1∶10 样品匀液注入含有 9mL 无菌稀释液的试管中，另换一支 1mL 无菌吸管反复吹吸，或在旋涡混合器上混匀，此液为 1∶100 的样品匀液。

（4）按（3）操作，制备 10 倍递增系列稀释样品匀液。每递增稀释一次，换用 1 次 1mL 无菌吸管。

（5）根据对样品污染状况的估计，选择 2～3 个适宜稀释度的样品匀液（液体样品可包括原液），在进行 10 倍递增稀释的同时，每个稀释度分别吸取 1mL 样品匀液于 2 个无菌平皿内。同时分别取 1mL 无菌稀释液加入 2 个无菌平皿作空白对照。

（6）及时将 20～25mL 冷却至 46℃的马铃薯葡萄糖琼脂或孟加拉红琼脂（可放置于 46℃±1℃恒温水浴箱中保温）倾注平皿，并转动平皿使其混匀。置水平台面待培养基完全凝固。

2. 培养

琼脂凝固后，正置平板，置 28℃±1℃培养箱中培养，观察并记录培养至第 5d 的结果。

3. 菌落计数

肉眼观察，必要时可用放大镜或低倍镜，记录稀释倍数和相应的霉菌和酵母菌落数。以菌落形成单位（CFU）表示。

选取菌落数在 10～150CFU 的平板，根据菌落形态分别计数霉菌和酵母。霉菌蔓延生长覆盖整个平板的可记录为菌落蔓延。

（六）结果与报告

1. 结果

（1）计算同一稀释度的两个平板菌落数的平均值，再将平均值乘以相应稀释倍数。

（2）若有两个稀释度平板上菌落数均在 10～150CFU，则按照菌落总数的相应规定进行计算。

（3）若所有平板上菌落数均大于 150CFU，则对稀释度最高的平板进行计数，其他平板可记录为多不可计，结果按平均菌落数乘以最高稀释倍数计算。

（4）若所有平板上菌落数均小于 10CFU，则应按稀释度最低的平均菌落数乘以稀释倍数计算。

（5）若所有稀释度（包括样品原液）平板均无菌落生长，则以小于 1 乘以最低稀释倍数计算。

（6）若所有稀释度的平板菌落数均不在 10～150CFU，其中一部分小于 10CFU 或大于 150CFU 时，则以最接近 10CFU 或 150CFU 的平均菌落数乘以稀释倍数计算。

2. 报告

（1）菌落数按“四舍五入”原则修约。菌落数在 10CFU 以内时，采用一位有效数字报告；菌落数在 10～100CFU 时，采用两位有效数字报告。

（2）菌落数大于或等于 100CFU 时，前第 3 位数字采用“四舍五入”原则修约后，取前 2 位数字，后面用 0 代替位数来表示结果；也可用 10 的指数形式来表示，此时也按“四舍五入”原则修约，采用两位有效数字。

（3）若空白对照平板上有菌落出现，则此次检测结果无效。

（4）称重取样以 CFU/g 为单位报告，体积取样以 CFU/mL 为单位报告，报告或分别报告霉菌和/或酵母数。

第二法　霉菌直接镜检计数法

（七）操作步骤

1. 检样的制备

取适量检样，加蒸馏水稀释至折射率为 1.3447～1.3460（即浓度为 7.9%～8.8%），备用。

2. 显微镜标准视野的校正

将显微镜按放大率 90～125 倍调节标准视野，使其直径为 1.382mm。

3. 涂片

洗净郝氏计测玻片，将制好的标准液，用玻璃棒均匀摊布于计测室，加盖玻片，以备观察。

4. 观测

将制好的载玻片置于显微镜标准视野下进行观测。一般每一检样每人观察 50 个视野。同一检样应由两人进行观察。

5. 结果与计算

在标准视野下，发现有霉菌菌丝其长度超过标准视野（1.382mm）的 1/6 或三根菌丝总长度超过标准视野的 1/6（即测微器的一格）时即记录为阳性（+），否则记录为阴性（-）。

6. 报告

报告每 100 个视野中全部阳性视野数为霉菌的视野百分数（视野%）。

（八）实训报告内容

1. 将平板计数法中各稀释度的霉菌和酵母菌落数填入表 9-6，得出该样品的霉菌与酵母菌总数是________ CFU/g（mL）。

表 9-6　　各稀释度的霉菌与酵母菌落数

培养皿号	稀释度		
培养皿 1 菌落数			
培养皿 2 菌落数			
平均菌落数			

2. 根据霉菌直接镜检结果，得出该样品的霉菌视野百分数（视野%）是____________。

（九）注意事项

1. 平板计数法中培养基加入的抗生素，可以抑制细菌的生长，但对某些霉菌的分离鉴定有一定的影响；孟加拉红可以抑制霉菌的蔓延生长，对细菌和放线菌也有一定的抑制作用。

2. 大多数霉菌和酵母在 25～30℃ 的条件下生长良好，国家标准推荐的培养温度为 28℃±1℃，此时霉菌和酵母的生长速度最快。

3. 霉菌直接镜检计数法中，常用方法为郝氏霉菌计测法。该方法适用于番茄酱罐头、番茄汁中霉菌的计数。

知识拓展

一、沙门菌检验

（一）设备、材料、培养基及试剂

1. 设备和材料

恒温培养箱（36℃±1℃，42℃±1℃）、冰箱（2~5℃）、恒温水浴箱（46℃±1℃）、天平（感量为0.1g）、均质器、振荡器、无菌吸管（1mL和10mL）或微量移液器及吸头、无菌锥形瓶（容量250mL，500mL）、无菌培养皿（直径60mm，90mm）、试管（3mm×50mm，10mm×75mm）、pH计或pH比色管或精密pH试纸、全自动微生物生化鉴定系统、无菌毛细管。

2. 培养基和试剂

缓冲蛋白胨水（BPW），四硫黄酸钠煌绿（TTB）增菌液，亚硒酸盐胱氨酸（SC）增菌液，亚硫酸铋（BS）琼脂，HE琼脂，木糖赖氨酸脱氧胆盐（XLD），沙门菌属显色培养基，三糖铁（TSI）琼脂，蛋白胨水，靛基质试剂，尿素琼脂（pH7.2），氰化钾（KCN）培养基，赖氨酸脱羧酶试验培养基，糖发酵管，邻硝基酚-β-D-半乳糖苷（ONPG）培养基，半固体琼脂，丙二酸钠培养基，沙门菌O、H和Vi诊断血清，生化鉴定试剂盒。

（二）检验程序

沙门菌检验程序见图9-5。

（三）操作步骤

1. 预增菌

无菌操作称取25g（mL）样品，置于盛有225mL BPW的无菌均质杯或合适容器内，以8000~10000r/min均质1~2min，或置于盛有225mL BPW的无菌均质袋中，用拍击式均质器拍打1~2min。液态样品不需均质，振荡混匀。如需调整pH，用1mol/mL无菌NaOH或HCl调pH至6.8±0.2。无菌操作将样品转至500mL锥形瓶或其他合适容器（如均质杯本身具有无孔盖，可不转移样品），如使用均质袋，可直接进行培养，于36℃±1℃培养8~18h。如为冷冻产品，应在45℃以下不超过15min，或2~5℃不超过18h解冻8~18h。

2. 增菌

轻轻摇动培养过的样品混合物，移取1mL，转种于10mL TTB内，42℃±1℃培

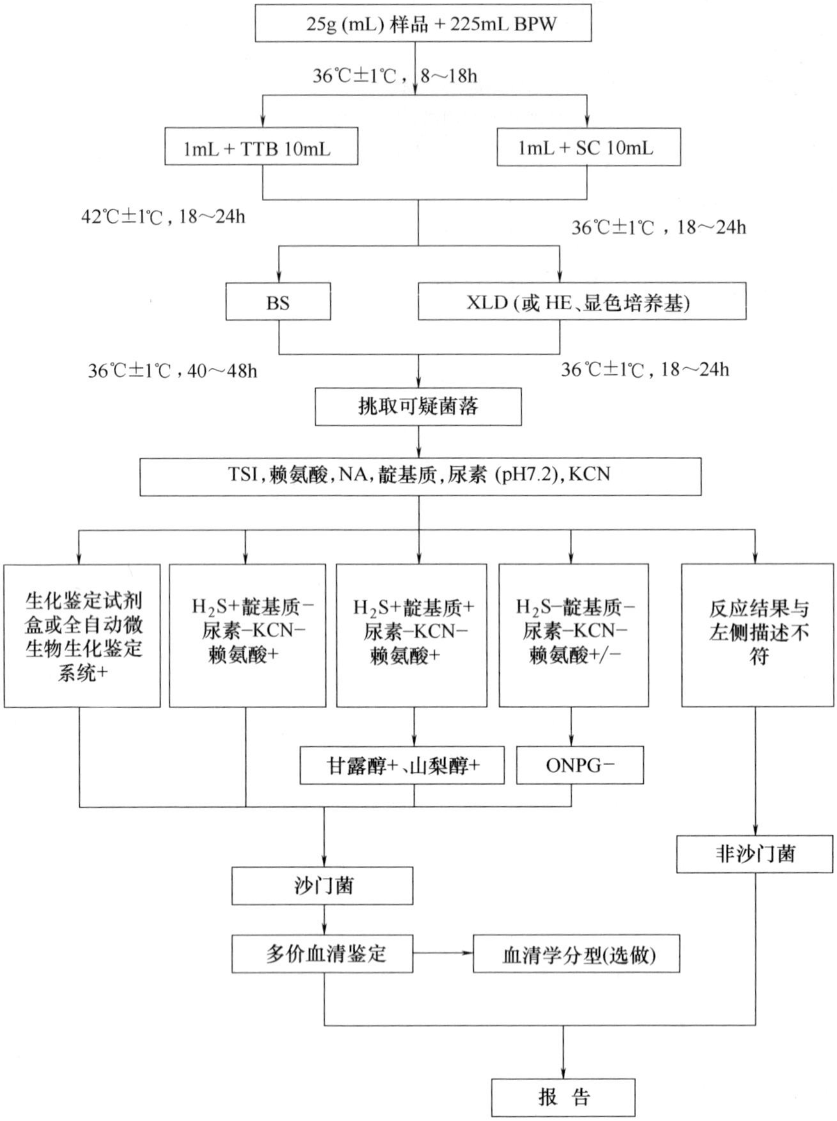

图 9-5 沙门菌检验程序

养 18~24h。同时，另取 1mL，转种于 10mL SC 内，36℃±1℃培养 18~24h。

3. 分离

分别用直径 3mm 的接种环取增菌液 1 环，划线接种于一个 BS 琼脂平板和一个 XLD 琼脂平板（或 HE 琼脂平板或沙门菌属显色培养基平板），于 36℃±1℃分别培养 40~48h（BS 琼脂平板）或 18~24h（XLD 琼脂平板、HE 琼脂平板、沙门菌属显色培养基平板），观察各个平板上生长的菌落。各平板上的菌落特征见表 9-7。

表 9-7　　沙门菌属在不同选择性琼脂平板上的菌落特征

选择性琼脂平板	沙门菌
BS 琼脂	菌落为黑色有金属光泽、棕褐色或灰色，菌落周围培养基可呈黑色或棕色；有些菌株形成灰绿色的菌落，周围培养基不变
HE 琼脂	蓝绿色或蓝色，多数菌落中心黑色或几乎全黑色；有些菌株为黄色，中心黑色或几乎全黑色
XLD 琼脂	菌落呈粉红色，带或不带黑色中心，有些菌株可呈现大的带光泽的黑色中心，或呈现全部黑色的菌落；有些菌株为黄色菌落，带或不带黑色中心
沙门菌属显色培养基	按照显色培养基的说明进行判定

4. 生化试验

（1）自选择性琼脂平板上分别挑取 2 个以上典型或可疑菌落，接种三糖铁琼脂，先在斜面划线，再于底层穿刺；接种针不要灭菌，直接接种赖氨酸脱羧酶试验培养基和营养琼脂平板，于 36℃±1℃ 培养 18~24h，必要时可延长至 48h。在三糖铁琼脂和赖氨酸脱羧酶试验培养基内，沙门菌属的反应结果见表 9-8。

表 9-8 沙门菌属在三糖铁琼脂和赖氨酸脱羧酶试验培养基内的反应结果

三糖铁琼脂				赖氨酸脱羧酶试验培养基	初步判断
斜面	底层	产气	硫化氢		
K	A	+(-)	+(-)	+	可疑沙门菌属
K	A	+(-)	+(-)	-	可疑沙门菌属
A	A	+(-)	+(-)	+	可疑沙门菌属
A	A	+/-	+/-	-	非沙门菌属
K	K	+/-	+/-	+/-	非沙门菌属

注：K：产碱；A：产酸；+：阳性；-：阴性；+（-）：多数阳性，少数阴性；+/-：阳性或阴性。

（2）接种三糖铁琼脂和赖氨酸脱羧酶试验培养基的同时，可直接接种蛋白胨水（供做靛基质试验）、尿素琼脂（pH7.2）、氰化钾（KCN）培养基，也可在初步判断结果后从营养琼脂平板上挑取可疑菌落接种。36℃±1℃ 培养 18~24h，必要时可延长至 48h，按表 9-9 判定结果。将已挑菌落的平板储存于 2~5℃ 或室温至少保留 24h，以备必要时复查。

表 9-9　　沙门菌属生化反应初步鉴别表

反应序号	硫化氢(H_2S)	靛基质	pH7.2 尿素	氰化钾(KCN)	赖氨酸脱羧酶
A1	+	-	-	-	+
A2	+	+	-	-	+
A3	-	-	-	-	+/-

注：+：阳性；-：阴性；+/-：阳性或阴性。

① 反应序号 A1：典型反应判定为沙门菌属。如尿素、KCN 和赖氨酸脱羧酶 3 项中有 1 项异常，按表 9-10 可判定为沙门菌。如有 2 项异常为非沙门菌。

表 9-10　　沙门菌属生化反应初步鉴别表

pH7.2 尿素	氰化钾(KCN)	赖氨酸脱羧酶	判定结果
-	-	-	甲型副伤寒沙门菌(要求血清学鉴定结果)
-	+	+	沙门菌Ⅳ或Ⅴ(要求符合本群生化特性)
+	-	+	沙门菌个别变体(要求血清学鉴定结果)

注：+：阳性；-：阴性。

② 反应序号 A2：补做甘露醇和山梨醇试验，沙门菌靛基质阳性变体两项试验结果均为阳性，但需要结合血清学鉴定结果进行判定。

③ 反应序号 A3：补做 ONPG。ONPG 阴性为沙门菌，同时赖氨酸脱羧酶阳性，甲型副伤寒沙门菌为赖氨酸脱羧酶阴性。

④ 必要时按表 9-11 进行沙门菌生化群的鉴别。

表 9-11　　沙门菌属各生化群的鉴别

项目	Ⅰ	Ⅱ	Ⅲ	Ⅳ	Ⅴ	Ⅵ
卫矛醇	+	+	-	-	+	-
山梨醇	+	+	+	+	+	-
水杨苷	-	-	-	+	-	-
ONPG	-	-	+	-	+	-
丙二酸盐	-	+	+	-	-	-
KCN	-	-	-	+	+	-

注：+表示阳性；-表示阴性。

（3）如选择生化鉴定试剂盒或全自动微生物生化鉴定系统，可根据（1）的初步判断结果，从营养琼脂平板上挑取可疑菌落，用生理盐水制备成浊度适当的菌悬液，使用生化鉴定试剂盒或全自动微生物生化鉴定系统进行鉴定。

5. 血清学鉴定

（1）检查培养物有无自凝性　一般采用 1.2%~1.5%琼脂培养物作为玻片凝集试验用的抗原。首先排除自凝集反应，在洁净的玻片上滴加一滴生理盐水，将待试验培养物混合于生理盐水滴内，使其成为均一性的浑浊悬液，将玻片轻轻摇动 30~60s，在黑色背景下观察反应（必要时用放大镜观察），若出现可见的菌体凝集，即认为有自凝性，反之无自凝性。对无自凝的培养物参照下面方法进行血清学鉴定。

（2）多价菌体抗原（O）鉴定　在玻片上划出 2 个约 1cm×2cm 的区域，挑取 1 环待测菌，各放 1/2 环于每一区域上部，在其中一个区域下部加 1 滴多价菌体（O）抗血清，在另一区域下部加入 1 滴生理盐水，作为对照。再用无菌的接种环或针分别将两个区域内的菌苔研成乳状液。将玻片倾斜摇动混合 1min，并对着黑暗背景进行观察，任何程度的凝集现象皆为阳性反应。O 血清不凝集时，将菌株接种在琼脂量较高的（如 2%~3%）培养基上再检查；如果是由于 Vi 抗原的存在而阻止了 O 凝集反应时，可挑取菌苔于 1mL 生理盐水中做成浓菌液，于酒精灯火焰上煮沸后再检查。

（3）多价鞭毛抗原（H）鉴定　操作同（2）。H 抗原发育不良时，将菌株接种在 0.55%~0.65%半固体琼脂平板的中央，待菌落蔓延生长时，在其边缘部分取菌检查；或将菌株通过接种装有 0.3%~0.4%半固体琼脂的小玻管 1~2 次，自远端取菌培养后再检查。

（四）结果与报告

综合以上生化试验和血清学鉴定的结果，报告 25g（mL）样品中检出或未检出沙门菌。

二、金黄色葡萄球菌检验

第一法适用于食品中金黄色葡萄球菌的定性检验；第二法适用于金黄色葡萄球菌含量较高的食品中金黄色葡萄球菌的计数；第三法适用于金黄色葡萄球菌含量较低的食品中金黄色葡萄球菌的计数。

（一）设备和材料

恒温培养箱（36℃±1℃）、冰箱（2~5℃）、恒温水浴箱（36~56℃）、天平（感量为 0.1g）、均质器、振荡器、无菌吸管（1mL 和 10mL）或微量移液器及吸头、无菌锥形瓶（容量 100mL，500mL）、无菌培养皿（直径 90mm）、涂布棒、pH 计或 pH 比色管或精密 pH 试纸。

（二）培养基和试剂

7.5%氯化钠肉汤，血琼脂平板，Baird-Parker 琼脂平板，脑心浸出液肉汤（BHI），兔血浆，磷酸盐缓冲液，营养琼脂小斜面，革兰染色液，无菌生理盐水。

第一法　金黄色葡萄球菌定性检验

（三）检验程序

金黄色葡萄球菌定性检验程序见图 9-6。

（四）操作步骤

1. 样品的处理

称取 25g 样品至盛有 225mL 7.5%氯化钠肉汤的无菌均质杯内，8000~10000r/min

均质 1~2min，或放入盛有 225mL 7.5%氯化钠肉汤无菌均质袋中，用拍击式均质器拍打 1~2min。若样品为液态，则吸取 25mL 至盛有 225mL 7.5%氯化钠肉汤的无菌锥形瓶（瓶内可预置适当数量的无菌玻璃珠）中，振荡混匀。

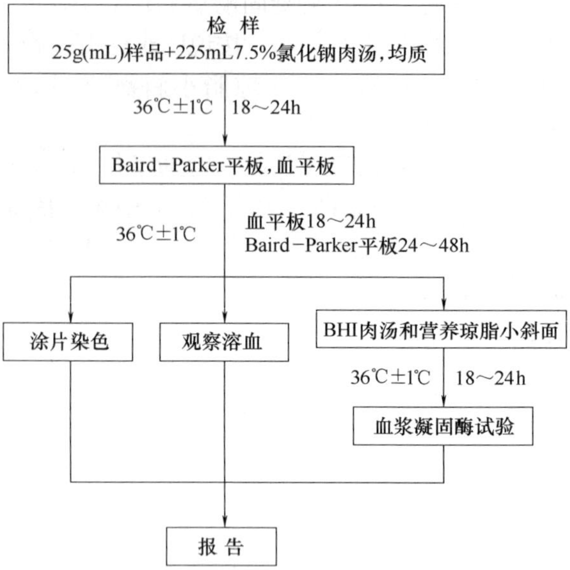

图 9-6 金黄色葡萄球菌检验程序

2. 增菌

将上述样品匀液于 36℃±1℃培养 18~24h。金黄色葡萄球菌在 7.5%氯化钠肉汤中呈浑浊生长。

3. 分离

将增菌后的培养物，分别划线接种到 Baird-Parker 平板和血平板，血平板 36℃±1℃培养 18~24h；Baird-Parker 平板 36℃±1℃培养 24~48h。

4. 初步鉴定

金黄色葡萄球菌在 Baird-Parker 平板上呈圆形，表面光滑、凸起、湿润、菌落直径为 2~3mm，颜色呈灰黑色至黑色，有光泽，常有浅色（非白色）的边缘，周围绕以不透明圈（沉淀），其外常有一清晰带。当用接种针触及菌落时具有黄油样黏稠感。有时可见到不分解脂肪的菌株，除没有不透明圈和清晰带外，其他外观基本相同。从长期贮存的冷冻或脱水食品中分离的菌落，其黑色常较典型菌落浅些，且外观可能较粗糙，质地较干燥。在血平板上，形成菌落较大，圆形、光滑凸起、湿润、金黄色（有时为白色），菌落周围可见完全透明溶血圈。挑取上述可疑菌落进行革兰染色镜检及血浆凝固酶试验。

5. 确证鉴定

（1）染色镜检　金黄色葡萄球菌为革兰阳性球菌，排列呈葡萄球状，无芽孢，无荚膜，直径为 0.5~1μm。

（2）血浆凝固酶试验　挑取 Baird-Parker 平板或血平板上至少 5 个可疑菌落（小于 5 个全选），分别接种到 5mL BHI 和营养琼脂小斜面，36℃±1℃培养 18~24h。

取新鲜配制兔血浆 0.5mL，放入小试管中，再加入 BHI 培养物 0.2~0.3mL，振荡摇匀，置 36℃±1℃温箱或水浴箱内，每半小时观察一次，观察 6h，如呈现凝固（即将试管倾斜或倒置时，呈现凝块）或凝固体积大于原体积的一半，被判定为阳性结果。同时以血浆凝固酶试验阳性和阴性葡萄球菌菌株的肉汤培养物作为对照。也可用商品化的试剂，按说明书操作，进行血浆凝固酶试验。

结果如可疑，挑取营养琼脂小斜面的菌落接种到 5mL BHI，36℃±1℃ 培养 18~48h，重复试验。

6. 葡萄球菌肠毒素的检验（选做）

可疑食物中毒样品或产生葡萄球菌肠毒素的金黄色葡萄球菌菌株的鉴定，应检测葡萄球菌肠毒素。

（五）结果与报告

1. 结果判定

符合上述 4 和 5，可判定为金黄色葡萄球菌。

2. 结果报告

在 25g（mL）样品中检出或未检出金黄色葡萄球菌。

第二法　金黄色葡萄球菌平板计数法

（六）检验程序

金黄色葡萄球菌平板计数法检验程序见图 9-7。

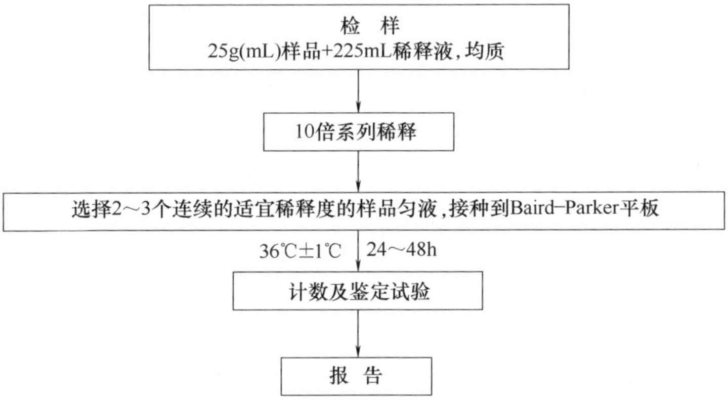

图 9-7　金黄色葡萄球菌平板计数法检验程序

（七）操作步骤

1. 样品的稀释

按实训十二中“菌落总数测定”中（五）之 1.（1）~（4）进行。

2. 样品的接种

根据对样品污染状况的估计，选择 2~3 个适宜稀释度的样品匀液（液体样品可包括原液)，在进行 10 倍递增稀释时，吸取 1mL 样品匀液以 0.3mL、0.3mL、0.4mL 接种量分别加入三块 Baird-Parker 平板，然后用无菌涂布棒涂布整个平板，注意不要触及平板边缘。使用前，如 Baird-Parker 平板表面有水珠，可放在 25~50℃的培养箱里干燥，直到平板表面的水珠消失。

3. 培养

在通常情况下，涂布后，将平板静置 10min，如样液不易吸收，可将平板放在培养箱 36℃±1℃培养 1h；等样品匀液吸收后翻转平板，倒置后于 36℃±1℃培养 24~48h。

4. 典型菌落计数和确认

（1）金黄色葡萄球菌在 Baird-Parker 平板上的培养特点，参见“第一法　金黄色葡萄球菌定性检验”中（四）之 4。

（2）选择有典型的金黄色葡萄球菌菌落的平板，且同一稀释度 3 个平板所有菌落数合计在 20~200CFU 的平板，计数典型菌落数。

（3）从典型菌落中至少选 5 个可疑菌落（小于 5 个全选）进行鉴定试验。分别做染色镜检、血浆凝固酶试验；同时划线接种到血平板 36℃±1℃培养 18~24h 后观察菌落形态，金黄色葡萄球菌菌落较大，圆形、光滑凸起、湿润、金黄色(有时为白色)，菌落周围可见完全透明溶血圈。

（八）结果计算

（1）若只有一个稀释度平板的典型菌落数在 20~200CFU，计数该稀释度平板上的典型菌落，按式（9-2）计算。

（2）若最低稀释度平板的典型菌落数小于 20CFU，计数该稀释度平板上的典型菌落，按式（9-2）计算。

（3）若某一稀释度平板的典型菌落数大于 200CFU，但下一稀释度平板上没有典型菌落，计数该稀释度平板上的典型菌落，按式（9-2）计算。

（4）若某一稀释度平板的典型菌落数大于 200CFU，而下一稀释度平板上虽有典型菌落但不在 20~200CFU 范围内，应计数该稀释度平板上的典型菌落，按式（9-2）计算。

（5）若 2 个连续稀释度的平板典型菌落数均在 20~200CFU，按式（9-3）计算。

（6）计算公式

$$T=\frac{AB}{Cd} \tag{9-2}$$

式中　T——样品中金黄色葡萄球菌菌落数

A——某一稀释度典型菌落的总数

B——某一稀释度鉴定为阳性的菌落数

C——某一稀释度用于鉴定试验的菌落数

d——稀释因子

$$T=\frac{A_1B_1/C_1+A_2B_2/C_2}{1.1d} \tag{9-3}$$

式中　T——样品中金黄色葡萄球菌菌落数

A_1——第一稀释度（低稀释倍数）典型菌落的总数

B_1——第一稀释度（低稀释倍数）鉴定为阳性的菌落数

C_1——第一稀释度（低稀释倍数）用于鉴定试验的菌落数

A_2——第二稀释度（高稀释倍数）典型菌落的总数

B_2——第二稀释度（高稀释倍数）鉴定为阳性的菌落数

C_2——第二稀释度（高稀释倍数）用于鉴定试验的菌落数

1.1——计算系数

d——稀释因子（第一稀释度）

（九）报告

根据计算结果，报告 1g（mL）样品中金黄色葡萄球菌数，以 CFU/g（mL）表示；如 T 值为 0，则以小于 1 乘以最低稀释倍数报告。

第三法　金黄色葡萄球菌 MPN 计数

（十）检验程序

金黄色葡萄球菌 MPN 计数检验程序见图 9-8。

（十一）操作步骤

1. 样品的稀释

按实训十二中“菌落总数测定”中（五）之1.（1）~（4）进行。

2. 接种和培养

（1）根据对样品污染状况的估计，选择 3 个适宜稀释度的样品匀液（液体样品可包括原液），在进行 10 倍递增稀释的同时，每个稀释度分别接种 1mL 样品匀液至 7.5% 氯化钠肉汤管（如接种量超过 1mL，则用双料 7.5% 氯化钠肉汤），每个稀释度接种 3 管，将上述接种物 36℃±1℃ 培养 18~24h。

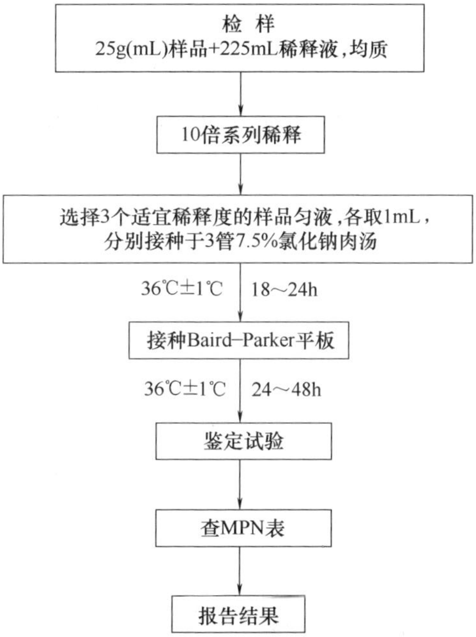

图 9-8　金黄色葡萄球菌 MPN 法检验程序

(2) 用接种环从培养后的7.5%氯化钠肉汤管中分别取培养物1环，移种于Baird-Parker平板36℃±1℃培养24~48h。

(3) 典型菌落确认 按“第二法 金黄色葡萄球菌平板计数法”中（七）之4中（1）和（3）进行。

（十二）结果与报告

根据证实为金黄色葡萄球菌阳性的试管管数，查MPN检索表（表9-5），报告1g（mL）样品中金黄色葡萄球菌的最可能数，以MPN/g（mL）表示。

【同步练习】

一、填空题

1. 食品安全国家标准中的微生物检验指标主要包括菌落总数、大肠菌群和致病菌等项目。其中__________和__________是最重要、最常检的检验项目。

2. 菌落总数是指检样经过处理，在一定条件（培养基、培养温度和培养时间等）下培养后，所得________g或________mL检样中所含细菌菌落的总数。

3. 测定菌落总数，进行样品稀释，需称取________g或吸取________mL样品，置于盛有225mL稀释液的无菌均质杯内，均质、充分混匀，制成1∶10的样品匀液。

4. 接种平皿后，应及时将15~20mL冷至________℃的平板计数琼脂培养基倾注平皿，并转动平皿使其混合均匀。

5. 活菌计数时采用的平皿规格为__________。

6. 测定某饮品菌落总数，测得原样和10^{-1}两个稀释度平板上的平均菌落数分别为35.5和5，则被检样品中菌落总数为________________CFU/mL。

7. 大肠菌群是在一定条件下培养能发酵________糖，产酸产气的需氧和兼性厌氧、革兰阴性无芽孢杆菌。

8. 大肠菌群在结晶紫中性红胆盐琼脂（VRBA）培养基中形成______色或______色、带有或不带有沉淀环的菌落。

9. 结晶紫中性红胆盐琼脂（VRBA）培养基使用前临时制备，不得超过______h。

10. 活菌计数中，需吸取空白稀释液加入________个无菌平皿内作空白对照。

11. 测定菌落总数和大肠菌群时，从制备样品匀液至样品接种完毕，全过程不得超过________min。

12. GB4789.2—2016大肠菌群MPN计数法中，初发酵培养基为______________，复发酵培养基是______________。

二、单项选择题

13. 大肠菌群MPN计数法初发酵的培养条件是（　　）

A. 36℃±1℃，24h±2h　　B. 36℃±1℃，48h±2h

C. 36℃±1℃，24~48h　　D. 30℃±1℃，72h±3h

14. 测定生乳中的菌落总数，培养条件是（　　）

A. 需氧，36℃±1℃，48h±2h　　B. 厌氧，36℃±1℃，48h±2h

C. 需氧，30℃±1℃，72h±3h　　D. 厌氧，30℃±1℃，72h±3h

15. 采用 MPN 计数法测定某饮品大肠菌群，选择的稀释度为原样、10^{-1} 和 10^{-2}，测得 3 个稀释度 BGLB 阳性管数分别为 2、1、0，则 1mL 被检样品中大肠菌群为的 MPN 为（　　）

A. 15　　B. 1. 5　　C. 150　　D. 42

16. 检验水产品菌落总数的培养温度和时间分别为（　　）

A. 36℃±1℃，72h±3h　　B. 36℃±1℃，48h±2h

C. 30℃±1℃，72h±3h　　D. 30℃±1℃，48h±2h

17. 菌落总数报告时，若 1∶10、1∶100、1∶1000 稀释度平板上的平均菌落数分别是多不可计、310、26. 5，则 1g/mL 被检样品中的菌落总数是（　　）

A. 31000CFU　　B. 27000CFU　　C. 29000CFU　　D. 26500CFU

18. 大肠菌群初发酵试验 24h±2h 产气者进行复发酵试验，如未产气则继续培养至（　　）

A. 48h　　B. 36h±2h　　C. 48h±2h　　D. 24h±2h

19. 1∶1000 样品稀释液 1mL，VRBA 平板上有 78 个典型和可疑菌落，复发酵试验有 8 个阳性管，则该样品中大肠菌群为（　　）CFU/g（mL）

A. 62400　　B. 62000　　C. 60000　　D. 624000

20. 检验某批月饼的菌落总数，若 1∶10、1∶100、1∶1000 稀释度平板上的平均菌落数分别是 27. 5、9、1，则被检样品中的菌落总数是（　　）

A. 275CFU/g　　B. 270CFU/g　　C. 280CFU/g　　D. 300CFU/g

三、判断题

21. 菌落总数计数时，应选择平均菌落数在 20~200 的稀释度，用菌落数乘以稀释倍数报告。（　　）

22. 微生物检验中，若空白对照平板上有菌落生长，则此次检验结果无效。（　　）

23. 平板活菌计数法检出的菌落数比实际存在的少。（　　）

24. 进行菌落总数计数时，若所有平板都无菌落生长，则检验报告结果为零。（　　）

25. 样品稀释中，每递增稀释一次，必须另换一支 1mL 灭菌吸管。（　　）

26. 大肠菌群 MPN 计数法必须做空白对照实验。（　　）

27. 大肠菌群计数时，检样的稀释液可用灭菌生理盐水或磷酸盐缓冲液。（　　）

28. 平板计数法适用于大肠菌群含量较低的食品中大肠菌群的计数。（　　）

29. 大肠菌群平板计数法中，配制 VRBA 培养基时，所用器皿不需要灭菌。(　　)

30. 大肠菌群平板计数法中，如 10 倍稀释度两个平板菌落数为 160 和 142，100 倍稀释度两个平板菌落数为 12 和 13，则只需从菌落数为 142CFU 的平板里挑取 10 个菌落进行复发酵验证即可。(　　)

四、综合题

31. 检验生牛乳的菌落总数，若 10^{-4} 稀释度平板上的菌落数是多不可计、10^{-5} 稀释度平板上的菌落数是 232、244，10^{-6} 稀释度平板上的菌落是 33、35，试计算被检生牛乳样品中的菌落总数。

32. 对某食品采用 MPN 计数法测定大肠菌群，选取的稀释度分别是原液 10mL，原液取 1mL，10^{-1} 稀释度取 1mL。LST 初发酵对应的阳性管分别是 3，2，2；BGLB 复发酵对应的阳性管数分别是 3，2，1。检验结果 MPN 值为多少？

33. 依据 GB10765 和 GB4789.2—2016 绘制婴儿配方奶粉的菌落总数检验程序图。

34. 绘制表格比较大肠菌群 MPN 计数法和平板计数法的异同。

35. 食品微生物检验中，测定菌落总数和大肠菌群各有何意义？

单元九　同步练习

【1+X 证书和技能竞赛考试内容】

	内容	1+X 证书考试内容	技能竞赛内容
知识	(1)菌落总数的检测程序、测定方法、结果计数及结果报告	√	√
	(2)大肠菌群 MPN 计数方法及结果报告	√	√
	(3)大肠菌群平板计数方法和结果报告	√	√
能力	(1)对样品进行规范稀释、接种、培养	√	√
	(2)对菌落正确计数	√	√
	(3)正确填写实验结果并报告	√	√
	(4)选择合适的方法测定大肠菌群	√	√
素质	(1)食品安全责任意识	√	√
	(2)严谨客观的科学研究观念	√	√
	(3)吃苦耐劳，勇于奉献的奋斗精神	√	√

附 录

附录一　微生物实验室规则及实验室意外事故的处理

一、微生物实验规则

为了确保微生物实验安全、顺利进行，进入微生物实验室的学生均应遵守如下规则：

1. 进入实验室应穿工作服，进入无菌室应戴口罩、帽子，换专用鞋。

2. 遵守课堂纪律，不高声谈笑。实验室内禁止饮食和吸烟。不用手抚摸头、面部等以免感染。衣物、书包和其他杂物应放置在远离实验台的位置。

3. 实验前应预习实验内容，了解实验目的、原理和方法。

4. 严格执行实验室各项规章制度。实验室药品和试剂均应保持标签完整。对于实验室的仪器设备，应在掌握其性能和使用方法前提下规范使用。进行高压蒸汽灭菌时，严格遵守操作规程，负责灭菌的人在操作过程中不得离开灭菌室。实验室应保持良好的通风条件，时刻注意实验室中水、火、电、气等方面的使用规范和安全要求。

5. 实验中产生的废液、废物应集中处理，不得任意排放。所有废弃的微生物培养物以及被污染的玻璃器皿及阳性的检验标本，均应先消毒灭菌处理后再清洗处置，有毒易污染的实验废液应倒入专门的废液回收器内。实验器具用完后应及时清洁并归位原处，玻璃器皿等容器应洗净倒置，摆放于固定位置。实验台用浸有3%来苏尔或5%石炭酸溶液的抹布擦净。

6. 离开实验室前要用肥皂洗手，脱去工作衣，检查水、火、电、气及门窗等方面安全。

二、微生物实验室意外事故的处理

1. 发生割伤时，先用药棉揩净伤口，伤口内若有玻璃碎片或污物，应先取出异物，用蒸馏水洗净伤口，然后涂红药水，并用消毒纱布包扎，或贴创可贴。如果伤口较大，应立即到校医院处理。

2. 发生烫伤时，可用高锰酸钾或苦味酸溶液揩洗，再搽上凡士林或烫伤膏。

3. 酸、碱灼伤皮肤时，立即用大量水冲洗，酸灼伤用碳酸氢钠饱和溶液冲洗，再用水冲洗，然后涂敷氧化锌软膏；碱灼伤用1%~2%乙酸溶液或硼酸饱和溶液冲洗，再用水冲洗，然后涂敷硼酸软膏。

4. 发生酸、碱灼伤眼睛时，不要揉搓眼睛，立即用大量水冲洗，酸灼伤用3%的硫酸氢钠溶液（碱灼伤用3%的硼酸溶液）淋洗，然后用蒸馏水冲洗。

5. 油类、有机溶剂（如酒精、苯或醚等）着火时，应立即用湿布、石棉或沙子覆盖燃物；如火势较大，可使用 CO_2 泡沫灭火器或干粉灭火器，但不可用水扑救；活泼金属着火，可用干燥的细砂覆盖灭火。必要时应报火警。

6. 衣服着火时，应迅速脱下衣服，或用石棉布覆盖着火处，或卧地打滚。

7. 发生具传染性的标本、菌种或培养物外溢、溅泼或器皿打破等事故时，应立即用3%来苏尔或5%石炭酸溶液覆盖污染物表面，保持0.5h以上再擦，抹布、拖把用后浸于上述消毒液内1h；如溅泼范围较小，可用浸有3%来苏尔或5%石炭酸溶液的纱布或吸水纸覆盖0.5h。

8. 发生具传染性的标本、菌种或培养物等溅泼到衣物时，应尽快脱掉衣物，防止感染物触及皮肤并防止进一步扩散。

附录二　常用玻璃器皿的清洗、包扎及干热灭菌

一、玻璃器皿的清洗

1. 洗涤液的配制

（1）浓配方

成分：重铬酸钾（工业用）50g；浓 H_2SO_4（工业用）1000mL。

配法：1000mL浓 H_2SO_4 在文火上加热，加入50g重铬酸钾，溶解即成。

（2）稀配方

成分：重铬酸钾（工业用）50g；自来水850mL；浓 H_2SO_4（工业用）100mL。

配法：将重铬酸钾溶解在自来水中，慢慢加入浓硫酸，边加边搅拌，配好后贮存于广口玻璃瓶内，盖紧塞子，备用。应用此液时，器皿必须干燥，同时切忌把大量还原物质带入。洗涤液可应用多次，直至溶液变为绿色时，才算失效。

2. 新购置玻璃器皿的洗涤

新购置的玻璃器皿一般含较多游离碱，应先在2%盐酸或洗涤液内浸泡数小时，再用流水冲净。洗净后的试管倒置于试管筐内，三角瓶倒置于洗涤架上，培养皿的皿底和皿盖分开，依次压着皿边排列倒扣在桌上。晾干或在70~80℃干燥箱

内烘干备用。

3. 常用旧玻璃器皿的洗涤

(1) 试管、培养皿、三角瓶、烧杯的洗涤　未带菌的物品，可用肥皂或洗衣粉或去污粉等洗涤剂刷洗，然后用自来水冲洗干净。

如含有油污，必须先在5% Na_2CO_3 液内煮两次除去油污，再用热肥皂水洗刷。

带菌器皿在洗涤前，先在2%煤酚皂或0.25%新洁尔灭溶液内浸泡24h或煮沸0.5h，再按上法洗涤。带致病菌的培养物应先高压灭菌，倒去培养物，再洗涤。

(2) 玻璃吸管的洗涤　吸过菌液的吸管（滴管的橡皮头应先拔去）应立即投入2%煤酚皂溶液或0.25%新洁尔灭消毒液内，浸泡24h后再冲洗。吸过血液、血清、糖液或染液的吸管应立即投入自来水中，以免干燥后难以洗净。若吸管顶部塞有棉花，则冲洗前先用水将棉花冲出。吸管的内壁如果有油垢，先在洗涤液内浸泡数小时后再冲洗。洗净后，在搪瓷盘中晾干或80℃烘干，备用。

(3) 载玻片与盖玻片的洗涤　先用纸擦去玻片上的香柏油，再在肥皂水中煮沸5~10min，用软布擦拭后，立即用自来水冲洗，然后在稀洗涤液中浸泡0.5~2h，流水洗净，干后浸于95%乙醇中保存备用。

检查过活菌的玻片应先在2%煤酚皂溶液或0.25%新洁尔灭溶液中浸泡24h，然后按上述洗涤，保存。

二、玻璃器皿的包扎

1. 培养皿的包扎

洗净烘干后的培养皿，每5~10套叠在一起，用牛皮纸或报纸包紧，干热或湿热灭菌。也可不用纸包扎，直接放入特制的金属筒内，加盖干热灭菌。

2. 吸管的包扎

在干燥吸管的上端约0.5cm处，塞入一小段1~1.5cm长的棉花（勿用脱脂棉），目的是避免将外界或嘴中杂菌吹入管内，或不慎将菌液吸出管外。棉花松紧要合适，若过紧，吹吸液体太费力；过松，吹气时棉花则会下滑。

挑取3~4cm宽的长纸条，将吸管尖端斜放在纸条的一端，与纸约呈30°角，折叠纸条包住尖端，左手握住吸管身，右手将吸管压紧，在桌面上向前搓转，以螺旋式包扎。上端多余的纸条打一小结（附图2-1）。包好的多支吸管可再用一张大报纸包成一束灭菌。干热灭菌时，吸管可不用报纸包扎，直接放入不锈钢桶内，只需尖端朝筒底。使用时，从吸管中间拧断纸条，抽出吸管。

3. 试管和三角瓶的包扎

试管塞上棉花塞，三角瓶塞上棉花塞或“通气式”纱布塞（用八层纱布代替棉花制成的塞子），目的是提供通气条件和防止杂菌污染，外用牛皮纸或两层旧报

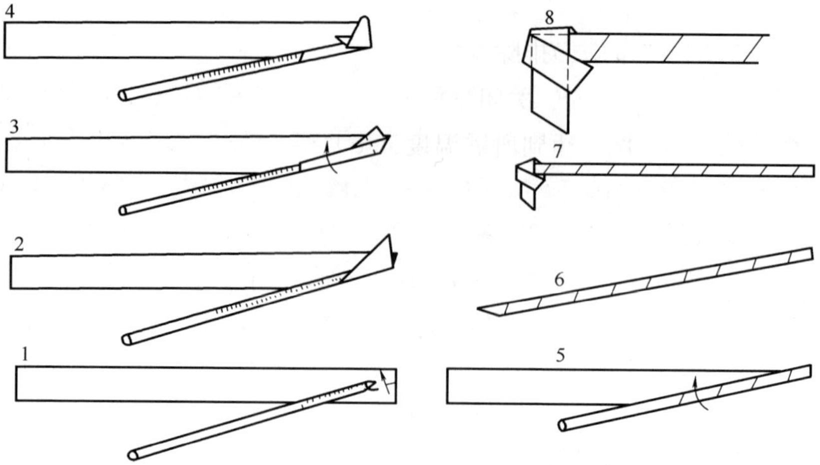

附图 2-1　单支吸管的包扎方法

纸与细线扎好。试管可以多支扎成一捆灭菌。

三、干热灭菌

干热灭菌又称热空气灭菌，利用高温使微生物细胞内的蛋白质凝固变性。一般在恒温的电烘箱中进行（附图 2-2)。适用于各种耐热的玻璃空器皿和某些其他物品的灭菌。但带有胶皮、塑料的物品、液体及固体培养基不能用干热灭菌。

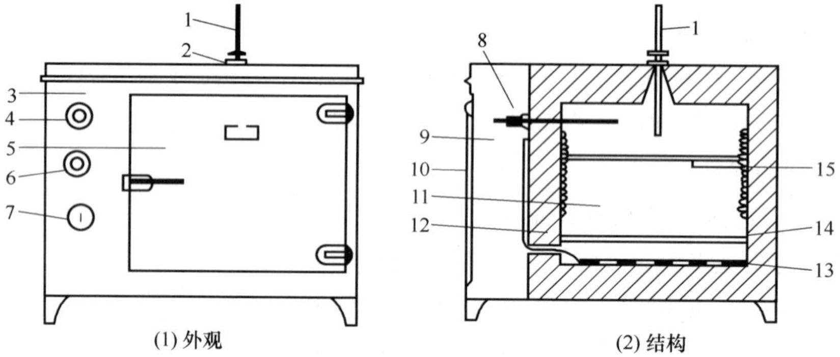

附图 2-2　电烘箱的外观和结构

1—温度计　2—排气阀　3—箱体　4—控温器旋钮　5—箱门　6—指示灯　7—加热开关　8—温度控制阀
9—控制室　10—侧门　11—工作室　12—保温层　13—电热器　14—散热板　15—搁板

灭菌的具体步骤和注意事项如下：

1. 装料

将包扎好的物品放入电烘箱内，关好箱门。注意物品不能摆得太挤，以免影响热空气流通；用纸包扎的物品不能接触电烘箱内壁，以免着火。

2. 升温

接通电源，打开排气孔，排除湿空气；旋动恒温调节器至红灯亮，让温度逐渐上升。当温度升至100℃时，关闭排气孔。在升温过程中，如果红灯熄灭，绿灯亮，表示停止加温，若还未达到所需温度，则需转动调节器使红灯再亮，如此反复调节，直至达到所需温度。

3. 恒温

利用恒温调节器的自动控制，保持160℃的温度1h。灭菌物品用纸包扎或带有棉塞时温度不能超过170℃。

4. 降温

恒温1h后，切断电源，自然降温。

5. 取料

待温度降到60℃后，才可开门取出灭菌物品，否则，骤然降温会导致玻璃器皿破裂。

附录三　常用染色液的配制

1. 吕氏碱性亚甲蓝液

A液：美蓝（又名甲烯蓝）0.3g，95%乙醇10mL；B液：0.01mol/L KOH 100mL。

混合A液和B液即成，用于简单染色，可长期保存。根据需要可配制成稀释美蓝液，按1∶10或1∶100稀释均可。

2. 革兰染色液

（1）草酸铵结晶紫液　A液：结晶紫2.0g溶于20mL 95%乙醇中；B液：0.8g草酸铵溶于80mL蒸馏水中。将两液混匀置24h后过滤即成。如出现沉淀，需重新配制。

（2）卢戈碘液　碘1g，碘化钾2.0g，蒸馏水300mL。先将碘化钾溶于3~5mL蒸馏水中，然后加碘片，并振摇，使之完全溶解，再加蒸馏水至300mL即成。配成后贮于棕色瓶内备用，如变为浅黄色即不能使用。

（3）番红染色液　番红（又称沙黄）2.5g，溶解于100mL 95%乙醇中，溶解后可贮存于密闭的棕色瓶中，用时取20mL与80mL蒸馏水混匀即可。

3. 0.5%沙黄液

2.5%沙黄乙醇液20mL，蒸馏水80mL。将2.5%沙黄乙醇液作为母液保存于不透气的棕色瓶中，使用时再稀释。

4. 0. 05%碱性复红

碱性复红 0. 05g，95%乙醇 100mL。

5. 齐氏石炭酸复红液

碱性复红 0. 3g 溶于 95%乙醇 10mL 中为 A 液；0. 01%KOH 溶液 100mL 为 B 液。混合 A、B 液即成。

6. 乳酸石炭酸棉蓝染液（用于真菌固定和染色）

石炭酸（结晶酚）20g，乳酸 20mL，甘油 40mL，棉蓝 0. 05g，蒸馏水 20mL。将棉蓝溶于蒸馏水中，再加入其他成分，微加热使其溶解，冷却后用。

附录四　常用指示剂与试剂的配制

一、指示剂

1. 溴酚蓝

变色范围 pH3. 0~4. 6（黄→蓝）。常用浓度为 0. 04%。配制时称 0. 1g 指示剂，加 14. 9mL 0. 01mol/L NaOH，加蒸馏水至 250mL，或称 0. 1g 指示剂溶于 100mL 20%乙醇中。

2. 溴甲酚绿

变色范围 pH3. 8~5. 4（黄→蓝）。常用浓度为 0. 04%。配制时称 0. 1g 指示剂，加 14. 3mL 0. 01mol/NaOH，加蒸馏水至 250mL。

3. 甲基红

变色范围 pH4. 2~6. 3（红→黄）。常用浓度为 0. 04%。配制时称 0. 1g 指示剂，加 150mL 95%乙醇溶解，再加蒸馏水至 250mL。

4. 石蕊

变色范围 pH5. 0~8. 0（红→蓝）。常用浓度为 0. 5%~1. 0%。配制时称 0. 5~1. 0g 指示剂溶于 100mL 蒸馏水中。

5. 溴甲酚紫

变色范围 pH5. 2~6. 8（黄→紫）。常用浓度为 0. 04%。配制时称 0. 1g 指示剂，加 18. 5mL 0. 01mol/L NaOH，加蒸馏水至 250mL。

6. 溴麝香草酚蓝或溴百里酚蓝

变色范围 pH6. 0~7. 6（黄→蓝）。常用浓度为 0. 04%。配制时称 0. 1g 指示剂，加 16mL 0. 01mol/L NaOH，加蒸馏水至 250mL。或称 0. 1g 指示剂溶于 100mL 20%乙醇中。

7. 酚红

变色范围 pH6.8～8.48（黄→红）。常用浓度为 0.02%。配制时称 0.1g 指示剂，加 28.2mL 0.01mol/L NaOH，加蒸馏水至 500mL。

8. 中性红

变色范围 pH6.8～8.0（红→黄）。常用浓度为 0.04%。配制时称 0.1g 指示剂，加 70mL 乙醇，加蒸馏水至 250mL。

9. 酚酞

变色范围 pH8.2～10.0（无色→红）。常用浓度为 0.1%。配制时称 0.1g 指示剂，加入 100mL 60%乙醇中。

10. 0.5%酚酞溶液（测定氨基氮用）

称 0.5g 酚酞，溶于 100mL 60%乙醇中。

11. 甲基橙

变色范围 pH3.1～4.4（红→橙黄）。常用浓度为 0.04%。称 0.1g 甲基橙，加 3mL 0.1mol/L NaOH，加蒸馏水至 250mL。

二、常用试剂

1. 甲基红试验试剂（M.R. 试剂）

甲基红 0.1g，95%酒精 300mL，蒸馏水 200mL。

2. 乳酸苯酚固定液

乳酸 10g，结晶苯酚 10g，甘油 20g，蒸馏水 10mL。

3. 乙酰甲基甲醇试剂（V.P. 试剂）

Ⅰ液：5% α-萘酚酒精溶液　称取 5g α-萘酚，用无水酒精溶液定容至 100mL。

Ⅱ液：40% KOH 溶液　称取 4g KOH，蒸馏水溶解定于 100mL。

4. 靛基质（吲哚）试剂：以下两种试剂选其一即可

（1）柯凡克试剂　将 5g 对二甲氨基苯甲醛溶解于 75mL 戊醇中。然后缓慢加入浓盐酸 25mL。

（2）欧-波试剂　将 1g 对二甲氨基苯甲醛溶解于 95mL 95%酒精内。然后缓慢加入浓盐酸 20mL。

5. 2%伊红溶液

称取 2g 伊红 Y，加蒸馏水至 100mL，0.1MPa 灭菌 20min，然后将 2mL 2%伊红溶液在无菌条件下加入 100mL 无菌肉膏蛋白胨培养基中，摇匀放凉即可；或将配制好的 2%伊红溶液直接加入肉膏蛋白胨培养基中，再灭菌亦可。

6. 0.5%美蓝溶液

称取 0.5g 美蓝，加蒸馏水至 100mL，0.1MPa 灭菌 20min，然后将 1mL 美蓝溶液在无菌条件下加入无菌肉膏蛋白胨培养基中，摇匀放冷即可；或将配制好的0.5%美蓝溶液直接加入肉膏蛋白胨培养基中，再灭菌亦可。

7. 中性红指示剂

中性红 0.04g，95%乙醇 28mL；蒸馏水 72mL。中性红 pH6.8~8（红→黄），常用浓度为 0.04%。

8. 0.1%孟加拉红溶液

称 100mg 孟加拉红，加蒸馏水至 100mL，然后取 0.33mL 0.1%孟加拉红溶液直接加入 100mL 马丁培养基中，摇匀灭菌。

9. 用 95%乙醇配制 75%乙醇

75mL 95%乙醇加入 20mL 蒸馏水。

10. 0.05%溴麝香草酚蓝溶液

称 0.05g 溴麝香草酚蓝，溶于 100mL 20%乙醇中。

11. 0.2%柠檬酸钠溶液（清除细菌表面沾染噬菌体用）

称取柠檬酸钠（$Na_3C_6H_3O_7 \cdot 11H_2O$）0.2g 溶于蒸馏水中，定容至 100mL，0.1MPa 灭菌 20min，4℃贮存。

12. 0.85%生理盐水

称取 NaCl 0.85g，溶解于 100mL 蒸馏水，0.1MPa 灭菌 20min。

13. 1mol/L HCl

按附表 4-1，用酸滴定管量取浓盐酸配成所需浓度的盐酸，如配制 1mol/L HCl，量取含量为 38%的浓盐酸，然后以蒸馏水稀释定容至 1000mL，小心摇匀即可。

附表 4-1　　盐酸配制法

项目	相对密度 1.19	相对密度 1.16
体积分数	38	32
加浓 HCl/mL	82.5	98.3
加蒸馏水/mL	917.5	901.7

14. 1mol/L NaOH 溶液

称取 40g NaOH，溶于蒸馏水稀释定容至 1000mL。用邻苯二钾酸氢钾进行标定。

15. 40%NaOH 溶液

称取 40g 干燥的 NaOH，逐渐加入蒸馏水使之溶解，最后定容至 100mL。

16. 无菌液体石蜡

取医用液体石蜡油装入锥形瓶中，装量不超过锥形瓶总体积的 1/4，塞上棉塞，外包扎牛皮纸，0.1MPa 灭菌 3min，连续灭菌 2 次，再置 105~110℃干燥箱中烘烤 2h 或在 40℃温箱中放置 2 周，除去石蜡油中的水分，经无菌检查后备用。

17. 无菌甘油

取丙三醇（也称甘油，AR）装入锥形瓶中，装量不宜超过锥形瓶体积的1/4，塞上棉塞，外包扎牛皮纸，0.1MPa灭菌30min，取出后置40℃恒温箱中2周，蒸发除去甘油中的水分，经无菌检查后备用。

附录五 常用培养基及其制备

一、营养琼脂

1. 成分

牛肉膏3g；蛋白胨10g；氯化钠5g；琼脂20g；蒸馏水1000mL；pH7.2~7.4。

2. 制法

于1000mL水中加入上述成分，加热溶解，补足由于蒸发而失去的水分，用NaOH溶液调节pH，121℃灭菌20min。

3. 用途

一般细菌培养用，并可作无糖基础培养基，可倾注平板或制成斜面。如做成平板或斜面，琼脂量为2%；如做成半固体培养基，琼脂量为0.5%，直立凝固，可供动力观察、菌种保存、H抗原位相变异试验等用；不加琼脂即成营养肉汤。

二、高氏一号培养基

1. 成分

可溶性淀粉20g；硝酸钾1g；硫酸镁0.5g；氯化钠0.5g；磷酸氢二钾0.5g；硫酸亚铁0.01g；琼脂15~20g；蒸馏水1000mL；pH7.2~7.4。

2. 制法

将淀粉置于少量冷水中调成糊状，再加入少量水搅拌，加热至溶解；然后依次加入其余成分，待各成分完全溶解后，补充水分，调节pH，于121℃灭菌20min。

3. 用途

培养放线菌用。

三、豆芽汁培养基

1. 成分

大豆芽100g；蔗糖50g；琼脂15~20g；蒸馏水1000mL；pH自然。

2. 制法

将豆芽洗净，放入1000mL水中煮沸0.5h，用双层纱布过滤，即得豆芽汁。该汁补足水量，加糖、琼脂搅拌溶解，补足失水，于121℃灭菌20min。

3. 用途

分离、培养酵母菌用。

四、麦芽汁培养基

1. 成分

麦芽汁（10°Bx）1000mL；琼脂 15~20g。

2. 制法

取大麦或小麦若干，洗净，浸水 6~12h，置 15℃阴暗处发芽，上盖纱布一块，每日早、中、晚淋水一次，麦根伸长至麦粒的两倍时，即停止发芽，摊开晒干或烘干，贮存备用。取大麦芽或小麦芽 250g，粉碎，加水 1000mL，加热至 48~50℃，小心搅拌，再将温度增加至 55℃，在此温度下维持一段时间（一般在水浴锅中 3~4h），直到淀粉完全糖化（即液体麦芽粉加碘不变蓝色）为止。用多层纱布过滤，将滤液煮沸，再用脱脂棉过滤 1 次，得到澄清的麦芽汁。该汁液用水调到糖度为 10°Bx，加入琼脂，溶解分装，于 121℃灭菌 20min。

3. 用途

分离、培养酵母菌用。

五、察氏培养基

1. 成分

硝酸钠 3g；磷酸氢二钾 1g；硫酸镁（$MgSO_4 \cdot 7H_2O$）0. 5g；氯化钾 0. 5g；硫酸亚铁 0. 01g；蔗糖 30g；琼脂 20g；蒸馏水 1000mL；pH 自然。

2. 制法

加热溶解，分装后 121℃灭菌 20min。

为了适应高渗透压霉菌的培养，可制成高渗察氏培养基。如将蔗糖量增为 200g、400g 或 600g，即为高糖察氏培养基；若在标准察氏培养基中另加 30g、60g 或 120g 氯化钠，即为高盐察氏培养基。

3. 用途

分离、培养霉菌用。

六、马铃薯葡萄糖琼脂(PDA)培养基

1. 成分

马铃薯（去皮切块）200g；葡萄糖 20g；琼脂 20g；蒸馏水 1000mL。

2. 制法

将马铃薯去皮切块，加入 1000mL 蒸馏水中，煮沸 10~20min。用双层纱布过滤，取其滤液，补加蒸馏水至 1000mL。加入葡萄糖和琼脂，加热熔化，分装，121℃高压灭菌 20min。若用作分离霉菌，则用少量乙醇溶解 0. 1g 氯霉素加入无菌

培养基中。

3. 用途

分离、培养霉菌用。

七、孟加拉红培养基

1. 成分

蛋白胨 5g；葡萄糖 10g；磷酸二氢钾 1g；硫酸镁（无水）0.5g；琼脂 20g；1/300 孟加拉红水溶液 10mL；氯霉素 0.1g。

2. 制法

（1）121℃灭菌 15min　临用前加入 0.03%链霉素溶液 100mL，使 1mL 培养基中含有链霉素 30μg。

（2）孟加拉红溶液　先配成 1/300 的水溶液，1000mL 的培养基加 10mL，即成 1/30000 的溶液。

（3）0.03%链霉素稀释液　用灭菌的注射器，吸取 5mL 无菌水，注入含有 1g 链霉素的瓶中，溶解后，吸取 0.5mL 链霉素溶液，加入 330mL 蒸馏水中即成。

3. 用途

分离、培养酵母及霉菌用。

八、淀粉培养基

1. 成分

牛肉膏 5g；蛋白胨 10g；氯化钠 5g；可溶性淀粉 2g；琼脂 15~20g；蒸馏水 1000mL。

2. 制法

先将可溶性淀粉加少量蒸馏水调成糊状，再加入熔化好的培养基中调匀，于 121℃灭菌 20min。

3. 用途

淀粉水解试验。

九、麦氏培养基

1. 成分

葡萄糖 1g；氯化钾 1.8g；醋酸钠 8.2g；酵母汁 2.5g；琼脂 1.5g；蒸馏水 1000mL；pH 自然。

2. 制法

将上述成分溶解于 1000mL 蒸馏水中，于 114℃灭菌 15min。

3. 用途

观察酵母菌子囊孢子用。

十、米曲汁培养基

1. 制法

(1) 蒸米　称取大米20g，洗净，浸泡24h，淋干，装入三角瓶，加棉塞，高压灭菌。

(2) 接种培养　大米灭菌后待冷却至28~32℃时，以无菌操作接入米曲霉的孢子，充分摇匀，30~32℃培养24h，摇动1次。再培养5~6h后，摇动1次。2d后，米曲成熟。

将培养好的米曲取出，用纸包好，放入40~42℃烘箱内干燥6~8h。用1份米曲加4份水，于55℃糖化3~4h，过滤，调节糖度为10~12°Bx。

2. 用途

培养酵母菌、霉菌用。

十一、米曲汁碳酸钙乙醇培养基

1. 成分

米曲汁（10~12°Bx）100mL，95%乙醇3~4mL，氯化钙1g；琼脂2g；pH自然。

2. 制法

乙醇在培养基灭菌后加入。

3. 用途

分离醋酸菌用。

十二、0.5%葡萄糖肉汤培养基

1. 成分

葡萄糖5g；蛋白胨10g；牛肉浸出粉3g；氯化钠5g；蒸馏水1000mL；pH7.4。

2. 制法

除葡萄糖外，取上述成分混合，溶解，调节pH呈弱碱性，煮沸，加葡萄糖溶解后，摇匀，并校正pH，分装，121℃高压灭菌15min。

3. 用途

用于硫酸链霉素等抗生素的无菌检查。

十三、葡萄糖蛋白胨水

1. 成分

K_2HPO_4 5g；葡萄糖5g；多胨7g；蒸馏水1000mL；pH7.0。

2. 制法

溶化后校正pH，分装试管，每管1mL，121℃高压灭菌15min。

3. 用途

用于甲基红（M.R.）试验和V.P.试验。

4. 甲基红试验

自琼脂斜面挑取少量培养物接种本培养基中，于（36±1）℃培养 2~5d，哈夫尼亚菌则应在 22~25℃培养。滴加甲基红试剂一滴，立即观察结果。鲜红色为阳性，黄色为阴性。

5. V. P. 试验

用琼脂培养物接种本培养基中，于（36±1）℃培养 2~4d。哈夫尼亚菌则应在 22~25℃培养。加入 6% α-萘酚-酒精溶液 0. 5mL 和 40%氢氧化钾溶液 0. 2mL，充分振摇试管，观察结果。阳性反应立刻或于数分钟内出现红色；如为阴性，应放在（36±1）℃下培养 4h 再进行观察。

十四、蛋白胨水

1. 成分

蛋白胨（或胰蛋白胨）20g；氯化钠 5g；蒸馏水 1000mL；pH7. 4。

2. 制法

按上述成分配制，分装小试管，121℃高压灭菌 15min。

3. 用途

靛基质（吲哚）试验用。

4. 试验方法

挑取小量培养物接种，在（36±1）℃培养 1~2d，必要时可培养 4~5d。加入柯凡克试剂约 0. 5mL，轻摇试管，阳性者于试剂层呈深红色；或加入欧-波试剂约 0. 5mL，沿管壁流下，覆盖于培养液表面，阳性者于液面接触处呈玫瑰红色。

注：蛋白胨中应含有丰富的色氨酸。每批蛋白胨买来后，应先用已知菌种鉴定后方可使用。

十五、平板计数琼脂(PCA)培养基

1. 成分

胰蛋白胨 5. 0g；酵母浸膏 2. 5g；葡萄糖 1. 0g；琼脂 15. 0g；蒸馏水 1000mL；pH7. 0±0. 2。

2. 制法

将上述成分加于蒸馏水中，煮沸溶解，调节 pH，分装试管或锥形瓶，121℃高压灭菌 15min。

3. 用途

用于菌落计数。

十六、乳糖胆盐发酵管

1. 成分

蛋白胨 20g；猪胆盐（或牛、羊胆盐）5g；乳糖 10g；0. 04%溴甲酚紫水溶液

25mL；蒸馏水 1000mL；pH7. 4。

2. 制法

将蛋白胨、胆盐及乳糖溶于水中，校正 pH，加入指示剂，分装每管 10mL，并放入一个小倒管中，115℃高压灭菌 15min。

注：双料乳糖胆盐发酵管除蒸馏水外，其他成分加倍。

3. 用途

测定大肠菌群最可能数（MPN）用的初发酵培养基。

十七、伊红美蓝琼脂(EMB)

1. 成分

蛋白胨 10g；乳糖 10g；磷酸氢二钾 2g；琼脂 17g；2%伊红 Y 溶液 20mL；0. 65%美蓝溶液 10mL；蒸馏水 1000mL；pH7. 1。

2. 制法

将蛋白胨、磷酸盐和琼脂溶解于蒸馏水中，校正 pH，分装于烧瓶内，121℃高压灭菌 15min 备用。临用时加入乳糖并加热熔化琼脂，冷至 50~55℃，加入伊红和美蓝溶液，摇匀，倾注平板。

3. 用途

用于肠道致病菌的分离。

十八、月桂基硫酸盐胰蛋白胨(LST)肉汤

1. 成分

胰蛋白胨或胰酪胨 20g；氯化钠 5g；乳糖 5g；磷酸氢二钾（K_2HPO_4）2. 75g；磷酸二氢钾（KH_2PO_4）2. 75g；月桂基硫酸钠 0. 1g；蒸馏水 1000mL；pH6. 8±0. 2。

2. 制法

将上述成分溶解于蒸馏水中，调节 pH。分装到有玻璃小倒管的试管中，每管 10mL。121℃高压灭菌 15min。

3. 用途

测定大肠菌群最可能数（MPN）用的初发酵培养基。

十九、煌绿乳糖胆盐(BGLB)肉汤

1. 成分

蛋白胨 10g；乳糖 10g；牛胆粉（Oxgall 或 Oxbile）溶液 200mL；0. 1%煌绿水溶液 13. 3mL；蒸馏水 800mL；pH7. 2±0. 1。

2. 制法

将蛋白胨、乳糖溶于约 500mL 蒸馏水中，加入牛胆粉溶液 200mL（将 20. 0g 脱水牛胆粉溶于 200mL 蒸馏水中，调节 pH 至 7. 0~7. 5，用蒸馏水稀释到 975mL），

调节 pH，再加入 0.1%煌绿水溶液 13.3mL，用蒸馏水补足到 1000mL，用棉花过滤后，分装到有玻璃小倒管的试管中，每管 10mL。121℃高压灭菌 15min。

3. 用途

测定大肠菌群最可能数（MPN）用的复发酵培养基。

二十、结晶紫中性红胆盐琼脂(VRBA)

1. 成分

蛋白胨 7g；酵母膏 3g；乳糖 10g；氯化钠 5g；胆盐或 3 号胆盐 1.5g；中性红 0.03g；结晶紫 0.002g；琼脂 15g~18g；蒸馏水 1000mL；pH7.4±0.1。

2. 制法

将上述成分溶于蒸馏水中，静置几分钟，充分搅拌，调节 pH。煮沸 2min，将培养基冷却至 45~50℃倾注平板。使用前临时制备，不得超过 3h。

3. 用途

平板计数法测定大肠菌群用。

附录六　第五届全国高职院校食品营养与安全检测技能大赛食品中微生物检测项目技术方案

食品中微生物检测项目——“生牛乳中菌落总数的检测”

一、竞赛内容

本项目包括技能操作和虚拟仿真软件操作两大部分，技能操作包括菌落总数测定和菌株个体形态鉴定两部分，菌落总数测定主要包括取样、稀释、稀释度的选择、接种、培养基的倾注、平板培养、菌落计数，并完成检测报告。菌株形态鉴定主要包括革兰染色及镜检、菌株个体形态鉴定及鉴定结果报告。虚拟仿真软件操作是微生物虚拟仿真软件的上机操作，主要内容是利用信息化技术手段进行致病菌的检测过程（包括前增菌、分离、培养）、生化鉴定和分子生物学（16S rDNA）鉴定。

（1）菌落总数测定（参照 GB 4789.2—2016）

①准备工作：各参赛选手，根据赛项规程要求，利用比赛现场提供仪器和材料等，独立完成各项准备工作及正确标识。

②样品测定：各参赛选手，根据赛项规程要求，利用比赛现场提供仪器和材料等，独立完成待测样品的吸取、稀释、接种及培养。

③菌落总数计数及结果报告：各参赛选手，根据赛项规程要求，独立完成各

平板的菌落计数、计算，并完成检测报告。

（2）菌株个体形态鉴定（参照 GB 4789.10—2016）

各参赛选手，根据赛项规程要求，对大赛主办方提供的菌株进行革兰染色及镜检，对菌株个体形态进行鉴定并完成鉴定报告。

（3）虚拟仿真软件操作（参照 GB 4789.10—2016）

各参赛选手，根据赛项规程要求，利用比赛现场提供的仿真软件，独立完成致病菌金黄色葡萄球菌的检验。

该项目具体的竞赛内容组成、考核知识点与技能点，以及各部分分值比重详见附表 1。

附表 1　　分值比重表

项目	考核内容	考核知识点/技能点	分值比重
食品中微生物的检测	菌落总数测定的操作及培养（30 分）	准备工作	4%
		样品稀释	8%
		接种	6%
		培养基倾注	5%
		培养	2%
		熟练度，按时完成	3%
		文明、安全操作规范	2%
	菌株个体形态鉴定（30 分）	准备工作	2%
		制片、革兰染色	8%
		镜检	6%
		镜检结果及鉴定报告	10%
		熟练度，按时完成	2%
		文明、安全操作规范	2%
	菌落总数计数及结果报告（20 分）	原始记录	5%
		空白对照平板状况	3%
		菌落梯度状况	6%
		菌落计数与结果报告	4%
		卷面书写状况，按时完成	2%
	仿真软件操作（20 分）	致病菌的检测过程	8%
		生化鉴定	8%
		分子生物学鉴定	4%
	总计		100

二、竞赛要求

食品微生物检测项目第一时段进行样品中菌落总数测定的操作及培养,包括稀释度的选择、连续稀释度的制作、培养基的倾倒、平板的倒置及培养,时间是 40 分钟。

第二时段为微生物虚拟仿真软件的上机操作,内容为致病菌金黄色葡萄球菌的检验,包括定性检测、生化鉴定和分子生物学(16SrDNA)鉴定,时间为 60 分钟。

第三时段为第一时段的 24 小时后,进行培养结果的菌落计数、完成检测报告,并进行菌株个体形态鉴定、完成鉴定报告,时间是 60 分钟。

学生须按规定时间完成操作,超时停止操作。

三、操作指南

本项目技能操作规程参照 GB 4789. 2—2016,GB 4789. 10—2016。

(一)生牛乳样品中菌落总数测定(时间 40 分钟)

1. 用无菌吸管吸取 25mL 生牛乳样品置于盛有 225mL 生理盐水的无菌锥形瓶(内置适量无菌玻璃珠),充分混匀,制成 10^{-1} 的样品匀液。

2. 用无菌吸管吸取 10^{-1} 样品匀液 1mL,沿管壁缓慢注于盛有 9mL 生理盐水的无菌试管中,充分混匀,制成 10^{-2} 的样品匀液。按同样的操作程序制备大赛指定的 10 倍稀释样品匀液,每递增稀释一次,更换无菌吸管。

3. 用大赛指定稀释度的样品匀液进行接种操作,每个稀释度分别吸取 1mL 样品匀液接种于两个无菌培养皿内。同时做空白对照。

4. 将适温的平板计数琼脂培养基(已放置于 46℃±1℃恒温水浴锅保温)倾注培养皿,并混合均匀。

5. 待琼脂凝固后,翻转培养皿,装于培养袋中,置 36℃±1℃恒温箱内培养 24h±1h。

(二)微生物虚拟仿真软件上机操作(时间 60 分钟)

致病菌-金黄色葡萄球菌的检测,内容包括定性检测、生化鉴定和分子生物学(16S rDNA)鉴定,参考 GB 4789. 10—2016(第一法),由东方仿真软件公司提供演示版本,以供各参赛院校备赛。

(三)菌落总数报告及菌株个体形态鉴定(时间 60 分钟)

1. 菌落总数报告

取出培养好的平板,进行菌落计数、计算,并完成结果报告。

2. 菌株个体形态鉴定

(1)对大赛提供的两种菌株进行革兰染色鉴定(每种菌限做 1 片)。

(2)革兰染色操作

① 制片:在酒精灯旁,用提供的菌株斜面挑菌进行涂片、干燥和固定操作。

② 初染:滴加结晶紫染色液,作用 1min,水洗。

③ 媒染:滴加革兰碘液,作用 1min,水洗。

④ 脱色:滴加 95%乙醇进行脱色,作用约 30sec,水洗。

⑤ 复染:滴加复染液,作用1min,水洗,待干。

(3)镜检 用普通光学显微镜进行镜检,最终用油镜观察,自行选取最佳视野展示给裁判。

(4)结果 记录观察到的菌体的情况,并完成鉴定报告。

备注:

样品按指定稀释度进行稀释,无需选手选择。

所需培养基、生理盐水等试剂均配制好并灭菌备用,数量足够。

各实验所需试剂用品均有清楚的标识,以备选手使用。

吸量管分别为1mL、10mL的改良吸管,报纸单独包扎并灭菌备用,数量足够;吸球插在吸量管上使用。

对提供的2种菌株均进行革兰染色并镜检,每种菌株只能进行革兰染色操作1次(1片)。

染色时提供木质试管夹供选手选择使用,染液回收于塑料废液杯中。

菌落计数用肉眼观察,不提供菌落计数器,不提供计算器,可提供草稿纸。

培养后的培养基类废弃物由我院统一灭菌处理。

显微镜为电光源的普通光学显微镜。

四、操作评分

技能操作评分:该项目设裁判组长1名,技能操作环节每2名选手安排2名裁判执裁;技能操作环节打分结束,裁判需在监督人员的现场监督下,对参赛选手的评分结果进行汇总,评分表由裁判签字后交与裁判组长;项目裁判组长当天提交赛位号评分结果,经复核无误,由裁判长、监督人员和仲裁人员签字确认后公布。

虚拟仿真软件操作评分:仿真操作环节所有选手同时进行操作,根据选手操作情况由软件评分系统自动评分并给出成绩。该赛项设裁判组长1名,每个赛场安排监考裁判2名。仿真操作竞赛环节打分结束,裁判需在监督人员的现场监督下,对参赛选手的评分结果进行汇总,评分表裁判签字后交与项目裁判组长;项目裁判组长当天提交赛位号评分结果,经复核无误,由裁判长、监督人员和仲裁人员签字确认后公布。

五、材料准备

材料准备见附表2。

附表2　　材料准备

序号	名称	型号规格	备注
1	牛乳样品		配制样品,100mL(用250mL锥形瓶装置,附硅胶塞)
2	平板计数琼脂培养基		200mL(已灭菌,用500mL锥形瓶装置,附硅胶塞)
3	生理盐水	8.5‰	225mL(已灭菌,用500mL锥形瓶装置,附硅胶塞)

续表

序号	名称	型号规格	备注
4	试管(附硅胶塞)	18mm×180mm	足量,装置灭菌的生理盐水(9mL/支)
5	改良刻度吸管	10mL	1支(已灭菌)
6	改良刻度吸管	1mL	足量(已灭菌)
7	一次性培养皿	直径90mm	足量(已灭菌)
8	吸球	大号、小号	各1个
9	试管架		1个
10	培养袋		1个
11	记号笔		1支
12	签字笔		1支
13	乳胶手套		1对
14	菌株斜面		2支
15	革兰染液	结晶紫染液、碘液、95%乙醇、沙黄染液	1套
16	滴瓶	30mL	装置蒸馏水
17	载玻片		足量
18	镊子		1把
19	接种环		1支
20	酒精灯		1盏
21	打火机		1个
22	香柏油		1瓶
23	洗镜液		1瓶
24	擦镜纸		1盒
25	吸水纸		1盒
26	洗瓶	500mL	1个
27	塑料废液杯	1000mL	1个
28	工作服		1件
29	口罩		1个
30	洁净帽		1顶
31	超净工作台	SW-CJ-2FD	1台
32	恒温培养箱	SHP-150	1台(共用)
33	恒温水浴锅	DK-S26	1台(共用)
34	普通光学显微镜	MoticM150	1台
35	电脑(仿真用)		

全国食品工业职业教育教学指导委员会
2020年9月25日

《微生物学基础》(第二版)试卷

试卷一

试卷二

试卷三

试卷四

试卷五

试卷六

试卷七

试卷八

试卷九

试卷十

《微生物学基础》(第二版)试题答案

试卷一答案

试卷二答案

试卷三答案

试卷四答案

试卷五答案

试卷六答案

试卷七答案

试卷八答案

试卷九答案

试卷十答案

参 考 文 献

[1]周德庆.微生物学教程[M].3版.北京:高等教育出版社,2011.
[2]沈萍,陈向东.微生物学[M].8版.北京:高等教育出版社,2016.
[3]黄秀梨,辛明秀.微生物学[M].3版.北京:高等教育出版社,2009.
[4]周德庆.微生物学实验教程[M].2版.上海:上海科学技术出版社,2006.
[5]黄秀梨,辛明秀.微生物学实验指导[M].3版.北京:高等教育出版社,2009.
[6]岑沛霖,蔡谨.工业微生物[M].北京:化学工业出版社,2001.
[7]杨汝德.现代工业微生物学[M].广州:华南理工大学出版社,2001.
[8]诸葛健,李华仲.微生物学[M].北京:科学出版社,2004.
[9]纪铁鹏,王德芝.微生物与免疫基础[M].北京:高等教育出版社,2007.
[10]闵航.微生物学[M].北京:科学技术文献出版社,2003.
[11]杨文博译.微生物学[M].北京:科学出版社,2001.
[12]焦瑞身.微生物工程[M].北京:化学工业出版社,2003.
[13]林稚兰译.微生物学[M].北京:科学出版社,2000.
[14]沈萍,范秀蓉,李广武.微生物学实验[M].北京:高等教育出版社,2002.
[15]杜连祥,路福平.微生物学实验技术[M].北京:中国轻工业出版社,2005.
[16]张文治.微生物学[M].北京:高等教育出版社,2005.
[17]杨文博.微生物学实验[M].北京:化学工业出版社,2004.
[18]贾英民.食品微生物学[M].北京:中国轻工业出版社,2001.
[19]张青,葛菁萍.微生物学[M].北京:科学出版社,2004.
[20]赵斌,何绍江.微生物学实验[M].北京:科学出版社,2002.
[21]万萍.食品微生物基础与实验技术[M].北京:科学出版社,2004.
[22]刘兰泉,刘晓蓉.食品微生物[M].北京:中国计量出版社,2010.
[23]陈红霞,李翠华.食品微生物学及实验技术[M].北京:化学工业出版社,2008.
[24] James M. Jay.现代食品微生物学(第五版)[M].徐岩,张继民,汤丹剑,等译.北京:中国轻工业出版社,2001.
[25] Brian J. B. Wood 著.徐岩译.发酵食品微生物学[M].2版.北京:中国轻工业出版社,2001.
[26]犹联莲,王志勇.工业微生物育种技术[M].武汉:华中师范大学出版

社,2009.

[27]诸葛健. 工业微生物育种学[M]. 北京:化学工业出版社,2006.

[28]周凤霞,高兴盛. 工业微生物[M]. 北京:化学工业出版社,2006.

[29]陈慰峰. 医学免疫学[M]. 4 版. 北京:人民卫生出版社,2006.

[30]吕世静. 免疫学检验[M]. 2 版. 北京:人民卫生出版社,2006.

[31]周桃英. 食品微生物[M]. 北京:中国农业大学出版社,2009.

[32]朱乐敏. 食品微生物[M]. 北京:化学工业出版社,2006.

[33]孙勇民. 应用微生物学[M]. 北京:北京师范大学出版社,2008.

[34]蔡凤. 微生物学[M]. 北京:科学出版社,2004.

[35]魏明奎. 微生物学[M]. 北京:中国轻工业出版社,2007.

[36]曾庆孝. 食品安全基础知识[M]. 北京:中国商业出版社,2008.

[37]于淑萍. 微生物基础[M]. 北京:化学工业出版社,2005.

[38]陈玮,董秀芹. 微生物学及实验实训技术[M]. 北京:化学工业出版社,2009.

[39]甘晓玲,黄建林. 微生物学与免疫学[M]. 北京:人民卫生出版社,2009.

[40]刘璋,陈其国. 简明微生物学教程[M]. 武汉:武汉大学出版社,2004.

[41]何国庆,贾英民. 食品微生物学[M]. 北京:中国农业大学出版社,2002.

[42]杨洁彬. 乳酸菌——生物学基础及其应用[M]. 北京:中国轻工业出版社,1996.

[43]食品伙伴网 http://www. foodmate. net

[44]食品产业网 http://www. foodqs. cn

[45]中国食品科技网 http://www. tech-food. com

[46]国家标准化管理委员会 http://www. sac. gov. cn